普通高等教育"十一五"国家级规划教材

普通高等学校计算机教育"十三五"规划

U0747366

C语言程序设计案例教程

（第 3 版）

C PROGRAMMING TUTORIAL
BY EXAMPLES
(3rd edition)

廖湖声 叶乃文 周珺 ◆ 编著

人民邮电出版社
北京

图书在版编目（CIP）数据

C语言程序设计案例教程 / 廖湖声，叶乃文，周珺编
著. -- 3版. -- 北京：人民邮电出版社，2018.11（2024.6重印）
普通高等学校计算机教育"十三五"规划教材
ISBN 978-7-115-49195-4

Ⅰ. ①C… Ⅱ. ①廖… ②叶… ③周… Ⅲ. ①C语言—
程序设计—高等学校—教材 Ⅳ. ①TP312.8

中国版本图书馆CIP数据核字(2018)第193157号

内 容 提 要

本书从解决实际问题的角度出发，通过大量的典型实例，强化算法设计的基本方法，并由此阐述 C 语言为实现算法而提供的各种技术支持，即沿着"由问题引出算法，由算法引出程序设计语言"的思路讲述 C 语言程序设计中的各个知识点。全书内容分为两部分：第一部分为第 1 章～第 7 章，主要阐述 C 语言程序设计的基础知识及计算机算法的初步内容；第二部分为第 8 章～第 10 章，主要列举一些综合性较强的实例，讲述课程设计等与实践环节有关的内容。

为了便于考查学习效果，本书前 7 章设置了习题、上机练习题、自测题，题目基本上覆盖了这些章节的大部分知识点。第 10 章给出了具有一定综合效果的实践性题目。

本书为教师提供配套的电子教案及书中实例的源代码，各位教师可从人邮教育社区（www.ryjiaoyu.com.cn）上直接下载。

本书可作为各类高等院校计算机专业及理工科类非计算机专业的学生学习 C 语言程序设计的教材，也可作为相关工程技术人员和计算机爱好者学习 C 语言程序设计的参考书。

◆ 编　著　廖湖声　叶乃文　周　珺
　　责任编辑　邹文波
　　责任印制　彭志环

◆ 人民邮电出版社出版发行　北京市丰台区成寿寺路 11 号
　　邮编　100164　电子邮件　315@ptpress.com.cn
　　网址　http://www.ptpress.com.cn
　　固安县铭成印刷有限公司印刷

◆ 开本：787×1092　1/16
　　印张：19.75　　　　　　　2018 年 11 月第 3 版
　　字数：519 千字　　　　　2024 年 6 月河北第 10 次印刷

定价：54.00 元

读者服务热线：(010)81055256　印装质量热线：(010)81055316
反盗版热线：(010)81055315

第 3 版前言

《C 语言程序设计案例教程》出版以来，为大学理工科学生提供了一本学习程序设计方法和程序设计语言的专业教科书。本书前两版已经发行了 3 万余册，被不少高校采用并得到广大读者认可。与众多按照程序设计语言功能组织的教材不同，本书强调以正确的程序设计方法为教学的中心，按照语言基础知识、控制结构、算法初步、数据组织、程序组织、应用实例和课程设计的顺序组织教学内容，由浅入深地逐步介绍程序设计方法以及支持这些程序设计方法的语言功能。采用这种组织方式的目的是力求使学生能够掌握正确的程序设计方法，针对实际问题，设计出合理的数据组织和程序结构，获得分析实际问题并通过程序设计来解决问题的能力，而不仅仅是了解孤立的语言功能知识。

在过去的 10 年中，我们在针对众多理工科学生的教学实践中，采用本书作为程序设计课程的主要教材，以支持程序设计课程的教学改革。这些教学实践涉及计算机科学与技术、软件工程、信息安全、物联网技术、数字媒体技术、生物工程、机械工程与自动化、信息管理与信息系统、工业工程、建筑学、工业设计、环境科学与环境工程、应用物理学、热能与动力工程、交通工程、材料科学与工程等十多个专业的基础教学，有效地丰富了各专业学生的计算机基础知识，提高了学生的程序设计能力。

近年来，越来越多的理工科专业将程序设计课程列入教学计划，各个专业对于程序设计的教学有不同的要求。例如，工程类专业要求底层程序设计技能的训练，以满足硬件设备应用接口的使用需求；而信息类专业要求符号处理的训练，以满足符号处理的应用需求。同时，为了培养学生的程序设计能力，国内高校普遍加强了实践能力的培养力度，通过设置课程设计的教学环节来加强对学生程序设计能力的训练。

另外，随着个人计算机越来越多地进入普通百姓的家庭，学生的计算机操作能力已经有了很大提高。目前，高等学校计算机相关专业的大部分学生都拥有笔记本电脑，在中学阶段已经接触过程序设计，对普通应用软件的安装和使用非常熟悉。他们完全不抵触使用计算机以及各种应用软件，而且能够主动试用新软件提供的各种新功能，有好奇心，也有自学能力。

为了适应教学需求和学生知识水平的上述发展情况，编者修订了《C 语言程序设计案例教程》，力图从以下几个方面来丰富本书的内容，以适应不同专业的教学需求。

1. 丰富了以指针运算为中心的程序设计教学内容

在第 3 版中面向计算机科学与技术相关专业的需求，进一步丰富了以指针运算为中心的底层程序设计的相关教学内容，提供更多的案例、习题、课程设计等教学资源，力求涵盖字符串处理、细粒度文件处理、指针数组和动态数据结构等系统程序设计技能。

这些教学内容的扩展对于计算机科学与技术、软件工程等专业的教学是必需的，不仅可以用于提高学生的系统程序设计能力，支持对后续的操作系统和编译原理等专业课程的学习，而且有助于学生深入理解程序的工作原理，从更高的层次来理解计算机系统的设计原理。

2. 增加了 Visual Studio 2010 集成开发环境和 EasyX 图形库

第 3 版中详细讲解了在 Visual Studio 2010 环境下进行程序设计、程序调试的方法。鉴于 Visual

Studio 2010 集成开发环境是目前 Windows 环境下 C 语言软件开发的主要工具软件，提供了相当丰富的开发与测试功能，有关内容的补充将直接帮助学生掌握实用的软件开发技术。同时，增加了 EasyX 图形函数库的介绍，不仅可以促使学生早日了解库函数的使用方法，而且使得简单的游戏程序设计成为可能。在 C 语言程序设计的后续课程中，面向对象技术引论、软件工程、Windows 编程基础、软件复用技术等相当多的课程也将使用 Visual Studio 环境作为实践平台。另外，在附录 C 中提供了 Visual Studio 2010 使用方法的归纳和总结。

由于传统的 Turbo C 集成开发环境现在已经很少使用，本次修订介绍了使用 Dev-C++作为候选的集成开发环境。相对于 Visual Studio 环境，Dev-C++程序开发环境操作简单、安装方便、易于初学者掌握，为教师提供了多种选择。对于学习 Visual Studio 集成开发环境感觉较困难的初学者，可由 Dev-C++开发环境入手，逐步加深对 C 语言开发环境的理解。

3．补充介绍了循环不变式、状态机与图形程序设计实例

第 3 版中，仍然保留了穷举法、递推迭代法、递归法等算法初步内容的介绍，而且补充了循环不变式和状态机的介绍，力图促使学生更多地关心软件结构的设计，而不是只停留在程序编码的层次。同时，第 3 版借助于 EasyX 图形函数库的支持，补充了图形程序设计案例，并且通过简单的游戏程序开发案例，展示了基于状态机的程序开发，丰富了 C 语言程序设计的实践教学资源。

4．满足不同专业需求的教学资源

本书内容的组织考虑到不同专业的教学需求。根据不同专业教学计划中的学时安排，任课教师可以制定出不同的教学大纲，建议如下。

（1）作为 C 语言程序设计的基本内容，各种教学大纲应该包括本书第 1 章、第 2 章、第 3 章的全部内容。其中，第 1 章实验环境的介绍和第 2 章程序调试方法的介绍，可以根据各自选用的集成开发环境，分别介绍 Visual Studio 环境或 Dev-C++环境。在其余章节中，第 4 章的 4.1 节～4.3 节、第 5 章的 5.1 节～5.3 节、第 6 章的 6.1 节～6.2 节、第 7 章的 7.1 节也应列入必修内容。其余章节可以留给学生自学。这种基本教学安排适用于学时有限的非计算机专业学生。

（2）对于计算机科学与技术和软件工程专业，建议在上述基本教学安排的基础上，增加第 4 章、第 5 章、第 6 章、第 7 章的全部内容。对于第 8 章的应用实例，建议介绍 8.4 节"连连看"游戏程序或 8.5 节的大奖赛评分管理等具有一定规模和复杂度的程序案例。同时，本书一律采用 Visual Studio 2010 环境作为实验环境。第 9 章介绍软件开发的基础知识，对于后续课程的衔接以及学生思路的拓展会有很大帮助。

（3）关于例题选择和习题安排，本书提供了比较多的例题和习题，任课教师可以根据学生专业方向选择不同类型的例题和习题。对于非电类工科专业和管理学科专业，建议多选择信息处理类型的例题和习题，如查找、统计、穷举、字符串处理和结构体应用等例题；对于理科专业，建议讲解数学计算的例题和习题，如圆周率计算、全排列、Hanoi 塔等例题；对于计算机科学与技术、软件工程专业，建议补充系统程序设计相关的例题和习题，如最长文本行、二分查找、指针数组、链表和动态存储分配等相关例题。

（4）关于课程设计的安排，本书也提供了多种选择。C 语言程序设计是一门实践性很强的课程，其教学内容将直接服务于后续课程的开展。然而，受国内应试教学的影响，对学生实践能力的提高有一定限制。因此，越来越多的高等学校在教学计划中增设了课程设计环节，以求改变现状。本书课程设计内容的安排也考虑了不同专业的需求，建议在课程设计或理论课教学中介绍第 8 章的实用案例。对于非计算机专业，可以选学 8.1 节的文本行编辑或 8.3 节的通讯录管理的案例，并在课程设计的运作中，选用书中提供的任意题目，要求学生采用结构体和数组来组织数据，并实现数据文件转存功能。对于计算机相关专业学生，要求采用结构体、指针数组或链表来组织数据，并实现数据文件转存功能。同时，为了培养学生的工程素质，要求学生按照本书制定的内容要求和书写格式提供规范化的课程设计报告。

本书经过上述修改，希望能够更好地服务于国内高等学校各类理工科专业的程序设计教学。本书尚有待更多的实践检验，欢迎读者提出宝贵意见。对于所述内容中的不足之处，恳请广大读者批评指正。

编　者

2018 年 6 月于北京

目 录

第1章
C语言基础知识

在人类发展的历史长河中，60年一个甲子，只能算是短暂的一瞬间，但对于计算机来说，却经历了从无到有，从单纯的科学计算到复杂的数据处理，从只有极少数人拥有到普及千家万户的发展历程。人们对计算机的依赖程度越来越高，计算机应用已经渗透到人们工作、生活的各个角落。

从使用者的角度看，计算机仅仅是由显示器、主机、键盘和鼠标等部件组成的电子设备，正是计算机中安装的各种软件系统赋予了计算机处理各种信息的能力。为了将计算机应用到更多的领域，人们需要通过程序设计来构建新的软件系统，以满足日益增长的应用需求。

本章将主要介绍计算机与程序设计语言的相关概念、C程序的基本结构、运行C程序的基本过程、C程序基本的数据类型和输入/输出格式等内容，为学习程序设计方法与技能奠定基础。

1.1　计算机与程序设计语言

在当今的信息化时代，了解计算机的基础知识，掌握程序设计的基本方法是每个科学工作者必须具备的基本能力。

计算机系统由计算机硬件和软件组成，硬件是计算机的"躯体"，软件是计算机的"灵魂"，两者相辅相成，缺一不可。

1.1.1　计算机系统的基本组成

计算机系统包括计算机硬件和软件。

计算机硬件主要是指构成计算机系统的物理元器件、部件和设备，其中包括运算器、控制器、存储器和输入/输出设备等。它的基本组成结构如图1-1所示。

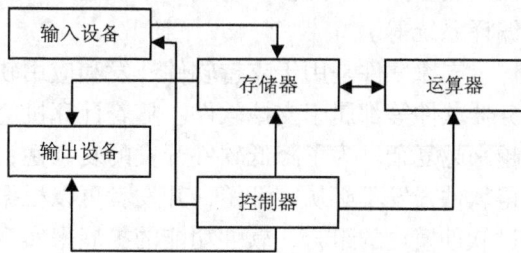

图1-1　计算机硬件的基本组成结构

运算器和控制器是计算机的核心部分，人们将它们称为中央处理器（CPU）。其中，运算器是完成算术运算和逻辑运算的部件，它通常由能够实现加减法、乘法、布尔代数和移位等多种运算的算术逻辑电路和存储操作数的寄存器组成。控制器负责按照程序规定的顺序，自动地接受和执行每一条计算机指令。

计算机存储器包括主存储器和辅助存储器。主存储器又被称为内存，其内部的数据可以直接参与运算处理；辅助存储器又称为外存，主要包括硬盘、磁盘和光盘，其中的数据要被调入内存后才能够参与运算处理。

输入设备负责把数据输入到计算机中，输出设备负责把计算机处理的结果传递出去。例如，键盘、鼠标、扫描仪和麦克风是几种常用的输入设备；显示器、打印机是两种常用的输出设备。随着科学技术的迅猛发展，输入/输出设备的种类，也在不断增加。

计算机硬件是计算机的物理体现，它的发展决定着计算机系统的更新换代。在计算机发展过程中，计算机经历了从第一代到第四代的变革。第一代计算机以前的计算工具大都是机械式或机电式的。尽管当时已经有人提出制造自动计算工具的设想，但由于其计算速度慢、精确度差、成本昂贵，未能实现现代意义上的大众化计算机。20世纪30年代后期，一些学者开始尝试使用真空电子器件制造计算机，这样不仅提高了运行速度，而且还实现了自动计算，第一代计算机就此诞生了。此后，计算机技术以惊人的速度迅猛发展。40年代末期，晶体管电路的出现造就了第二代计算机。与第一代计算机相比，它具有工作速度快、可靠性高、耗电量少、体积小、成本低廉和适宜大批量生产等突出优点。1958年，半导体集成电路使计算机硬件的发展水平又向前迈进了一大步，成为了第三代计算机的核心。而随后的大规模和超大规模集成电路成为第四代计算机的重要标志，使计算机技术发生了根本性的变革。

与其他电器设备不同，缺少软件这个"灵魂"的计算机硬件"躯体"没有任何活力。简单地说，计算机软件包括程序和文档。程序是计算任务的处理对象和处理规则的描述；文档是软件设计的说明性资料，用于理解程序功能和程序维护。

计算机所能够完成的计算任务不仅有科学计算，而且涵盖信息处理、工业控制、网络通信、声音图像处理等各个应用领域。这些功能都是通过软件开发来实现的，而设计、编制和调试程序是软件开发的基本任务。

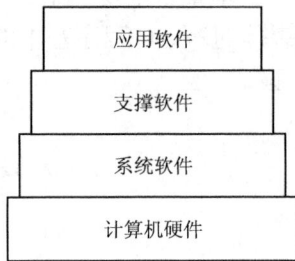

图1-2 计算机系统结构

通常，按照应用层次可以将软件划分成系统软件、支撑软件和应用软件3个层次，如图1-2所示。

系统软件是最靠近计算机硬件系统的软件层。它位于支撑软件与计算机硬件之间，是其他软件操纵计算机硬件的接口。它主要包含一些与具体应用领域无关的底层操作，并担负着诸如系统管理、语言翻译等重任。常见的系统软件有操作系统、编译系统等。

支撑软件是用于支持软件开发和应用软件运行的软件。例如，数据库管理系统、网络服务器软件等都属于支撑软件。随着计算机应用领域的扩展，软件系统的规模越来越大，功能越来越复杂。为了降低软件开发的复杂性，人们针对常用的功能，开发出各种支撑软件，使得软件开发不必从零开始，开发者可以根据应用的需求，直接使用支撑软件提供的功能，通过软件模块的组合、软件功能的扩展来实现新的软件。

应用软件是指为特定应用领域编写的专用软件。例如，文档编辑系统、游戏软件、图书管理系统和图像加工软件等都是应用软件。计算机应用是计算机科学发展的最终目的，计算机应用的发展水平依赖于计算机各个环节的技术支持。在计算机硬件的强劲发展势头下，开发高质量、可维护的软件应用产品是提高整个社会应用计算机水平的重要环节。

计算机软件开发需要使用计算机语言、软件方法学和软件工程。计算机语言主要包括用于编写软件需求定义的需求级语言，用于编写软件功能规约的功能级语言，用于编写软件设计规约的设计级语言，用于编写实现算法的程序设计语言，以及用于编写文档的文档级语言。软件方法学是研究软件开发全过程的指导原则与方法体系的学科。从软件开发风格的角度观察，主要有自顶向下和自底向上两种常规方法。在实际应用中，人们更加喜欢将两种方式结合起来使用。软件工程是指应用计算机科学、数学及管理科学等原理，以工程化方法开发软件的学科。探索一种行之有效的软件开发方法、提高软件的开发质量、改善软件的可维护性和降低软件生产的成本都是软件工程研究的最终目的。

1.1.2　程序设计

程序是对计算任务的处理对象和处理过程的描述。任何以计算机为处理工具的任务都是计算任务。处理对象是诸如数字、文本、图形、图像和声音等数据；处理过程包括具体的操作和步骤。用低级语言编写的程序是一组指令和有关数据的集合；而用高级语言编写的程序则是一组说明和语句的集合。

程序设计是指设计、编写和调试程序的方法与过程。由于程序是软件的本体，软件的质量需要通过程序的质量来体现，因此，研究一种正确的、切实可行的程序设计方法就显得尤为重要。回顾程序设计的发展历程，大致经历了以下几个阶段。

（1）面向计算机的程序设计。计算机诞生初期，人们与计算机打交道的唯一途径是机器语言。机器语言是一种可以被计算机直接识别的程序设计语言，其中的每一条指令和操作数都是采用二进制形式表示的，因此，它具有复杂、易错、难读和难纠错等缺点，尽管后来人们采用助记符将很多指令形象化，但仍无法摆脱指令格式与机器相关的弊病。

（2）面向过程的程序设计。随着计算机技术的迅速发展，软件开发水平的滞后严重影响了计算机应用领域的推广，人们迫切需要一种更加自然、规范和易学的程序设计方法，以提高软件开发的效率，改善软件产品的质量。在这种背景下，人们提出了面向过程的程序设计思路。面向过程是指从功能的角度分析问题，将待解决的问题空间分解成若干个功能模块，每个功能模块描述一个操作的具体过程。在 20 世纪 70 年代，广泛使用的结构化程序设计方法就是面向过程的一个典型代表。它的核心思想是自顶向下、逐步求精，模块化和语句的结构化。这样既有益于在每一个抽象级别上尽可能地保证设计过程的正确性及最终程序的正确性，又可以改善程序的可读性、可理解性和可维护性。

（3）面向对象的程序设计。面向对象的程序设计是指以对象为中心，分析、设计及构造应用程序的机制。与面向过程的程序设计不同，在使用面向对象的方法求解问题时，观察问题空间的视角将定位于现实世界中存在的客体，并在解空间中用对象描述客体，用对象之间的关系描述客体之间的联系，用对象之间的通信描述客体之间的相互交流及相互驱动，从而实现问题空间到解空间的直接映射，完成计算机系统对现实世界环境的真正模拟。

计算机硬件的发展，激发了普通人使用计算机的欲望；人们对计算机的需求又催促着软件行业的迅速发展；而软件开发方法的每一次变革都需要有与之相适应的程序设计语言的支撑。

1.1.3　程序设计语言

众所周知，汉语、英语等自然语言都是人类进行沟通、交流的工具，而计算机语言则是计算机及其使用者进行交流的工具。计算机系统仅仅能够按照给定的程序工作，因此我们说计算机仅仅懂得计算机语言。

程序设计语言是用于编写计算机程序的语言。通常可将其分为两个类别：低级语言和高级语言。

低级语言是一种与特定计算机体系结构密切相关的程序设计语言，主要包括机器语言和汇编语言。机器语言由机器可以执行的全部指令及其所操作的数据组成，其实施的操作主要包括算术运算、逻辑运算、赋值、判断、转移和中断等。由于机器语言中的指令和数据均采用二进制代码形式表示，故而，对于用户而言，用机器语言编写的程序难以理解、烦琐且容易出错，而且这种程序与机器相关，开发出来的软件产品不易移植。为了改善上述不足，将其中的部分内容符号化就形成了汇编语言。汇编语言由汇编指令组成，汇编指令就是将机器指令的地址部分用符号来表示，操作码采用易于记忆的操作符表示，地址码采用标号、变量名和常量等较为直观的表示形式。汇编指令与机器指令基本上保持一一对应的关系。汇编语言程序运行前需要先翻译成等价的机器语言程序。采用汇编语言编写程序的优点是：占用内存少，运行效率高，且能够直接控制各种设备资源，适合编写实时性要求较高的程序部分。其缺点是：语言描述能力弱，且仍与具体的机器系统相关。

高级语言是一类采用接近数学语言，并力求与具体机器无关的程序设计语言。相对于低级语言，高级语言具有描述能力强，便于阅读理解，易于修改维护等特点。各种常用的高级程序设计语言都支持通用的程序设计方法。例如，C 语言支持结构化程序设计，C++语言和Java 语言支持面向对象程序设计。

C 语言是应用最广的一种高级程序设计语言，由美国贝尔实验室的 D. Ritchie 设计，最早用于书写 UNIX 操作系统。C 语言本身比较简单，具有简明的数据定义和流程控制机制。它提供的函数机制用于描述程序模块，使得开发者可以通过模块的组合来构造结构化的复杂程序，并且允许软件系统不同程序模块的分别开发。同时，C 语言支持底层程序设计。利用C 语言提供的指针等功能，可以面向计算机硬件，直接描述内存单元的地址运算和二进制运算，从而编制出高性能的计算程序和控制程序。

以上优点使得 C 语言得到了十分广泛的应用。很多既存的软件都是采用 C 语言开发的，相当多的计算机硬件也都选择 C 语言作为访问接口，这使得 C 语言成为软件设计者必备的工具，也使其成为大学理工科多数专业的专业课程。同时，信息学科相关专业的众多课程也都将 C 语言程序设计作为先修课程，都需要这种程序设计基础作为后续内容学习的必备知识。因此，此类程序设计基础课程的学习在很大程度上制约了相关专业毕业生培养目标的达成。

1.1.4　程序设计的学习方法

程序设计的学习离不开程序设计语言的学习，也离不开程序设计方法的学习。程序设计语言的学习和外语的学习有一定的相似性。外语的学习包括单词、句法和语义的学习，也包括使用方法的学习。仅仅背单词无法学好外语，更多地需要听说读写的练习以及实际运用。

相比之下，高级语言的单词和句法都非常少，不需要很长时间的学习即可掌握。然而，仍然有不少人对于程序设计深感恐惧，其原因在于程序设计不仅涉及高级语言，而且涉及计算任务的解决方案设计，以及正确的程序设计方法。综上所述，程序是计算任务的处理对象和处理规则的描述，不同的计算任务具有不同的处理对象和不同的处理规则。鉴于计算机需要承担各种不同的复杂的计算任务，这些处理对象和处理规则的设计也必定会各不相同。然而，这些内容已经超出了本书的范围，是计算机科学及其各个应用领域要解决的问题，而本书的学习目的是为信息科学的学习提供必要的程序设计基础，具体目标在于以下几点。

（1）对于计算任务的处理对象，掌握 C 语言提供的各种数据类型、变量、数组和数据结构等的数据组织方法。

（2）对于计算任务的处理规则，掌握 C 语言提供的控制语句、函数等程序组织方法。

（3）掌握枚举、递推、递归、状态机等简单的算法和模式，以及结构化程序设计方法。

（4）围绕各种经典的程序设计案例，运用上述算法或模式，掌握正确的数据组织方法和程序组织方法。

程序设计方法的正确性对于程序设计具有至关重要的作用。这里包括合理的数据组织、合理的控制结构以及合理的程序结构。为了保证计算机软件的可用性和可维护性，正确的程序设计不仅必须保证程序执行得到正确的计算结果，而且要求程序执行具有较高的执行效率，占用有限的存储资源，具备良好的响应性能，来满足多方面应用需求。不仅如此，程序设计也必须保证代码易于理解、修改和扩展，以满足软件系统的维护需求。

这些需求都要求高级语言的学习者掌握正确的程序设计方法，养成良好的程序设计习惯，形成良好的工程素质。然而，鉴于高级语言具有出色的描述能力，计算任务的复杂性和解决方案的多样性，以及程序设计技巧的灵活多变性，使得许多现有程序无法同时满足上述所有目标。为此，一方面，本书将力图通过规范的程序设计案例来展现正确的程序设计方法，促使程序设计的初学者建立一个良好的开端；另一方面，正如外语的学习需要多听、多说一样，程序设计语言的学习必须通过大量编程实践才能掌握，书本知识是有限的，许多知识和技巧需要在程序设计上机实践中通过反复阅读和修改代码、反复测试和检查才能逐步积累起来。

1.2　C 程序的基本结构和运行过程

任何一种语言的程序都有其特定的组成结构。这种结构既表示了程序的基本组成元素，又体现了程序设计的理念。例如，C 程序是由若干个函数组成的，每个函数均可用于描述一项操作的具体实现过程。因此，C 程序的设计目标是以操作为核心的，整个程序就是一系列操作的具体描述。本节将借助几个简单的例子，说明 C 程序的基本结构和运行一个 C 程序的基本过程。

1.2.1　几个简单的 C 程序

在学习 C 语言的其他内容之前，了解并掌握程序的基本结构，对尽快学会编写简单的 C 程序，理解 C 程序中各个组成要素的作用是十分必要的。下面将本着由浅入深、循序渐进的原则，用几个简单的程序实例，来介绍 C 程序的基本组成结构。

【例 1-1】　文本行的输出。

请编写一个程序，输出文本行 "This is a C program."。

〖程序代码〗

```
#include <stdio.h>

main( )
{
    printf("\nThis is a C program.\n");   /*显示文本行 This is a C program.*/
}
```

这是一个简单的 C 程序，它的基本功能是在屏幕上显示一个文本行"This is a C program."。

下面解释这个程序中每行内容的主要含义。

第 1 行是一条编译预处理命令，其含义是将头文件"stdio.h"嵌入到本程序中。这个头文件是 C 语言编译系统提供的，其中放置着许多与输入/输出操作有关的标准函数声明。由于这个程序需要使用标准输出函数 printf，所以必须将头文件嵌入到程序中，使其符合任何函数都必须先声明后使用的规则。

第 2～5 行定义了一个名为 main 的函数。main( )是函数的首部，{…}括起来的部分是函数体，其中包含了组成该函数的若干条语句。本例中，函数体内只有一条调用标准输出函数 printf 的语句，用于数据的显示输出。其中，双引号内的字符序列是程序运行后将在屏幕上显示的文本行内容，"\n"是换行符，表示将光标移到下一行，再显示后面的内容。

这里需要说明一点，在 C 程序中，名为 main 的函数的特殊性主要有以下两点：

（1）任何一个完整的 C 程序都必须有且仅有一个名为 main 的主函数；

（2）当程序运行后，系统将率先自动地调用主函数，这是每个 C 程序执行的起始点。

由此可见，这个程序展示了一个最简单的 C 程序结构，即任何 C 程序都必须包含一个名为 main 的主函数，而该程序的执行过程就是依次执行函数体内的各条语句。

【例 1-2】 整数求和。

请编写一个程序，计算 1～100 的整数和。

〖程序代码〗

```
#include <stdio.h>

main( )
{
    int i, sum;                          /* 定义变量 */

    sum = 0;                             /* 为变量 sum 赋初值 0 */
    for (i=1; i<=100; i++) {             /* 计算 1～100 的整数和 */
        sum = sum + i;
    }
    printf("\n1+2+3+…+99+100=%d\n", sum);   /* 输出计算结果 */
}
```

这个程序的基本功能是：计算并输出 1～100 的整数和。

运行这个程序后，可以在屏幕上看到的结果是：1+2+3+…+99+100=5 050。

与【例 1-1】相同，这个程序仅由一个主函数构成。在函数体的第 1 行中定义了两个名为 i 和 sum 的整型变量，也就是可以保存整数的存储单元。C 语言规定：所有的变量都必须先定义后使用。紧随其后的 for 语句序列描述了在变量 sum 中依次累加 1～100 的过程。最后用 printf 输出的累加和。语句右侧 /*…*/ 之间的内容是程序的注释，其中包含了一些对程序内容的说明性文字，它们对程序的执行没有任何作用，只是为了提高程序的可读性。

【例 1-3】 两个整数中的最大值。

通过键盘输入两个整数，输出其中较大的整数。

〖程序代码〗

```
#include <stdio.h>
```

```
int maxValue(int x, int y)                   /* 返回 x、y 中较大值 */
{
    int max;

    if (x > y)                               /* 如果 x>y，将 x 赋给 max */
        max = x;
    else                                     /* 否则将 y 赋给 max */
        max = y;
    return max;                              /* 返回 max */
}

main( )
{
    int x, y, z;                             /* 定义变量 */

    printf("Enter 2 integers:");             /* 显示提示信息 */
    scanf("%d%d", &x, &y);                   /* 输入两个整数 */
    z = maxValue(x, y);
    printf("The larger value is %d.\n", z);  /* 显示 x、y 中较大者 */
}
```

这个程序的基本功能是：用户通过键盘输入两个整数，然后输出其中较大的整数。例如，运行这个程序后，首先会在屏幕上显示下列文本行：

```
Enter 2 integers:
```

当用户看到这个提示信息后，立即通过键盘输入下列内容：

```
48 89
```

然后，按"Enter"键，就可以在屏幕上看到下面方框中显示的结果：

```
The larger value is 89.
```

与【例 1-1】和【例 1-2】不同，这段程序由两个函数组成，一个是主函数，这是每个 C 程序必须有的；另一个是用户自己定义的函数 maxValue。

在主函数中，首先定义了两个整型变量 x、y，然后调用标准输出函数 printf 显示一个要求用户输入两个整数的提示信息"Enter 2 integers:"，随后调用标准输入函数 scanf 接收用户通过键盘输入的两个整数值，并把它们分别赋给变量 x 和变量 y，最后调用 maxValue 函数求得两个整数中较大的一个，回送给 main 函数并赋值到变量 z 中，并再次利用 printf 函数输出最终的结果。

上述 3 个例子中的语法和语义将在以后章节中介绍，这里仅仅归纳出 C 程序结构的特点。

（1）任何一个 C 程序都是由一个或若干个函数构成的，其中必须包含一个名为 main 的主函数。main 函数将由系统自动调用，是整个程序执行的起始点。

（2）C 程序中的函数被分成两类：一类是系统定义的标准函数，如 printf 和 scanf。在调用它们之前，需要使用 C 语言提供的编译预处理命令#include 将含有相应标准函数原型声明的头文件嵌入到程序中；另一类是用户自定义的函数，如 maxValue。

（3）C 程序的执行采用顺序执行的方式，函数体内的语句顺序执行，只有 if 和 for 等语句可以改变语句的执行顺序。

（4）程序中每一条语句都必须描述出具体的操作，包括用于算术运算和比较运算的操作，用于变量赋值的操作，用于控制程序执行顺序的操作。其中，变量代表存储器，赋值就是修改存储器的内容。

为了提高程序的清晰度，便于程序的阅读、理解和维护，建议在书写 C 程序源代码的时候遵循以下几个原则。

（1）如果一个程序包含多个函数定义，函数与函数之间空一行。

（2）表示函数体的一对括号{…}可以按照如下方式书写：

```
<函数返回类型>  <函数名>（<参数表>）
{
    …
}
```

（3）在函数体中，变量定义与执行语句之间需要添加一个空行。

（4）尽量做到一条语句写在一行中，一行也只写一条语句。

（5）采用缩进方式书写语句，即内层语句较外层语句向右缩进两列。

按照上述规范的书写方式来组织程序是程序员必须养成的良好习惯。就如同汉字的书写应该"横平竖直"一样，标准的程序书写方式是正规程序员必备的专业素质之一。

1.2.2 运行 C 程序的基本过程

C 语言是一种编译型的程序设计语言，即 C 语言描述的程序不能直接运行，它必须翻译成机器语言程序，才能在计算机上运行。一个 C 语言程序从编写到运行的基本过程如图 1-3 所示。

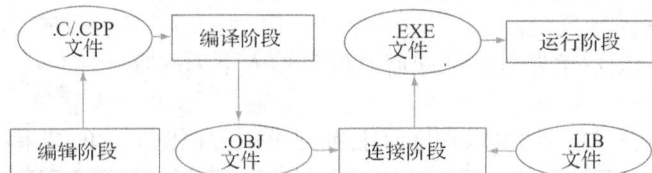

图 1-3　C 程序的基本运行过程

下面分别阐述各阶段的主要任务。

（1）编辑阶段。使用一个具有编辑功能的软件来编写 C 程序的源代码，并以纯文本的形式保存成扩展名为.c 或.cpp 的文件。通常将这个文件称为 C 源程序文件。Visual Studio 和 Dev-C++等集成开发环境都提供了功能强大的编辑器，开发者应该熟悉这些工具的使用方法。

（2）编译阶段。编译阶段的任务是将编辑好的 C 源程序翻译成二进制目标代码。任何一个 C 语言开发环境都会提供用于编译 C 源程序的编译程序。一旦运行编译程序，它就会对 C 源程序进行检查。如果发现错误，就会给出相应的错误提示。编译程序接收的文件是扩展名为.c/.cpp 的 C 源文件，编译成功后产生的是拓展名为.obj 的二进制目标文件。

（3）连接阶段。经过编译阶段产生的二进制目标文件是一个需要重新定位的程序模块。一个完整的、可运行的 C 程序可能由多个目标程序模块和标准函数构成。集成开发环境提供了标准函数库文件（以.lib 为扩展名）和连接程序。连接程序的主要任务就是将多个扩展名为.obj 的目标文件和扩展名为.lib 函数库文件，连接成可执行程序，保存为一个扩展名为.exe 的可执行程序文件。

（4）运行阶段。在扩展名为.exe 的可执行程序文件生成后，就可以在计算机系统上运行这个程序了。

实际上，从把一个编写好的 C 程序代码输入到计算机开始，到最终能够正确运行这个程序，往往需要多次反复地进行编辑、编译、连接和运行。例如，当编译程序发现语法错误，需要重新进入编辑阶段，并根据编译程序提供的错误提示对源程序进行修改；当出现连接错误时，也需要检查源程序，以便确定是否由于书写错误造成寻找不到需要连接的程序模块；当出现运行错误时，则需要根据错误类别推测产生错误的原因，然后对源程序做出相应的修改。每次对源程序的任何改动都需要重新进行编译、连接和运行。

初次接触程序设计的人可能会感觉：运行 C 程序是一个比较复杂的过程，特别是需要记忆各种操作命令，这对于很多人来说是一件很烦心的事情。实际上，目前市场上流行着许多功能强大、操作方便的集成开发环境，它们将上述运行程序的各个环节集成在一起，使得运行程序变得很简单，例如，Visual Studio、Dev-C++ 等就是深受人们青睐的 C 程序集成开发环境。本书将主要介绍 Visual Studio 2010 和 Dev-C++ 5.1 开发环境，其他版本的开发环境与之有很多相似之处，有兴趣的读者可以参考相关的资料。

1.2.3　使用 Visual Studio 2010 集成环境开发 C 程序的过程

微软公司开发的可视化编程套件 Visual Studio 2010 可以用在 Windows 环境下开发 C 程序或 C++程序。在这个集成环境中，囊括了创建、编辑、编译、连接和调试 C/C++程序的所有功能。同时，面向 Windows 环境的软件开发，提供了基于向导的可视化编程工具，是一种能够方便、快捷地开发 C/C++程序的软件开发工具。

本节将以【例 1-3】的程序为例，介绍在 Visual Studio 2010 环境下编辑、编译、连接和运行 C 语言程序的基本过程。关于 Visual Studio 2010 环境的使用方法，请参阅附录 C。

使用 Visual Studio 2010 环境开发并运行一个 C 程序大致需要经过以下几个步骤。

（1）对于安装了 Visual Studio 2010 中文专业版的计算机，其执行程序是 devenv.exe；往往安装在目录 C:\Program Files (x86)\Microsoft Visual Studio 10.0\Common7\IDE 下面。通常可以在桌面图标或程序菜单中找到 Microsoft Visual Studio 2010 的程序入口。启动该程序之后，可以看到如图 1-4 所示的用户界面。

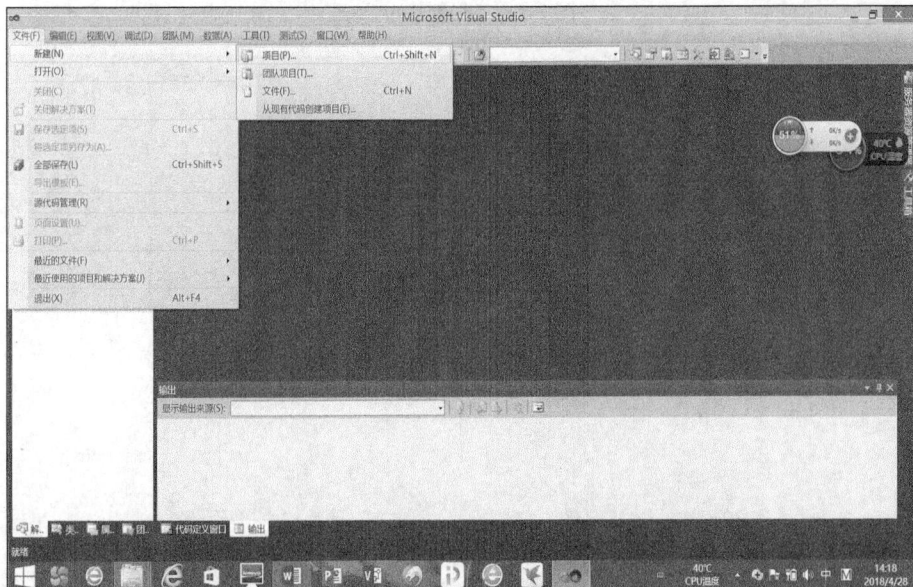

图 1-4　Visual Studio 2010 环境用户界面

在 Visual Studio 2010 环境中，采用项目工程 Project 来管理正在开发的软件。每个项目工程中通常包含若干个源程序文件和数据文件。为了开发【例 1-3】所示的简单程序，首先需要建立一个新的项目工程 Project。为此，应选择"文件"→"新建"→"项目"命令，在如图 1-5 所示的对话框中输入新的项目工程名（如 MyProc），并指定存储工程文件的文件夹，属于该工程的所有文件将保存在该文件夹中。

在图 1-5 所示的右侧列表中，需要指定程序的种类，这里应该选择"Win32 控制台应用程序"选项，输入/输出都通过控制台进行。其他选项用于开发各种形式的 Windows 程序。随后，用户单击"确定"按钮，进入 Win32 应用程序向导，选择"下一步"按钮，将出现如图 1-6 所示的对话框，提示用户选择程序类型。对于 C 程序的开发者，应该在"附加选项"中勾选"空项目"选项，然后单击"完成"按钮，即可完成项目工程 MyProc 的创建。此时，系统回到如图 1-4 所示的用户界面，左侧的窗口中可以看到刚刚建立的工程 MyProc 的详细目录。

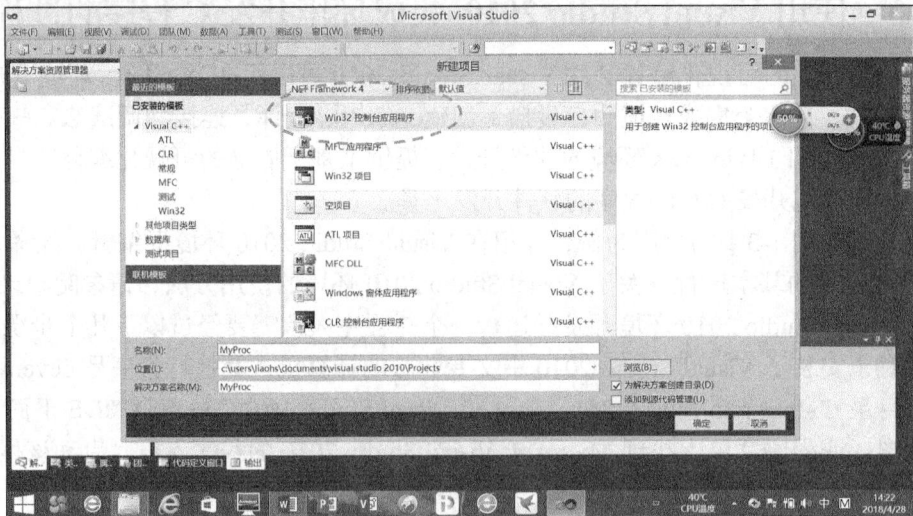

图 1-5　工程创建对话框

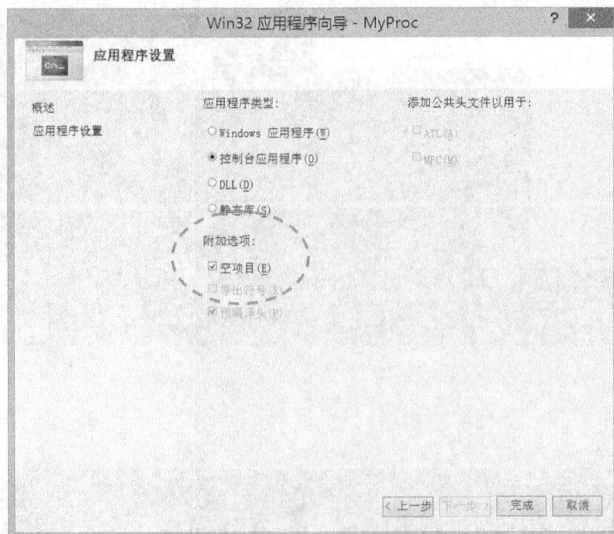

图 1-6　应用程序向导对话框

（2）在项目工程建立之后，开始创建 C 语言的源程序文件。这时，需要选择"项目"→
"添加新项"命令，将看到如图 1-7 所示的对话框。

在文件创建对话框中，可以为当前项目工程"MyProc"创建各种文件。在中央的栏目中
需要指定文件的类型，对于 C/C++程序，用户应该选择"C++文件（.cpp）"选项，并且在下
面的名称编辑框中输入文件名。由于 Visual Studio 环境主要用于开发 C++程序，文件扩展名
的默认值是.cpp，因此，对于 C 程序的编制，应该指定其扩展名为.c，如 C1_3.c。

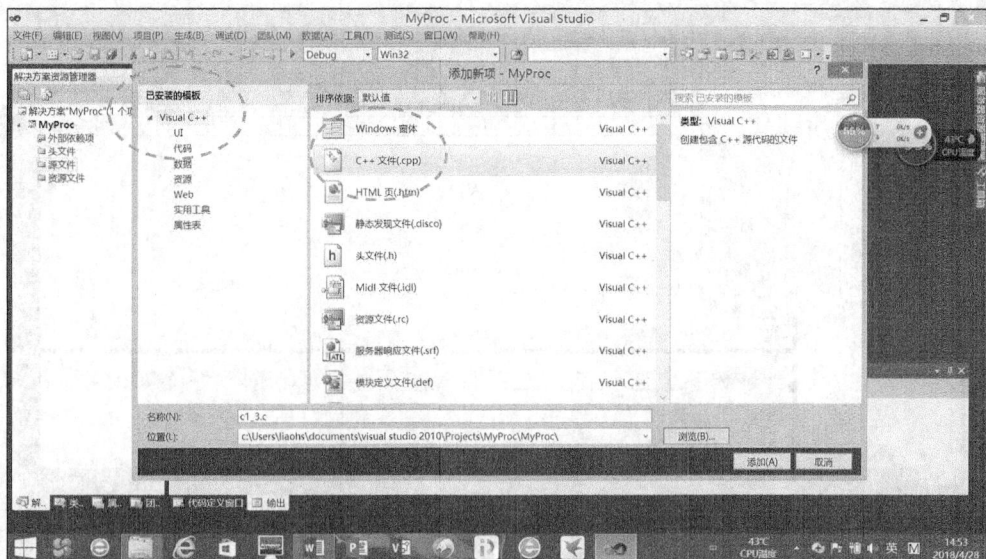

图 1-7　文件创建对话框

（3）工程与文件创建完毕，从用户界面左侧的窗口中可以看到创建好的项目工程 MyProc
与 C 程序文件 C1_3.c。双击文件图标，右侧将展示出文件编辑窗口。在编辑窗口内，输入程
序代码，如图 1-8 所示。

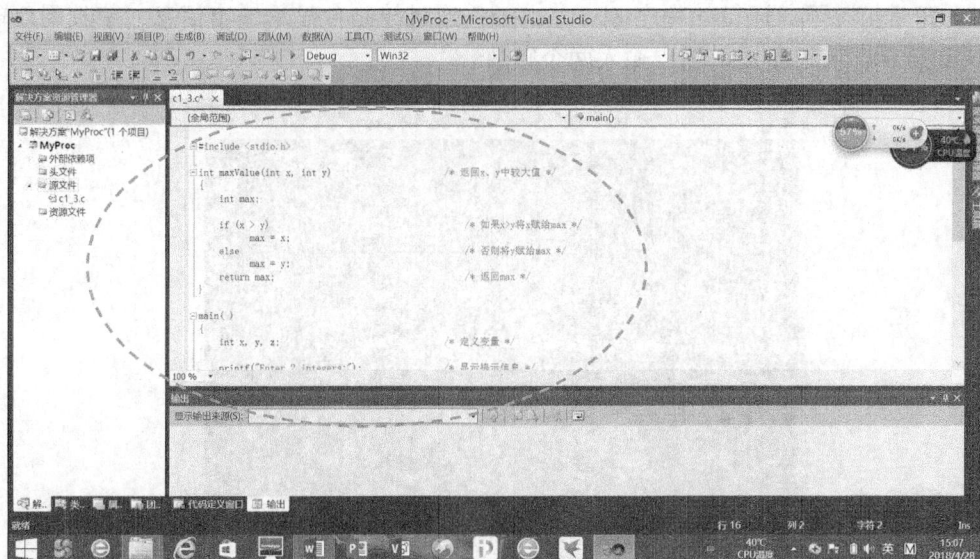

图 1-8　进入文件编辑的 Visual Studio 2010 用户界面

（4）编辑完成后，选择"调试"→"开始执行"命令或按"Ctrl+F5"组合键，如图 1-9 所示。它将提示开发者确认程序的生成，随后启动程序的编译、连接和运行。这个命令中包括了将文件 C1_3.c 编译成目标文件 C1_3.obj；然后将该文件和程序中引用的库文件相连接，构造出执行程序文件 MyProc.exe；最后，在控制台启动该程序的运行。所有这些文件都被置于本工程所属的文件夹中，可以通过资源管理器浏览。

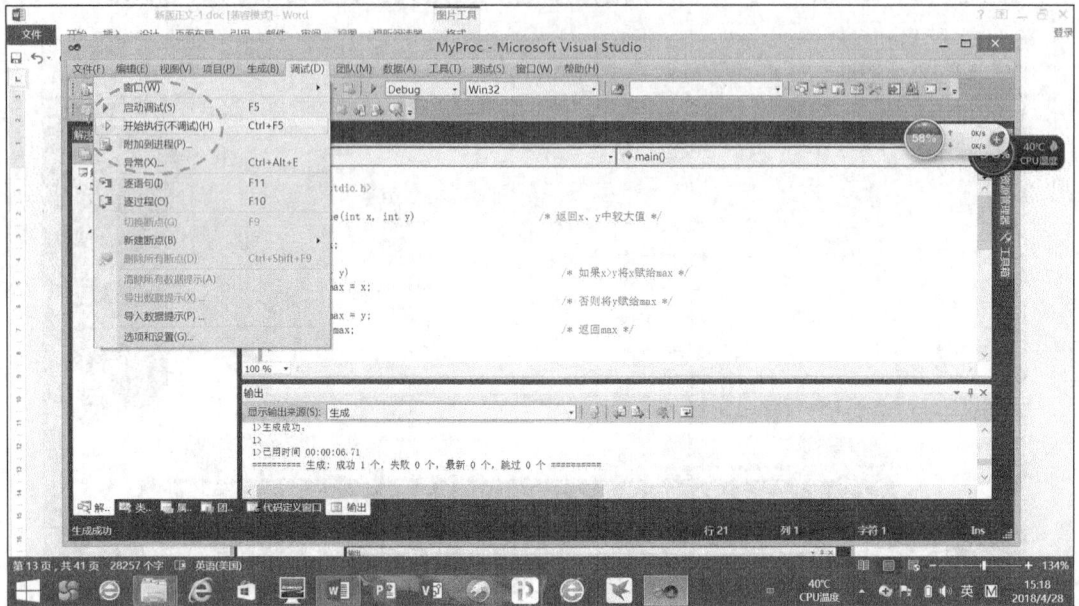

图 1-9　编辑完成后，选择"调试"→"开始执行"命令时的用户界面

用户界面最下方的输出窗口中将展示出程序编译和连接的过程信息。如果编译过程中发现 C 程序中存在错误，则会在该窗口中显示错误提示信息。用鼠标双击错误信息所在行，系统将在编辑窗中指出可能存在错误的语句。

（5）正常情况下，运行的程序 MyProc.exe，通过控制台显示输出信息，接收用户输入，如图 1-10 所示，该程序提示用户输入两个整数。

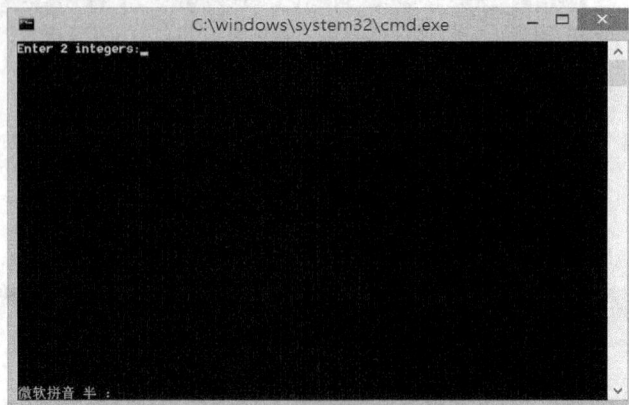

图 1-10　控制台窗口中 MyProc.exe 程序运行画面

如果此时用户输入了 49　98，将得到如图 1-11 所示的运行结果。

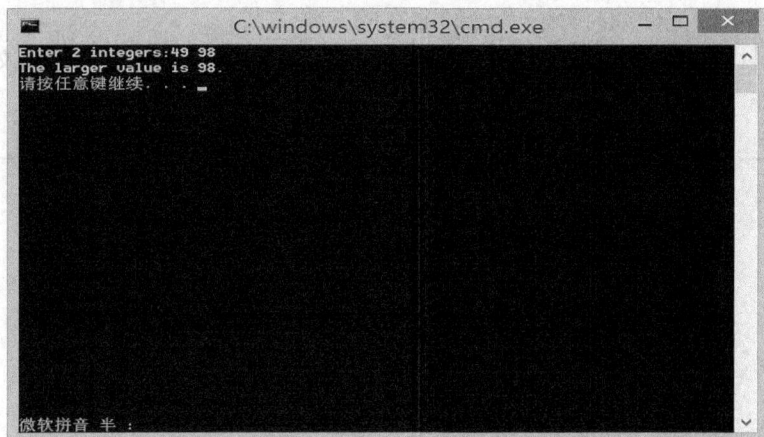

图 1-11　控制台窗口中的输入/输出信息

至此，程序运行结束。所有的输入/输出信息都会显示在控制台窗口中。用户可以按任意键来返回用户界面，继续程序的编制和修改。程序运行过程中也可以按"Alt+Tab"组合键在用户界面和控制台窗口之间切换。

在上述过程中，使用 Visual Studio 2010 开发环境对【例 1-3】的 C 程序（C1_3.c）进行了编译、连接和运行，生成了 C1_3.obj、MyProc.exe 等文件，保存在该工程所属的文件夹内。其中，MyProc.exe 是最终生成的执行程序，用于完成 C1_3.c 文件中所描述的计算。

上述操作过程仅叙述了最简单的程序编译、运行过程，未涉及排错处理和复杂的程序结构。关于 Visual Studio 2010 环境对于程序调试过程的支持，请参考 2.4 节的介绍和附录 C。

1.2.4　使用 Dev-C++ 集成环境开发 C 程序的过程

Dev-C++ 5.1 是 Bloodshed 公司开发的一套专门用于开发 C/C++程序的集成环境。在这个集成环境中，囊括了创建、编辑、编译、连接和调试 C/C++程序的所有功能，是一种能够方便、快捷地开发 C/C++程序的有效工具。

下面通过运行【例 1-3】的程序，介绍在 Dev-C++环境下运行 C 程序的基本过程。

（1）启动 Dev-C++环境之后，将可以看到如图 1-12 所示的用户界面。

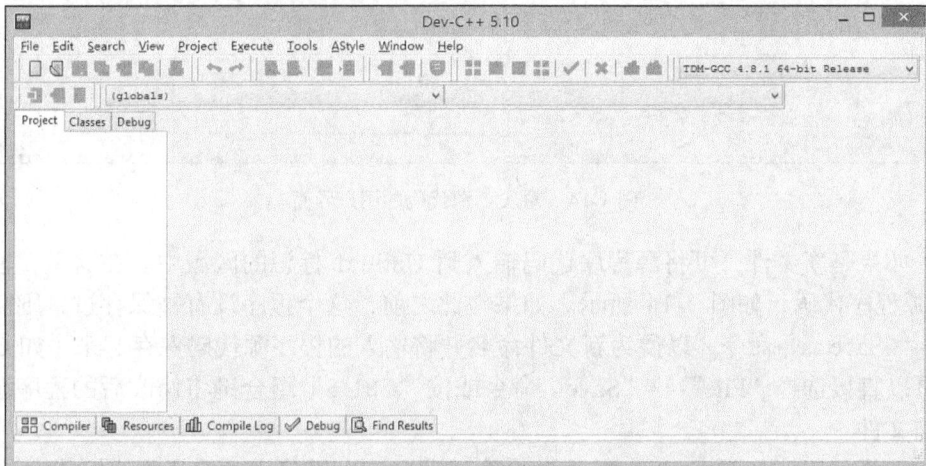

图 1-12　Dev-C 环境用户界面

（2）创建一个新文件或打开一个已经存在的 C 源文件。

在这里，可以选择"File"→"New"→"Source File"命令创建一个新文件，如图 1-13 所示，或者选择"File"→"Open"命令打开一个已经存在的 C 源文件。

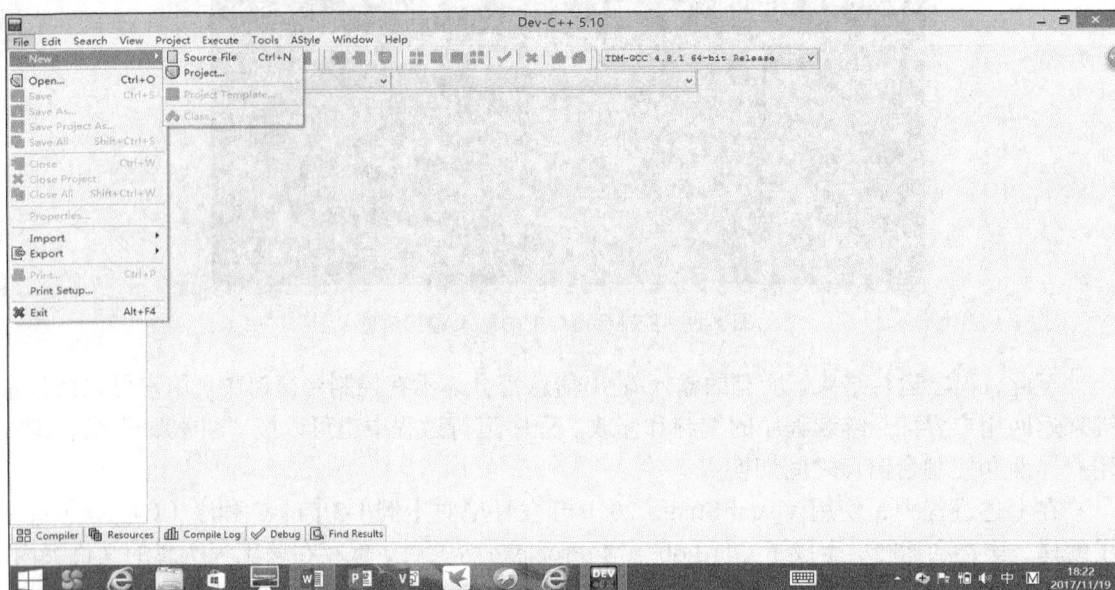

图 1-13　创建或打开 C 源文件

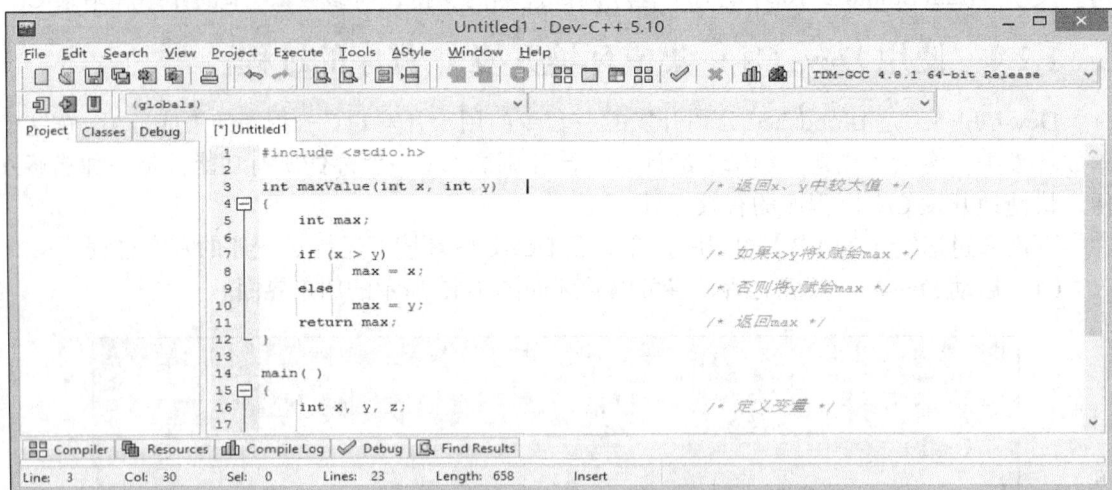

图 1-14　输入 C 源代码的用户界面

（3）如果是新文件，可将源程序代码输入到 Untitle1 标识的区域中。在这里，输入【例 1-3】的源程序代码，如图 1-14 所示。如果在此之前，这个程序没有被保存过，则需要选择 "File"→"Save as"命令，以便为新文件命名并将输入的程序源代码保存起来（如 C1_3.c）。 否则，可以直接选择"File"→"Save"命令或按"Ctrl+S"组合键将修改后的程序源代码保 存在当前文件。

（4）选择"Execute"→"Compile"命令或按"F9"键将启动编译程序完成对 C 源文件

的编译，如图 1-15 所示。如果出现语法错误，将在最下面的 Compile Log 框中显示编译程序
给出的提示信息。

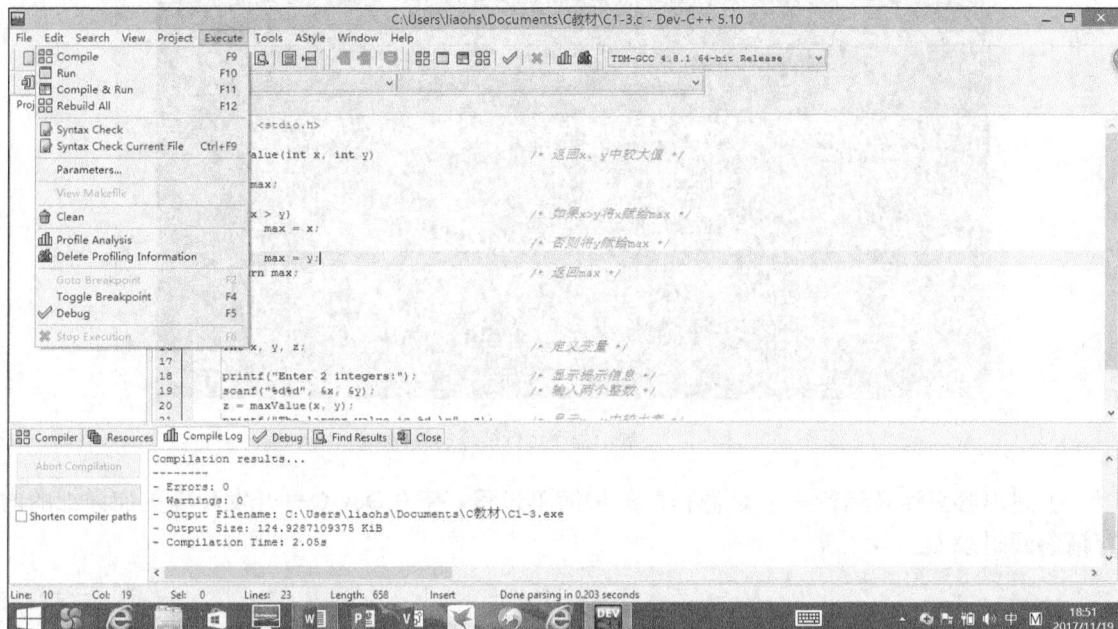

图 1-15　C 源程序的编译界面

（5）如果编译成功，选择 "Execute" → "Run" 命令即可启动该程序的运行。正常情况
下，可以看到如图 1-16 所示的等待用户输入界面。

当用户通过键盘输入 48　89 后，按回车键即可看到如图 1-17 所示的程序运行结果，用
户按 "F" 键也可以查看到这个结果。

图 1-16　等待用户输入的界面

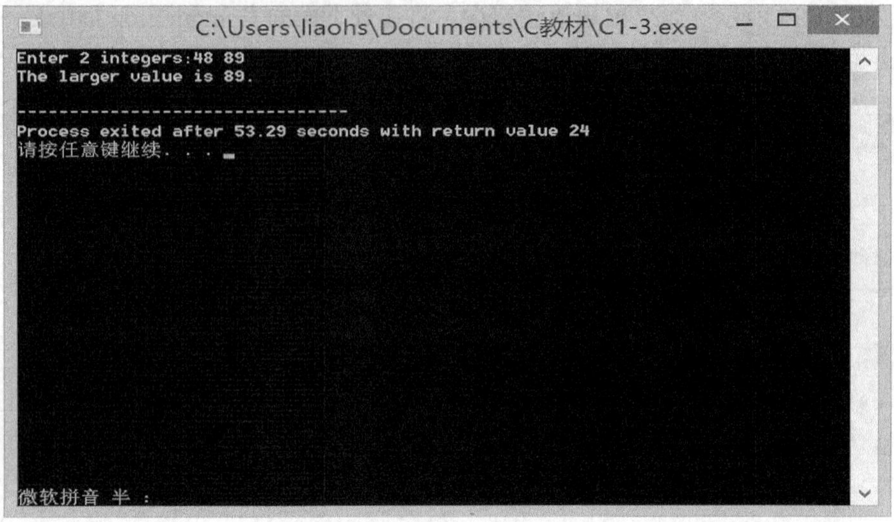

图 1-17　展示程序运行结果的界面

上述内容只涉及运行一个 C 源程序的最简单过程，有关 Dev-C++开发环境更加详细的内容请参阅附录 D。

1.3　数据类型、常量、变量、输入/输出与基本运算

为了提高程序的运行速度，有效地利用存储空间，并能尽早地发现错误，各种程序设计语言都将处理的数据分成不同的数据类型，并将这些数据以常量或变量的形式保存起来，本节将介绍数据类型、常量和变量等概念，以及输入/输出与基本运算的实现方式。

1.3.1　基本数据类型与数据的表示

为了提高计算机处理数据的能力，各种程序设计语言都将数据按照其特点划分成若干种基本数据类型。不同的数据类型有不同的取值范围、不同的运算以及不同的存储方式。与其他程序设计语言相比较，C 语言提供的基本数据类型种类十分丰富，其中包括整型、实型和字符型等多个类别。为了便于读者理解和掌握，这里只介绍几种常用的基本数据类型，其余的数据类型将在使用时介绍。

1. 整型

整型是用于描述整数的数据类型，例如，123、-89、0。在 C 语言中，常用的整型是基本整型 int，用于表示一个机器字长所表示的整数。对于 32 位系统，int 类型的数据用 4 字节（32 位二进制位）表示，包括 1 位符号，有效位数为 31 位，取值范围为-2 147 483 648～2 147 483 647。

2. 实型

实型是指带小数点的数据类型，例如，78.34、0.0、-765.2、76.0。在 C 语言中，常用的实型是双精度型，用 double 表示。double 类型的数据用 8 字节（64 位二进制位）表示，包括 1 位符号，

11 位指数和 52 位尾数，取值范围为-1.797 693 134 862 32E308～1.797 693 134 862 32E308。

3. 字符型

字符型是一种特殊的整型，用于表示字符，取值范围为-128～127。在 C 语言中，字符类型的名称是 char，字符值用一对单引号括起来，并且每个字符对应一个 ASCII 编码，用 1 字节（8 位二进制位）表示。例如，'0'、'B'、'#' 对应的 ASCII 编码分别为 48、66 和 35。有关其他字符的 ASCII 编码，请参阅附录 A。

1.3.2　常量

常量是指在程序运行过程中始终不发生变化的量。在 C 语言中，主要包括整型常量、实型常量、字符型常量、字符串型常量。

1. 整型常量

在 C 语言中，整型常量常用十进制形式。例如，120、3 270、-987、-89 都是正确的十进制书写形式。在具体的书写过程中，整型常量的书写形式为：开始于"+"号或"-"号（"+"号可以省略），之后紧跟一个数字序列，其中不允许出现小数点。

2. 实型常量

在 C 语言中提供了两种实型常量的书写形式：一种是十进制小数形式；一种是指数形式。例如，下面是几个用十进制小数形式书写的数值：123.45、509.0、-0.98、-1.0、0.0。

C 语言规定：实型常量默认为 double 类型。通常人们认为 509.0、-1.0、0.0 与 509、-1、0 表示的数值完全一样，但在 C 程序中，这两种书写形式有着本质的区别。前者属于 double 类型，在内存中占用 64 位（二进制位）；后者属于 int 类型，在内存中占用 32 位（二进制位）。二者的内存表示完全不同。

例如，下面是几个用指数形式书写的数值：

1.87E+10、-9.786 89E+20、1.234 5E-3，它们分别表示 $1.87×10^{10}$、$-9.786\ 89×10^{20}$ 和 $1.234\ 5×10^{-3}$。

实型常量的十进制书写形式清晰、自然，符合人们的日常习惯，但在表示特别大或特别小的数值时，指数形式更为适宜。例如：

分子的质量大约为 0.000 000 000 000 000 000 000 000 9g，用指数形式其数值可以写成 9.0E-28g；地球与太阳之间的距离大约为 149 600 000km，用指数形式其数值可以写成 1.496E8km。

3. 字符常量

在 C 程序中，字符常量由一对单引号（'）括起来，其内部存储表示是相应字符的 ASCII 编码。例如，'P'、'='、'@'、'9' 存储的是 ASCII 编码 80、61、64、57。当对字符常量进行运算操作时，系统会将它们作为 int 类型进行处理。

这种书写字符的形式简单且清晰，适用于绝大多数的可打印字符，但像单引号（'）、反斜杠（\）和 ASCII 字符集中那些不可打印的字符或具有特殊功能的字符就需要使用 C 语言提供的转义符形式书写。转义符是指用一个反斜杠（\）后跟一个特定字符或一个八进制或十六进制数值表示的字符。例如，'\''、'\\'、'\101'、'\x20' 分别表示单引号（'）字符、反斜杠（\）字符、'A'字符和空格符。表 1-1 给出了 C 语言提供的部分转义符。

表 1-1   C 语言提供的部分转义符

转　义　符	描　　　　　　述
\a	铃声（BEL）
\n	换行（LF）
\t	水平制表（HT）
\\	反斜杠（\）
\?	问号（?）
\'	单引号（'）
\"	双引号（"）
\ddd	ddd 是一个 3 位的八进制数值，表示该 ASCII 编码所对应的字符
\xhh	xhh 是一个由前缀字符 x 开始的 2 位十六进制数值，表示该 ASCII 编码所对应的字符

4．字符串常量

字符串是由若干个字符组成的字符序列。在 C 语言中，字符串常量常用一对双引号（"）括起来。例如，"This is a C program."、"3871"和"K" 都是字符串常量。每个字符串常量占用 $n+1$ 个字节的连续存储空间。这里的 n 是其中的字符个数，包括空格符。多余的一个字节保存一个空字节，也就是 ASCII 值等于 0 的字符'\0'，用于表示字符串的结尾。

大家应该注意到，虽然 0、0.0 和'\0'的数值相同，但它们的内存表示完全不同。

1.3.3　变量、变量的存储与赋值

使用计算机解题与使用数学方式解题的一个重要区别就是需要使用存储器。数学运算描述数值之间的运算，而计算机程序则是面向存储器来描述各种计算。C 语言通过变量为程序设计者提供了使用存储器的手段。每个变量代表了不同的存储单元。当使用 C 语言描述各种计算时，可以通过变量的赋值，把计算中间结果放在变量所代表的存储单元中。当需要使用这些中间结果时，可以通过变量的引用将数据取出来。然而，由于数据的类型各不相同，每个变量在使用前需要预先进行定义，从而确定每个变量占用的存储空间大小（字节数）。

1．变量的定义

C 语言规定：程序中的每一个名字（即标识符），包括变量名和函数名，都必须先定义后使用。

定义变量的语法格式为：

<数据类型> <变量名>,<变量名>,<变量名>…]];

这说明每个变量定义语句，必须指定一个数据类型和一个或若干个变量名。例如：

```
int count;
double value, sum;
char ch;
```

变量定义语句也叫变量名的声明语句，从这些变量定义语句中可以得知每个变量的名称和所属类型。变量名是引用变量的依据；变量的所属类型决定了变量的取值范围、存储方式和能够实施的操作。

C 语言规定：变量名用标识符表示。标识符是由字母、数字字符和下画线（＿）组成的字

符序列，其中，第 1 个字符不能是数字字符，字母需要区分大小写。例如，s12、data_1、dist 是合法的标识符；12dt 是非法的标识符；count 与 Count 是两个不同的标识符。

在上面程序示例的第 1 行中，定义了一个名为 count 的 int 类型变量。系统将为这个变量分配 4 字节的存储空间，如图 1-18 所示，可以实施算术运算、关系运算、逻辑运算等一系列操作。

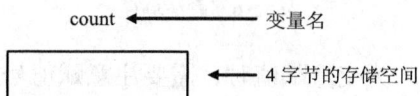

图 1-18　变量 count 占用存储空间的示意图

在第 2 行中，定义了两个名为 value 和 sum 的 double 类型变量。系统将为每个变量分配 8 字节的存储空间，可以实施取余运算（%）之外的全部算术运算、关系运算等一系列操作。另外，从这一行的定义可以看出：如果若干个变量属于同一种数据类型，利用逗号分隔，可以定义在同一行中。

第 3 行中定义了名为 ch 的 char 类型的变量。系统为它分配 1 字节的存储空间，可以表示 ASCII 编码表中出现的所有字符。

2. 变量的赋值和引用

变量定义之后并没有一个确切的初始值，因此需要被赋值后，才能使用变量名对它进行引用。为变量赋值就是将变量所属数据类型的某个数值（介于取值范围之中）放入系统为这个变量分配的存储空间中的操作。在 C 程序中，通常可采用 3 种方式为变量赋值：

（1）在定义变量的同时为变量赋予一个初始值；

（2）通过赋值操作为变量赋值；

（3）通过某种输入流和 scanf 函数为变量赋值。

下面主要介绍前两种实现方式，最后一种将在后面章节给予介绍。

在定义变量的同时直接为变量赋予初始值的语法格式为：

```
<数据类型> <变量名> = <常量表达式>;
```

例如：

```
int data = 100;
```

执行这条语句之后，系统将为变量 data 分配 4 字节的存储空间，并将 100 置入其中。

另外，在 C 语言中，提供了一个专门用于为变量赋值的操作，其操作符是 "="，使用格式为：

```
<变量名> = <表达式>
```

其中，<变量名>是一个已经声明的变量名称，"=" 是赋值号。它的执行过程是：首先计算赋值号右侧的表达式，然后将其结果放入赋值号左侧的变量中。例如，执行 count=0 之后，将得到如图 1-19 所示的结果。

如果再执行 count = count+1，count 中的值就会变成 1。它的执行过程是：引用 count 变量当前的值加 1 后再放入 count 变量中。

如果在赋值操作的后面加上一个分号，就变成了具有赋值功能的赋值语句。例如：

```
x = 64;
y = x+2;
```

这两条语句的操作过程是：先将 64 放入系统为变量 x 分配的存储空间中，然后引用变量 x 代表的存储空间中的值加上 2 之后再放入系统为变量 y 分配的存储空间中。操作结果如图 1-20 所示。

count
0

x	y
64	66

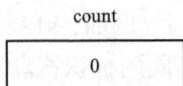

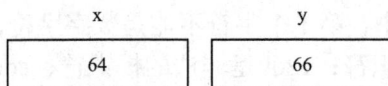

图 1-19 赋值操作   图 1-20 执行两条具有赋值功能的语句效果

为变量赋值时，需要注意赋值号右侧的表达式结果类型与赋值号左侧的变量类型是否一致。如果不一致，赋值过程将以赋值号左侧的变量类型为基准，将赋值号右侧表达式的结果转换成左侧变量的类型。如果能够成功地转换，变量将可以得到正确的数值；否则变量将不会得到正确的结果。例如，int 型整数赋值给字符型变量时，将丢失高位的 3 个字节，仅保留低位的 1 个字节。

此外，读者还应该注意，赋值号左侧的变量 count 和右侧的变量 count 具有不同的意义（语义）。直接出现在赋值号左侧的变量代表系统为变量 count 分配的存储空间，用于指定赋值的目标；而在赋值号右侧表达式中的变量 count 代表保存在该存储空间内保存的数据。这里数据参加 count+1 运算后，其结果被赋值到 count 代表的存储空间中。为了描述这种区别，变量的这两种语义分别被称为左值和右值。

下面举一个例子，说明变量定义和变量赋值的应用。

【例 1-4】 圆面积和周长的计算。

题目要求根据给定的圆半径（20 毫米），计算出圆的面积和周长。

〖问题分析〗

这是一道数学计算题。可以通过圆的面积和周长的计算公式，以及已知的圆半径，计算出圆的面积和周长。然而，对于计算机来说，程序只能针对存储器中的数据进行计算，因此程序不仅需要描述计算公式，为计算所需的数据和结果准备存储空间，还要为计算所需的数据提供数据输入步骤，为结果数据提供数据输出步骤。

〖程序代码〗

```c
#include <stdio.h>

main( )
{
    double radius, area, perimeter;                          /* 变量定义 */

    radius = 20;                                             /* 为变量 radius 赋值 */
    area = radius*radius*3.14159;                           /* 为变量 area 赋值 */
    perimeter = 2*radius*3.14159;                           /* 为变量 perimeter 赋值 */
    printf("The radius of the circle is %lf\n", radius);    /* 显示 radius 的值 */
    printf("The area of the circle is %lf\n", area);        /* 显示 area 的值 */
    printf("The perimeter of the circle is %lf\n", perimeter); /* 显示 perimeter
的值 */
}
```

在这个程序中，首先定义了 3 个变量 radius、area 和 perimeter，它们分别用来保存圆的半径、面积和周长。随后的 3 条语句依次完成了为 radius 赋值、利用 radius 的值计算圆的面积并将结果保存在变量 area 中，以及计算圆的周长并将结果保存在 perimeter 中，最后 3 条printf 语句将保存在 3 个变量中的结果输出到标准输出设备（屏幕）。

运行这个程序后，将会在屏幕上看到下面方框中显示的结果。

> The radius of the circle is 20.000000
> The area of the circle is 1256.636000
> The perimeter of the circle is 125.663600

从上述程序中可以看出，对于计算公式已知的数学问题，C 语言程序编写的步骤如下：

（1）为计算所需的数据和结果准备存储空间，也就是定义变量；

（2）通过直接赋值或 scanf 等函数将输入的数据（如半径）保存到变量中；

（3）采用表达式来描述数学计算公式（类似于数学表达式），并赋值给负责保存结果的变量（如面积和周长）；

（4）使用 C 语言提供的输出函数（如 printf）将计算结果显示在屏幕上。

在为变量命名的时候，不但要符合 C 语言的标识符命名规范，还做到"见名知意"，这样可以提高程序的可阅读性和可理解性，是专业人员必备的做法。

针对上述 C 程序设计的需求，下面逐步介绍数据的输入/输出和各种运算表达式。

1.3.4　基本的输入/输出

在程序的运行过程中，程序能够接收用户通过标准输入设备——键盘提供的数据信息；程序结束运行后，程序会将处理的结果通过标准输出设备——显示器反馈给用户，这些都是程序设计语言提供的必备功能。在 C 语言中，将所有的输入/输出内容视为数据流，并可通过一系列标准函数实现输入/输出。例如，scanf、getchar、printf 和 putchar 等，这些标准函数的原型都定义在标准函数库的头文件 stdio.h 中，因此，在调用它们之前，需要利用编译预处理命令 include 将这个头文件嵌入到程序中。另外，根据对输入/输出格式的控制能力，这些标准函数被分成了两个类别：一类是非格式化输入/输出；另一类是格式化输入/输出。下面将分别介绍它们的使用方法。

1. 非格式化输入/输出

非格式化输入/输出是指无格式控制能力的输入/输出形式。在 C 语言中，这种形式主要应用于字符或字符串的输入/输出。这里只介绍字符的非格式化输入/输出，有关字符串的输入/输出将在后面的章节中介绍。

（1）字符的非格式化输入。在 C 语言的标准函数库中，用于实现字符输入的函数是 getchar()，其调用格式为：

```
getchar()
```

它的基本执行过程为，等待用户从标准输入设备——键盘输入一个字符。如果输入成功，函数返回这个字符的 ASCII 编码。例如：

```
char ch;
ch = getchar( );
```

如果在某个程序中包含上面这两条语句，则程序执行到第 2 行的语句时，就会首先调用 getchar 函数。此时，系统将暂时中断程序的继续执行，等待用户的键盘输入。当用户的键盘输入流中存在未读入的字符时，getchar 函数将读取输入流中第一个字符，返回该字符的 ASCII 编码，然后将这个编码的整数值赋给变量 ch，随后继续往下执行。此时，如果再次调用 getchar 函数，将获得输入流中的下一个字符。C 语言的所有输入/输出都采用这种流式的工作方式。

需要注意的是：如果没有立刻将函数的返回结果保留在一个变量中，或没有立刻对返回结果进行任何处理，用户通过键盘输入的字符将无法引用，从而就会丢失。

（2）字符的非格式化输出。与 getchar 对应的标准输出函数是 putchar，它将实现输出字符的功能。其调用格式为：

```
putchar(ch)
```

该函数要求其参数 ch 必须是一个字符型整数。按照 C 语言的规定，其他类型的数值（包括字符）都会被转换为整数，putchar 按照该整数所代表的 ASCII 值，向标准输出流（屏幕）输出相应的字符。

下面列举一个应用非格式化输入/输出字符的例子。

【例 1-5】 字符的输入/输出。

通过键盘输入两个字符，分别在两行上显示这两个字符，每行显示 4 次。

〖程序代码〗

```
#include <stdio.h>

main( )
{
    char ch;                    /* 定义变量 ch */

    ch = getchar();             /* 从键盘读取一个字符 */
    putchar(ch);                /* 在屏幕上显示 4 次输入的字符 */
    putchar(ch);
    putchar(ch);
    putchar(ch);
    putchar('\n');              /* 在屏幕上显示换行 */
    ch = getchar();             /* 从键盘读取下一个字符 */
    putchar(ch);                /* 继续在屏幕上显示 4 次输入的字符 */
    putchar(ch);
    putchar(ch);
    putchar(ch);
    putchar('\n');              /* 在屏幕上显示换行 */
}
```

运行上面这个程序后，系统将暂停执行，等待用户的输入。当用户通过键盘输入某个字符并按 "Enter" 键后，程序将继续向下执行。例如，用户通过键盘输入字符：

```
# $
```

然后按 "Enter" 键，屏幕将会显示下面方框中显示的内容。

```
####
$$$$
```

需要注意以下几点。

（1）在输入字符时，不能将字符用一对单引号括起来，这样会被认为是输入了 3 个字符。例如，如果希望输入大写字母 'M'，直接通过键盘输入 M 即可，千万不要输入 'M'。

（2）程序中第 5 次调用 putchar 函数时，给定的参数是 '\n'，这是换行符的表示方式，因此，这次执行 putchar 函数后将会产生一个换行效果。

（3）程序运行时，用户只有输入 "Enter" 换行键后，程序才继续开始运行。这是因为 C 语言在读入输入流时，采用了行输入方式，只有单击换行键后，程序才能开始读取输入流中的字符。事实上此时标准输入流中有 3 个字符#、$和'\n'。程序读到字符$后，就继续执行后面的语句了。如果这时再次使用 getchar，就可以得到下一字符'\n'。建议读者自行试试看。

2．格式化输入/输出

格式化输入/输出是指能够控制格式的输入/输出形式。在 C 语言的标准函数库中，提供的 scanf 和 printf 就是专门用于实现格式化输入/输出的两个函数。

（1）格式化输入函数 scanf

调用 scanf 函数的格式为：

```
scanf(<格式控制字符串>,<变量地址>,<变量地址>,…,<变量地址> );
```

<格式控制字符串>是一个用双引号括起来的字符串，其中有各种格式控制说明符，依次说明每个输入数据的数据类型。常用的格式控制说明符由"%"后连接一个特定字符或字符序列组成。例如，"%d"表示这个位置应该输入一个十进制整型数值；"%c"表示这个位置应该输入一个字符；"%lf"表示这个位置应该输入一个双精度数值。

<变量地址>用于存放输入数据的变量地址，也就是该变量的存储空间的首地址，输入的数据将依次存入这些地址描述的存储空间，即各个变量中。显然，变量地址的个数和格式控制说明符的个数必须相同。在 C 语言中，有个专用运算符"&"用于取一个变量的地址。例如，&a、&value 分别计算出变量 a、value 的存储地址。

假设在调用 scanf 函数之前已经定义了变量 x、y、f1 和 f2：

```
int x, y;
double f1, f2;
```

此时，可以使用下面这条语句完成从键盘输入 4 个数据，并将它们分别保存到变量 x、y、f1 和 f2 中：

```
scanf("%d%d%lf%lf", &x, &y, &f1, &f2);
```

当程序执行到这条语句时，系统暂停继续执行，等待用户的键盘输入。此时，用户需要通过键盘输入 4 个数据，前两个是整型数值，后两个是双精度型实数。

C 语言规定，除了字符之外，其他类型的输入数值之间可用空格或换行符分隔。例如，对于上例，可以有下面几种输入形式：

```
234-98 56.787 -78.43<回车>
```

或者

```
234 -98<回车>
56.787-78.43<回车>
```

其中，<回车>表示按"Enter"键。上面两种输入形式的效果完全一样，即将 234 赋给变量 x；将-98 赋给变量 y；将 56.787 赋给变量 f1；将-78.43 赋给变量 f2。读者应该注意到本例输入的 234 和-98 之间的空格可有可无，而 98 和 56.787 之间必须有空格或换行符。同理，56.787 和-78.43 之间的空格也是可有可无。这就是所谓的自然分割方式。

为了减少在输入时由于用户对输入格式缺乏了解而造成的输入错误，建议在每个输入语句之前显示一条提示信息（可使用 printf）。其中包括一些关于需要用户输入的数据个数及相应的数据类型等说明性提示。

下面看一个使用格式化输入/输出的程序例子。

【例 1-6】　角度到弧度的转换。

编制程序，将输入的角度转换成弧度后输出。

〖问题分析〗

本题仍然是一道数学计算题，应该包含变量定义、输入、计算和输出 4 个步骤。

【程序代码】

```
#include <stdio.h>

main( )
{
    int degree;                                        /* 定义存放角度的变量 */
    double radian;                                     /* 定义存放弧度的变量 */

    printf("Enter degree<int>:");                      /* 显示提示信息 */
    scanf("%d", &degree);                              /* 通过键盘输入角度 */
    radian = 3.14159*degree/180;                       /* 计算弧度 */
    printf("%d degrees equal to %lf radians.\n", degree, radian); /* 显示结果 */
}
```

执行这个程序后，屏幕上将会显示下列提示信息：

```
Enter degree<int>:
```

看到这个提示信息后，用户就会得知应该通过键盘输入一个 int 类型的数据，它代表角度。假设通过键盘输入：

```
45<回车>
```

通过 scanf 函数，45 就被赋给了变量 degree，程序继续往下执行，最后可以看到下面方框中的显示结果。

```
45 degrees equal to 0.785398 radians.
```

在这个程序中，将存储角度的变量 degree 定义成 int 类型，将存储弧度的变量 radian 定义成 double 类型的主要原因是考虑到使用整型数据描述角度可以满足一般的需要，但 0°～360° 所对应的弧度为 0～2π，所以弧度必须定义为实数类型。采用了计算公式 3.141 59*degree/180，结果保存在变量 radian 中。

（2）使用 printf 函数实现格式化输出

与 scanf 函数相对应，printf 函数的功能是实现格式化输出。调用 printf 函数的格式为：

```
printf(<格式控制字符串>,<表达式>,<表达式>,…,<表达式>);
```

其中，<格式控制字符串>的含义与 scanf 函数相同。但在这里，除了包含格式控制说明符外，还可以包含一些直接显示的字符串，但是格式控制说明符的个数和后面表达式的格式必须相同。函数 printf 的基本功能是将每个表达式的计算结果依次按照格式控制说明符定义的格式显示到标准输出设备——显示器上。格式控制说明符需要与将要输出的表达式依次一一对应。例如，【例 1-6】的最后一条语句：

```
printf("%d degrees equal to %lf radians.", degree, radian);
```

在这条语句的格式控制字符串中，包含两个格式控制说明符%d 和%lf，分别用来控制 degree 和 radian 的输出格式，前者按照十进制整数输出，后者按照浮点数输出，其余的内容均直接输出（\n 表示换行符）。前面给出的显示结果已经展示了输出内容。

在有些实际应用中，人们希望能够更加准确地控制每个数值输出时所占据的列数，为此，C 语言提供了相应的功能。其格式为：

```
%m 和 %m.n
```

其中 m 表示数值输出时在屏幕上占据的列数，又被称为场宽，n 表示输出实数时小数点后的位数。假设有下列变量定义：

```
int a = 365;
char c = 'Z';
double e = 7865.298;
```

对于下面这条语句：

```
printf("%6d%3c%12.6lf", a, c, e);
```

将在屏幕上显示下列结果：

```
   365   Z 7865.298000
```

其中，整型数值 365 一共占 6 列，前 3 列为空格，后 3 列为数值；字符 "Z" 一共占 3 列，前 2 列为空格，后 1 列为字符；双精度数值 7 865.298 占 12 列，前面有 1 列空格，小数部分占 6 列。

当设定的场宽大于数值实际需要的列数时，数值将采取右对齐的方式，在前面的剩余位置补空格，这是 C 语言的默认处理方式。C 语言提供的格式控制符功能很丰富，需要了解更多的读者，可以参考有关语言规范。

此外，由于数据的格式化和非格式化输入/输出机制的不同，程序设计者应该尽量避免在一个程序中交叉使用这两类输入/输出函数，以避免机制切换带来混乱。

1.3.5 算术运算符和算术表达式

C 语言中提供的运算种类十分丰富，包括算术运算、关系运算、逻辑运算和位运算等。这里先介绍最常用、最简单的算术运算及算术表达式，在后面章节中会陆续介绍其他几种运算。

1. 算术运算符

在 C 语言中，算术运算包含 5 个二元运算符，二元运算是指需要两个操作数的运算。它们分别是加（+）、减（−）、乘（*）、除（/）和取余（%）。对于加（+）、减（−）、乘（*）三种运算来说，当两个操作数的数据类型相同时，所得结果仍是这种数据类型；当两个操作数的数据类型不相同时，C 语言会按照向占二进制位数较多的数据类型转换的原则，在计算之前自动地将占二进制位数较少的数据类型转换为占二进制位数较多的数据类型。例如，前面的角度转换成弧度的计算公式中：

```
radian = 3.14159*degree/180;                              /* 计算弧度 */
```

degree 是整数，3.141 59 是双精度数，因此乘法结果是双精度数；再除以整数 180，结果仍然是双精度数。

C 语言允许 char 类型的变量或常量参与各种算术运算，但在运算时，它将被视为一个整型数值，其值为字符对应的 ASCII 编码。例如，'A'+32 等于用大写字符'A' 的 ASCII 编码 65 与 32 相加等于 97，而 97 是小写字母 'a' 的 ASCII 编码，因此，利用这种方法可以将一个大写字母转换成小写字母。另外，'9'-'0'等于用字符'9' 的 ASCII 编码 57 与字符'0' 的 ASCII 编码 48 相减等于 9，可以看出，它实现了将一个数字字符转换成相应的整型数值的功能。

对于除（/）运算，当它的两个操作数为整型时，结果也为整型。例如，48/5 等于 9；100/13 等于 7。但当其中一个操作数为实型时，另一个操作数也将转换成实型，其结果也为实型。例如，48/5.0 将把 48 转换成实型数值，然后再与 5.0 相除，最后结果等于 9.6。

对于取余（%）运算，它的两个操作数必须是整型，其结果也为整型。假设 a 和 b 是两个 int 类型的变量，且 b 不等于 0；则 a%b 的计算结果是 a 整除以 b 的余数。例如，a=20，b=3，则 a%b 的结果为 2。

上面几个算术运算看起来很简单，但将它们组合起来却可以实现一些复杂的功能。下面进行列举说明。

【例 1-7】 数字字符串到整数的转换。

将连续输入的 4 个数字字符拼成一个 int 类型的数值。例如，输入 4 个数字字符'9'、'7'、'0' 和 '2'，应该得到一个 int 类型的整型数值 9 702。

这个程序实现的关键在于如何将数字字符变成个位的数字，以及如何将 4 个个位数拼接成一个整型数值。下面是解决这个问题的程序源代码。

〖 程序代码 〗

```
#include <stdio.h>

main( )
{
    int d1, d2, d3, d4, value;

    printf("Enter 4 characters:");
    d1 = getchar()-'0';                   /* 输入数字字符，并转换为个位数 */
    d2 = getchar()-'0';
    d3 = getchar()-'0';
    d4 = getchar()-'0';
    value = d1*1000 + d2*100 + d3*10 + d4;   /* 将 4 个个位数拼成 int 类型的数据 */
    printf("The value is  %d\n", value);     /* 输出结果 */
}
```

运行这个程序时，将会在屏幕上显示下列提示信息：

```
Enter 4 characters:
```

假设输入 4 个数字字符：

3408<回车>

将会在屏幕上看到下面方框中显示的结果。

The value is 3408

在这个程序中，首先定义了 4 个整型变量，分别用于保存每个字符对应的数字。接着，连续 4 次调用标准函数 getchar 实现接收 4 个数字字符，并转换为整数。按照 getchar 逐个输入的流方式，4 个数字字符之间不能够使用分隔符（即空格符或回车符）；否则它们也会作为输入数据被读入。

综上所述，字符型数据都是采用 ASCII 值参加运算的。由于所有数字字符的 ASCII 编码都是连续的，所以用数字字符减去字符 '0' 得到的就是这个数字字符所对应的整型数值。这样得到的 d1、d2、d3 和 d4 分别对应千位、百位、十位和个位，于是 d1×1 000 + d2×100 + d3×10 + d4 就是最终结果。

本实例可以反映出计算机内部字符型数据和整型数据的异同。一方面字符采用 ASCII 值来表示，也是整数，因此可以参加所有整数运算；另一方面，int 型整数也可以作为字符的 ASCII 值参加计算。二者作为整数除了取值范围不同，没有任何其他差别。当共同参与二元运算，或者被赋值给 int 型变量时，char 型字符会自动转换为 int 型整数。但是，当 int 型整数被赋值给 char 型变量时，将会丢失高位。如果其数值大于 127 或小于 0，这将导致数值的改变。如果输入/输出时使用%c，若两种数据的整数都是 ASCII 编码，就可以表现为字符。如果使用%d 输出，可以得到整数的数值，也可以得到字符的 ASCII 值。

2. 自增、自减运算符

除了上面介绍的 5 个二元运算符外，在 C 语言中，还提供了两个一元运算符：自增（++）、自减（--），它们可以分别实现整型变量的加 1、减 1 操作。假设有下列变量定义：

```
int i=0;
int j=32760;
```

则执行 i++ 之后，i 的值在原值 0 的基础上加 1 变成了 1；执行 j++ 之后，j 的值在原值 32 760 的基础上加 1 变成了 32 761。

与其他运算符不同的是：这两个运算符既可以置于变量的前面，也可以置于变量的后面。也就是说，++i、--i、++j、--j、i++、i--、j++ 和 j-- 都是正确的书写形式，它们的区别只有在表达式中才能够显现出来。如果自增（++）或自减（--）运算符位于变量前面，表达式将引用变量自加 1 或自减 1 之后的新值参与运算；反之，表达式将引用自加 1 或自减 1 之前的旧值参与运算。

假设 x、y 是两个 int 类型的变量，x=10，y=20，则 x*(++y) 表示用 10 乘以 21，等于 210；而 x*(y++) 表示用 10 乘以 20，等于 200，随后 y 的取值增加了 1。从这里可以看出，第一个表达式用 y 自加 1 之后的新值 21 参与乘法运算；第二个表达式用 y 自加 1 之前的原值 20 参与乘法运算。这种表示方法常用于简化程序描述。

3. 算术表达式

算术表达式是指仅包含算术运算符或自加（++）、自减（--）运算符的表达式。算术表达式的结果一定是数值类型的，即整型或实型。

下面是几个算术表达式：

```
x%100+1
(x+y)*100-60/(a-b)
(x-y)*(x+y)
x+(++x)+(++x)+(++x)
```

当一个表达式中包含多个运算符时，每个运算符的计算顺序将取决于运算符的优先级和结合性。C 语言规定：优先级高者优先计算，优先级相同时根据结合性确定计算顺序，具有左结合性的运算符先左后右；具有右结合性的运算符先右后左。如表 1-2 所示为算术运算符和自增（++）、自减（--）运算符之间的优先级和结合性。

表 1-2　　　　　算术运算符和自增（++）、自减（--）运算符的优先级和结合性

运　算　符	优　先　级	结　合　性
++、--	由 高 至 低	右结合
*、/、%		左结合
+、-		左结合

使用 C 语言书写表达式时，应该遵循下列规则。

（1）所有内容都必须写在一行上，例如，$\frac{7}{8}$ 必须写成 7/8。

（2）在表达式中只允许使用圆括号。为了确保表达式中的每个运算符都能按照所期望的顺序进行计算，应该适当地添加括号。

（3）表达式中的乘号（*）不允许省略，例如，$(a+1)(a-1)$ 必须写成 $(a+1)*(a-2)$；$2x$ 必须写成 2*x。

表 1-3 所示为几个表达式的书写例子。

表 1-3   表达式的书写范例

原 表 达 式	C 程序中的表达式
$s = \dfrac{1}{2}(a+b+c)$	s = (a+b+c)/2
$\dfrac{-b+\sqrt{b^2-4ac}}{2a}$	(−b + sqrt(b*b−4*a*c))/(2*a)
$\dfrac{4}{3}\pi R^3$	4*3.141 592 6*R*R*R/3

为了保证表达式能够得到正确的结果，必须十分清楚参与计算的每个操作数所属的数据类型，以及在运算过程中数据类型的转换规则。C 语言规定，如果在运算过程中发现两个操作数的数据类型不相同，则本着由"窄位数"向"宽位数"转换的原则，将占二进制位数较少的操作数自动转换为占二进制位数较多的数据类型，然后再进行计算。

鉴于 C 语言提供了非常丰富的运算符，表达式的种类远远超过了数学表达式。本书将在后几章逐步介绍各种表达式和运算符，读者应注意它们的优先级和结合性，以把握正确的语义。

1.4   标准函数和 EasyX 库函数

C 语言提供了大量标准函数，包括前面介绍过的 getchar、putchar、printf、scanf 等输入/输出函数，也包括各种数学计算函数。此外，许多开发公司和硬件厂商也提供众多函数库，使得程序设计开发人员可以直接使用这些库函数提供的科学计算、网络通信、图形处理和硬件设备的控制访问功能。

因此，实用软件的程序设计往往不是从零开始，而是尽可能利用现有支撑软件。鉴于 C 语言的用途广泛且历史悠久，各种支撑软件库中相当大的部分是 C 语言函数的形式提供的。因此，了解、掌握此类库函数的功能和使用方法已成为开发者必备的技能。

为了使用各种函数，C 语言提供了函数调用的功能。函数调用是一种表达式，其描述方法如下：

```
<函数名>(<实参表>)
```

其中，实参表是用逗号分隔的若干个表达式。前面的程序实例的输出都是典型的 printf 和 scanf 函数调用。鉴于函数调用本身也是表达式，因此，函数调用也可以作为其他函数的参数。例如：

```
printf("result=%lf", sin(45*3.14159));
```

其中，printf 的函数调用中使用了三角函数 sin 的调用作为实参。程序执行时，首先计算实参，进行 sin 函数调用，并将结果作为该表达式的值返回；随后，传递给函数 printf，进而完成结果的输出。

本节将介绍 C 语言提供的数学函数，同时介绍一个第三方厂家提供的图形处理函数库 EasyX。

1.4.1　数学函数

表 1-4 列出了 C 语言中常用的数学函数。程序可以直接调用它们完成一些数学计算，从而免除了程序员编写相关算法的步骤。

表 1-4　　　　　　　　　　　　　　常用的数学函数

函 数 原 型	功 能 描 述
int abs(int x);	返回 int 型 x 的绝对值
double fabs(double x);	返回 double 型 x 的绝对值
double sin(double x);	返回 x 的正弦，x 是弧度
double cos(double x);	返回 x 的余弦，x 是弧度
double tan(double x);	返回 x 的正切，x 是弧度
double exp(double x);	返回 e^x
double pow(double x, double y);	返回 x^y
double sqrt(double x);	返回 x 的开平方
double floor(double x);	返回小于 x 的最大整数
double ceil(double x);	返回大于 x 的最小整数

这些函数的原型都声明在 math.h 中，在使用之前需要使用编译预处理命令#include 将 math.h 嵌入到程序中。读者应该注意到函数原型的声明规定了函数参数的数据类型和返回值类型。例如，求绝对值的函数 fabs 规定了参数必须是 double 类型，而返回结果也是 double 类型。如果使用其他类型的数据作为这些函数的参数，则系统将自动将其转换成规定的数据类型。【例 1-8】为应用数学函数的实例。

【例 1-8】　三角形面积的计算。

有一个三角形，如图 1-21 所示。其中，a、b 和 c 是这个三角形的 3 条边长，A、B 和 C 是三角形的 3 个顶角。下面是一个计算三角形面积的公式：

$$S = \frac{c^2 \sin A \sin B}{2 \sin(A+B)}$$

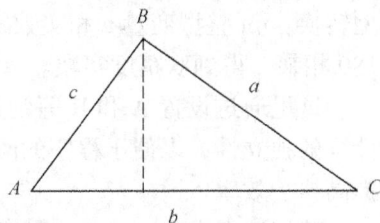

图 1-21　三角形

〖 问题分析 〗

在这个公式中，出现了三次正弦函数，如果直接调用 C 函数库提供的标准函数 sin 就可以很方便地写出上述公式在 C 程序中的表达形式，即：

```
S = c*c*sin(A)*sin(B)/(2*sin((A+B)/ 180));
```

需要注意以下两点。

（1）C 函数库中提供的 sin 函数要求输入一个弧度值，而人们通常习惯使用角度，因此，需要将角度转换成弧度，然后再传递给 sin 函数。假设角度为 D，则对应的弧度应该是 3.14159*D/180。

（2）从上面的计算公式可以发现：一个三角形的面积仅与两个顶角和一条边有关，所以在编写程序时，仅需要用户提供两个顶角、一条边就可以了。

于是，问题求解程序包含以下几个步骤：

（1）输入两个顶角和一条边，分别保存在变量 a、b、c 中；

（2）对于 a、b 和 a+b 完成角度到弧度的计算，结果保存于变量 A、B 和 AB；

（3）按照上述公式，计算 S；

（4）输出 S。

下面是解决这个问题的程序源代码。

〖程序代码〗

```c
#include <stdio.h>                              /*  引入输入/输出函数的声明  */
#include <math.h>                               /*  引入数学函数的声明  */

main( )
{
    int a, b, c;
    double S, A, B, AB;

    printf("输入两个角度和一个边长:");
    scanf("%d%d%d", &a, &b, &c);                /* 输入两个角和一条边    */
    A = 3.14159*a/180;                          /* 转换为弧度 */
    B = 3.14159*b/180;
    AB = 3.14159*(a+b)/180;
    S = c*c*sin(A)*sin(B)/sin(AB)/2;            /* 计算三角形面积 */
    printf("\nS=%lf\n", S);
}
```

对于角度转换成弧度的需求，程序中设置了 3 个变量保存变换的结果。由于 a 和 b 等角度变量是 int 整型，而表示弧度的变量 A 和 B 是双精度实型，变换表达式的计算涉及类型转换问题。表达式中每个运算的执行都会检查操作数的类型，发现类型不一致，则自动加入类型转换。int 整型变量 a 和实数常量 3.141 59（双精度数）的乘法会得到双精度数，再和整数 180 相乘，得到双精度实数。

这里通过设置 A 和 B 等变量，将角度转换和三角形面积计算分布在不同语句，保持每步计算的独立性，以便于程序的阅读理解。此外，采用了 c*c 可以代替 pow 函数的使用，以求提高执行效率。

建议读者在 Visual C++环境中自行运行这个程序。

1.4.2 EasyX 图形处理函数库

EasyX 是一个图形处理函数库，目前支持 Visual Studio 环境下的简易图形软件开发。借助于 EasyX 库函数提供的图形绘制、控制台输入等，开发者可以开发出简单的计算机游戏，同时熟悉比较复杂的控制流程和人机交互过程，为复杂软件的设计与实现打下技术基础。

EasyX 函数库的使用有以下要求和规定。

（1）目前仅支持 Visual Studio 开发环境，没有支持 Dev-C++环境的版本。

（2）所有函数工作于 C++环境，因此源文件必须以.cpp 为扩展名。

（3）所有图形处理函数的原型定义于 graphics.h 文件中，所有控制台输入/输出函数定义于 conin.h 文件中，使用前应该用#include 命令嵌入到源程序文件中。

（4）在使用图形界面之前，必须用 initgraph 函数进行初始化，指定屏幕的尺寸，使用结束后必须用 closegraph 函数进行关闭处理。

（5）图形的绘制采用平面坐标，X 轴指向右方，Y 轴指向下方。

EasyX 库提供了许多绘图函数、颜色坐标访问函数和绘图属性访问函数。最常用的几个函数如表 1-5 所示。

表 1-5　　　　　　　　　　　　　　　常用的 EasyX 函数

函 数 原 型	功 能 描 述
HWND initgraph(int width, int height, int flag=0);	初始化一个宽 width 高 height 的绘图环境，返回窗口句柄
void cleardevice( );	用当前背景色清空屏幕
void closegraph( );	关闭绘图环境
void circle(int x, int y, int radius);	绘制以(x,y)为圆心，半径为 radius 的圆
void ellipse(int left, int top, int right, int bottom);	以(left,top)为左上角，(right,bottom)为右下角形成的矩形为外接矩形，绘制一个空心椭圆
void rectangle(int left, int top, int right, int bottom);	以(left,top)为左上角，(right,bottom)为右下角，绘制一个空心矩形
void polygon(const POINT pts[ ], int num);	以数组 pts 中的 num 个点作为顶点，绘制一个空心的椭圆
void moveto(int x, int y);	设置绘图当前点为(x,y)
void lineto(int x, int y);	在当前点和(x,y)之间绘制直线，并设置(x,y)为当前点
void line(int x1, int y1, int x2, int y2);	从绘图点(x1,y1)到(x2,y2)绘制一条直线
void putpixel(int x, int y, COLORREF color);	在指定点(x,y)绘制一个颜色为 color 的像素点
void outtextxy(int x, int y, LPCTSTR text);	在指定点(x,y)输出 text 给定的字符串

在这些函数原型中使用了几个特殊的类型。void 类型常用于描述函数返回值，由于 C 语言缺省规定函数返回值的类型是 int 整型，对于无返回值的函数，C 语言提供了关键字 void 来描述其返回值类型。符号 const 用于描述数据类型，说明这种数据类型的数据是常数，也就是不可修改的。在 polygon 函数定义中，const 限定数组 pts 的内容是不可修改的，从而避免了错误的内容改写。

此外，由于 EasyX 函数库用于 Windows 操作系统的 Visual Studio 开发环境，采用了几个 Windows 系统内部的数据类型（不属于标准 C 语言）；其中，HWND 是标识窗口的句柄类型；POINT 用于描述平面坐标点；COLORREF 用于描述颜色，0 表示黑色，WHITE（0xFFFFFF）表示白色；LPCTSTR 是通用字符串类型，适用于多种语言的字符串。相关详细内容参见附录 F 中的介绍。

下面通过一个简单的程序，介绍 EasyX 函数库的使用方法。

【例 1-9】　中心圆的绘制。

在图形界面中，以坐标(200,150)为圆心，绘制一个半径为 100 的圆。EasyX 绘图环境默认的坐标系采用 X 轴指向右方，Y 轴指向下方的方式。

鉴于 EasyX 提供了画圆的函数 circle，该任务可以通过以下代码来实现。

〖程序代码〗

```
#include <graphics.h>              /*  引入图形处理函数的声明  */
#include <conio.h>                 /*  引入控制台输入/输出函数的声明 */

int main( )
{
```

```
        initgraph(640, 480);          /*   图形界面的初始化      */
        circle(200, 150, 100);        /*   在坐标(200,150)处，绘制一个半径为 100 的圆 */
        _getch( );                    /*   等待控制台输入任一键      */
        closegraph( );                /*   关闭图界面   */
        return 0;
}
```

　　如上述程序中注释所示，按照 EasyX 的使用规定，程序嵌入（#include）了头文件 graphics.h，并且以 initgraph 函数的调用完成初始化，设置了一个 640×480 的图形界面。随后，调用 circle 函数，指定圆心位置(200,15)和半径大小 100，完成圆的绘制。随后，使用了一个控制台输入函数_getch，其本来的作用是读入键盘输入的字符。与用于标准输入流的 getchar 函数不同，_getch 函数不必等待换行符的输入，可以即时地获得输入字符。在本程序中，作为一个技巧，_getch 函数用于暂停程序执行，等待键盘输入。因为如果没有这条语句，直接执行后面的图形关闭函数 closegraph，程序执行将立即结束。使用者将无法看到本程序画出的图形。为了看到绘制的图形，希望程序暂停执行。于是，这里_getch 函数发挥了作用，它迫使程序等待用户输入，而它的使用要求事先引入头文件 conio.h。程序的运行界面如图 1-22 所示。此时，点击任何键将使得图形界面消失。

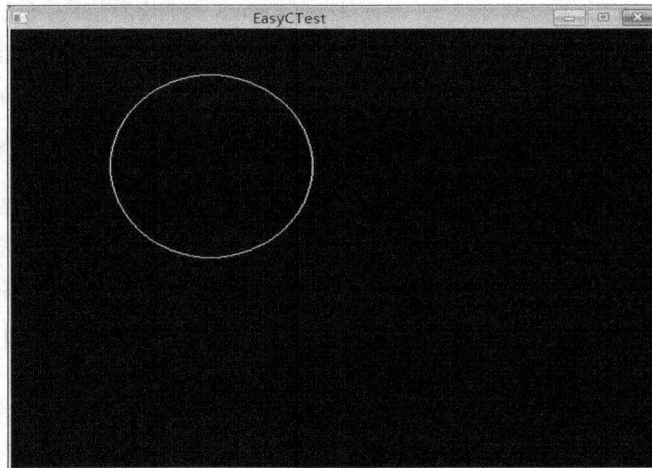

图 1-22　绘图的图形界面

　　由于该程序作为 C++程序运行，main 函数的定义必须提供返回值类型的声明。因此，main 前面的 int 说明该函数的返回值必须是 int 整型，而函数中最后一句 return 0; 用于结束函数 main 的执行，并返回 0 表示程序正常结束，符合这个要求。鉴于该程序运行于 C++环境，编译中的语法检查较 C 语言更加严格，如果没有使用 return，系统会给出警告提示。

1.5　本章小结

　　本章介绍了程序设计的基本概念、C 程序的基本结构、数据类型与变量、基本运算和标准函数等内容。下面分别给予总结。

1. 基本概念

计算机语言是人类与计算机的交流工具。

程序是对计算任务的处理对象和处理过程的描述。

程序设计是指设计、编写和调试程序的方法与过程。

程序设计语言是用于编写计算机程序的语言，也是软件开发者与计算机的交流工具。

程序与数学的主要区别：程序面向存储器描述计算任务的处理对象和处理过程。

C 语言的主要特征：支持面向过程的程序设计、结构化程序设计方法和底层程序设计。

程序的设计目标：正确的计算结果、执行速度快、资源开销小、响应速度快、易于理解、易于修改、易于扩展。

2. C 程序的编译处理

使用编辑器编写的 C 程序采用.c 为扩展名的源程序文件保存，在 Windows 系统中，经过编译处理产生扩展名为.obj 的目标文件，随后连接必要的库文件，形成扩展名为.exe 的可执行程序文件。

Visual Studio 和 Dec-C++等综合开发环境将编写好的源程序文件集成在一个工程内管理，提供编辑、编译、连接、运行和调试的功能。

3. C 程序基本结构

程序设计语言的各种语法结构经常采用 BNF 范式的形式进行描述。其中，符号➜右侧的符号串表明左侧符号的组织结构，竖线|表示选择关系（或），方括弧[和]表示可有可无部分，大括弧{和}表示可重复部分。按照这种方法，本章介绍的 C 程序基本结构如下：

```
<C 程序>  ➜  {<全局定义>} <函数定义>
<全局定义>  ➜  <预处理命令> | <函数定义>
<预处理命令>  ➜  '#'include <文件名>
<函数定义>  ➜  [<数据类型>] <标识符> '(' [<参数表>] ')' <复合语句>
<复合语句>  ➜  '{' {<变量定义>} {<语句>} '}'
<语句>  ➜  <表达式> ';' | <复合语句>
```

其中，第一行说明 C 程序由一个函数定义和若干个全局定义组成；而全局定义可能是预处理命令或函数定义。函数定义中数据类型和参数表是可有可无的；复合语句由括号限定的多个变量定义和多个语句组成。这里的全局定义、变量定义、语句和表达式的种类有很多，详细内容将在后面章节介绍。

4. 变量定义和赋值

```
<变量定义>  ➜ <数据类型> <标识符> { ',' <标识符> } ';'
<数据类型>  ➜ char | int | short | long | float | double
<表达式>  ➜  <标识符> '=' <表达式>
```

变量定义用于声明每个变量的数据类型，从而确定每个变量占用的存储空间大小。如表 1-6 所示是上述数据类型占用的字节数量和取值范围。其中，short、long 和 float 类型是不常用的数据类型。

表 1-6 常用数据类型的属性特征

数 据 类 型	类 型 名 称	二进制位数	取 值 范 围
char	字符型	8	$-2^7 \sim 2^7-1$
short	短整型	16	$-2^{15} \sim 2^{15}-1$

续表

数 据 类 型	类 型 名 称	二进制位数	取 值 范 围
int	整型	32	$-2^{31} \sim 2^{31}-1$
long	长整型	32	$-2^{31} \sim 2^{31}-1$
float	单精度实型	32	$-3.402\,823\,E38 \sim 3.402\,823\,E38$
double	双精度实型	64	$-1.797\,693\,134\,862\,32E\,308 \sim 1.797\,693\,134\,862\,32E\,308$

5. 输入/输出格式

在 C 程序中，采用流式输入/输出，以换行符作为输入指令。

标准函数 getchar 和 putchar 采用非格式化方式，进行字符的输入/输出。

标准函数 scanf 和 printf 实现格式化输入/输出的操作，可以使用表 1-7 所示的格式控制符。

表 1-7   常用的格式控制符

格式控制符	说 明
%c	接收或显示一个字符
%d	接收或显示一个十进制 int 型数值
%f	接收或显示一个十进制 float 型数值
%lf	接收或显示一个十进制 double 型数值
%s	接收或显示一个字符串

6. 算术运算符和算术表达式

```
<表达式>  ➔  <标识符>
        |  <常量>
        |  <表达式> <二元运算符> <表达式>
        |  <一元运算符> <表达式>
        |  <表达式> <一元运算符>
```

常用的二元算术运算符有：+、-、*、/、%。其中，+、-、* 分别代表加、减、乘运算，/代表除法运算，%代表取余运算。表达式中运算符的计算顺序依据运算符的优先级和结合性决定。

对于加（+）、减（-）、乘（*）和除（/）运算，当两个操作数的数据类型相同时，所得结果就为这种数据类型；当两个操作数的数据类型不相同时，C 语言自动地将占二进制位数较少的数据类型转换成占二进制位数较多的数据类型。对于取余（%）运算，要求两个操作数必须是整型，其结果也为整型。常用的一元运算符有：++、--，分别代表自增 1、自减 1 运算，以及正负号。

7. 函数调用表达式

```
<表达式>  ➔  <标识符> '(' [<实参表>] ')'
<实参表>  ➔  <表达式> {',' <表达式>}
```

函数调用也是一种表达式，需要指定函数名（标识符），以及若干表达式作为实参。调用时，首先计算每个实参的值之后，传递给函数，并且以函数返回值为计算结果，也就是表达式的值。

习　题

1. 请简述计算机硬件和计算机软件的概念。
2. 请简述程序、程序设计、程序设计语言的概念。
3. 请说明开发一个 C 程序的基本过程，以及各个阶段的主要任务。
4. 请简述在程序中变量定义、变量引用和变量赋值的意义。
5. 仿照【例 1-1】，编写一个输出学号和姓名的程序，并上机调试运行。
6. 仿照【例 1-4】，编写一个程序，输入半径 R，计算输出给定球体的体积和表面积。

提示，假设 R 是球的半径，则计算球体体积和表面积的公式为：

$$体积 = \frac{4}{3}\pi R^3 \qquad\qquad 表面积 = 4\pi R^2$$

上机练习题

1. 上机练习题 1

〖目的〗

通过这道上机题的训练，读者能熟悉 C 程序的开发环境，掌握 C 程序的编辑、编译、连接和运行的基本过程，并学会查看运行结果。

〖题目内容〗

下面这个程序的功能是在屏幕上显示 26 个英文字母。第一行是 26 个大写英文字母，第二行是 26 个小写英文字母。请运行下列程序，并查看运行结果。

```c
#include <stdio.h>

main( )
{
   int i;

   for (i=0; i<26; i++)
     putchar('A'+i);

   putchar('\n');
   i=0;
   while ( i<26 ) {
     putchar('a'+i);
     i++;
   }
   return 0;
}
```

〖要求〗

如果输入准确无误，程序将会顺利地通过编译、连接，并成功地显示结果。为了训练各种编辑操作，可以对程序的某个位置进行破坏性修改；然后，再次进行编译，并根据错误提示信息，将程序修改正确。

〖提示〗

运行这个程序之后，将会在屏幕上显示下面方框中的结果。

ABCDEFGHIJKLMMNOPQRSTUVWXWZ

abcdefghijklmnopqrstuvwxyz

2. 上机练习题 2

〖目的〗

通过这道上机题的训练，能使读者进一步熟悉 C 程序的运行过程，并学会通过键盘向程序输入数据。

〖题目内容〗

下面这个程序的功能是将键盘输入的 3 个整型数值按照从小到大的顺序显示输出。

```c
#include <stdio.h>

main()
{
    int x, y, z;

    printf("输入 3 个整数:");
    scanf("%d%d%d", &x, &y, &z);
    if (x<=y) {
        if (y<=z)
            printf("\n%5d%5d%5d", x, y, z);
        else if (x<=z)
            printf("\%5d%5d%5d", x, z, y);
        else
            printf("\n%5d%5d%5d", z, x, y);
    } else {
        if (x<=z)
            printf("\n%5d%5d%5d", y, x, z);
        else if (y<=z)
            printf("\n%5d%5d%5d", y, z, x);
        else
            printf("\n%5d%5d%5d", z, y, x);
    }
    return 0;
}
```

〖要求〗

不要求弄清各条语句的准确含义，但应该模仿上述程序的缩进格式将程序录入到计算机中。

〖提示〗

运行这个程序之后，将会在屏幕上看到"输入 3 个整数:"的提示信息。当用户输入 3 个整型数值，并按回车键后，会看到 3 个从小到大排列的整型数值。下面方框中的斜体字是由用户输入的数值，其余内容是屏幕显示的。

输入 3 个整数: *89 54 60*

54　　60　　89

需要注意一点：在输入 3 个整型数值的时候，需要使用空格或回车将每个数值分隔开。建议多次运行该程序，输入不同的整数。

自 测 题

一、填空题

1. 计算机系统包含计算机硬件和计算机软件。计算机硬件是指＿＿＿＿＿＿＿＿＿；计算机软件是指＿＿＿＿＿＿＿＿＿＿＿＿。

2. 程序设计是指设计、编写和调试程序的方法与过程。到目前为止，程序设计大致经历了 4 个阶段，它们分别是＿＿＿＿＿＿＿＿＿、＿＿＿＿＿＿＿＿＿、＿＿＿＿＿＿＿＿＿、＿＿＿＿＿＿＿＿＿。

3. 运行一个 C 程序需要经历＿＿＿＿＿＿＿＿＿、＿＿＿＿＿＿＿＿＿、＿＿＿＿＿＿＿和＿＿＿＿＿＿＿＿＿运行几个阶段。

4. C 语言的标识符命名规则是＿＿＿＿＿＿＿＿＿＿＿＿＿＿＿＿＿＿。

二、程序填空题

根据给出的程序功能，将程序的空缺处填写完整。

1. 这个程序的功能是：输出文本行 "One World, One Dream"。

```
#include <stdio.h>

main( )
{
    printf(_____);
}
```

2. 这个程序的功能是：输出一个 4 位整数的后两位数值。例如，对于 4 位整数 1324，应该输出 24。

```
#include <stdio.h>

main( )
{
    int value, m;

    printf("\nEnter an integer<1000~9999>:");
    scanf("%d", &value);
    m = _____;
    printf("%d->%d", value, m);
}
```

三、编程题

1. 编写一个程序，其功能为：输出学生的姓名和出生年月日。

例如，某个学生的姓名是张军；出生年月日是 1988 年 10 月 23 日。

输出格式为：

姓名：张军

出生年月日:23/10/1988

2. 编写一个程序，其功能为：通过键盘输入两个正整数，然后对其实施加、减、乘、除运算，并按照下面的格式显示输出。

例如，x=45，y=90。

输出结果为：

```
45+90=135
45-90=-45
45*90=4050
45/90=0
```

3. 编写一个程序，利用 EasyX 实现以下功能：在绘图环境中绘制一个左上角为(50,50)，右下角为(100,100)的矩形，和一个以这个矩形作为外接矩形的椭圆。（提示：使用函数 rectangle 和 ellipse）。

4. 编写一个程序，利用 EasyX 实现以下功能：在绘图环境中绘制一个圆心位于(100,100)、半径为 80 的圆，并使其内接正方形，也就是 4 个顶点都在圆上的正方形。

提示：矩形边长 cx 和半径 r 满足公式 $r^2 = (cx/2)^2 + (cx/2)^2$，求平方根的函数是 sqrt。

第2章
C 语言的基本控制结构

在信息处理中，经常会遇到这两类操作：一是对各种数据进行判断，并根据判断的结果选择不同的数据加工方式或信息处理方式；二是反复执行某项操作，直到达到某个目的为止。为了满足人们对上述数据处理手段的需求，保证数据处理控制流程的规范性，在 20 世纪 60 年代末，人们提出了结构化程序设计方法的理论，其中，控制语句的结构化是结构化程序设计方法的精髓之一。所谓控制语句的结构化是指将顺序结构、选择结构和循环结构作为程序流程的基本控制结构，且每种语句结构均只有一个入口、一个出口，从而规范了程序的控制结构，提高了程序设计的质量，使得设计出来的程序向着更加易读、易理解、易维护和易验证程序正确性的方向迈进。

C 语言是一种支持结构化程序设计方法的程序设计语言，它对 3 种基本控制流程的描述提供了支持。其中，按照书写顺序执行每条语句的控制流程被称为顺序结构；根据给定条件确定后续语句的执行流程被称为选择结构；利用给定条件来控制一组语句重复执行多次的流程被称为循环结构。C 语言提供的逻辑表达式、多种条件语句和多种循环语句就是用于实现选择结构与循环结构控制流程的。本章将主要介绍 C 语言提供的顺序结构、选择结构和循环结构的支持手段，并通过列举一些应用实例加深读者对它们的理解。

2.1 顺序结构

顺序结构是指按照语句的书写顺序依次执行每条语句的语句结构。在 C 语言中，各种计算过程的实现都是通过复合语句来描述的。复合语句就是由花括弧组织起来的一个语句组。一般情况下，语句组中的各条语句按照排列顺序逐条执行。例如，main 函数的定义就是一个复合语句。

在 C 语言中，复合语句内部的常见语句格式为：

<表达式> <分号>

即在表达式之后加一个分号。在程序设计语言中，<表达式>表示一个计算，类似于数学计算表达式。对<表达式>进行求值计算，将获得一个计算结果，也就是表达式的值，而语句是一个执行步骤。分号之前可以出现任意<表达式>，包括常见的算术四则运算表达式、关系运算表达式和逻辑运算表达式，也包括赋值表达式，以及函数调用表达式等。

赋值表达式是语句中最常用的表达式。赋值运算符是一个二元运算符，赋值号左侧是一个变量，右侧是一个表达式。例如，x 是一个 int 类型的变量，则 x=10+x 的含义是将 x 当前的值加上 10 再赋给 x，也就是保存到变量 x 的存储空间，而这个表达式的最终结果等于赋给变量 x 的值。

赋值表达式可以出现在任何允许表达式出现的地方。赋值表达式的结果就是被赋值的数据，可以作为其他运算符的操作数继续参与运算。因此，表达式 a= b = c = 10 的作用就是将整数 10 赋值给变量 c 后，以 10 作为赋值表达式 c=10 的值再次赋值给变量 b；随后又被赋值给变量 a。

在为变量赋值时，需要注意赋值号右侧的表达式结果类型与赋值号左侧的变量类型是否一致。如果不一致，赋值过程中将以赋值号左侧的变量类型为基准，将赋值号右侧表达式的结果转换成左侧变量的类型。这种类型转换可能会带来部分信息的丢失。

除此之外，C 语言还提供了一些复合形式的赋值运算符，如+=、-=、*=、/=和%=等就是几种常用的复合型赋值运算符。例如，i+=10 的含义是 i=i+10，i*=2 的含义是 i=i*2。这些赋值运算符也可以作为赋值表达式参与其他的运算。但是，按照 C 语言的规定，此类赋值运算符的优先级在混合运算中是比较低的，最好使用括号明确其运算顺序。

在 C 语言中，函数调用也是一种表达式，加上一个分号，就形成了常见的函数调用语句。例如，语句 printf("hello\n"); 就是由函数调用表达式 printf("hello\n")和分号组成的。所有 void 类型的函数，由于没有返回值，必然直接出现在赋值语句中，例如，语句 circle(200,200,100); 中就包含了 circle 函数的调用。

鉴于计算机硬件系统是按照机器指令逐条执行的，C 语言复合语句所描述的各条语句将被逐条翻译为机器指令，提交给计算机系统执行。在这种顺序执行过程中，赋值语句和 scanf 函数调用将把计算结果或输入数据存放到变量中，而后续语句就可以使用变量中的数据，来完成新的计算。这种面向存储器的计算正是计算机程序区别于数学运算的主要特征。读者需要在程序设计的学习中逐步体会其特殊性。

2.2 选择结构

选择结构作为结构化程序的基本控制结构之一，主要用于描述程序中根据某些数据的取值或计算结果选取不同操作的处理方式。选择结构的描述由两个基本部分组成：一是对选择条件的描述；二是对处理分支的描述。前者经常采用关系运算与逻辑运算来表示，后者包含不同分支的具体操作内容。下面先从关系运算和逻辑运算入手，介绍一下 C 语言提供的实现条件判断的基本手段。

2.2.1 关系运算与逻辑运算

关系运算是一种最简单的逻辑运算。在 C 语言程序设计中，经常运用一个关系运算表达式实现对两个数据进行比较的操作。例如，关系运算表达式：

```
x > 32
```

上述表达式用于判断变量 x 中保存的数据是否大于 32。如果变量 x 的值确实大于 32，这个关系运算的结果就是真，否则就是假。由于这种操作的结果不是真就是假，所以，人们又习惯将它们称为逻辑值。在 C 语言中，没有直接提供布尔类型，它采用整数"1"表示逻辑"真"，整数"0"表示逻辑"假"。

需要注意的是，在程序设计语言中，关系表达式与数学中的条件描述有着根本的区别。在数学计算中，$x>32$ 表示 x 所代表的数据大于 32，而程序中的关系表达式 x>32 则表示一个计算，也就是从变量 x 中取出数据，与 32 进行比较运算，得到的结果是该数据是否大于 32 的逻辑值。在 C 语言中用 1 或 0 的整数值表示。

为了满足不同的数据判断要求，C 语言提供了 6 种关系运算符。如表 2-1 所示为它们的符号表示和具体功能。

表 2-1　　　　　　　　　　　　　　　C 语言提供的关系运算符

运算符	>	<	>=	<=	==	!=
功能	大于	小于	大于等于	小于等于	等于	不等于

按照 C 语言的语法规则，关系表达式由两个操作数和一个关系运算符组成。其中，每个操作数可以是一个表达式。它们的书写格式为：

```
<表达式> <关系运算符> <表达式>
```

按照这种规定，关系运算符可以对任意两个表达式的计算结果进行关系运算，例如，表达式：

```
x*x-y*y == x*y
```

上述表达式用于表示两个变量值的平方差是否与它们的乘积相等。这里表示相等的运算符采用两个连续的等号表示（==），而不是表示赋值的单等号。

和其他二元运算相同，C 语言要求关系运算的操作数具有相同的类型。如果操作数的数据类型不同，则应该以精度高（即占用二进制位数多）的类型为准。低精度数据应该自动转换为高精度数据。

然而，对于 double 类型的实数，实用程序中均不采用==运算符表示相等的判断。例如，对于变量 x 和 y 的相等比较，通常会采用以下写法：

```
fabs(x-y) < 1E-200
```

其中，fabs 是标准函数，用于求绝对值。这种方法就是计算 x 和 y 的差的绝对值。如果差值非常小，则认为它们相等。这样做的原因在于计算机中的数据表示精度有限，固有误差可能导致无法判断实数是否相等。绝大多数情况采用上述方式可以满足运算的需求。

读者应该注意到 C 语言提供的关系运算是一个二元运算，仅允许两个操作数参与运算。对于以下数学表示形式：

```
0 < a < 10
```

不能直接采用上述方式书写关系运算，而是需要将它分解成两个关系运算（即分解成 0 小于 a 并且 a 小于 10），并按照下列格式书写：

```
0 < a && a < 10
```

其中，符号&&是 C 语言提供的用于支持"逻辑与"运算的逻辑运算符。

如果直接将表达式 0<a<10 写在 C 程序中，某些开发环境的编译程序有可能发现不了这个错误。这样一来，在程序的执行过程中，首先计算 0<a，然后再用这个计算结果与 10 进行比较。由于 C 语言采用整数"1"和整数"0"表示逻辑值"真"和"假"，所以，这个表达式的最终计算结果是用整数"1"或"0"与整数"10"进行比较。这显然不是设计者的意图。

对于比较复杂的逻辑运算，C 语言提供了 3 种逻辑运算符，如表 2-2 所示。

表 2-2　　　　　　　　　　　　　　　　　C 语言的逻辑运算符

逻辑运算符	&&	‖	!
功能	逻辑与	逻辑或	逻辑非

在这 3 种逻辑运算符中，"逻辑与"是二元运算符，常用于表示两个条件同时成立；"逻辑或"也是二元运算符，常用于表示两个条件之中是否有一个成立；"逻辑非"则是一元运算符，常用于表示某个条件是否不成立。

例如，如果变量 month 中保存了某个月份的值，则逻辑运算 1=<month && month<=12 表示 month 变量的值是否介于 1～12 之间，显然，可以利用它对 month 的合法性进行判断。

C 语言规定，"逻辑与"运算的计算过程是这样的：首先计算"逻辑与"运算符左侧的表达式，如果结果为整数"1"（逻辑真），则继续计算"逻辑与"运算符右侧的表达式，并根据它的计算结果得出整个逻辑表达式的最终结果。但是，如果"逻辑与"运算符左侧的表达式结果为"0"（逻辑假），就会停止计算右侧的表达式了，并直接返回整数"0"（逻辑假）的结果。例如，逻辑表达式：

```
x >= 0 && y++ == 12
```

如果 x 小于 0，将不计算 y++，也不检查 y==12 是否成立。

对于"逻辑或"运算也有类似的规定。它的计算顺序是：首先计算"逻辑或"左侧的表达式，如果结果为整数"0"（逻辑假），则继续计算右侧的表达式，并根据它的计算结果得出整个逻辑表达式的最终结果。但是，如果"逻辑或"运算符右侧的表达式结果为"1"（逻辑真），就会停止计算右侧的表达式了，并直接返回整数"1"（逻辑真）。例如，逻辑表达式：

```
x>=0 || y++==12
```

如果 x 大于或等于 0，将不计算 y++，也不检查 y==12 是否成立。

相比之下，对于各种二元算术运算符和关系运算，C 语言没有规定两侧表达式的求值顺序。不同的编译系统可能采用不同的求值顺序，C 程序的设计者不应该采用诸如 i++*i 等形式的表达式，以避免得到不确定的结果。

在程序中，对于复杂的逻辑运算经常需要将几个逻辑运算符、关系运算符和算术运算符组合起来使用。在这种情况下，关系运算符的优先级低于算术运算符的优先级，逻辑运算符的优先级低于关系运算符的优先级。有关运算符优先级的详细情况请参阅附录 B。

2.2.2　if 语句

对于流程控制中的选择结构，C 语言提供了两种语句形式：if 语句和 switch 语句。if 语句属于简单的条件语句，并具有下面两种语法格式：

```
if ( <条件表达式> )  <真分支语句>
if ( <条件表达式> )  <真分支语句> else  <假分支语句>
```

其中，<条件表达式>通常是一个关系表达式或逻辑表达式。<真分支语句>和<假分支语句>是一条语句，即一个以分号结束的表达式。如果希望在此放置多条语句，就需要将它们组合成一条复合语句，即用一对花括号将这些语句封装起来。

按照 if 语句的控制流程，程序的执行过程为：首先计算<条件表达式>的值；如果结果为非 0 整数（逻辑真），表示这个条件成立，则执行<真分支语句>；否则，结果为整数 0（逻辑假）且存在 else 分支，则执行<假分支语句>。图 2-1 所示为两种 if 语句的执行流程图。

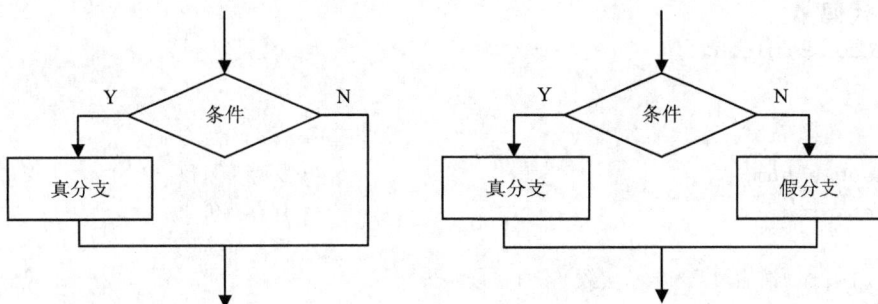

图 2-1　if 语句的执行流程

这两种 if 语句的应用非常多。例如，假设某个整数保存于变量 num，如果需要得到这个数的绝对值，并保存于变量 value，就可以采用以下语句来实现：

```
if( num < 0 ) {                    /*  判断 num 是否小于 0 */
    value    = -num;
} else {
    value    = num;
}
```

也可以采用另一种方式来实现：

```
value = num;
if( num < 0 ) {                    /*  判断 num 是否小于 0 */
    value    = -num;
}
```

由此可见，if 语句为程序设计提供了数据的比较判断，并根据判断的结果来完成不同操作的描述手段。然而，我们面对的信息处理问题是错综复杂的，人们可能需要借助更加复杂的条件判断来选择不同的执行分支，而每个分支可以是一条语句，也可以是括号标识的一组语句。下面再看一个复杂一点的例子。

【例 2-1】　北京地铁票价的计算。

北京地铁的票价是按照乘车距离的千米数计算的，具体的计算方法如下：

（1）6 千米内（含 6 千米），票价 3 元；

（2）6～12 千米（含 12 千米），票价 4 元；

（3）12～22 千米（含 22 千米），票价 5 元；

（4）22～32 千米（含 32 千米），票价 6 元；

（5）32 千米以上，每增加 1 元可多乘坐 20 千米。

请编写一个程序，根据输入的乘车距离的公里数，计算出票价。

〖问题分析〗

这是一个应用题，没有现成的计算公式，需要设计者自己来设计计算公式。从票价计算方法来看，前 4 种情况比较简单，可以根据输入的公里数所在的取值范围得到相应的票价，但第 5 种情况则需要计算公式。假设 num 代表千米数，而且是个实数，此时的票价似乎应为 (num-32)/20+6，但是考虑到票价应该是整数，还需要考虑如何向上取整，因此即使计算结果是 6.3 元，也要收 7 元。于是，可采用以下公式：

```
int price;
price = (num-32.0)/20+7;
```

鉴于计算结果保存在整型变量 price 中，赋值时小数部分会被删除。完成的具体代码如下。

〖程序代码〗

```c
#include <stdio.h>

main( )
{
    double num;                              /* 保存千米数 */
    int price;                              /* 保存票价 */

    printf("请输入千米数（实数）:");
    scanf("%lf", &num);                     /* 输入千米数 */
    if (num>=0 && num<=6)                   /* 小于等于 6 千米 */
        price = 3;
    else if (num>6 && num<=12)              /* 6 千米 < num <= 12 千米 */
        price = 4;
    else if (num>12 && num<=22)             /* 12 千米 < num <= 22 千米 */
        price = 5;
    else if (num>22 && num<=32)             /* 22 千米 < num <= 32 千米 */
        price = 6;
    else if (num>32)
        price = (num-32)/20 + 7;            /* 32 千米以上的计算公式 */
    if( num<=0 )
        printf("非法输入! \n");             /* 输入负数的处理 */
    else
        printf("票价是 %d 元\n", price);    /* 输出结果 */
    return 0;
}
```

从程序代码可见嵌套的多个 if 语句和逻辑运算表达式，用来表达计算的逻辑。对照题目要求，每种情况都是通过逻辑表达式来判断公里数的取值范围，通过 if 语句来控制采用哪种计算公式。对于比较复杂的计算（第 5 种情况），则需要设计出计算公式，并利用 C 语言的各种数据操作来完成。因此，程序设计人员一方面应该熟悉程序设计语言的各种功能；另一方面也应该能够针对应用问题确定计算公式、设计计算逻辑，并利用各种语言功能来编码实现。

2.2.3 多路选择和 switch 语句

为了避免 if 语句的多重嵌套给程序带来混乱的描述结构，C 语言提供了一种支持多路选择的 switch 语句，又被称为开关语句。它允许程序根据表达式的计算结果在多个分支中进行选择。switch 语句的语法格式如下：

```
switch ( <表达式> ) {
    case  <常量> :    <语句序列>
    case  <常量> :    <语句序列>
    ...
    case  <常量> :    <语句序列>
    default :         <语句序列>
}
```

按照 switch 语句的控制流程，执行的基本过程是：首先计算充当开关角色的<表达式>；然后根据计算结果进行控制转移，即用开关值与下面每个 case 语句中的<常量>进行比较；如果开关值等于某个<常量>，则执行该 case 语句中的<语句序列>；如果不存在等于开关值的 case<常量>，则执行 default 语句中的<语句序列>，这样就实现了根据表达式的计算结果进行多路选择的目的。

在使用 switch 语句的时候，需要注意以下几点。

（1）case 语句中的<常量>必须是整型常量、字符常量或枚举常量。在实际应用中，经常采用枚举类型或常量定义，以便提高程序的可读性。

（2）在 switch 语句中，所有的 case<常量>不允许重复，default 分支可以省略，并且每个 case 后面都有一组语句。

（3）在实际应用中，经常将 break 语句作为每个 case 分支的<语句序列>的最后一条语句，以表示该分支计算结束，随后会跳出 switch 语句，转去执行后面的语句。

（4）如果在 case 分支的<语句序列>的最后没有放置 break 语句，则程序执行完这个 case 分支的<语句序列>后，将继续执行下一个 case 分支的<语句序列>。利用这个特征，在 case 分支之后也可以不给出<语句序列>。当开关值等于这个 case 分支的常量时，程序将直接执行下一个 case 分支中的<语句序列>，从而实现多个开关值对应一个分支的应用需求。

举例来看，假设变量 a 和 b 中保存了数据，字符型变量中保存了运算符，则以下 switch 语句可以完成四则运算，并把结果保存到变量 c 中：

```
switch( op ) {                      /* 检查运算符 */
    case '+' :
        c = a + b;                  /* 加法计算 */
        break;
    case '-' :
        c = a - b;                  /* 减法计算 */
        break;
    case '*' :
        c = a * b;                  /* 乘法计算 */
        break;
    case '/' :
        c = a / b;                  /* 除法计算 */
        break;
}
```

上述程序的计算结果保存在变量 c 中。每个分支都加了 break 语句，保证 switch 语句执行结束。

2.2.4 选择结构的应用实例：复数四则运算

虽然 switch 语句支持根据表达式的计算结果进行多路选择的程序描述。但是，它并不能支持开关值的对比运算，对于条件是关系运算的应用（如【例 2-1】），只能采用多重 if 嵌套的方法来实现。

【例 2-2】 复数四则运算。

请编写一个程序，其功能为：通过键盘读取两个复数和运算符，完成复数运算的操作，并输出计算的结果。

〖 问题分析 〗

众所周知，任何一个复数都是由实部和虚部两个部分组成的。由于 C 语言没有提供复数数据类型，因此，需要程序设计人员根据复数的特点自行采用某种方式构造一种复数的表现形式，例如，可以采用两个 double 型变量分别表示复数的实部和虚部。另外，为了表示参与四则运算的复数(a+bi)、复数(c+di)和计算结果(x+yi)，需要定义 6 个变量分别表示 3 个复数。在复数的四则运算中，复数实部和虚部的计算规则如表 2-3 所示。

表 2-3　　　　　　　　　　　　　复数四则运算的计算规则

	(a+bi)+(c+di)	(a+bi)−(c+di)	(a+bi)*(c+di)	(a+bi) / (c+di)
结果的实部	a + c	a − c	a*c − b*d	(a*c + b*d)/(c*c − d*d)
结果的虚部	b + d	b − d	b*c + a*d	(b*c − a*d)/(c*c − d*d)

按照上面的分析和计算要求，解决这个问题的基本步骤如下。

（1）输入第一个复数的实部和虚部，并保存于变量 a 和 b 中。

（2）输入第二个复数的实部和虚部，并保存于变量 c 和 d 中。

（3）输入运算符，并保存于变量 op 中。

（4）如果 op 是加号，按照表 2-3 第 2 列的公式计算结果的实部和虚部，并分别保存于变量 x 和 y 中。

（5）如果 op 是减号，按照表 2-3 第 3 列的公式计算结果的实部和虚部，并分别保存于变量 x 和 y 中。

（6）如果 op 是乘号，按照表 2-3 第 4 列的公式计算结果的实部和虚部，并分别保存于变量 x 和 y 中。

（7）如果 op 是除号，首先计算 c*c−d*d 并将计算结果保存于变量 t 中；如果 t 不等于 0，则按照表 2-3 第 5 列的公式计算结果的实部和虚部，并分别保存于变量 x 和 y 中；否则，输出提示信息，终止程序运行。

（8）如果 op 是其他符号，则输出提示信息，直接终止程序运行。

（9）输出保存在变量 r 和 i 中的计算结果。

在上面描述的计算步骤中，涉及复数计算的各种情况，既包含四则运算的不同计算过程，也包含输入错误的处理方法。读者可以选用各种类型的测试数据对上述设计结果进行检测，检验其计算步骤的正确性及各种输入错误的处理过程。设计一种正确的计算步骤是编写程序的首要前提。

在确认上述计算步骤正确之后，就可以开始编写程序了。所谓程序设计就是指使用程序设计语言实现上述计算步骤的过程。在编写程序之前，还需要考虑以下 3 个问题。

（1）由于每个复数需要用两个 double 型数据表示，所以在程序中应该定义 6 个 double 型变量。

（2）在除法计算中，为了检查分母是否等于 0，需要定义一个变量 t 来保存分母。

（3）考虑存在针对同一运算符的 4 种相等对比运算，所以采用 switch 语句描述这种 4 个分支的控制流程是比较合适的。

具体的程序代码如下所示。

〖程序代码〗

```
#include <stdio.h>

main( )
{
```

```
    double a, b, c, d, x, y, t;                 /* 保存复数的实部和虚部及中间结果 */
    char op, tmp;                               /* 保存运算符 */

    printf("\nEnter the first complex number: " );
    scanf("%lf%lf", &a, &b );                   /* 输入第一个复数的实部和虚部 */
    printf("\nEnter an operator: " );
    scanf("%c%c", &tmp, &op );                  /* 跳过换行符, 输入运算符 */
    printf("\nEnter the second complex number: " );
    scanf("%lf%lf", &c, &d );                   /* 输入第二个复数的实部和虚部 */

    switch( op ) {                              /* 检查运算符 */
        case '+' :
            x = a + c;                          /* 加法计算 */
            y = b + d;
            break;
        case '-' :
            x = a - c;                          /* 减法计算 */
            y = b - d;
            break;
        case '*' :
            x = a*c - b*d;                      /* 乘法计算 */
            y = b*c + a*d;
            break;
        case '/' :
            t = c*c - d*d;                      /* 求分母 */
            if( t == 0 ) {
                printf("The denominator is 0.\n" );
                return  0;                      /* 终止 main()函数的计算 */
            }
            x = ( a*c + b*d) / t;               /* 除法计算 */
            y = ( b*c - a*d) / t;
            break;
        default:                                /* 非法运算符的处理 */
            printf("Invalidation  operator .\n" );
            return  0;                          /* 终止 main()函数的计算 */
    }
    printf("The result is %lf + %lfi\n", x, y );/* 输出结果的实部和虚部 */
    return 0;
}
```

对照上述算法的基本步骤，不难看出每个步骤的程序实现。对于输入的运算符，利用 switch 语句来分辨 4 种运算的选择，4 个 case 分支按照各自的计算公式，实现了不同的运算，将结果保存在表示实部和虚部的变量 x 和 y 中。不仅如此，程序设计中也包含了关于各种错误的处理逻辑。

在这个程序中，为了避免出现除法错误和重复计算，定义了一个用于保存分母 c*c-d*d 计算结果的变量 t。随后，这个中间结果又参与复数除法的计算。这种使用变量保存中间计算结果的方法是程序设计中经常采用的一种技巧。

程序比较难以理解的是字符型变量 tmp 的使用。本例所有实数的输入都采用 double 类型，格式符%lf 用于描述输入格式，说明各个输入数据之间采用自然分割方式，也就是采用空格或换行符进行分割。由于后面的 scanf 采用%c 格式，用于直接获取下一字符。但是，前面输入双精度数时，用户最后输入的换行符不可避免地被作为字符读入，而下一输入字符才是本例期望的四则运算符。因此，本例这里输入了两个字符，tmp 读到了前面双精度数后面的换行符，op 才读到了四则运算符。由此可见，虽然程序解题逻辑是正确的，但 C 语言中的许多细节需要在实践中体会和掌握，教科书能够展示的仅仅是一部分。

另外，在处理错误情况时，给出说明性的提示信息，并使用 return 语句结束程序的运行也是一种被人们普遍认可的处理方式。需要说明一点：return 语句本身的作用是结束当前函数的执行，由于这里的当前函数是主函数 main，所以它起到了结束整个程序运行的作用。

〖 运行结果 〗

运行这个程序后，将会在屏幕上看到如下所示的结果。

```
Enter the first complex number:3 5
Enter an operator:*
Enter the second complex number:4 7
The result is –23+41i
```

在测试这个程序的时候，一方面应该选择能够体现各种情况的多组数据，以便对程序的各个分支进行检测，其中包括 4 种算术运算、除法分母为 0 以及运算符出错的情况。另一方面，读者可能已经注意到，程序设计中变量的设置十分重要，所有需要保存的数据都应该保存在特定的变量中。本例采用了 6 个变量来保存两个操作数和结果的实部与虚部，可能有些读者认为可以少用一个变量 t，例如，可以用变量 x 代替变量 t 来保存中间结果。这种做法虽然不影响计算的完成和结果的准确性，但却不值得提倡。原因在于好的程序设计习惯要求每个变量具有唯一的语义，从而方便程序的阅读和理解。随时变更变量的语义，虽然不影响程序的正常执行，却降低了程序的可维护性。从软件工程的角度来看，得不偿失。

2.3 循环结构

循环结构也是结构化程序设计的基本控制结构之一。它主要用来描述在指定的条件下重复执行某些操作的情形。这里的指定条件被称为循环条件，通常用关系表达式或逻辑表达式表示，而重复执行的操作被称为循环体。C 语言提供了 3 种循环结构的语句：while 语句、for 语句和 do while 语句。这 3 种循环语句将以不同的方式组织循环条件和循环体，以满足各种循环处理的需求。

2.3.1 while 语句

while 语句是一种最通用、最基本的循环结构。其语法格式为：

```
while ( <条件表达式> )
    <语句>
```

其中，<条件表达式>用于描述循环条件，通常采用关系运算表达式或逻辑运算表达式；后面的<语句>是循环体，这里只能够书写一条语句，如果希望放置多条语句，须使用括弧{和}

将它们组成一条复合语句。

按照图 2-2 所示的控制流程，while 语句的基本执行过程为：首先计算<条件表达式>，如果结果为非 0 整数（逻辑真），则执行循环体中的<语句>，然后再次计算<条件表达式>，并根据计算结果决定是否继续执行循环体。如此反复，直到<条件表达式>的计算结果为整数 0（逻辑假）为止，此时循环语句执行完毕。由此可见，while 语句适用于需要首先检查出口的循环处理需求。

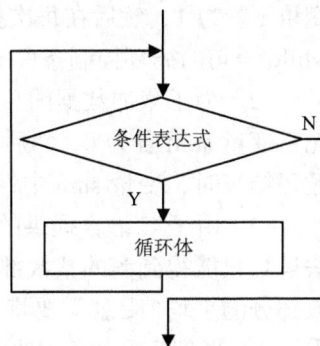

图 2-2　while 语句的控制流程

【例 2-3】　整数序列平均值的计算。

请编写一个程序，其功能为：从键盘输入 1 000 个整数，计算它们的平均值。

〖问题分析〗

这个程序将要处理 1 000 个整数，如果采用 1 000 个变量来保存它们，程序一定很烦琐，结构一定也很杂乱，显然不是一种好的方法。考虑到最终目标是得到平均值，仅须保存输入数据的总和。因此，可在程序中定义变量 sum 用于记录已输入数据的累加值。

解决这个问题的基本步骤如下。

（1）将变量 sum 初始化为 0。

（2）循环执行 1 000 次。

① 读入一个整数，存于 x。

② 将 x 累加到 sum。

（3）根据 sum 中的累加结果计算平均值后输出。

从上述算法可见，循环执行部分的控制逻辑和图 2-2 所示的流程相符，因此可以采用 while 语句实现这一部分。

〖程序代码〗

```c
#include <stdio.h>

main( )
{
    int  sum = 0, i = 1;                       /* 设置数据总和和计数的初值 */
    int  x;                                     /* 保存当前输入的数据 */

    printf( "\nEnter 1000 integers:" );
    while( i <= 1000 ) {                        /* 循环条件 */
        scanf("%d", &x );                       /* 读入整数 x */
        i++;                                    /* 进行计数 */
        sum = sum + x;                          /* 累加输入的数据总和 */
    }
    printf("The average value is %lf\n", sum*1.0/(i-1));   /* 输出平均值 */
}
```

在上述程序中，为了实现输入 1 000 个整数的操作，采用了 while 循环语句。循环体中包含了等待用户输入整数和数据累加的操作。下面进行具体说明。

（1）为了控制循环次数，定义了一个变量 i 作为计数器。在进入循环体之前，应该先将变量 i 置为 1，然后在每次执行循环体的时候将 i 加 1。当变量 i 中的计数值超过 1 000 时，while 语句的循环控制条件 i<=1 000 将不成立，循环语句执行结束。

（2）为了累加数据的总和，定义了一个变量 sum 作为累加器。在进入循环体之前，应该先将变量 sum 置为 0，然后在每次执行循环体的时候将刚刚输入的整数值累加到 sum 中。当循环结束时，变量 sum 中保存着 1 000 个整数之和。

（3）由于 C 语言提供的除法运算是这样规定的：如果两侧的操作数都是整数类型，则除法运算只能得到商的整数部分。然而，若干个数据的平均值不一定是整数值，若想得到带小数部分的平均值，就需要将一侧的操作数转换成实型，因此，在计算平均值的时候，先用 sum 乘以 1.0 得到实型数值，然后再用这个实型数值除以（i-1）就得到了包含小数部分的平均值。

注意：上述程序中循环计算处理的核心是变量 sum 始终保存已经输入数据的总和，每次循环之后变量 sum 都必须满足这个约定。

2.3.2　for 语句

在【例 2-3】中，变量 i 在 while 循环语句中起到了计数器的作用，循环的控制完全依赖于它的取值。人们通常将这种用于控制循环次数的变量称为循环控制变量。循环控制变量具有以下 3 个特征。

（1）需要设置初值。

（2）循环终止条件由该变量决定。

（3）每次循环，循环变量的值都会有所改变。

由于很多循环计算过程中，都会采用循环控制变量控制循环语句的执行过程，所以，C 语言专门提供了一种循环语句——for 语句，以简化循环控制流程的描述。

for 语句的语法格式为：

```
for （ <初值表达式>；<条件表达式>；<增量表达式> ）
    <语句>
```

其中，<初值表达式>是用于对循环控制变量进行初始化的表达式；<条件表达式>是用于描述循环控制条件的逻辑运算表达式或关系运算表达式；<增量表达式>是用于更新循环控制变量的表达式；后面的<语句>是循环体，与 while 循环语句类似，在此仅可以放置一条语句，如果需要执行多条语句，就要使用括弧{和}将它们组合成一条复合语句。

按照图 2-3 所示的控制流程，for 语句的基本执行过程为：首先计算<初值表达式>；然后计算<条件表达式>，如果条件成立，执行循环体<语句>；最后计算<增量表达式>，并再次计算<条件表达式>，根据其结果决定是否继续执行循环体。

在这种结构中，循环变量的初始化、循环条件的检查和循环变量的更新可以全部放在括号内 3 个表达式中完成，独立于循环体的计算描述，从而改善了程序的可读性。

下面，举例分析 for 语句的使用。

【例 2-4】　查找 ASCII 值最大的字符。

请编写一个程序，其功能为筛选字符，即从键盘输入 80 个字符，找出其中 ASCII 值最

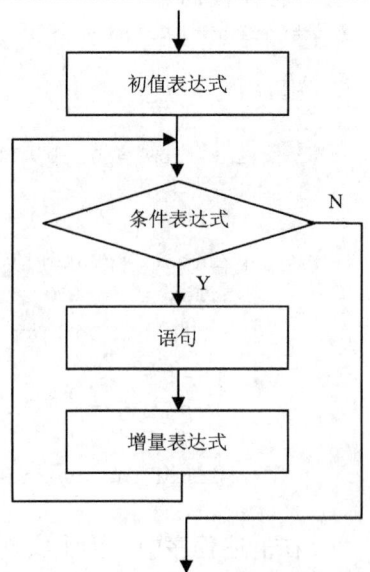

图 2-3　for 语句的控制流程

大的字符，并将该字符输出 10 次。

〖 问题分析 〗

按照题目的要求，需要逐个输入字符，并按照 ASCII 的值进行比较。为了能够找出 ASCII 值最大的字符，需要将目前已经输入的最大 ASCII 值的字符保留起来。因此，定义了两个变量 x 和 max，分别用于保存刚输入的字符和 ASCII 值最大的字符。由于输入字符和比较 ASCII 值的操作需要反复执行，因此可以定义一个循环控制变量来控制循环的次数。

解决这个问题的基本步骤如下。

（1）将 max 初始化为-1（ASCII 值）。

（2）循环执行 80 次。

① 读入一个字符 x，存入变量 x。

② 如果 x>max，则将 x 的值赋给 max。

（3）循环执行 10 次：输出字符 max。

从上述算法可见，基本步骤的控制逻辑与图 2-4 所示的流程相符，且循环次数有限，所以选用 for 循环语句比较合适。下面是具体的实现代码。

〖 程序代码 〗

```
#include <stdio.h>

main( )
{
    int i, x, max = -1;                     /* i是循环控制变量 */

    for( i=0; i<80; i++ )  {                /* i起到计数器的作用 */
        x= getchar( );                      /* 输入一个字符 */
        if( x > max )                       /* 对字符的ASCII值进行比较 */
            max= x;                         /* 保存ASCII值较大者 */
    }
    putchar('\n');
    for( i=0; i<10; i++ )                   /* 控制循环10次 */
        putchar( max );                     /* 输出一个字符 */
    putchar('\n');
}
```

在上述程序中，使用了两个 for 循环，前者用于控制字符的反复输入和比较，后者用于反复地输出。变量 i 起到了计数器的作用，其初值为 0，每次循环后加 1，当条件不成立时结束循环语句的执行。程序中采用输入函数 getchar 读取字符，将其 ASCII 值保存在整型变量 x 中；采用输出函数 putchar 输出字符。第 1 章曾经介绍过，在 C 语言中，字符用 ASCII 值表示，当一个字符参与算术运算时使用的是它的 ASCII 值。

从上述程序流程的设计中，可以看出循环处理的一个约定：第一个循环中，每次循环体执行后，变量 max 始终保存已输入字符的最大 ASCII 值，从而保证了计算的正确性。

2.3.3　do while 语句

在软件开发中，有些循环处理要求每次循环之后，检查出口条件。为了方便此类循环的程序描述，C 语言提供了另外一种循环语句——do while 语句，其语法格式为：

do　<循环体语句>

```
while ( <条件表达式> ) ;
```

与 while 语句相似，do while 语句也是采用一个条件表达式控制循环流程的。不同之处在于：do while 循环语句先执行循环体，后进行循环条件的判断；即<循环体语句>部分至少被执行一次。图 2-4 所示为 do while 语句的控制流程。

按照上述控制流程，do while 语句的执行过程为：首先执行<循环体语句>，然后计算<条件表达式>；如果条件成立，则再次执行<循环体语句>，直到循环条件不成立为止。

例如，以下程序中使用了 do while 语句，其功能是统计一行文本中的数字字符个数。

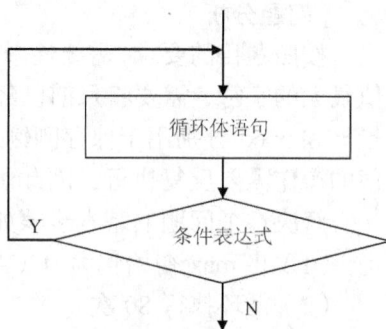

图 2-4　do while 语句的控制流程

```
int  ch, num = 0
do {
    ch = getchar( );                   /* 读入一个字符 */
    if (ch>='0' && ch<='9')            /* 如果是数字字符 */
        num++;                         /* num 加一 */
} while (ch!='\n');                    /* 直到读取到换行符为止 */
```

其中，利用数字字符的 ASCII 值连续排列的特点，通过与字符"0"和"9"的比较，确认输入到变量 ch 的字符是数字字符，对 num 做加一操作。当遇到换行符时，退出循环，此时，num 保存了之前出现的数字字符个数。

C 语言提供的各种循环语句有一个共同的特征是，当条件表达式成立时，继续执行循环体，否则结束循环语句的执行。不同之处在于条件检查的时间不同。程序员需要根据解题算法描述的不同，来选择适用的循环语句。

2.3.4　break 语句和 continue 语句

从前面几个循环语句的程序中可以发现：for 语句适用于具有循环控制变量的情况，while 语句和 do while 语句分别适用于描述条件判断在前和条件判断在后的情况。然而，现实中的解题逻辑可能更加复杂，有些循环处理要求其出口处于循环体的中部，无法直接使用上述语句。有些循环体内包含多个嵌套的选择结构，程序描述不够清晰。对于此类问题，C 语言提供了 break 语句和 continue 语句。

请阅读以下程序段，理解它们的用法。

```
while ( 1 ) {                      /* 循环条件始终为"真"，形成无限循环 */
    int  ch;
    ch = getchar( );               /* 输入一个字符 */
    if (ch=='\n')                  /* 如果是换行符 */
        break;                     /* 循环出口 */
    if (ch==' ')                   /* 如果是空格 */
        continue;                  /* 继续执行下一循环 */
    putchar(ch);                   /* 输出非空格 */
}
```

上述程序中，首先出现的 while 语句采用整数"1"作为循环条件。由于"1"表示逻辑真，所以这个循环是一个无限循环。当程序设计者无法确定循环出口条件时，直接采用无限循环也是一个不错的选择。随后，如程序注释所述，输入一个字符，判断是否为换行符。如果是换行符，则执行 break 语句，其功能是退出循环。由此可见，这个处于循环体中间的条件检查和 break 语句提供了一个循环出口。

这种无限循环和 break 语句的配合适用于所有循环处理需求，特别是适用于存在多个循环出口的场景。但是，break 仅仅能够控制最内层循环的出口。对于嵌套的多重循环，也可以直接采用 return 语句来结束当前函数，从而直接跳出所有循环。

后面的程序中，检查输入字符是否为空格。如果是空格，则执行 continue 语句，也就是结束循环体的本次执行，继续检查 while 条件后，再次执行循环体。如果输入字符不是空格，则输出该字符。归纳起来，该程序的功能就是输入一行文本，输出其中的所有非空格字符。

由此可见，continue 语句使得程序执行跳过了循环体中的后续语句，消除了使用 else 分支的必要。这种用法适用于多重 if 或 switch 语句嵌套的场景。此类场景中，在 else 分支中往往出现复合语句，使得循环体内出现多个层次的复合语句，影响了程序可读性，而 continue 语句可以采用上述方式来消除 else 分支，从而也避免了使用复合语句。

2.3.5　循环语句的应用实例

程序设计中经常需要交叉地使用各种控制语句，以便利用各种选择结构和循环结构的嵌套来满足数据处理的需求。然而，待解决问题的复杂性决定着处理过程的复杂性，因此，设计程序的关键在于下面 3 点。

（1）设计一种最有效的处理方法，以降低解决问题的复杂程度。

（2）合理地定义变量，以保存待处理的数据、必要的中间结果和计算结果。

（3）针对解题逻辑中的各种控制流程，合理地选择各种控制结构，以组织数据的处理过程。

下面将通过一个应用实例，介绍各种控制结构的综合应用。

【例 2-5】　正弦曲线的绘制。

正弦曲线来自数学三角函数，定义为函数 $y = A\sin(\omega x + \varphi) + k$ 在直角坐标系中的图像。其中，A 是振幅、ω 是角速度、φ 是初相、k 是偏距。

请设计一个程序，根据用户给定的振幅、角速度、初相和偏距，在绘图环境中绘制一条正弦曲线。

〖问题分析〗

这个绘图程序需要在直角坐标系上绘图。因此需要绘制坐标系，这里将坐标原点设置在 640*480 的绘图环境中的点(40,240)，可以在界面右侧展示这条曲线。

对于计算机绘图，每条曲线都是由多个线段连接而成。曲线在计算机内部通常表示为若干个连接点坐标。每个坐标则是计算产生的，可以直接使用绘图环境的像素点坐标。比如，给定一组连续的、间隔为 10 像素的 x 坐标，根据正弦函数计算出相应的 y 坐标，从而得到一组坐标；再在相邻的坐标点之间画线，就可以显示出一条正弦曲线。

从上述步骤中，可以看出变量设置的需求，对于正弦值的计算，应设置 4 个变量 A、w、q 和 k，分别表示公式中的振幅、角速度、初相和偏距。对于曲线的绘制，则需要设置两个变量 x 和 y 来表示坐标。计算的具体步骤如下。

（1）输入振幅、角速度、初相和偏距，到相应的变量中。

（2）设置坐标原点为(40,240)，设置并绘制直角坐标系的 X 轴和 Y 轴。

（3）设置 x=0。

（4）重复进行以下计算，直至 x>640。

① 计算 y = A*sin(w*x + q) + k；

② 如果 x 等于 0，则设置(x,y)为绘图当前点(moveto)；

③ 否则，在当前点和(x,y)之间绘制连线，并设置(x,y)为当前点(lineto)；

④ x 增加 10。

其中步骤（4）按照 EasyX 函数 moveto 和 lineto 的计算逻辑，组织了②和③的画线步骤。按照上述步骤，编写的程序代码如下。

〖 程序代码 〗

程序实现中，需要考虑 EasyX 函数的使用方法。由于默认的坐标系 Y 轴向下，本程序利用 setorigin 函数设置新的逻辑坐标原点，通过 setaspectration(1.0, −1.0)来设置缩放比例和方向。由于本题没有缩放需求，两个参数的值都是 1，−1 表示方向颠倒，从而使得 Y 轴的方向向上。绘图中使用了绘图环境中当前点设置函数 moveto、画线并重设当前点的函数 lineto，连续画出一组直线来模拟正弦曲线，而 X 轴线和 Y 轴线的绘制是使用函数 line 实现的。

```c
#include <stdio.h>
#include <math.h>
#include <graphics.h>
#include <conio.h>

int main( )
{
    double A, w, q, k;              /* 振幅、角速度、初相、偏距 */
    int x, y;                       /* 当前点的坐标 */

    printf("请输入正弦曲线的振幅、角速度、初相和偏距: \n");
    scanf("%lf%lf%lf%lf", &A, &w, &q, &k);

    initgraph(640, 480);            /* 绘图环境初始化 */
    setorigin(40, 240);             /* 设置逻辑坐标原点 */
    line(-40, 0, 600, 0);           /* 绘制 X 轴（-40<x<600） */
    line(0, 240, 0, -240);          /* 绘制 Y 轴（-240<y<240） */
    setaspectratio(1.0, -1.0);      /* 设置缩放比例和方向（不缩放、翻转 Y 轴方向） */
    for (x=0; x<640; x+=10) {       /* 设定 x 坐标的变化规则 */
        y = A * sin(w*x + q) + k;   /* 计算 y 坐标 */
        if (x==0)
            moveto(x, y);           /* 设置绘图当前点 */
        else
            lineto(x, y);           /* 画线并改变当前点 */
    }
    _getch( );                      /* 等待用户输入 */
    closegraph( );                  /* 关闭绘图环境 */
    return 0;
}
```

对照上述算法，从程序注释中不难理解每个步骤的实现方法。正是针对计算步骤中有重复处理的需求，程序中使用了循环语句。由于变量 x 可以作为循环变量来控制循环出口，所以采用 for 语句是最合适的，括号内给出了 x 的变化规则。使用函数 lineto 从当前点画线到(x,y)

点，并更新当前点的功能就可以绘制出多条线段来模拟正弦曲线。

〖 运行结果 〗

当用户输入 100 0.02 0 0 时，可以得到如图 2-5 所示的绘图界面中的正弦曲线。读者可能会注意到，当输入不同数据时，得到的正弦曲线也是不一样的，而且有些曲线的变形很大，和正规的正弦曲线相差很大。出现这种现象的主要原因在于计算机的绘图是用直线线段来模拟曲线，线段过少会导致模拟质量下降，而其基本单位就是像素点，使得图像质量的提高受到限制。

从本章的各个程序实例中可以看出：合理地定义变量对于简化程序的处理过程起着重要的作用。人们需要根据对问题的分析结果，确认操作过程中必须要保存的数据，通过变量的设置将它们保存在存储器中。对于初学者来说，可能喜欢设置许多变量，这将导致程序的可读性下降。为了避免这种现象的出现，应该保证每个变量有明确的应用含义。

再者，操作步骤的设计决定了问题的解决方案，它的正确性决定了未来程序的质量。编写程序仅仅是使用程序设计语言提供的各种功能来忠实地实现设计好的解决方案。这里包括使用各种类型的变量来保存数据，使用各种控制语句来实现操作步骤中规定的控制流程。因此，在开始学习程序设计的时候，理解算法的概念，并掌握一些常用的算法是相当必要的。

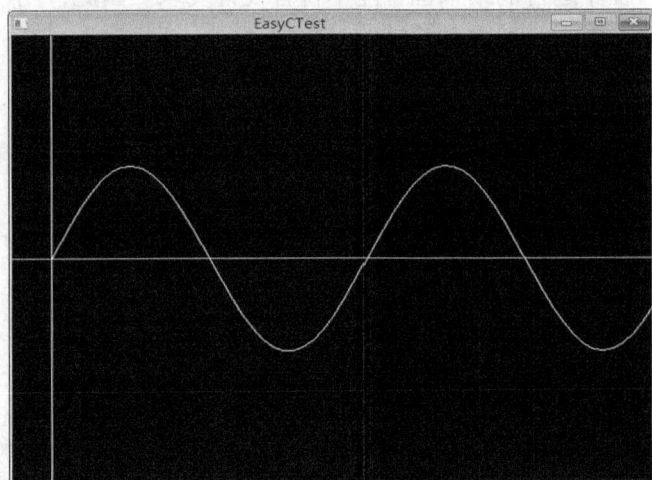

图 2-5　正弦曲线的绘制

2.4　程序调试的基本方法

程序设计完成后，就进入了程序调试阶段。在类似 Visual Studio 2010 的开发环境中，都具有编辑、编译、运行和调试程序的功能。人们可以使用开发环境提供的编辑功能实现程序的编辑操作；使用开发环境提供的编译连接功能实现程序的编译连接操作；最后还可以使用开发环境提供的调试功能对程序进行调试。程序的调试手段有很多种，但最基本的调试途径有以下两种。

（1）运行程序，并按照设计要求，选择适当的输入数据，观察输出结果。

（2）按照预定的人机交互过程，控制数据的处理流程，并观察各个流程分支的处理结果。

在 Visual Studio 2010 环境中，需要为每个软件的开发设置一个工程，在工程中管理属于这个软件的所有程序文件。例如，在第 1 章的介绍中，创建了工程 MyProc，又创建了 C 程序文件 C1_3.c。用户选择"调试"菜单中的"启动调试"命令来启动程序的编译和连接，生成可执行文件 MyProc.exe。随后，系统将可执行文件的代码装入到内存中，并按照程序中声明的变量为该程序分配必要的存储空间，然后从 main 函数进入程序并执行。

在 Dev-C++环境中，经常使用"F11"键来启动程序的编译、连接和运行。假如用户编写了一个程序，并保存为 MyProc.c 文件，则编译处理主要是对文件中存储的程序进行检查和翻译，并生成名为 MyProc.obj 的目标文件；连接程序将目标文件与标准函数库进行连接，并生成名为 MyProc.exe 的可执行程序；最后系统将把可执行文件装入内存，并为程序运行分配必要的存储空间，然后调用 main 函数进入程序运行阶段。

在程序运行的过程中，开发环境将单独打开一个窗口，用于接收用户的输入，或显示输出的结果。在这个窗口中，有一个闪烁的光标提示数据输入的位置，这表明程序正在等待用户的输入。当用户输入数据并按下回车键后，程序将恢复执行，并按照用户的输入逐个读取输入的数据，以便做出相应的处理。

然而，在上述程序编译、连接和运行的过程中，有可能出现各式各样的错误。即使系统没有报告任何错误，程序运行的结果也可能不符合设计要求。因此，用户必须学会鉴别各种错误，分析各种出错原因，掌握程序调试的基本技巧。

2.4.1　错误分类和解决方法

对于程序设计的初学者来说，最常见的错误大都出现在编写的程序代码中。例如，在使用 Visual Studio 2010 或 Dev-C++开发环境时，编译程序经常能够帮助用户检查出不少的错误，例如，程序中存在的各种语法格式错误、标识符声明和引用的类型不匹配，以及运算数据类型不匹配等。这些错误的提示信息将被列在输出窗口或 Compile Log 窗口中，同时，在程序的编辑工作区中，也明显地标识出当前错误的所在行。这些提示信息可以帮助用户确认程序错误所在的位置。

对于各种语法错误，用户可以参考各章小结中给出的语法格式，来检查书写的正确性，确认每个表达式和语句是否出现在正确的位置。对于有关变量名和函数名的使用，应该确认是否符合先定义后使用的顺序。对于每个运算，应该检查参与元素的每个变量的数据类型是否有误。但是，编译程序的差错能力是有限的，错误定位的功能也十分有限。在 Message 窗口中给出的错误信息不一定十分准确。另外，对于程序中存在的一个错误，编译程序有可能会报出多个错误信息。然而，众多错误信息中可能只有前几个是真正的错误，而后面的错误则是由前面的错误引出的。用户往往需要对程序进行反复地调试，并逐渐熟悉和理解各种出错信息的含义，掌握程序调试的基本手段，进而提高程序设计与程序调试的能力。

当程序中出现的所有编译错误都得到纠正之后，便可以得到一个扩展名为.obj 的目标文件。随后，就需要启动连接程序将目标程序与标准函数库进行连接。在连接阶段，需要定位程序中使用的所有函数和全局变量。当找不到这些函数或变量的时候，系统就会给出错误报告。在 Visual Studio 2010 环境中出错信息会显示在用户界面下侧的输出窗口；在 Dev-C++环境中出错信息会显示在 Compile Log 窗口中。当用户看到这类错误提示信息后，就应该立即检查这些函数和变量的命名是否正确，是否忘记定义。

连接成功后，便可以得到一个扩展名为.exe 的可执行程序。通过运行程序，并按照设计要求输入测试数据，就可以得到输出结果，以此来确认程序是否能够正常工作，是否能够得到正确的结果。对于不同的错误类别，系统有可能给出错误报告，有可能意外地终止程序，也有可能导致程序无休止地执行下去，最终影响到整个计算机系统的正常工作。一般情况下，这些问题的出现，说明程序中仍然存在一些错误，而编译程序和连接程序没能发现它们。这时人们必须采用各种程序的调试手段寻找错误的位置和种类，以便给予纠正。

在程序的运行过程中，即使没有报告任何错误信息，也有可能得到不符合设计要求的结果。造成此类错误的原因，有可能源于编写的代码，也有可能源于算法的设计，同样需要人们采用各种程序调试手段定位并确认错误产生的原因。

2.4.2　静态程序调试

程序设计的正确性取决于算法设计的正确性，也就是处理过程的正确性。在完成处理过程的设计后，通过静态跟踪检查，可以帮助用户确认设计是否正确。采用的基本方法是：检测处理过程中所有变量的变化状态，即按照设计的处理过程，逐步考察每步过程对变量变化的影响。对于循环结构，检查每次循环之前和循环之后，循环不变式是否得到满足。一旦发现问题，就立即修改相关的处理过程，并再次进行静态跟踪，直到能够确认整个处理过程的正确性和处理结果的正确性为止。

上面讲述的静态跟踪的方法同样适用于程序的调试。具体方法是考察程序中所有变量的取值，根据输入数据，按照程序描述的控制流程逐步地跟踪程序的执行，随时记录变量的变化以及程序的输出结果，考查数据变化和程序控制的转移是否符合设计者的需要，一旦发现问题，就要立即修改程序代码，并重新进行程序的静态跟踪，直至所有数据的变化过程和程序的输出结果不再出现异常为止。

在程序调试中，为了全面地测试程序的每一个分支，程序跟踪路径应该覆盖整个程序控制流程。为此，应该准备多组测试数据，每组测试数据将执行不同的路径分支，以便确保每个条件分支和循环体都包含在测试路径中。具体地说，对于程序中使用的每条 if 语句应该考查真、假两个分支；对于 switch 语句应该考查每个 case 分支；对于每条循环语句，应该考查循环体执行 0 次、1 次和多次的不同情况。这种测试方法被称为结构测试法。

2.4.3　动态程序跟踪

绝大部分的程序开发环境都为程序调试提供了必要的辅助工具，例如，单步跟踪、断点设置和变量监视等。Visual Studio 2010 和 Dev-C++等综合开发环境都为程序的动态跟踪提供了一组单步跟踪、断点设置、执行到指定位置、设置变量监视等多种调试手段，如表 2-4 所示。

表 2-4　　　　　　　　　Visual Studio 2010 和 Dev-C++环境的跟踪调试命令

	Visual Studio 2010	Turbo C++ 3.0
单步跟踪键（深入函数）	F11	F7
单步跟踪键（跨过函数）	F10	F8
断点设置键	F9	F4
执行到指定位置	Ctrl+F10（到光标处）	
添加变量监视	Shift+F9	Add Watch
继续执行到断点	F5	Continue/F5

在 Visual Studio 环境下，单步跟踪的基本过程是：按下单步跟踪键，系统将从程序的 main 函数开始，执行第一条语句。随着单步跟踪键"F10"或"F11"不断被按下，程序也将一步一步地向后执行，当前执行语句在用户界面被黄色箭头指示。用户可以清楚地观察到程序执行的过程，进而检查程序控制流程的正确性。同时，在下面的自动窗口内可以看到此时各个变量的取值，从而可以检查每个变量的取值是否符合设计思路。

另外，设置断点也是常用的调试手段。所谓断点是指程序运行到这个位置后将暂停执行的位置，它可以帮助用户快速定位在错误附近，加快调试程序的速度。设置断点的方法是：将光标定位在希望作为断点的代码行上，然后按下"F9"键来添加或撤销断点。一旦为程序设置了断点（红色圆点指示），按下"F5"键时，程序运行到断点处就会暂停下来，等待用户的命令。这时，用户可以采用单步跟踪的方式检查断点附近的控制流程。除此之外，用户还可以通过添加变量的监视点，来指定监视对象。通过"Shift+F9"组合键，用户可在弹出的窗口中输入希望监视的变量名或表达式，随后在右下角窗口就可以看到程序执行中这些变量的变化情况。

在 Dev-C++环境下，右下角的窗口提供全部调试命令。程序调试需要从按下"F5"键开始，程序将执行到存在断点的位置。"F4"键用于断点设置。断点所在行显示为红色。随着单步跟踪键 Next line 或 Into function 不断被按下，程序也将一步一步地向后执行，当前执行语句在用户界面呈蓝色高亮度显示。除此之外，用户在 Evaluate 指示的小窗口中输入希望监视的变量名或表达式，就可以得到当前变量取值或表达式计算结果。

通过设置断点、单步跟踪和设置监视点等功能的综合使用，用户可以仔细观察程序的执行流程和每个变量的变化状态，从而确认程序的执行过程是否符合设计的要求，得到的结果是否正确。Visual Studio 2010 和 Dev-C++环境中更多的调试命令详见附录 C、附录 D。

学习程序设计的基本方法，掌握调试程序的基本技巧，亲自上机实践是至关重要的，它的作用无法用其他形式取代。只有通过大量的实践，读者才有可能更加深入地了解计算机程序运行的工作原理，体会计算机程序指挥计算机系统完成各项操作的基本过程。当然，算法设计的作用更是举足轻重的。寻求一种有效的程序设计方法，提高程序设计的能力，开发高性能、高质量的计算机程序是每个程序设计者为之努力的目标。

2.5 本章小结

本章内容覆盖了 C 语言中最常用的语法结构，包括各种表达式、语句和控制结构，以及相关语义。下面总结相关语法和语义。

1. 语法

下面按照 EBNF 范式的方式给出本章涉及的主要语法说明，以方便读者查阅。

<表达式>	➜	<标识符> '=' <表达式>	/* 赋值表达式 */
	|	<标识符> <算术运算符> '=' <表达式>	/* 复合型赋值表达式 */
	|	<标识符> ' (' [<表达式>{', '<表达式>}] ')'	/* 函数调用表达式 */
	|	<表达式> <算术运算符> <表达式>	/* 算术表达式 */
	|	<表达式> <关系运算符> <表达式>	/* 关系表达式 */
	|	<表达式> '&&' <表达式>	/* 逻辑与 */

```
                    |   <表达式> '||' <表达式>                    /* 逻辑或 */
                    |   '!' <表达式>                             /* 逻辑非 */
                    |   '++' <表达式>
                    |   '--' <表达式>
                    |   <表达式> '++'
                    |   <表达式> '--'
                    |   <标识符>
                    |   <常量>
<语句>        →     ';'                                        /* 空语句 */
                    |   <表达式> ';'
                    |   <复合语句>
                    |   if ' (' <表达式> ')' <语句> [ else <语句> ]
                    |   switch ' (' <表达式> ')' '{' <分支语句> { <分支语句> } '}'
                    |   while ' (' <表达式> ')' <语句>
                    |   for ' (' <表达式>; <表达式>; <表达式> ')' <语句>
                    |   do <语句> while ' (' <表达式> ')' ';'
                    |   break ';'
                    |   continue ';'
                    |   return [<表达式>] ';'
<分支语句>     →     case <常量> ';'
                    |   default ':'
                    |   <语句>
<复合语句>     →     '{' {<变量定义>} { <语句> } '}'
```

2. 表达式和语句

表达式用于描述计算，类似于数学运算。计算结果就是表达式的值。各种表达式可以混合使用，以表达式的值作为操作数参与计算。其中，关系运算和逻辑运算中以 "0" 表示 "假"，以 "非 0" 表示 "真"。赋值也是一种表达式，以赋值号右侧表达式的值作为赋值表达式的值。

表达式中各种运算的使用遵循规定的优先级和结合性。对于运算符两侧的表达式未规定计算顺序，不同的编译系统可能采用不同的计算顺序。只有逻辑与运算规定左侧计算结果非 0 时对右侧表达式求值，逻辑或运算规定左侧计算结果为 0 时对右侧表达式求值。

语句是一个执行步骤。各种控制流程都是通过各种控制语句来实现。其中，return 语句用于结束当前函数的运行。如果当前函数是 main 函数，自然结束程序的运行。break 语句用于结束当前 switch 语句或循环语句。空语句仅用于满足控制结构描述中的语法需求，不表示任何计算。

3. 选择结构

if 语句和 switch 语句用于描述控制流程中的选择结构。如果 if 条件表达式求值结果为非 0，则执行真分支，否则执行假分支。每个分支都是一条语句或一个复合语句。

switch 语句提供多路选择功能，根据开关表达式的计算结果和各 case 语句开关值的对比，来决定执行哪个分支；与所有开关值都不相等时，执行 default 分支。开关值必须是整常数或字符常数。各种分支语句采用顺序执行方式，遇到 break 语句时，将跳出 switch 语句，执行下一语句。

4. 循环结构

C 语言中提供了 3 种循环语句用于不同的循环控制流程。while 语句适用于条件检查在前的循环，do while 适用于条件检查在后的循环，而 for 语句适用于存在循环变量的循环。各种循环语句在条件表达式求值为真时都继续循环，都以条件不成立作为循环出口。各种循环的循环体都是一条语句或一个复合语句。

对于循环出口处于循环体中的流程，可以使用 break 语句退出循环。对于多重循环，可以使用 return 语句结束当前函数，从而退出循环。此外，使用 continue 语句可以避免使用 if 语句的 else 分支，从而减少复合语句的嵌套使用，减少程序结构的层次。

习　　题

1. 请阅读下面的程序，并写出它的基本功能和运行结果。

```
#include <stdio.h>

main( )
{
    int sum = 0, i = 1;

    while (sum<15-i) {
        sum = sum+i;
        i = i+1;
    }
    printf("\n1+2+...+%d=%d", i-1, sum);
}
```

2. 请阅读下面的程序，并写出它的基本功能和运行结果。

```
#include <stdio.h>

main( )
{
    int i;

    for (i=1; i<=1000; i++) {
        if (i%3==0 && i%7==0)
            printf("%5d", i);
    }
}
```

3. 请阅读下面的程序，并写出它的基本功能和运行结果。

```
#include <stdio.h>

main( )
{
    int ch;

    do {
        ch = getchar();
        if ('a'<=ch && ch<='z')
            ch = ch-32;
        putchar(ch);
    } while(ch!='\n');
}
```

4. 请编写一个程序，完成以下功能：从键盘输入一个年份，判断该年是否为闰年，并输出相应的文字信息。

5. 请编写一个程序，完成以下功能：从键盘输入 100 个整数，统计其中偶数的平均值。

6. 请编写一个程序，完成以下功能：从键盘输入一行英文句子，输出到屏幕上，并将每个单词的首字符改写成大写字母（仅改写首字符为英文字母的单词）。

7. 请编写一个程序，完成以下功能：从键盘分别输入两个分数的分子和分母，计算两个分数的加减乘除运算，然后分别输出每个四则运算结果的分子和分母。

8. 请编写一个程序，完成以下功能：从键盘输入一行英文，求出倒数第 2 个单词的字符个数（假设英文中不存在标点符号）。

上机练习题

一、上机练习题 1

〖目的〗

通过这道上机题的训练，能使读者掌握选择结构的使用方法。

〖题目内容〗

请编写一个程序，从键盘输入 x、y 和 z，判断 x+y=z 是否成立。如果成立就输出 "x+y=z" 的字样；否则输出 "x+y!=z" 字样。

〖要求〗

输出全部相关的信息。

假如用户通过键盘输入 *20 30 40*，在屏幕上应该看到：

```
x=20, y=30, z=40
x+y!=z
```

〖提示〗

需要利用选择结构对于不同的情形做出不同的处理。

二、上机练习题 2

〖目的〗

通过这道上机题的训练，能使读者掌握选择结构和循环结构的使用方法。

〖题目内容〗

请编写一个程序，输出当年当月的月历。

〖要求〗

按照周的格式输出。例如，2005 年 7 月的月历应该为：

SUN	MON	TUE	WED	THU	FRI	SAT
					1	2
3	4	5	6	7	8	9
10	11	12	13	14	15	16
17	18	19	20	21	22	23
24	25	26	27	28	29	30
31						

〖提示〗

1. 假设已知本年 1 月 1 日是星期几，首先通过这个信息计算出将要输出的月份的第 1 天是星期几。

2. 使用双重循环控制月历的输出格式。

自 测 题

一、填空题

1. 在 C 语言中，提供了 3 种形式的基本程序结构，它们分别是_____、_____和_____。

2. if 语句属于_____结构的语句，它采用_____描述判断条件；switch 语句也属于_____结构的语句，它采用_____描述判断条件。

3. while 语句_____进行条件判断，因此，循环体至少执行_____次。

4. for 循环语句适用于_____的场合。通常它需要一个_____。

5. do while 语句_____进行条件判断，因此，循环体至少执行_____次。

二、程序填空题

根据给出的程序功能，将程序的空缺处填写完整。

1. 这个程序的功能是：输入整数 N，计算并输出 N!。

```
#include <stdio.h>

main( )
{
    long i, n, fact;

    scanf("%d", &n);
    fact =_____;

    for (i=2; i<=n;_____)
        fact = fact*i;

    printf("\n%d!=%ld", N, fact);
}
```

2. 这个程序的功能是：将从键盘输入的整型数值转换成八进制数值，并显示输出。

```
#include <stdio.h>

main( )
{
    int dec, oct, mul;

    printf("\nEnter a integer:");
    scanf("%d", &dec);
    printf("\nThe decimal is %d", dec);

    oct = 0;
    mul = 1;
```

```
    while (_____) {
        oct = dec%8*mul+oct;
        _____;
        mul = mul*10;
    }
    printf("\n The octavo is %d", oct);
}
```

三、编程题

1. 请编写一个程序，从键盘输入 4 个整数，对此 4 个整数进行比较，输出其中最大和最小的整数。

2. 请编写一个程序，输出下面数列的前 20 项（注意，这个序列中每个数据项都等于前两项之和）。

0，1，1，2，3，5，8，13，21，34，…

第 3 章
计算机算法初步

使用计算机程序解决实际问题大致需要经历分析问题、设计解决方案、编写程序、调试程序和测试程序等几个重要的阶段。其中，解决方案包括了为解决问题而采用的基本模型、基本方法和操作步骤，计算机算法就是解决方案的准确和完整的描述。在程序设计的整个过程中，算法设计的正确与否直接决定程序的正确性，算法质量的优劣直接影响程序的最终质量，因此，要想完成一个优秀的程序设计，设计一个优秀的算法是不容置疑的基本前提。本章将介绍一些有关算法设计的概念，并通过几个实例展示几种常用的计算机算法。

3.1　算法的概念

本书所提到的算法都是指计算机算法，也就是专门为编写程序而设计的算法，因此，在设计算法的过程中，不仅要考虑如何满足用户的需求，还要考虑如何保证程序运行的效率。本节主要介绍一些算法设计的相关概念，为稍后学习算法设计打下必要的基础。

3.1.1　使用计算机求解问题的一般过程

前一章主要介绍了 C 语言的几种控制结构，并列举了一些典型的应用实例。通过这些内容的学习，读者想必对 C 语言提供的各种控制语句的使用方法有了一定的认识。然而，为了充分发挥计算机的效能，设计出高质量的应用程序，还需要针对具体的实际问题进行深入分析，从而制定计算机求解问题的具体方案，然后采用程序设计语言提供的各种控制语句进行具体描述。下面首先介绍使用计算机求解问题的一般过程，让读者对程序设计过程有一个整体的认识。

通过前面的学习，读者可以发现使用计算机求解问题需要经历以下几个阶段。

（1）问题分析阶段

针对具体问题，分析问题涉及的各种数据信息及其基本结构，探讨通过数据信息的处理获得处理结果的过程，确认解题思路。在问题分析阶段中，通常需要懂得应用领域的某些专业知识，找出已知数据和计算结果的对应规则，以便构建正确的数学模型。

（2）数据结构设计阶段

分析求解思路，找出求解过程所涉及的数据信息，以及必须保存的数据信息，并根据分析阶段得到的数学模型设计相应的数据结构。

（3）算法设计阶段

算法是指对计算机求解步骤的具体描述。其中包括：数据的组织结构、输入输出、计算求值、变量赋值以及控制转移等。人们可以根据算法的描述推测具体的处理过程，推测存储器中变量数据的演变过程，以便确认算法设计是否符合设计者的解题思路。

（4）编码与调试阶段

按照设计好的算法，使用 C 语言提供的各种语句实现算法中描述的每项操作步骤。然后通过程序运行，输入测试数据，查看输出结果来检测算法设计和程序设计的正确性。

从上面的过程描述可以发现：数据结构和算法设计处于核心的位置。通过数据结构的设计，人们可以把握求解问题中的数据信息及其相互关系；通过算法的设计，人们可以得到正确的解题步骤；而程序设计仅仅是利用程序设计语言这个工具实现具体算法。著名的计算机科学家尼古拉斯·沃斯（Niklaus Wirth）曾经写过《算法+数据结构=程序》一书，这一公式已成为计算机发展史上的经典。

3.1.2　数据对象与算法描述

当人们在探讨一个问题的求解过程时，总是需要跟踪求解过程中的某些数据信息或中间结果。通常人们会将这些数据信息记在心里或写在纸上，以备后来使用。同样，采用计算机解决问题也需要记录这些数据信息，只不过它们将以数据对象的形式保存在计算机的存储器中，为此，程序设计语言提供了不同类型的变量，以便用来保存各式各样的数据对象。变量是程序设计语言提供的一种用于存储数据信息的机制。它可以使得用户通过变量申请存储空间；通过变量赋值保存数据对象；通过变量引用获得数据对象。从第 2 章的实例中可以看到：程序采用了一些整型变量、双精度变量和字符变量来保存数据信息和中间结果。这些数据信息不是孤立存在的，它们之间往往存在着一定的关系。为了能够在程序中描述这些具有复杂关系的数据信息，各种程序设计语言都提供了支持描述复杂数据结构的技术手段。本书后面章节将逐步介绍一些 C 语言提供的描述复杂数据结构的基本方法。

在使用计算机求解问题的过程中，人们根据解题思路来确认需要保存的数据信息，进而通过数据结构的设计来组织数据信息。数据结构的选择对算法设计会产生很大的影响。在程序中，数据结构的具体实现是通过变量完成的，换言之，变量是数据对象在程序中的具体体现，它主要包括输入的数据、计算的中间结果以及操作过程的进展状态（如循环次数等）。对于初学者来说，首先需要学会从操作过程中确认必须保存的数据信息，并定义适当的变量保存它们。为了保证程序的可读性，应该尽量减少定义变量的数量，同时，应该明确数据对象和变量之间的对应关系，保证每个数据对象仅用一个变量来表示，每个变量在操作过程中仅具有一种明确的意义。

正如第 2 章中列举的实例那样，操作步骤就是对数据信息的计算步骤，算法设计是围绕数据结构展开的。虽然，人们可以根据算法描述的操作步骤逐步地分析计算过程，模拟输入数据和计算的过程，从而推测出各种控制转移，并使用跟踪推理等手段得到最终的计算结果，但随着问题的复杂程度不断增加，人们已经很难在纸面上对程序进行跟踪和推理了，很多由于算法设计带来的错误直到程序调试阶段才能够被发现。又由于初学者对程序设计语言不太熟悉，所以，在有些时候很难区分错误是源于算法设计还是源于编码设计。因此，设计者需要使用更加规范化的算法描述手段，来保证算法设计的质量，这样既有利于使得设计者准确地描述操作步骤，又有利于帮助读者正确地理解设计者的解题思路。

在计算机科学的发展过程中，人们提出了很多种算法描述方法。第 2 章主要是使用自然语言（汉语）的描述方法。但是自然语言过于灵活且又缺乏严谨性，容易造成理解上的歧义，这对于编写程序代码来说，无疑是一个必须要解决的问题。

下面介绍一种算法的图形描述方式——流程图。它采用一些标准的图形符号描述算法的操作过程，从而避免了人们对非形式化语言的理解差异。本书后面章节的算法也都是采用流程图方式进行描述的。表 3-1 所示为程序流程图中常用的一些图形符号。

表 3-1   程序流程图的常用图形符号

符 号	名 称	用 途	连接的有向边及数量
↓	有向边	用于连接两个图形框，箭头描述处理过程的转移方向。有向边是其起点框的流出边，也是其终点框的流入边	
⬭	起止框	用于描述控制流程的开始和结束。开始框内标注"开始"字样，结束框内标注"结束"字样	开始框有 1 个流出边，结束框有 1 个流入边
▱	I/O 框	用于表示数据的输入和输出，框内标明输入/输出的变量	仅有流入边和流出边各 1 个
▭	处理框	用于描述具体的数据加工和处理。常采用文字加符号来表示计算公式和赋值操作	有 1 个流入边和 1 个流出边
▯	调用框	用于描述过程调用或模块调用。框内标注函数名或模块名	有 1 个流入边和 1 个流出边
◇	判断框	用于描述条件判断和转移关系。框内描述条件关系，两个流出边分别标注 Yes/No、Y/N、True/False 或"真/假"，以表示条件成立或不成立时的转移关系	上端有 1 个流入边，左右两侧各有 1 个流出边
○	连接框	用于描述多张流程图的连接。应附加文字标识连接关系	只有 1 个有向边

流程图为算法控制流的描述提供了有效的图示，其中每个加工处理和条件判断都需要描述具体的计算步骤。

3.1.3   流程图应用实例：一元二次方程求解

本节将一元二次方程的求解过程作为应用背景，介绍算法的基本设计过程及流程图的绘制方法。

【例 3-1】   一元二次方程的求解。

〖问题分析〗

一元二次方程可以书写成 $ax^2+bx+c=0$，由此公式可以看出，任何一个一元二次方程都由 3 个系数 a、b、c 唯一确定。在此类问题中，一元二次方程就抽象表示为这 3 个系数。在求解过程中，首先需要用户输入 3 个系数，然后根据一元二次方程的求解规则计算最终的结果，并将结果显示输出。

在数学运算中，人们已经十分熟悉一元二次方程的解法：

$$x = -\frac{b}{2a} \qquad\qquad 如果\ b^2-4ac=0$$

$$x = \frac{-b\pm\sqrt{b^2-4ac}}{2a} \qquad 如果\ b^2-4ac>0$$

无实根解   如果 $b^2-4ac<0$

因此，解决这个题目的主要任务就是描述上述数学运算的计算方法。为了使用计算机求解这个问题，必须考虑整个的计算过程，确认计算中需要保存哪些数据信息。很显然，首先需要保存一元二次方程的 3 个系数 a、b、c，然后还需要保存 b^2-4ac 的计算结果，以避免重复计算。这个中间结果在整个求解过程中使用了多次，这里可使用变量 t 保存这个数据。最后再考虑一下最终的计算结果，由于最终的计算结果直接输出，所以不必单独设置变量了。

〖**算法描述**〗

解决这个问题的基本步骤如下：

（1）输入 3 个系数，并将输入的 3 个系数值保存在变量 a、b、c 中；

（2）计算 b^2-4ac，并将结果保存在变量 t 中；

（3）如果 $t<0$，则输出无实根解的提示；

（4）如果 $t=0$，则计算并输出单根解；否则计算并输出双根解。

这里采用流程图方式描述上述的计算过程，如图 3-1 所示。

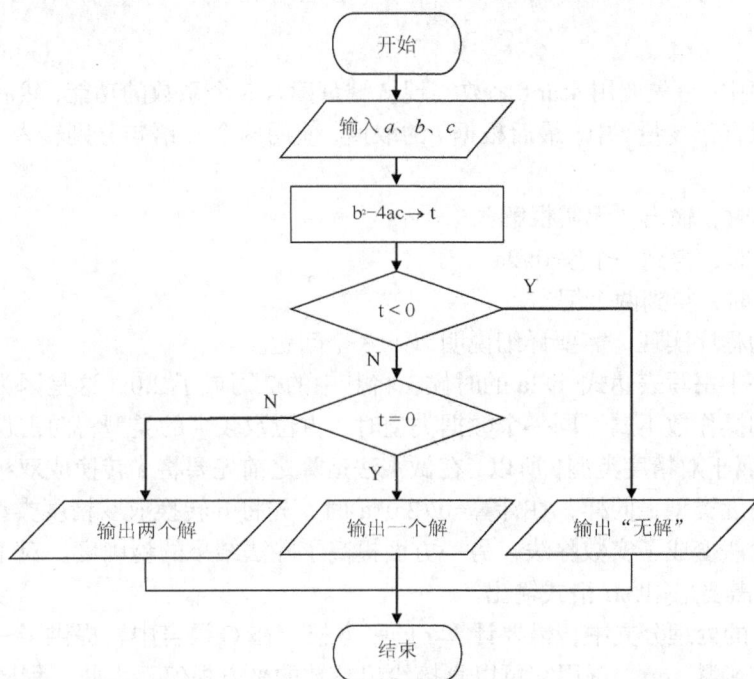

图 3-1 【例 3-1】的算法流程图

从这个流程图的描述中可见，各个步骤中并未描述具体的程序代码，仅仅描述了关键数据的计算和引用，形成了完成的计算逻辑。即使是完全不懂程序设计语言的人，也不难理解这样的计算过程。

〖**程序代码**〗

在基本确认了算法设计的正确性之后，就可以编写程序代码实现上述算法了。

从上述流程图可以看出：算法总体上是顺序结构，后面出现了两次条件判断。对照第 2 章讲的 if 语句的流程图，这两个条件判断在本程序中可用两条 if 语句实现。

```
#include <stdio.h>
#include <math.h>

main( )
{
    int a, b, c, t;
```

```
    printf( "Input  a,b,c: " );
    scanf("%d%d%d", &a, &b, &c );                  /* 输入 3 个系数 */

    t = b*b - 4*a*c;                               /* 求 b²-4ac */
    if ( t<0 )
        printf("No solution\n" );                  /* 输出无实根信息 */
    else if ( t==0 )
        printf("X = %lf\n", -b/(2.0*a) );           /* 计算并输出一个解 */
    else {                                          /* 计算并输出两个解 */
        double  t0;
        t0 = sqrt( (double)t );
        printf("X1 = %lf, X2= %lf\n", (-b+t0)/(2*a), (-b-t0)/(2*a) );
    }
}
```

在这个程序中，首先调用 scanf 函数实现从键盘读入 3 个系数的功能；然后计算 b^2-4ac，并将计算结果保存于变量 t 中；最后根据 t 的取值，使用两个 if 语句分别转入 3 个分支处理 3 种不同的情况。

（1）当 $t<0$ 时，输出"无实根解"。

（2）当 $t=0$ 时，得到一个解-b/2a。

（3）当 $t>0$ 时，得到两个解。

对于具体的程序实现，需要详细说明以下 3 个问题。

（1）在程序中书写表达式-b/2a 的时候，将其中的 2 写成了 2.0，这是因为 C 语言规定，当运算符两侧的操作数不属于同一个数据类型时，占位数较窄的类型将向占位数较宽的类型转换。由于 2.0 属于双精度类型，所以，在做乘法运算之前先要将 a 转换成双精度类型，2.0*a 的结果也是双精度类型，同样，在计算-b/(2.0*a)时，先将 b 转换成双精度类型，这样一来，一方面这里的除法变成了实数除法，另一方面提高了除法结果的精确度。对于双精度数值，在 printf 函数中需要采用%lf 格式输出。

（2）在 $t>0$ 的处理分支中，需要计算 t 的平方根。在 C 语言中，提供了一个专门用于计算平方根的标准函数 sqrt，调用它可以直接给出参数的平方根值。为此，程序导入了 math.h 来提供函数原型声明。每个标准函数的使用对其传递的参数都有类型的约定；函数 sqrt 要求传递的参数是双精度类型，返回结果也是双精度类型。由于 t 是整型变量，不符合 sqrt 函数对参数类型的要求，程序中采用了(double)t 将 t 的结果强制转换成双精度类型。这是 C 语言提供的一种类型转换方式。

（3）鉴于 t 的平方根将被多次使用，程序中定义了一个双精度类型的变量 $t0$ 来保存开平方得到的结果。C 语言允许在每个复合语句中定义变量，$t0$ 的有效范围就在这个复合语句中。

下面是测试这个程序的几个运行结果。

假设输入：1 -2 1

程序将显示：x = 1.000 000

假设输入：1 2 8

程序将显示：No solution

假设输入：2 -10 12

程序将显示：x1 = 3.000 000, x2 = 2.000 000

从上述程序设计中，读者应该能够注意到算法设计及其描述的重要性。算法完全是根据解题策略来设计，流程图为算法的设计提供了完整且准确的描述，从而保证了解决方案的正确无误。而且，算法设计及其流程描述和程序设计语言无关，不论使用哪种程序设计语言都可以实现这个算法。

因此，C 语言等程序设计语言对于基于计算机的问题求解，仅仅是工具，是用于算法实现的工具。然而，C 语言本身也有丰富的内容和众多细节，完整的问题求解仍需要熟练的 C 语言使用技巧和正确的程序设计方法。人们需要根据算法及其流程选择适当的控制语句，也需要选择标准函数来完成部分功能，并且根据语言规定来描述具体的、有效的操作步骤。例如，本题设置变量 t 和 t0 来保存中间结果，避免重复计算；添加强制类型转换，来保证数据符合类型要求。由此可见算法设计和程序实现之间的明确分工。

下面将介绍几种常用的基本算法，进一步发挥流程图的作用。

3.2 穷举法

穷举法是一种一一列举各种情况的求解问题的方法。这种方法简单、易懂，是人们经常采用的解决问题的方法。本节将介绍它的概念与应用。

3.2.1 概述

穷举法又称枚举法，是人们日常生活中常用的一种求解问题的方法。例如，如果希望从一组整数中找出所有乘积等于 40 的一对整数，则可以逐一分析其中两个整数的任意组合，判断其乘积是否符合条件。这种方法的基本思路就是一一列举每种可能性，逐一进行排查。因此，穷举法的核心在于考察问题的所有可能性，并针对每种可能情况逐一进行判断，最终找出问题的正确答案。

一般来说，这种求解方法似乎有些笨拙，但它却是计算机最擅长的处理方式。因为计算机本身缺少智能，不善于逻辑推理，也不善于分析和联想，但它却有极高的运算速度，实施大量的重复计算对于人来说是一件十分麻烦的事情，但这却是计算机的一个强项，因此在算法设计的时候应该充分利用计算机的这一特长。

穷举法的基本控制流程是一个循环处理过程，在 C 程序中可以使用各种循环控制语句进行描述。通常情况下，穷举法的实现包括通过设置变量来模拟问题中可能出现的各种状态，以及用循环语句实现穷举的过程。

3.2.2 穷举法应用实例 1：素数的判断

素数是指仅能被 1 和自身整除，且大于等于 2 的数值。判断一个给定的数值是否是素数是穷举法的典型实例。

【例 3-2】 素数的判断。

〖问题分析〗

为了检查一个整数是不是素数，可以使用穷举法。假设给定的整数用 x 表示，其判断过程就是确认 x 能否被从 2 到 $x-1$ 的任何整数整除。如果所有整数都不能整除 x，则说明它是一个素数。于是，可以使用穷举法——列举 2 到 $x-1$ 之间的每个整数，检查它们是否能够整

除 x，从而判断它是否为素数。

〖**算法描述**〗

按照上述穷举法的解题思路，需要保存输入的整数和被一一列举的除数，为此定义了两个变量 x 和 t。解决这个问题的基本步骤如下。

（1）输入给定整数，并保存在变量 x 中。

（2）将最小的除数 2 保存在变量 t 中，并重复执行下列操作：

① 如果 t 等于 x，则结束循环；否则，查看 x 是否能够整除以 t；

② 如果能够整除，表示 x 不是素数，则退出循环；否则，t 加 1，继续重复步骤（2）。

（3）如果 $t=x$，表示 x 是素数；否则表示 x 不是素数。

整个算法的流程图描述如图 3-2 所示。

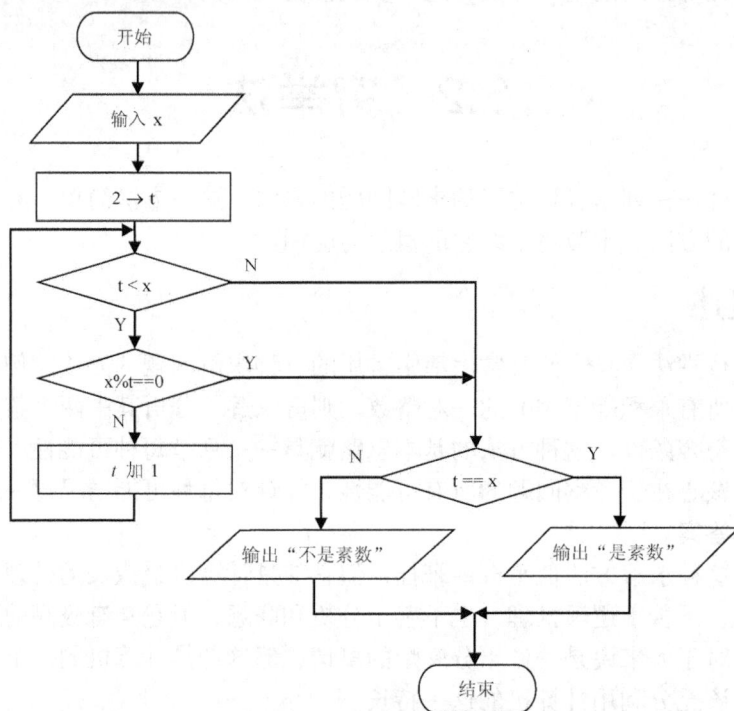

图 3-2　求素数算法的流程图

对于该算法，读者可能有疑问：在步骤（2）中，判断出 x 不是素数后，计算就应该结束。但那时的程序处于循环之中，需要先退出循环。然而按照各种循环控制结构，每个循环只有一个出口。因此，退出循环后，仍需要判断循环出口是来自这个中途退出，还是来自循环条件的正常退出。为此，算法设计中采用条件式 $t==x$ 来判断。

〖**程序代码**〗

从上面的算法描述中不难看出，上述算法的主要控制逻辑是一个循环结构。循环中代表被枚举的除数 t 起到了循环控制变量的作用，其初值设置、条件判断和加 1 操作完全符合 for 语句的控制流程，因此，这里可以选用 for 语句来实现。然而，循环体中包含了一个条件判断和一个跳出循环的控制逻辑。在程序中可使用 if 条件判断整除的结果，并使用 C 语言提供的 break 语句实现跳出循环的控制。

```
#include <stdio.h>
```

```
main( )
{
    int  x, t;

    printf( "输入一个整数: " );
    scanf("%d", &x );
    for (t = 2; t<x; t++ ) {              /* 列举小于 x, 大于 1 的所有整数 */
        if ( x%t == 0 )                    /* x 除以 t 的余数为 0 */
            break;
    }
    if ( t == x )                          /* 是否通过循环条件出口 */
        printf("%d 是素数\n", x );
    else
        printf("%d 不是素数\n", x );        /* break 出口 */
}
```

对于上面的程序, 需要说明以下两点。

（1）在程序中, 使用%求余运算来判断整除关系。当余数等于 0 时, 则使用 break 语句结束循环处理。

（2）在程序中, 一旦发现 x 整除某个整数, 就说明 x 不是素数, 此时可使用 break 语句立即结束循环。通过 t 是否等于 x 来辨别这个中途退出。

下面是两组测试数据的运行结果。

假设用户输入: 28

程序将显示: 28 不是素数

假设用户输入: 37

程序将显示: 37 是素数

3.2.3　穷举法应用实例 2: 百钱买百鸡

【例 3-3】　百钱买百鸡。

"百钱买百鸡" 是我国古代数学家张丘建提出的一个著名的数学问题。假设某人有钱百枚, 希望买一百只鸡; 不同的鸡价格不同, 公鸡 5 枚钱一只, 母鸡 3 枚钱一只, 而小鸡 3 只 1 枚钱。试问: 如果用百枚钱买百只鸡, 可以包含几只公鸡、几只母鸡和几只小鸡。

〖问题分析〗

从题目要求可知: 公鸡、母鸡和小鸡的数量是有限的, 都不会超过 100 只。通过对不同数量的公鸡、母鸡和小鸡进行组合, 可以计算出购买这些鸡所用的花费, 但这个题目要求找出那些花费正好为 100 枚钱, 而且鸡的总数也为 100 只的情况。因此, 可以使用穷举法, 将不同的公鸡、母鸡和小鸡的数量枚举一遍, 找出那些符合题目要求的解。

〖算法描述〗

为了穷举不同数量的公鸡、母鸡和小鸡, 需要设置 3 个变量 x、y 和 z, 分别保存公鸡、母鸡和小鸡的数量。解决这个问题的基本步骤如下。

（1）公鸡数量置 0, 并保存在 x 中, 重复执行步骤（2）。

（2）母鸡数量置 0, 并保存在 y 中, 重复执行步骤（3）。

（3）小鸡数量置 0, 并保存在 z 中, 重复执行步骤（4）。

（4）如果各种鸡的总数为 100 并且花费一百枚，则打印输出 x、y、z。

（5）z 加 1，如果 z<=100，转去执行步骤（4）。

（6）y 加 1，如果 y<=100/3，转去执行步骤（3）。

（7）x 加 1，如果 x<=100/5，转去执行步骤（2）。

整个算法的流程图描述如图 3-3 所示。

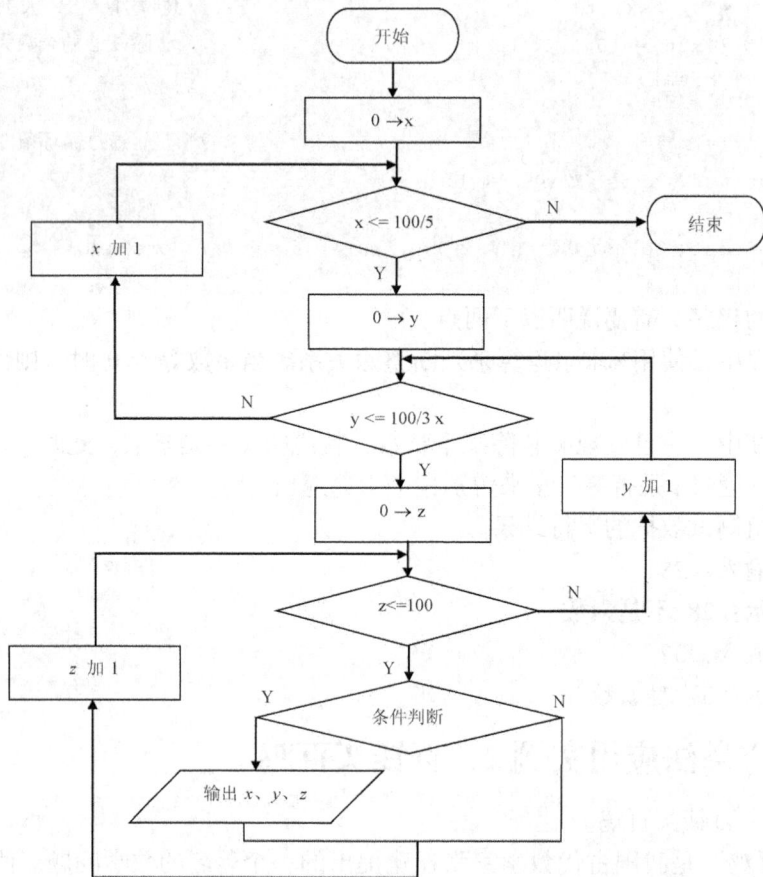

图 3-3　百钱买百鸡算法的流程图

〖程序代码〗

从上面的算法描述中不难看出，整个计算逻辑存在三重循环，分别穷举不同数量的公鸡、母鸡和小鸡，来考察是否符合百钱买百鸡的条件。穷举中，三种鸡数量的变化规则相同，分别由变量 x、y 和 z 来控制，符合 for 语句的结构特征。

```
#include <stdio.h>
#include <math.h>

main( )
{
    int x, y, z;                    /* 公鸡、母鸡、小鸡的个数 */

    for( x=0; x<=100/5; x++ )
        for( y=0; y<=100/3; y++ )
            for( z=0; z<=100; z++ ) {
```

```
            if (x+y+z ==100 &&15*x+9*y+z==300)
                printf("x=%d, y=%d, z=%d\n", x, y, z );
        }
    }
```

在上述程序中，条件判断是利用逻辑表达式 (x+y+z==100)&&(15*x+9*y+z==300) 描述的。这里的 x+y+z==100 用来判断 3 种鸡的总数是否为 100；15*x+9*y+z==300 用来判断所需花费是否是 100 枚钱。这个公式用到了一个技巧。按照题目的本意，这个公式应该写成 5*x+3*y+z/3==100，但 z/3 是整除，不能准确地反映实际的花费，因此，我们将整个公式的两端同时扩大了 3 倍，消除了分数的存在，解决了计算结果不准确的问题。

由此可见，算法为问题求解提供了正确的方案，程序代码的编写必须完全地忠实于算法描述，完全符合算法流程的描述。但是，算法实现仍要正确地使用程序设计语言提供的功能，掌握编程技巧。

运行这个程序后，会在屏幕上看到下列结果。

```
x=0, y=25, z=75
x=4, y=18, z=78
x=8, y=11, z=81
x=12, y=4, z=84
```

从上述计算结果可知，"百钱买百鸡"共有 4 个答案，都满足用一百枚钱买一百只鸡的要求。

穷举法适用于解决类似"百钱买百鸡"的问题。这种方法要求设计者针对具体问题逐一考虑各种可能性，通过变量的设置和取值范围的限定，模拟出答案的各种可能性，从而筛选出正确的答案。

3.3　递推与迭代法

递推与迭代是两种应用十分普遍的算法。它们大量用于解决具有递推和迭代特征的实际问题，且方法简单、易于理解，是程序设计者应该掌握的两种基本算法。

3.3.1　概述

迭代是计算机数值计算的一种基本算法，其基本策略是从初值出发，不断计算问题的近似解。在程序设计中，迭代表现为在循环处理中反复地用变量的前值计算出变量的新值。例如，在【例 2-3】程序中进行整数求和时，每次输入的整数都通过迭代关系式 sum=sum+x，将已经计算出的整数和 sum 与当前输入整数 x 的和再次保存到变量 sum 中。这种变量被称为迭代变量。采用迭代法解决问题的关键在于确定迭代关系，以及控制迭代的过程。

递推也是计算机数值计算的一种基本算法，常用于序列数据的计算。其基本策略是用已知结果和特定关系（递推公式）计算中间值；在未满足结果要求时，继续使用已知结果和特定关系进行计算。

采用递推法进行问题求解的关键在于找出递推公式和边界条件。

（1）递推公式给出了重复计算中根据若干个前项计算后项的计算公式。

（2）边界条件给出了计算的初值。

例如，对于阶乘的计算，递推公式是 $n! = n * (n-1)!$，公式说明了在循环中第 n 项和第 $n-1$ 项之间的关系；其边界条件是 $0! = 1$，说明了循环的初值。

综上所述，递推法和迭代法具有相似性。事实上，许多递推计算都是通过迭代法来实现的，其中的递推公式都是通过变量的迭代计算实现的。但是，仅使用一个变量往往很难实现复杂的递推计算，第 5 章介绍的递归法也可以用于实现递推计算。

3.3.2 递推与迭代法应用实例 1：等比数列求和

【例 3-4】 等比数列求和。

所谓等比数列是指在一组数据中，给定初值和比例的数值，后项和前项之前存在着一个固定的比例关系。例如，整数序列 3、15、75、375 的初值是 3，后项与前项是 5 倍的关系，即前项乘以 5 可以得到后项。

本题要求给定等比序列的首项和比例值，计算这个数列的前 10 项之和。

〖 问题分析 〗

当然，计算等比数列前 n 项之和完全可以通过一个简单的数学公式得到。本例不打算使用这种方法，而是要充分发挥计算机擅长重复计算的特点，利用递推公式计算每一项的值，再将它们迭加起来。

如果用 $item_i$ 代表第 i 项数据，用 sum_i 代表前 i 项之和，则等比数列的递推公式和边界条件为：

$item_i = item_{i-1} * ratio$　　　　后项等于前项乘以比例值

$sum_i = sum_{i-1} + item_i$　　　　前 i 项之和等于前 i-1 项之和加当前项

$item_0 =$ 给定的初值

$sum_0 =$ 给定的初值

〖 算法描述 〗

为了运用上述递推公式，本例设置了计数器变量 i，定义 3 个变量 item、ratio 和 sum 分别用于保存当前项、比例值和前 i 项之和。

解决这个问题的基本步骤如下。

（1）输入第一项和比例值，保存于 item 和 ratio 中。

（2）将 item 存入 sum，将 1 赋值给 i。

（3）如果 i<10，则通过迭代关系 item=item*ratio 来计算当前项 item，并通过迭代关系 sum=sum+item 将它累加到 sum 中；否则，输出结果，结束程序。

（4）i 加 1；转去执行步骤（3）。

由此可见，算法中使用两个变量的迭代实现了上述递推计算。算法的流程图描述如图 3-4 所示。

〖 程序代码 〗

在程序实现中，考虑到算法流程符合循环逻辑，并且存在循环变量，编码中应该采用 for 语句完成 9 次循环控制，以完成 10 个数据项的累加。

```c
#include <stdio.h>
#define NUM 10

main()
```

```
{
    int  item, ratio, sum, i;

    printf( "\n Enter the first item and ratio: " );
    scanf( "%d%d", &item, &ratio );

    sum = item;
    for ( i=1; i<NUM; i++ ) {
        item*= ratio;                     /*  数据项的迭代  */
        sum+= item;                       /*  递推公式  */
    }
    printf( "Sum of 10 items is %d\n", sum );
}
```

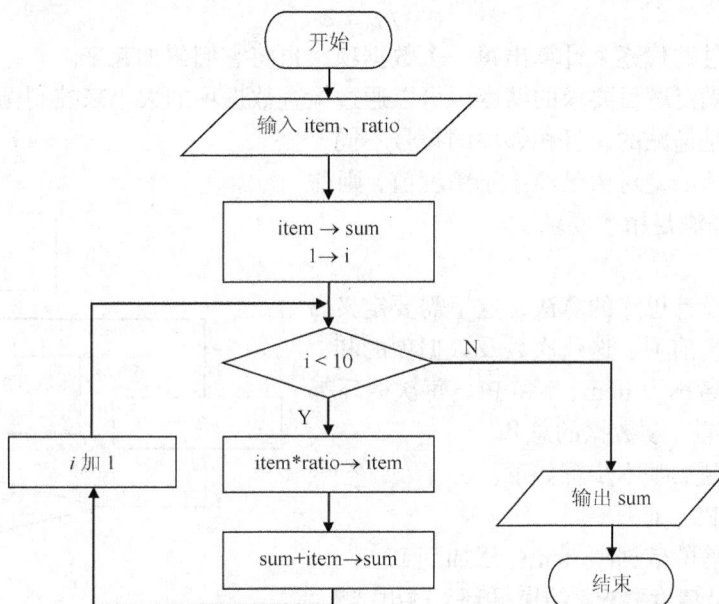

图 3-4 【例 3-4】的算法流程图

程序中使用预处理命令#define 定义了符号 NUM 表示常数 10。于是，程序中出现的所有符号 NUM 在编译之前的程序预处理阶段都被替换为 10。这种方法可以提高程序的可读性，也便于软件维护中的程序修改。在循环处理中，对两个变量通过*=运算符和+=运算符实现了对当前项 item 和累加及 sum 的计算。

运行这个程序后将会看到下列结果。

Input the first item and ratio: *2 3*
Sum of 10 items is 59048

3.3.3　递推与迭代法应用实例 2：求圆周率 π

【例 3-5】　圆周率 π 的计算。（精度要求要小于 1^{-6}）
按照数值计算的方法，圆周率 π 的计算可以通过以下公式完成：
$$\pi = 4 - 4/3 + 4/5 - 4/7 + 4/9 - 4/11 + \cdots$$

〖问题分析〗

从上述计算公式可以看出，圆周率是通过对数列 4、-4/3、4/5…进行求和得到的。在这个数列中，每个数据项的取值与前一项及该项的序号存在着一定的关系。如果能够找出这种关系，就可以使用递推或迭代的方法实现 π 的计算。仔细观察上面的数列可以总结出每个数据项 X_i 和序号 i 之间存在递推公式和边界条件：

$$X_i = (-1)^{i+1} \frac{4}{2i-1}$$

$$X_1 = 4$$

因此，前 i 项之和可以通过迭代式得到：

$$PI_i = PI_{i-1} + X_i$$

$$PI_0 = 4$$

于是可以通过迭代逐个计算出每一个数据项，再将它们累加起来。

另外，为了满足题目要求的精度，可以通过检查数据项的大小来控制循环的终止。由于数据项的绝对值是递减的，且相邻项的符号不同，如果第 n 个数据项的绝对值已经小于精度值，则前 n 项之和一定已经满足精度要求了。

〖算法描述〗

要实现上述设计思路的算法，这里需要定义 3 个变量用来保存当前项、迭代次数及数据项的和，设这 3 个变量的名称为 item、i 和 PI。每次循环都保证变量 PI 保存前 i 项数据的总和。

解决这个问题的基本步骤如下。

（1）初始化 P1、i。

（2）计算当前的数据项 item，累加到 PI。

（3）如果满足精度要求，结束循环，输出结果。

（4）否则，i 加 1，转去执行步骤（2）。

整个算法的流程图如图 3-5 所示。

〖程序代码〗

从算法流程图可见，循环控制逻辑中出口位于

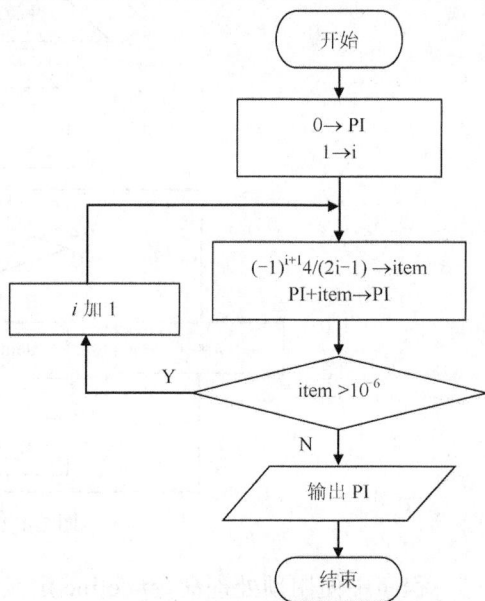

图 3-5 计算圆周率的算法流程图

循环体的后面，逻辑上与 do while 语句相符。PI 和 item 是实型数据，可以采用双精度类型变量表示。关于 $(-1)^{i+1}$ 的计算虽然可以使用标准函数 pow，但是为了提高程序的执行效率，定义了一个变量 sign 专门用于保存数据项的符号。每次循环的时候，将 sign 改变符号就可以达到计算 $(-1)^{i+1}$ 的目的。这是一个程序设计技巧。

```
#include <stdio.h>
#include <math.h>

#define  TooHigh(x)(fabs(x)>1e-6)

main( )
{
    int i = 1, sign = 1;
    double  PI= 0.0;                          /* 累加和 */
```

```
    double  item;                                /* 数据项 */

    do {
        item= sign * 4.0 / (2 * i++ -1);         /* 求第 i 项，且序号加一 */
        sign= -sign;
        PI += item;                              /* 累加 */
    } while( TooHigh(item) );                     /* 数据项精度控制循环 */

    printf( "PI = %lf\n", PI );                  /* 输出结果 */
}
```

从上述代码的控制流可见，程序实现完全遵循算法流程的逻辑。其中，将 i++嵌入在 item 的计算表达式中，使得程序更加简洁。程序中采用预处理命令#define 给出了一个宏定义 TooHigh，用于检查其参数 x 的绝对值是否大于 10^{-6}。循环出口处采用这个宏定义保证 item 的值达到足够小，从而控制了结果的精度。

使用#define 的宏定义在形式上虽然和函数调用有相似之处，但其本质上是不同的。宏定义的实在参数（如 item）会在编译之前替换定义中的形式参数 x，得到变换后的表达式被编译系统处理。如果宏定义的形式参数（如 x）多次出现在表达式中，则变换后，实在参数也将多次出现在变换后的表达式中。

运行这个程序后将会看到如下结果。

```
PI = 3.141643
```

运行这个程序时，如果精度要求过高，则计算量较大，计算所消耗的时间会比较长。

熟悉更多诸如穷举法、递推法等解题策略，是提高算法设计能力的有效途径。然而，算法的正确性并不能保证程序编码的正确性。在程序设计中，还需要根据程序设计语言的特点，充分考虑程序执行效率等问题，为算法的实现找到适当的程序描述手段。这里需要根据程序设计语言提供的各种控制语句来实现算法描述中的控制流程，也可能需要引入一些新的变量、适当的数据类型和相应的计算手段以避免低效的操作方式。为此，需要通过大量的程序设计实践，学习程序设计的技巧，熟悉程序设计语言的使用方法。

3.4　循环不变式的概念和应用

鉴于计算机应用的广泛性和复杂性，人们需要研究和开发各种算法。本书仅介绍了穷举法、递推法、迭代法等基本算法，众多复杂算法将在后续课程中给予介绍。

在各种算法的设计中，为了准确地描述计算逻辑，保证程序的易理解性和可维护性，程序设计者经常需要针对数据对象规定各种约束关系，以求有效地把握程序工作原理。本节将介绍循环不变式的概念和使用方法。

3.4.1　循环不变式

本节将从变量与数据内容的约束关系出发，介绍循环不变式的概念。

1. 变量和数据内容的约束关系

迄今为止，本书已经介绍了多个程序设计案例。每个程序案例都需要针对问题进行分析，确认需要保存的输入数据、中间结果和计算结果，并设置不同类型的变量来保存和管理这些数据。编译系统会按照变量定义的数据类型为这些变量分配必要的存储空间，用于存储这些数据。从存储器的角度来看，存储空间内可以保存任何数据。例如，一个整型变量，既可以用来保存学生的数量，又可以保存学生的考试成绩，程序设计语言允许设计者随心所欲地使用这些变量，在变量存储空间内放置任何整型数据，而不必顾及数据内容的语义。

但为了避免不必要的混乱，程序设计者为每个变量都规定了唯一的用途，规定了数据内容。例如，在前面的【例 3-4】中，变量 sum 用于保存累加和，变量 ratio 用于保存比例值，而且这种用途始终保持不变。作为正确的程序设计方法，这种变量及其所维护数据内容之间这种不变的约束关系是程序设计中必须维护的，以求保证程序的可读性。

程序设计者在进行软件开发的过程中，需要进行大量的程序设计，以解决各种各样、规模不同的应用问题。普通应用系统的程序规模也可能包含数万行程序代码。如何编写这些程序、如何检查程序中的编译错误、如何修改及扩展这些程序都需要程序设计者能够理解程序代码的意义。为了保证程序代码易于理解，程序设计者需要使用多种程序设计方法和技巧。其中，最重要的一点就是要保证变量中数据内容的语义不变。即使是在程序的不同段落中，也不应该用同一变量保存不同语义的数据内容。例如，用于保存价格的变量即使暂时不用，也不能另作他用；用作保存成绩的变量只能用于存储成绩，如果需要保存其他数据内容，应该另外设置其他变量。

作为程序设计的任务，设计者需要分析所有的涉及变量的语义约束关系，并将其作为程序设计的内容加以总结，作为设计文档的一部分，以保证程序设计的正确性和易理解性。不仅如此，在比较复杂的应用程序中，各种变量的数据内容之间还可能具有固有的语义约束关系。涉及复杂数据组织的语义约束关系将在后几章给予介绍，本节将介绍常见的循环不变式问题。

2. 循环不变式的概念

在软件开发的过程中，几乎所有的程序设计中都会用到循环结构。就像本章介绍的穷举法、递推法和迭代法一样，所有算法都需要使用循环语句来实现。在各种算法采用的循环结构中，绝大多数都包含了变量的赋值和更新，也就是变量存储空间中数据内容的更新。为了保证循环处理的正确性，不仅相关变量的数据内容语义不应该有变化，而且更新之前和更新之后的数据内容之间也应该保持一定的约束关系。各种变量中数据内容的约束关系就是所谓循环不变式，也就是在循环过程中必须始终维持的特殊性质，类似于数学归纳法所证明的断言。下面，针对本章的【例 3-4】和【例 3-5】来分析其中的循环不变式，也就是循环中不变的约束关系。

【例 3-4】中的程序主要用于等比序列数据的求和。其算法的循环结构中使用的变量是代表序列中当前数据项的变量 item 和表示数据项和的变量 sum。不难看出，在循环中存在两条不变的特征：

（1）当前数据项 item 等于上个数据项乘以比例值 ratio；

（2）变量 sum 始终保持已经处理过的数据项之和。

无论循环进行多少次，这个循环不变式始终成立，从而保证了整个计算的正确性。

再看【例 3-5】中用于计算圆周率的程序。程序通过一个数字序列来计算圆周率。循环处理中使用变量 item 表示当前项，使用变量 PI 表示圆周率。这里同样可以找到循环不变式：

（1）当前数据项 item 和数据项的序号 i 之间存在关系 $item_i = 4*/(2*i-1)*(-1)^{i+1}$；

（2）变量 PI 始终保持已经计算过的数据项之和。

无论循环进行多少次，这个循环不变式始终成立，从而保证了圆周率计算的正确性。

从上述案例可见，循环不变式是此类算法设计的核心。它是一种数据模型，表现为描述不变性质的约束关系（断言）。归纳起来，循环不变式具有以下 3 种性质：

（1）在进入循环之前的初始状态应保持不变式的成立；

（2）在每次循环的起始点和结束点，要保持不变式的成立；

（3）在循环终止时，从不变式可以得到正确的结果。

不难看出，循环不变式很大程度上类似于数学归纳法，从而为程序正确性的理论证明提供了依据。

同时，循环不变式也为算法的程序实现提供了指南。对于上述 3 种性质，在循环处理流程中的 3 个步骤应该按照循环不变式来设计：

（1）在进入循环之前，有关变量的初始化应该满足循环不变式的约定；

（2）每次执行循环体后，相关变量被更新，但仍然必须满足循环不变式的约定；

（3）在循环结束之后，基于组成循环不变式的相关变量计算结果。

例如，【例 3-4】的算法，进入循环之前 item 保存第一项数据，sum 作为数据项之和，自然也保存第一项；建立了不变式的初始状态后，按照循环不变式计算下一项，存于变量 item；对 sum 完成累加，都使得不变式保持成立。最终，循环结束时，可以从变量 sum 得到最终结果。又如，【例 3-5】的算法符合 do while 逻辑。于是，第一次循环建立了初始状态，即计算出第一项，存入变量 item，并累加到变量 PI。随后的多次循环，则按照不变式计算和更新 item 及 PI 的内容，使得每次循环后，不变式仍然成立。循环结束时，PI 保存了计算结果。

综上所述，循环不变式在涉及循环结构的算法设计中处于核心位置。对于计算机软件要解决的各种应用问题，使用循环结构进行的计算步骤是不可或缺的，而实现循环计算的核心问题就是要找到循环不变式，从而指导循环过程的算法步骤设计，保证算法设计的正确性，进而维护程序代码的正确性。从上述案例来看，循环不变式来自于应用问题的本身。本章使用了数学计算的案例，所用的数学公式直接提供了算法设计所需的循环不变式。然而，更多的应用问题来自于不同的专业领域，程序设计者需要针对各领域的问题，运用领域知识来寻找循环不变式，进而完成相关的算法设计。本书后续章节将结合程序设计案例来展示各种循环不变式的设计与实现。

3.4.2　程序设计案例中的循环不变式

本节将介绍一个绘图程序，展示如何针对一个绘图问题来寻找循环不变式，并基于循环不变式完成算法设计和程序实现。

【例 3-6】　圆的移动轨迹的绘制。

在一个 640×480 的图形界面中央，显示一个半径为 20（像素点）的圆。随后，在键盘方向键的指挥下，在指定的方向、距离圆心 20 个像素点处，绘制一个相同的圆；重复这个过程，就画出了这个圆的移动轨迹，直到空格键被输入为止。

〖问题分析〗

在问题叙述中可以看出，本例主要涉及人机交互和绘图。程序需要根据使用者的键盘输入来绘制出新的图形，而绘图功能本身比较简单，可以用既存的画圆函数来实现。程序工作的基本逻辑是反复地根据用户的输入调整绘图的位置，不断地进行绘图，直到输入空格键为止。

〖算法描述〗

按照上述分析，算法中包含一个循环，用于反复接收键盘输入，并做出相应的处理。具体的处理就是更新图形的位置，并画出新的图形。由于本题的图形仅仅是一个圆，图形位置可以用圆心坐标来表示。于是，每次键盘方向键的输入响应都需要更新圆心坐标。在这里不难看出方向键和圆心位置变化之间存在以下规则：

（1）新的圆心位置等于原有圆心位置按照方向键的指示位移 20 个像素点；

（2）以往的图形移动轨迹已经以多个圆的形式绘制在屏幕上。

在键盘输入处理的循环中，这些规则就是循环不变式。圆心位置的变化和图的绘制都符合这条规律，也就是保持这些循环不变式。

按照这个循环不变式，循环的初始状态应该提供圆心的初始位置，画出第一个圆；在循环过程中，应该根据方向键的种类来更新圆心坐标，画出新的圆。于是，应该采用一个多路选择来识别具体的方向键，进而更新圆心坐标，绘制新的圆。当循环结束时，所有圆已经画在屏幕上，展示出圆位置的变化轨迹。图 3-6 给出了该算法的流程。

在这个算法流程中，首先设置 x，y 为中心坐标，以 x，y 为圆心绘制圆；随后接收键盘输入，如果是空格则停止运行；否则，判断是哪个方向键。据此修改保存在 x,y 的坐标值，如果是左右方向键，则调整圆心的 x 坐标；如果是上下方向键，则需要调整圆心的 y 坐标。然后，再次绘制圆，重复键盘输入和处理。

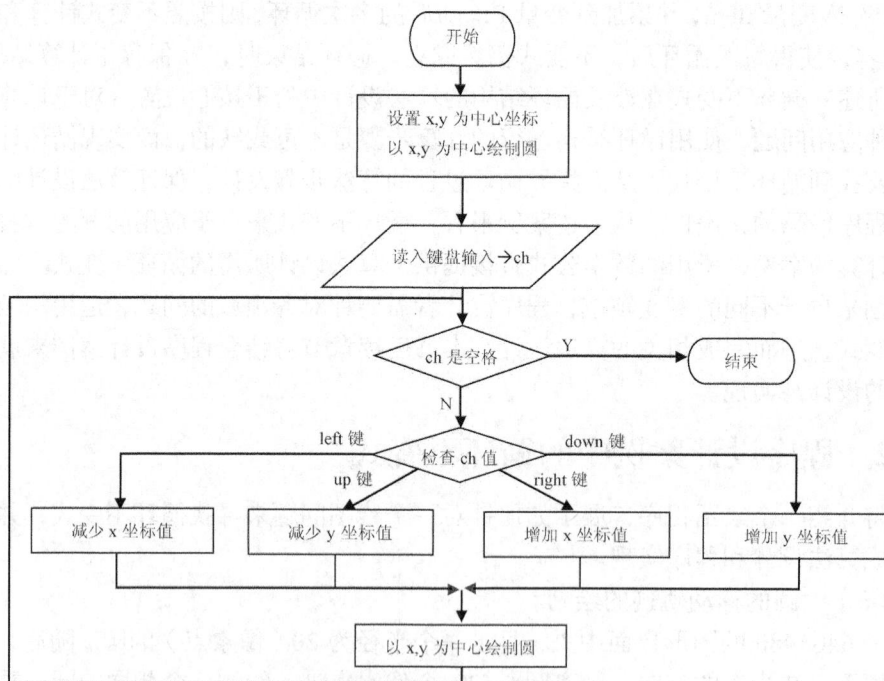

图 3-6 圆轨迹绘制程序的算法流程图

〖程序代码〗

下面给出了算法的程序实现。根据算法需求，设置了变量 x、y 来保存当前圆的圆心坐标，设置了变量 ch 来保存当前键盘输入。编码要点如下。

（1）考虑到外部循环的出口位置处于循环体中央，这里使用了一个无限循环的结构，也就是以表示逻辑真的整数 1 作为循环条件的循环。同时，使用 break 语句来控制循环的出口。

（2）使用 switch 语句控制消息的识别和处理。鉴于键盘方向键使用双字节编码，原理上必须两次调用 getch 才能获得完整的编码。但是，考虑到本题使用的键盘输入只有方向键和空格，故直接采用键盘编码的扫描码（也就是高八位），其他字符输入都没有必要处理。上下左右 4 个方向键的扫描码分别是 72、80、75 和 77。鉴于变量 x，y 始终表示当前圆的圆心坐标，每个方向键的处理都调整这些坐标，进而绘制出新的圆，以满足循环不变式的约束。

```c
#include <graphics.h>
#include <conio.h>

#define UP 72
#define DOWN 80
#define LEFT 75
#define RIGHT 77

int main( )
{
    int x=320, y=240, ch;

    initgraph(640, 480);            /*   绘图环境初始化为 640*480  */
    while( 1 ) {                    /*   无限循环  */
        circle(x, y, 20);          /*   绘制圆（合并了算法中的两次绘制）  */
        ch = getch( );             /*   键盘输入  */
        if( ch == ' ' )            /*   空格  */
            break;                 /*   跳出循环  */
        switch( ch ) {

        case LEFT:
            x -= 20;               /*   左  */
            break;                 /*   结束 switch 语句  */
        case UP:
            y -= 20;               /*   上  */
            break;
        case RIGHT:
            x += 20;               /*   右  */
            break;
        case DOWN:
            y += 20;               /*   下  */
        }
    }
    closegraph( );                  /*   关闭绘图环境  */
    return 0;
}
```

上述程序代码的注释说明程序开发人员需要根据算法流程图，忠实地实现每个步骤。同时，也要灵活利用 C 语言功能，实现具体的流程控制和数据结构设计。例如，其中无限循环的采用，以及两次绘图被合并为 1 条画圆的函数调用。利用#define 为每个方向键命名，使得程序易于理解，保证程序的可维护性，程序结构和数据结构应该尽可能接近算法结构。

这个画圆轨迹的绘图程序针对键盘输入处理的循环处理，展示了循环不变式的设计和应用方法。显然，这些循环不变式的设计是算法设计的核心内容，具体的算法步骤和程序编码都是基于循环不变式的三个性质来完成的，而且这种不变式不仅涉及了若干变量中数据内容之间的约束关系，也涉及到绘图环境的内容。这种现象说明循环不变式的设计需要考虑程序的整个工作状态。更复杂的应用场景和更深入的讨论详见后续各章中的案例设计。

3.5 本章小结

本章的核心内容归纳如下。

1. 计算机求解问题

计算机求解问题需要经历以下几个阶段：问题分析、数据结构设计、算法设计、程序编码、程序调试。

2. 算法流程图

流程图是一种常用的算法描述工具。流程图的 6 种图形符号包括起止框、输入/输出框、判断框、处理框、调用框和连接框。由有向边连接起来的图形符号组成流程图，用于描述算法的执行步骤和控制转移关系。图中应描述所有数据处理操作，以形成一个完整的解题逻辑。

3. 穷举法

穷举法是一种基本算法，其基本思路是考察问题解的所有可能性，通过逐个排查来寻找它是否构成问题的解。

4. 递推法

递推法是一种基本算法，其基本思路是反复地从已知结果和特定关系来计算中间值，最终找到问题的结果。递推法的核心在于找出递推公式，也就是从若干个已知结果计算中间值的公式，以及用于设置初值的边界条件。

5. 迭代法

迭代法是一种基本算法，其基本思路是从初值出发，不断地用原值来递推新值，逐步构造近似解。迭代法的核心在于找出迭代公式，也就是利用原值计算新值的公式。

6. 循环不变式

循环不变式是在涉及循环结构的算法设计中，对于循环体内被更新的变量，更新前后的数据内容必须满足语义约束关系，通常表现为逻辑公式（断言）。循环不变式是相关算法的核心设计内容，决定了算法的正确性。循环不变式具有三种性质：

（1）在进入循环之前的初始状态应保持不变式的成立；

（2）在每次循环的起始点和结束点，要保持不变式的成立；

（3）在循环终止时，从不变式可以得到正确的结果。

相关的算法设计必须满足这些约束条件。

7. #define 预处理命令

预处理命令#define 有两种用法：无参数的#define 常用于为某些常量命名，从而增加程序的可读性和可维护性；有参数的#define 用于为某个表达式所描述的计算命名，可增加程序的可读性，也可以避免表达式的重复编码。

8. 强制类型转换

C 语言中的数据类型限定了数据可以参加的哪些运算。编译系统将根据数据类型来检查表达式的合法性，检查运算符的操作数是否合法，检查函数参数是否有合法数据类型。然而，应用程序中的数据未必完全符合这种类型约束，因此 C 语言提供了强制类型转换来保证合法计算的完成，避免编译系统的误报。强制类型转换运算的语法如下：

<表达式> ➔ '(' <数据类型> ')' <表达式>

由于转换前后的数据精度不同，强制类型转换中低精度数据转换为高精度数据时，不会丢失数据；反之，则会丢失数据精度，需要程序设计者确保强制类型转换不损坏计算逻辑和数据质量。

习　　题

1. 请编写一个程序，给定一个整数，求出该整数的所有整数因子。要求画出算法流程图，说明所有变量的语义，编程实现。

2. 请编写一个程序，求解下述韩信点兵问题：有一队士兵。从 1 至 5 依次报数时，最后 1 人报 1；从 1 至 6 报数时，最后 1 人报 5；从 1 至 7 报数时，最后 1 人报 4；从 1 至 11 报数时，最后 1 人报 10。试问共有多少名士兵。要求画出算法流程图，说明所有变量的语义，编程实现。

3. 请编写一个程序，求满足以下条件的所有正整数。

① 采用七进制表示的该整数是个三位数；

② 采用九进制表示的该整数也是个三位数；

③ 上述两个三位数中每位数的顺序正好相反。

要求画出算法流程图，说明所有变量的语义，编程实现。

4. 请编写一个程序，计算并输出 $1 \times 2 \times 3 + 3 \times 4 \times 5 + \cdots + 99 \times 100 \times 101$ 的值。要求给出变量语义，写出循环不变式、画出算法流程图后，编程实现。

5. 请编写一个程序，从键盘输入两个整数 a 和 n，计算并输出 $a + aa + aaa + \cdots + aa \cdots a$（n 个 a）的值。要求给出变量语义，写出递推公式、画出算法流程图后，编程实现。

6. 请编写一个程序，完成下述猴子吃桃的问题：猴子得到一堆桃，当天吃了一半之后，又多吃了 1 个。以后每天猴子都吃了剩余的一半桃子之后，又多吃一个。在第 10 天，只剩下 1 个桃子。试问这堆桃最初有多少个。要求给出变量语义，写出循环不变式和递推公式、画出算法流程图后，编程实现。

上机练习题

一、三色球的选取问题

〖目的〗

通过这道上机题的训练，能使读者掌握穷举法的使用方法。

【题目内容】

请编写一个程序，实现下述三色球问题：在 12 只球中，分别有红色球 3 只、白色球 3 只和黑色球 6 只。试问如果要从 12 只球中取出 8 只球，可能得到多少种颜色搭配；每种搭配中各个颜色的球有多少。

【要求】

画出程序流程图，并说明程序中设置的每个变量的含义。

在输出数据中，每输出一种颜色搭配中，各色球的颜色及数量。

【提示】

假设在取出的 8 只球中，有 i 个红球、j 个白球、k 个黑球，符合题意的答案应满足 $i+j+k=8$、$0 \leqslant i \leqslant 3$、$0 \leqslant j \leqslant 3$ 和 $0 \leqslant k \leqslant 6$ 的条件。

二、数字序列的求和计算

【目的】

通过这道上机题的训练，能使读者掌握递推与迭代法的使用方法。

【题目内容】

请编写一个程序，计算 $1-1/2+1/3-\cdots+1/99-1/100+\cdots$ 直至最后项的绝对值小于 10^{-4} 为止。

【要求】

写出递推公式，画出程序流程图，并说明每个变量的含义。

三、图元的变换和移动

【目的】

通过这道上机题的训练，帮助读者熟悉【例 3-6】的设计思想。

【题目内容】

改写【例 3-6】中的程序，以实现下列功能：

（1）输入"Tab"键时，将正在显示的图形，从圆形变为正方形或从正方形变为圆形。

（2）每次绘制新的图形（圆或正方形）之前，清除原来的图形。

【要求】

使用 EasyX 库中的 clearcircle(x,y) 和 clearrectangle(x1,y1,x2,y2) 清除原来的图形。画出程序流程图，并说明每个变量的含义。

自 测 题

一、简答题

1. 简述计算机求解问题的基本过程。

2. 流程图的用途是什么？

3. 何时应该使用穷举法来解题？

4. 何时应该使用迭代法来解题？

5. 递推法能够解决的问题的基本特征是什么？

6. 什么是循环不变式？如何根据循环不变式，来设计循环处理算法？

二、程序填空题

根据给出的程序功能，将程序的空缺处填写完整。

1. 这个程序的功能是：输出在 1～x-1 范围内的 x 的因子。

```c
#include <stdio.h>

main( )
{
    int x, i;

    x = 100;
    for (i=1;_____; i++)
        if (_____)
                printf("%4d",i);
}
```

2. 这个程序的功能是：计算 x^y。

```c
#include <stdio.h>

main( )
{
    int m, x, y;

    scanf("%d%d", &x, &y);

    m = 1;
    for (; y>=1;_____ )
        m = _____;

    printf("\nx^y=%d", m);
}
```

三、编程题

1. 请编写一个程序，打印出所有水仙花数。水仙花数是一个 3 位整数，其各位数字的立方和等于该数字。

2. 请编写一个程序，按照下列公式完成计算（要求精确到 10^{-6}）。

$$y = 1 + \frac{1}{1 \times 2} + \frac{1}{2 \times 3} + \frac{1}{3 \times 4} + \cdots$$

第4章
数据的组织结构（一）

　　程序处理的对象是各式各样的数据，选用一种合理、有效的方式将数据组织起来是编写一个高效率、高质量程序的必要前提。在通常情况下，在程序中参与操作的数据可以分成两种形式：一种是单一数据；另一种是批量数据。所谓单一数据是指用于描述一个事物或一个概念且相对独立的数据；而批量数据是指将若干个具有相同性质的数据组织在一起且共同参与某项操作的数据集合。

　　在前面的章节中，已经介绍了表示单一数据的基本数据类型，本章将重点介绍用于组织批量数据的数组类型。

4.1　数组类型

　　数组是 C 语言提供的一种专门用来组织批量数据的数据类型，它可以将性质相同且需要共同参与某项操作的多个数据有效地组织起来，是一种应用十分频繁且非常重要的数据类型。

4.1.1　数组类型的应用背景

　　程序的根本任务是按照人们的意愿处理那些用来描述各类事物或概念的数据。通常，这些数据不仅在数据类型上有所差异，而且在表达语义上也千差万别。例如，在管理考试成绩的应用程序中，有一个整型数据 90，它表示某个学生的考试成绩，然而在管理选课信息的应用程序中，可能也有一个整型数据 90，它却表示选修这门课程的学生人数。除此之外，根据不同的操作目的，数据有时会以单一的形式参与某项处理，有时会以批量的形式将很多数据组织在一起共同参与某项处理。例如，一个学生的某门课程的成绩用一个整型数据表示，当我们只关注一个学生的成绩时，程序处理的数据就是一个相对独立的整型数据。然而，当我们关注一个班级的考试情况时，就需要将表示每个学生考试成绩的所有整型数据组织在一起，以便共同参与诸如统计考试成绩的分布情况、按照考试成绩由高到低排名等一系列的操作。显然，只有这样上述操作才具有实际意义。

　　在相当多的场景下，程序处理的大部分数据都是批量数据，下面列举几个典型的实例。

　　实例 1：在某个部门中，需要由全体职工推选一名办公室主任。假设有 10 名候选人准备参与竞选。希望编写一个程序，统计每个候选人的得票数量及选举结果。

　　实例 2：每年中央电视台都要举办青年歌手大奖赛。假设有 13 位评委参与评分工作，希望编写一个程序，帮助工作人员计算每个歌手的分数。

实例 3：在一段文本中，可能会出现各式各样的字符。希望编写一个程序，完成统计每个英文字母出现频率的操作。

仔细分析上面 3 个实例可以发现：在设计的程序中，需要处理的数据不是孤立存在的。例如，在实例 1 中，用于表示 10 名候选人得票数量的数据应该是 10 个整型数据，而且只有将这 10 个数据组织在一起，统计选举结果的操作才能够实现。在实例 2 中，13 位评委给出的分数应该用 13 个实型数据表示，与实例 1 一样，只有将这 13 个数据放在一起，从中选择最高分和最低分，以及计算平均分的操作才具有实际意义。在实例 3 中，假设不区分英文字母的大小写，26 个英文字母在文本中出现的次数应该用 26 个整型数据表示。同样，也只有将这 26 个数据视为一个整体，才能够比较出哪个字母的出现频率高，哪个字母的出现频率低。

归纳起来，这 3 个实例所需要处理的数据具有以下两个特点。

（1）同时存在若干个用来描述性质相同的个体数据。

（2）只有将这些数据组织在一起形成批量数据，共同参与处理，很多操作才具有实际意义。

为了更有效地组织这种批量数据，可以将批量数据排列成一个序列，并利用序号标注每个数据对应的不同个体。例如，可以将实例 1 中的 10 个整型数据写成如图 4-1 所示的形式。

1	2	3	4	5	6	7	8	9	10
21	10	36	9	11	2	40	18	7	22

图 4-1　实例 1 中 10 个候选人的得票数量

其中，序号 1 所对应的数据表示 1 号候选人的得票数量，序号 2 所对应的数据表示 2 号候选人的得票数量，依此类推，序号 10 所对应的数据表示 10 号候选人的得票数量。

在实例 3 中，26 个字母的出现次数可以写成如图 4-2 所示的形式。

1	2	3	4	…	24	25	26
12	9	18	6	…	5	10	3

图 4-2　实例 3 中 26 个字母出现的次数

其中，序号 1 所对应的数据表示字母 'A' 的出现次数，序号 2 所对应的数据表示字母 'B' 的出现次数，依此类推，序号 26 所对应的数据表示字母 'Z' 的出现次数。

由于在程序设计过程中，经常会遇到具有上述特点的数据，因此，在 C 语言中提供了一种专门用于组织它们的数据类型——数组类型。本节将介绍数组类型的相关概念、变量定义和引用方式。

4.1.2　一维数组类型的定义

数组是一种用来组织批量数据的数据类型，它要求批量数据中的每个数据具有相同的性质。在 C 程序中，具有相同性质的数据一定属于同一个数据类型，因此也可以这样说：数组是由若干个具有相同数据类型的元素组成。如果数组中的每个元素仅使用一个序号唯一地标识，就称为一维数组，这个序号被称为下标。一维数组是一种最简单、最常用的数组形式。

与前面章节介绍的基本数据类型变量的处理方式相同，数组类型的变量操作也需要经历定义、初始化和引用 3 个阶段。

在 C 语言中，一维数组型变量的定义格式为：

```
<元素类型>  <数组变量名>[<元素数量>];
```

例如：

```
int vote[10];
```

上述语句表示这个数组型变量名为 vote，其中包含 10 个元素，每个元素都是 int 类型。C 语言规定：数组的下标从 0 开始计数，因此这 10 个数据的下标为 0~9，而不是人们习惯使用的 1~10。

```
double score[13];
```

上述语句表示这个数组型变量名为 score，它将 13 个 double 型数据组织在一起，并用一个介于 0~12 的下标唯一标识。

变量一经定义，系统就会为每个数组型变量分配一片连续的存储空间，所需要分配的存储空间总数将取决于包含的元素个数和每个元素需要的存储空间。按照 C 语言的规范，int 类型是系统机器字长类型。目前计算机普遍使用 Windows 和 UNIX 等 32 位操作系统，其机器字长是 32 位，也就是 4 字节。

因此，Visual Studio 2010 系统将会为 vote 数组分配 10×4 个字节的存储空间，并且这 40 个字节在内存中是连续的。数组中的每个元素都将按照下标从小到大的顺序依次存储在这 40 个字节的存储空间中，如图 4-3 所示。

vote[0]	vote[1]	vote[2]	vote[3]	vote[4]	vote[5]	vote[6]	vote[7]	vote[8]	vote[9]

图 4-3　vote 数组的存储结构

同样，由于 score 数组中的每个元素都属于 double 类型，占用 8 字节，因此系统会为 score 数组分配 13×8 个字节的连续存储空间。

由于这些存储空间是系统分配的，程序设计者虽然不知道这些存储单元的地址是什么，但是知道这些存储空间是连续的。同时，C 语言规定数组名自身就是该存储空间的首元素地址。例如，如果 vote[0]的存储单元地址是 1024，则 vote[1]的地址必然是 1028；而 vote 等于常数 1024。正是因为存储空间的首元素地址是不可变的，所以数组名 vote 是一个常数，不允许被赋值，而数组元素可以被赋值。

4.1.3　一维数组的初始化

与基本数据类型的变量一样，在定义数组型变量时，系统只是分配一定数量的存储空间，而没有为其中的每个元素赋予一个确定的初值。如果在这个时候使用数组元素的内容，就会得到一个不确定的值，程序的运行结果将无法预料。因此，在引用数组元素之前，必须确保该元素已经含有一个确定的值。为此，C 语言提供了在定义数组型变量的同时为每一个元素赋予初值的功能，这个过程被称为数组的初始化。

在 C 程序中，定义数组型变量的同时进行初始化的基本格式为：

```
<元素类型>  <数组变量名>[<元素数量>]={<元素初值 1>,<元素初值 2>,…,<元素初值 n>};
```

例如：

```
double score[13]={9.2,9.1,8.7,9.1,8.5,9.0,9.4,8.8,8.9,7.9,9.4,8.0,9.7};
```

当系统遇到这条语句时，不但要为 score 数组分配足够数量的存储空间，还要将花括号中包含的数值按照从左到右的顺序依次赋给 score 数组中的每一个元素，即第一个数值 9.2 赋给下标为 0 的元素，第二个数值 9.1 赋给下标为 1 的元素，依此类推。

为了描述方便，C 语言为数组型变量初始化提供了几种简写方法：

（1）为数组型变量中的每一个元素都提供一个初始值。此时，可以省略方括号内的数组元素数量。也就是说，上面的 score 定义形式与下面这个定义完全等价。

```
double score[ ] ={9.2,9.1,8.7,9.1,8.5,9.0,9.4,8.8,8.9,7.9,9.4,8.0,9.7};
```

系统将根据花括号中包含的初值数目推测出数组含有的元素数量。

（2）为数组型变量的前面若干个元素赋予初值。此时可以使用下列书写形式：

```
int letter[26] = {10,9,8,7};
```

上述语句的执行结果是：将 10、9、8、7 分别赋予 letter 数组中下标为 0、1、2、3 的元素，后面的 22 个元素赋予初值 0。显然，在这里不能省掉方括号中的元素数量。

4.1.4　一维数组元素的赋值与引用

定义完数组型变量之后，就可以对它实施各种操作了。从前面的章节中已经得知：对于基本数据类型的变量，可以通过变量名对该变量所对应的存储空间进行存取操作。对于数组元素，需要按照下列格式书写：

```
<数组变量名>[<下标表达式>]
```

其中，<数组变量名>是一个已经定义的变量，<下标表达式>的计算结果应该是一个介于数组下标取值范围内的整型数值。假设数组中含有 10 个元素，数组下标应该介于 0~9 之间。例如，vote[0]、vote[1]、vote[2]、…、vote[9]分别表示 vote 数组的各个元素。

需要注意的是，尽管 C 程序在编译过程和运行期间都不检查下标表达式的结果，但程序设计者必须要保证它的值介于数组下标的取值范围内，否则将会产生不可预料的运行结果。

在程序中，对数组型变量进行操作往往是通过对数组中的每个元素分别实施操作实现的。例如，给数组赋值，实际上就是给数组中的每个元素赋值；输出数组内容，实际上就是输出数组中每个元素的内容。数组元素的这种书写方式可以出现在任何允许变量名出现的表达式中。下面分别介绍这两项操作的具体实现方法。

1. 数组元素的赋值

在 4.1.3 节中介绍了如何在定义数组型变量的同时对其进行初始化的方法。实际上，使用赋值语句和调用标准输入函数也可以达到为数组赋值的目的。

（1）使用赋值语句为数组赋值。当为数组中的某个特定元素赋值时，需要通过数组变量名和下标值指出相应的数组元素。例如：

```
score[10] = 90.6;
```

当需要为数组中的每个元素赋值时，经常会使用循环结构。例如：

```
for (i=0; i<10; i++){
    vote[i] = 0;
}
```

假设 i 是一个已经定义为 int 类型的变量。上面这条语句的执行结果是，将 vote 数组的每个元素赋值为 0。再如：

```
for (i=0; i<26; i++) {
    letter[i] = letter[i] + 1;
}
```

上面这条语句的执行结果是：将 letter 数组中的每个元素值在原值的基础上加 1。

（2）调用标准输入函数为数组元素赋值

如果希望采用键盘输入为数组中的每个元素赋值，可以通过调用标准输入函数实现。例如：

```
for (i=0; i<13; i++) {
    scanf("%f", &score[i]);
}
```

执行上面这条语句后，程序将等待用户通过键盘输入 13 个实型数值，并把它们依次赋给数组中的每个元素，其中，符号&的作用是计算数组元素 score[i]所在的存储单元的地址。假设用户通过键盘输入了以下 13 个实型数值：

9.2 9.1 8.7 9.1 8.5 9.0 9.4 8.8 8.9 7.9 9.4 8.0 9.7<回车>

在 score 数组中，下标为 0 的元素将被赋值 9.2，下标为 1 的元素将被赋值 9.1，下标为 2 的元素将被赋值 8.7，依此类推，下标为 12 的元素将被赋值 9.7。

2. 数组元素的输出

与为数组型变量赋值一样，数组的输出也是通过输出数组型变量中的每一个元素值实现的。例如，下面几条语句实现了输出 letter 数组的功能。假设 i 是一个已经定义的 int 类型的变量。

```
for (i=0; i<26; i++) {
    printf("%4d", letter[i]);          /*输出 letter 数组的内容*/
}
```

数组元素的赋值与输出是数组型变量的基本操作。在 C 语言的语法中，对于诸如 letter[i] 任何数组元素的引用都是表达式的一种，因此可以出现在运算符两侧，也可以作为参数出现在任何允许表达式出现的地方。数组元素的引用甚至还可以出现在赋值号的左侧，和出现在赋值号左侧的变量名相似，此时它代表这个数据元素所占据的存储单元。读者应该注意到这种左值和右值的区别。

4.2　使用一维数组组织数据的应用实例

在实际应用中，批量数据大量存在于各种信息处理系统中。采用数组来管理批量数据是一个很好的选择，然而数组的应用必须注意以下两点。

（1）数组元素的类型问题。鉴于应用数据的类型不同，数组元素的类型必须适合于应用数据。目前，本书已经介绍了 int、double 和 char 三种类型，能够满足简单的计算统计和查找需求，更复杂的应用还需要复杂数据类型，详见后面章节的介绍。

（2）数据大小的问题。按照 C 语言的规定，使用数组之前，必须先进行定义；定义时必须指定数组大小。因此，数组元素的个数是不可变的，也就是说数组大小是固定的。然而，实际应用中批量数据的数量未必都是预先确定的，因此数组仅能用于数据数量可以确定的场景，或者预先确定数据数量有限的场景。对于数据个数可变的应用场景，需要采用后续章节介绍的链表等动态数据结构来实现。

下面将列举批量数据处理中几个典型的应用问题和程序实例。

4.2.1　查找问题

查找是指根据某个给定的条件，在一组数据中搜索是否存在满足该条件的数据的过程。在程序中，查找操作的结果经常被用来作为是否执行某项后续操作的决策依据。由于查找操作的大量应用，查找效率直接决定了程序的执行效率。因此，掌握经典的查找算法及其实现方法是程序设计的重要基础。下面列举两个实例说明不同的查找算法及其具体实现。

【例 4-1】　顺序查找。

已知某个班级 35 名学生某门课程的考试成绩。请编写一个程序，查看在这个班级中是否存在考试不及格的学生。

〖 问题分析 〗

参加查找操作的数据应包含 35 名学生的考试成绩。假设考试成绩用 0～100 的整型数值表示，则 35 个整型数值形成一个批量数据。在程序中，可以用一维整型数组 score 将它们组织起来。于是，采用穷举法利用数组下标 i，从前往后依次查看每个元素的内容。

〖 算法描述 〗

顺序查找的算法流程如图 4-4 所示。

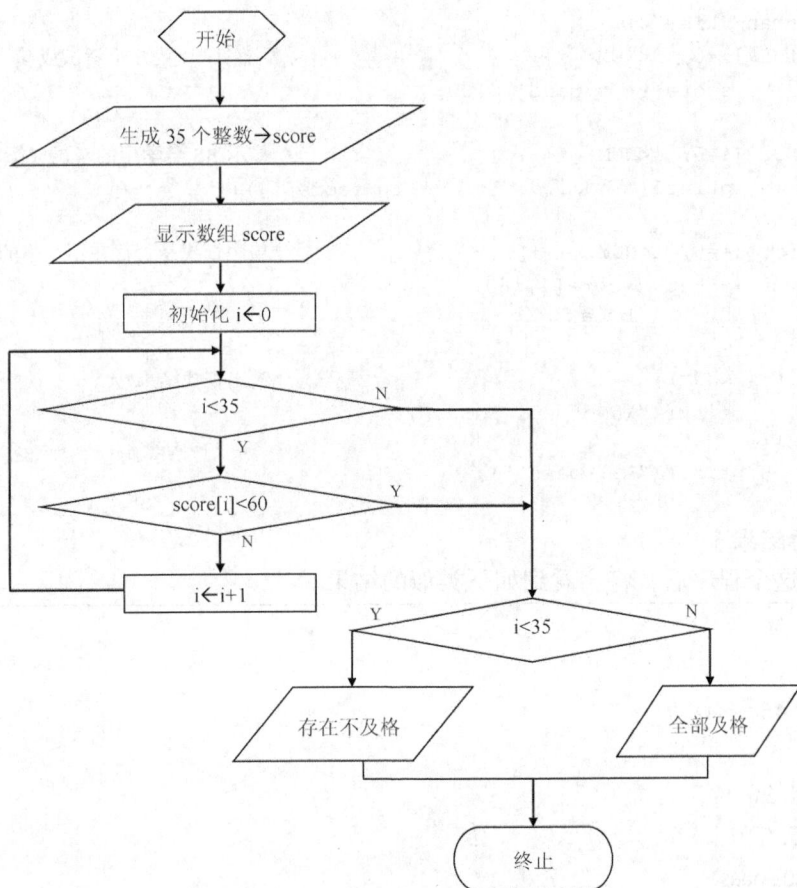

图 4-4　顺序查找算法流程

算法中首先随机生成 35 个成绩，保存于数组 score 中，并显示输出。随后，通过下标变量 i 从 0 开始依次递增，逐个检查每个元素 score[i]。遇到小于 60 分的情况就退出循环。最后，通过再次检查 i>35，判断是否 35 人都检查完了，从而确定是否存在不及格的学生。

〖程序代码〗

考虑到本例是描述查找算法，故采用随机生成学生成绩的方法。这里，使用了 C 语言的标准函数：在函数 srand 进行随机数生成功能的初始化之后，采用 rand()%100 就可以得到小于等于 100 的一个整数。

鉴于算法中，对于学生成绩的生成、查找和输出都是针对每个数组元素的处理，故采用了 3 个 for 循环，依次处理每个数组元素。

```c
#include <stdio.h>
#include <stdlib.h>
#include <time.h>
#define NUM 35                              /* 学生人数 */

main( )
{
    int score[NUM];
    int i;

    srand(time(0));
    for (i=0; i<NUM; i++) {                 /* 随机产生 35 个考试成绩 */
        score[i] = rand()%100;
    }
    for (i=0; i<NUM; i++) {                 /*显示 35 名学生的考试成绩*/
        printf("\nNo.%d: %d", i+1, score[i]);
    }
    for (i=0; i<NUM; i++) {                 /*顺序查找是否存在不及格的学生*/
        if (score[i]<60)
            break;
    }
    if (i<NUM)                              /*输出查找结果*/
        printf("\nNot all pass.");
    else
        printf("All pass.");
}
```

〖运行结果〗

运行这个程序后，将会看到如下类似的结果。

```
No1. 56
No2. 73
No3. 46
......
No34. 90
No35. 62
Not all pass.
```

对于这个显示结果需要说明以下两点。

（1）C 语言的预处理命令#define，为学生数量 35 定义了一个标识符 NUM，以求方便阅读理解。如果需要更改学生数量，可直接改这个定义，而不必一一修改其引用。

（2）C 语言为随机数的产生提供了标准函数 rand，但要求此前必须用函数 srand 完成随机数的初始化，并且要求提供一个初值。本题采用系统当前时间 time(0)为 srand 提供初值。

（3）标准函数 rand、srand 的使用要求包含头文件 stdlib.h，time 函数的使用要求包含头文件 time.h。

（4）输出结果是根据 i<NUM 来判断的。如果查找过程中，发现小于 60 分的成绩，则可使用 break 跳出循环。此时，i 必然小于 NUM。

（5）由于每次运行程序产生的随机数值有可能不一样，所以，在结果中每位学生的具体分数也有可能不一样，但显示格式应该相同。为了节省篇幅，在上述显示的结果中用省略符号省去了部分内容。

【例 4-2】　二分查找。

已知一个按非递减有序排列的整型数列（12,23,30,45,48,50,67,82,91,103）。请编写一个程序，查找其中是否存在与给定数值（键值）相等的数值。

〖问题分析〗

显然，这是一个典型的查找问题，与【例 4-1】不同的是：参加查找操作的所有数据已经按照非递减的顺序排列。对于具有这种特征的数列，在设计查找算法时，应该充分地利用它的有序性，采用更加快捷的查询策略实现查找操作。二分查找法就是一种既简单又快捷且适用于有序数列的查找方法。

〖算法描述〗

二分查找的基本方法就是设置一个查找区间，初值为整个数组。然后，每次用给定的键值 key 与位于查找区间中央位置的元素进行比较，比较结果将会产生下面 3 种情形。

（1）如果相等，说明查找成功。

（2）如果 key 小于中央位置的元素，说明如果存在这样的元素，应该位于查找区间的前半部分。此时可以将查找区间缩减为原来的一半，并在这一半的区间中继续用相同的方式查找。

（3）如果 key 大于中央位置的元素，说明如果存在这样的元素，应该位于查找区间的后半部分。同样可以将查找区间缩减为原来的一半，并在这一半的区间中继续用相同的方式查找。

（4）如果缩小后的区间不存在了，则说明没有要找的 key。

在这种反复查找的循环过程中，存在循环不变式：如果数组中存在键值 key，必定存在当前查找区间内。算法设计始终遵循这个不变式的约束，整个算法流程如图 4-5 所示。

〖程序代码〗

针对上述算法，设置整数数组 value、变量 key 保存键值，设置下标变量 low 和 high 表示当前查找区间。通过 low 和 high 可以计算区间中央元素的下标，也可以判断区间是否存在。通过 low 或 high 变量值的修改可以实现区间的缩小，保持上述循环不变式的成立。具体代码如下。

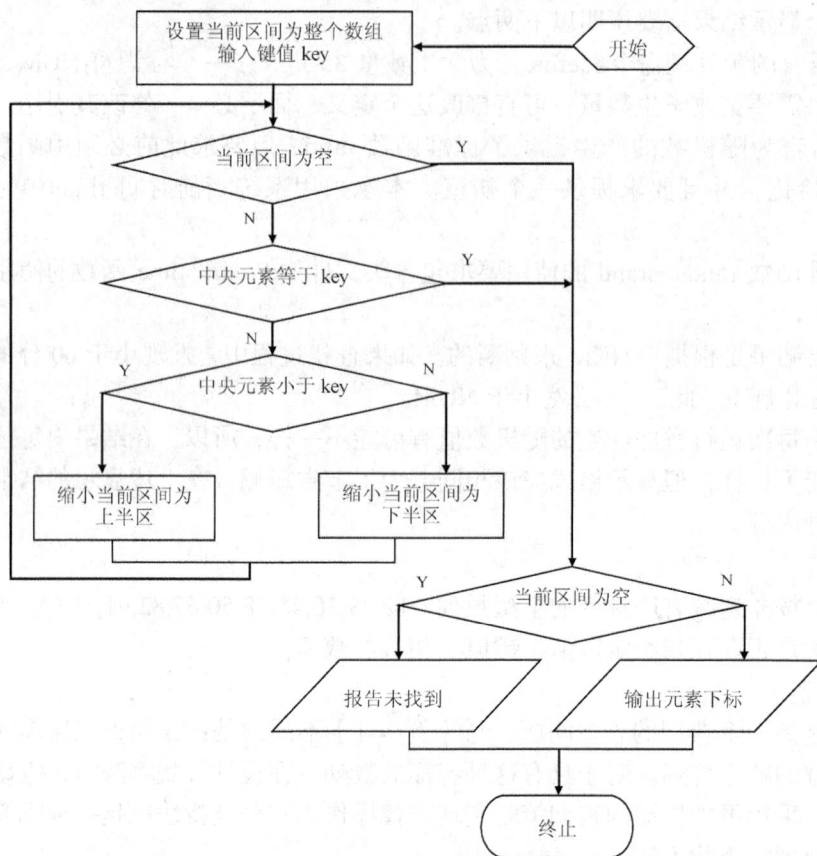

图 4-5　二分查找算法流程

```c
#include <stdio.h>

#define NUM 10

main( )
{
    int value[NUM] = {12, 23, 30, 45, 48, 50, 67, 82, 91, 103};   /* 非递减整型数列 */
    int low, high, mid, key;

    printf("\nEnter a key:");                    /* 输入查找的数值 */
    scanf("%d", &key);

    /* 利用二分查找在有序数列中查找 key */
    low = 0; high = NUM-1;                        /* 设置区间下限和上限 */
    while (low<=high) {                           /* 区间非空 */
        mid = (low+high)/2;                       /* 计算中央元素的下标 */
        if (value[mid]==key)                      /* 找到该元素 */
            break;
        if (value[mid]<key)                       /* 中央元素小于 key */
                low = mid+1;                      /* 提高区间下限 */
        else
                high = mid-1;                     /* 降低区间上限 */
```

```
    }

    /* 输出查找结果 */
    if (low<=high)
        printf("\n%d is found at %d.", key, mid);      /* 确认 break 出口 */
    else
        printf("\n%d is not found.", key);             /* 确认循环正常出口 */
}
```

在这个程序中，对照算法流程的循环逻辑，使用 while 循环来控制整个区间转移。其中，使用 (low+high)/2 计算当前查找区间的中央位置，通过更新 low 和 high 来缩小查找区间；当循环结束时，通过对 low 与 high 的比较断定循环结束的出口；如果确认循环是通过 break 结束的，则说明找到了数值 key。

〖 运行结果 〗

运行这个程序后，将会产生如下所示的结果。

```
Enter a key:82
 82 is found at 7.
```

4.2.2　排序问题

将一组无序的数列重新排列成非递减或非递增的顺序是一种经常需要的操作。例如，在管理学生成绩的应用程序中，可以用一个数列表示一个班级的学生成绩，并按照从高到低的顺序重新排列，以便得到成绩的分布情况。又如，几乎各个电视台都举办了一些与观众互动的节目，根据观众的投票情况公布歌曲排行榜就是一种深受大众欢迎的形式。如果希望使用程序解决这类问题，可以用一组数据记录学生成绩或每首歌曲的投票数量，并将这组数据按照从高到低的顺序重新排列来得到结果。

排序的算法有很多种类，这里介绍一种最简单的排序方法——选择排序。

【例 4-3】　选择排序。

假设用户通过键盘输入一个整型数列。请编写一个程序，将其按照从小到大的顺序重新排列。

〖 问题分析 〗

显而易见，应该将参与排序的所有数据组织在一起形成批量数据，并加以保存。所谓简单选择排序是一种基于选择手段的排序方法。假设有 n 个数据将要参与排序操作，则具体的排序过程可以描述为：首先从 n 个数据中选择一个最小的数据，并将它交换到第 1 个位置；然后再从后面 $n-1$ 个数据中选择一个最小的数据，并将它交换到第 2 个位置；依此类推，直至最后从两个数据中选择一个最小的数据，并将它交换到第 $n-1$ 个位置为止，整个排序操作结束。例如，假设从键盘输入整数序列 89，23，45，21，34，56，则使用简单选择排序的基本过程如图 4-6 所示。

〖 算法描述 〗

按照上述算法思想，排序过程需要对数据序列进行多遍扫描，每次都需要使用排序的趟数和最小数的位置，以便进行数据交换。因此，算法除了保存整个数列之外，设置了循环变量 i 来保存排序的趟数，以及变量 min 来保存最小数据元素的下标。算法的各个步骤可以用图 4-7 所示的流程图描述。

初始状态：	89	23	45	21	34	56
第 1 趟：	21	23	45	89	34	56
第 2 趟：	21	23	45	89	34	56
第 3 趟：	21	23	34	89	45	56
第 4 趟：	21	23	34	45	89	56
第 5 趟：	21	23	34	45	56	89

图 4-6　简单选择排序

算法流程图按照上述设计思想，使用一个循环来依次处理每个元素。每次循环将 data[i] 和最小元素进行交换。最小元素的计算作为一个独立的模块，负责查找 data[i+1] 到 data[NUM-1]中最小元素，求出该元素的下标 min，随后参与交换。

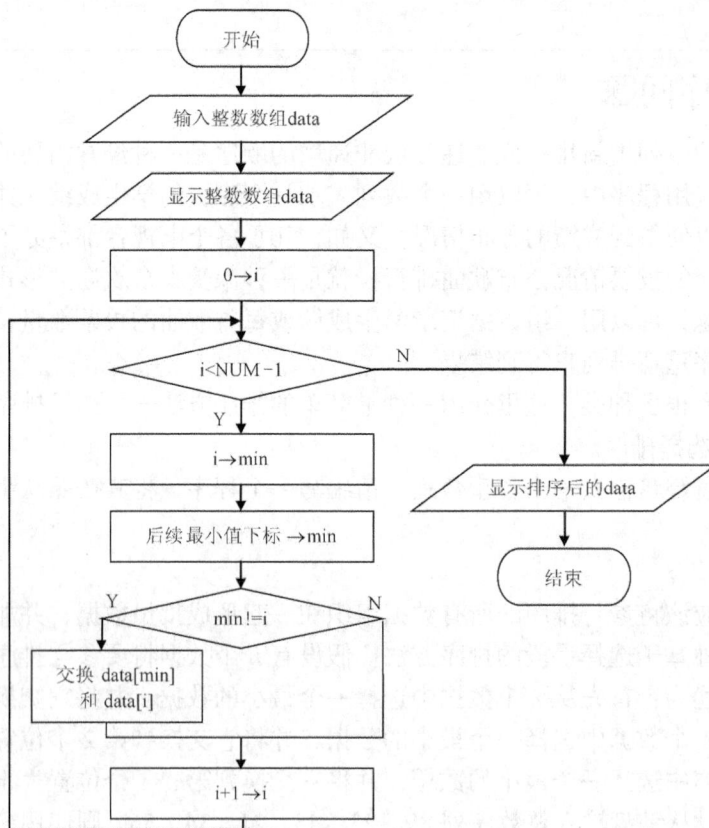

图 4-7　选择排序算法流程

〖程序代码〗

整型数组 data 用于保存输入/输出的数据。其排序过程是通过数据交换实现的，不需要使用额外的存储空间来保存数据。元素的依次处理采用 for 语句，循环体内有两个模块分别负责最小值的计算和数据交换。前者可以通过一个循环来实现（以变量 j 为循环变量），变量 min 用于记录最小值的下标值。后者需要使用一个临时变量 tmp，详见注释说明。

```c
#include <stdio.h>
#define NUM 10                        /* 参与排序的数据个数 */

main()
{
    int data[NUM];                    /* 存放参与排序的所有整数 */
    int i, j, min, temp;

    /* 通过键盘输入待排序的整型数列 */
    printf("\nEnter %d integers.", NUM);
    for (i=0; i<NUM; i++) {
        scanf("%d", &data[i]);
    }

    /* 显示原始整型数列 */
    printf("\n%d integers are:", NUM);
    for (i=0; i<NUM; i++) {
        printf("%5d", data[i]);
    }

    /* 选择排序 */
    for (i=0; i<NUM-1; i++) {
        min = i;
        for (j=i+1; j<NUM; j++) {           /* 求 i~NUM-1 之间的最小数值的数组下标 */
                if (data[j]<data[min])
                    min = j;
        }
        if (min!=i) {                       /* 交换位置 i 和 min 指定的数组元素 */
            temp = data[i];
            data[i] = data[min];
            data[min] = temp;
        }
    }

    /* 输出排序后的结果 */
    printf("\nOrdering list is:\n");
    for (i=0; i<NUM; i++) {
        printf("%5d", data[i]);
    }
}
```

〖 运行结果 〗

运行这个程序后，将会产生如下所示的结果。

```
Enter 10 integers: 90 76 34 12 87 36 43 55 24 32
10 integers are: 90   76   34   12   87   36   43   55   24   32
Ordering list is:
   12   24   32   34   36   43   55   76   87   90
```

在这个程序中，值得说明的一点是：在选择最小数值时，记录的是最小值的下标，而不是最小值本身，这样便于将最小值交换到前面的位置。这是一个经常使用的编程技巧。

一组性质相同的数据共同参与某项操作是程序设计者经常遇到的一种情形。从上面的几个实例中可以看出：在 C 程序中，用数组型变量组织具有这种特性的批量数据是一种不错的选择。通常，用下标表示批量数据中的不同个体，用数组元素记录批量数据中的每个数值。

读者在此应该领会算法设计和程序编码的分工与配合。算法设计针对排序问题，为如何排序给出了解决方案，而不必追究最小值计算和数据交换等小问题。程序编码是算法的具体实现，要利用 C 语言的数据表示和计算描述手段，描述每个步骤的实现细节。

4.2.3 曲线的表示与绘制

在计算机图形学中，各种二维图元都是用坐标等信息来表示的。矩形可用左上角和右下角的坐标表示，椭圆用外接矩形的坐标表示，圆形则用圆心坐标和半径表示。作为一条曲线，最常用的表示方法是用若干个点的坐标来表示，也就是将若干个相邻点连接线段组成的折线看作是一条曲线。考虑到组成曲线的点的个数不会太多，因此在程序实现中多采用数组来保存每个点的坐标，并且记录点的个数。下面通过一个实例来展现数组的这种应用场景。

【例 4-4】 曲线的绘制。

本例要求设计一个绘制曲线的程序。绘图界面中显示了一个圆点，用户可通过方向键移动该圆点，通过点击空格来依次指定组成曲线的每个点，通过"ESC"键来结束程序。在用户输入过程中，要求能随时显示已经输入的点组成的曲线。

〖问题分析〗

本例和第 3 章所示的轨迹显示问题有些相似，都是根据用户的方向键来控制图形的绘制。随着方向键的输入，圆心坐标不断变化。本例的特殊性在于需要根据输入的空格键来记录每个点的坐标，并且绘制出连接各个点的线段。

〖算法描述〗

根据上述分析，绘图中需要保存曲线数据，也就是已经输入的所有点的坐标和点的个数。为此，设置数组变量 xs 和 ys 分别保存所有点的 X 坐标和 Y 坐标，设置变量 num 用于保存点的个数。考虑到每次输入和处理前后各个变量数据之间的关系，在键盘输入和处理的循环过程中，应该保持下列循环不变式的成立。

（1）坐标变量 x 和 y 始终保存屏幕上圆点的当前位置。

（2）已经输入点的 X 坐标和 Y 坐标，依次分别保存在数组 xs 和 ys 中下标相同的前 num-1 个元素中。

（3）屏幕仅显示当前圆点和已输入点组成的曲线。

算法的流程如图 4-8 所示，主要包括了用于接收和发送键盘消息的外部循环，用于识别和绘图处理的多路选择处理（switch 语句）。

〖程序代码〗

下面给出了具体的代码实现。绘图中采用一个半径为 3 的圆作为当前圆点，按照循环不变式的规定，随着方向键清除原位置的圆点，显示新位置的圆点实现视觉上的圆点移动。每当输入空格时，利用 EasyX 的画线函数 line，根据坐标数组 xs 和 ys 中最后两对坐标，画出最新生成的线段。

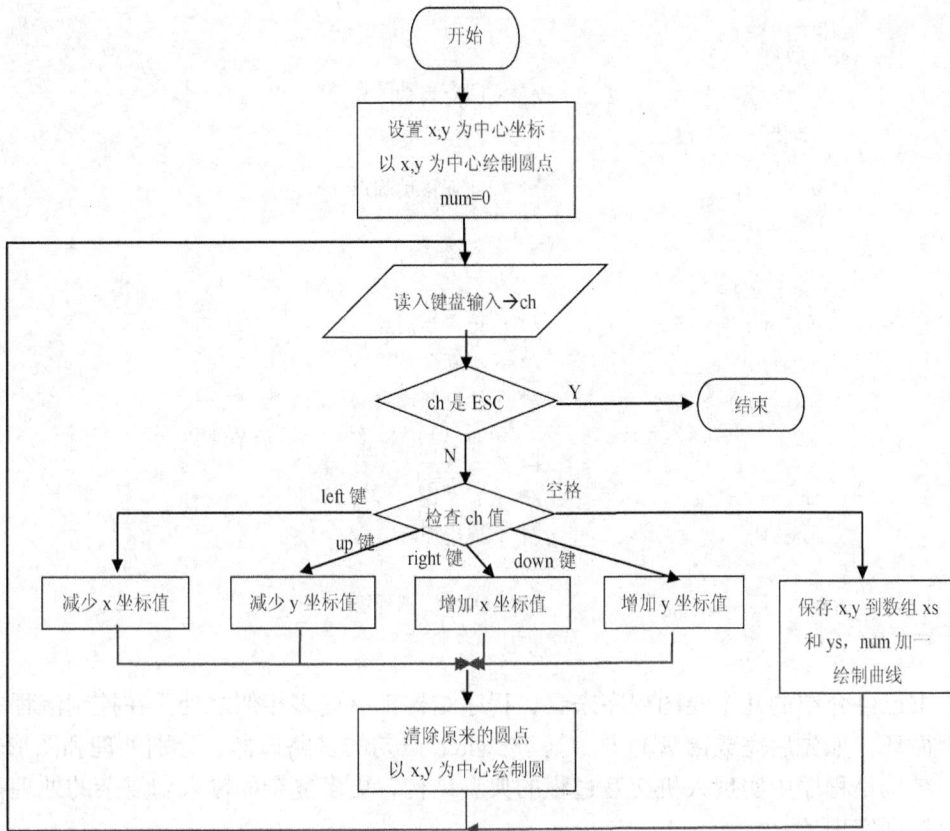

图 4-8 曲线绘制程序的算法流程

```c
#include <graphics.h>
#include <conio.h>

int main( )
{
    int x, y, ch;
    int xs[256], ys[256];       /*   点的坐标数组   */
    int num = 0, i;             /*   点的个数   */

    initgraph(640, 480);        /*   绘图环境初始化   */
    x = 320;
    y = 240;                    /*   圆点位置的初值   */
    while( 1 ) {
        circle(x, y, 3);        /*   绘制圆点   */
        ch = _getch( );         /*   键盘输入   */
        clearcircle(x, y, 3);   /*   清除圆点   */

        switch( ch ) {
        case 75:
            x -= 20;            /*   向左移动圆点   */
            break;
        case 72:
            y -= 20;            /*   向上移动圆点   */
```

```
                break;
            case 77:
                x += 20;                    /*   向右移动圆点   */
                break;
            case 80:
                y += 20;                    /*   向下移动圆点   */
                break;
            case ' ':                       /*   空格   */
                xs[num]= x;
                ys[num]= y;                 /*   记录当前点   */
                num++;                      /*   更新个数   */
                if( num > 1 )               /*   绘制新产生的线段   */
                    line(xs[num-1], ys[num-1], xs[num-2], ys[num-2]);
            }
            if( ch == 27 )                  /*   ESC 键   */
                break;                      /*   退出循环   */
        }
        closegraph( );                      /*   关闭绘图环境   */
        return 0;
    }
```

从本书已经介绍的几个绘图程序来看，程序结构都有诸多相似之处。在控制流程中，都存在一个循环，如先后完成键盘输入、基于 switch 语句的多路选择、分别处理和图形输出。这种程序结构是程序中实现人机交互过程的典型结构，更多复杂的输入和复杂的处理都是在此基础上扩展实现的。

4.3　字符串的组织

字符串是一种常用的数据形式。在 C 语言中，并没有直接提供字符串数据类型，而是借助于字符型数组实现字符串的组织。本节将讨论字符串的存储、初始化和基本的输入/输出操作。

4.3.1　字符串的组织形式

字符串是指一个有限长度的字符序列。例如，在程序中，为用户提供的绝大多数提示信息都是以字符串形式提供的；学生姓名、部门名称、图书名称、通信地址等也都是用字符串形式描述的；甚至源程序代码本身也是一个字符序列。既然字符串的用途这样广泛，我们就很有必要研究它的组织方式及操作特点。下面详细阐述 C 语言提供的表示、组织和处理字符串的基本方法。

在 C 语言中，字符串常量会用一对双引号（""）括起来。例如，"Welcome to China" "This is a C program." 都是字符串常量。其中，字符串中所包含的字符个数被称为字符串长度。第一个字符串的长度为 16；第二个字符串的长度为 20。""是空串，表示一个字符也没有，因此，它的长度为 0。" "是空格串，表示这个字符串由若干个空格字符组成，其中包含的空格数目就是这个字符串的长度。

在 C 语言中，字符串就是一个没有数组名的字符型数组。数组中除了保存每个字符之外，还保存空字节'\0'作为结束标志。因此，其数组大小等于字符个数（字符串常数）加一。例如，字符串 "Welcom to Beijing" 的存储形式如图 4-9 所示。

0	1	2	3	4	5	6	7	8	9	10	11	12	13	14	15	16	17
W	e	l	c	o	m		t	o		B	e	i	j	i	n	g	\0

图 4-9　字符串常量 "Welcom to Beijing" 的存储状态

在对字符串进行操作时，需要注意以下两点。

（1）字符串常量的结束标志'\0'是由系统自动添加的。例如，在书写字符串常量 "String" 时，字符'g'的后面会自动添加一个'\0'。

（2）结束标志'\0'不被计算在字符串的长度中。例如，"String" 的长度为 6。

4.3.2　字符串的引用

鉴于字符串是一个无名的字符数组，任何字符数组都可以用于保存字符串，也可以采用以下形式来进行初始化。

```
char str[ ] = "C program";
```

初始化后的字符型数组 str 的状态如图 4-10 所示。

0	1	2	3	4	5	6	7	8	9
C		p	r	o	g	r	a	m	\0

图 4-10　字符串 "C program" 的存储状态

这种初始化相当于给字符串起了名字，而字符数组的大小就是根据字符个数确定的。此后，字符串中的字符就可以通过数组下标来访问。例如，用 str[0]可获得字符'C'，用 str[1]可获得空格符' '，用 str[9]可获得结束符'\0'。

读者应该注意到，由于字符串是字符数组，在程序中可以出现在允许字符数组名出现的任何地方。因此，字符串也必须遵守数组名的使用规则，特别是不能用于赋值运算。例如，在以下语句中：

```
char buf[32];
char text[ ]="string";
buf = text;              /*  非法语句  */
```

最后的赋值语句 buf=text 是非法的，因为这两个标识符都是数组名，而不是字符。赋值运算仅仅支持单一数据类型的数据，也就是整数、实数和字符等标量数据。

4.3.3　字符串的输入/输出

C 语言为字符串的输入和输出提供了两套方法：一种使用格式化输入/输出函数 scanf 和 printf，另一种使用行输入/输出函数 gets 和 puts。

格式化输入/输出的方法和其他类型数据的输入/输出类似，以格式控制符%s 来指定字符串类型。例如：

```
char str[80], text[80];
scanf( "%s", str );         /*  从标准输入流读取字符串到数组 str  */
scanf( "%10s", text );      /*  输入最多 10 个字符  */
```

```
printf( "%s", str );              /*  将数组 str 中的字符串输出到标准输出流  */
printf ( "%8s", text );           /*  输出字符至少占 8 个字符位置，不足时补空格  */
```

注意：这种基于%s 的字符串输入方法和其他类型有所不同，它是直接使用数组名，而不使用算法符&，而且输入数据采用自然分割，也就是默认以空格、换行符或制表符作为结尾。数据读入数组 str 之后，系统自动加入空字节 '\0' 作为结尾。如果指定了输入宽度（如%10s），则最多读入 10 个字符。对于字符串的输出，同样应该给出数组名来，而且数组中必须存在元素 '\0'，以标识字符串输出的结束。如果指定了输出宽度（如%8s），则至少输出 8 个字符。如果字符串中的字符个数小于 8，则用空格符补满。

另一种常用的字符串输入/输出方法是使用行输入函数 gets 和行输出函数 puts。这种方法采用换行符作为字符串的分割标志。

```
char buf[80];
gets( buf );       /*  从标准输入流读取一行字符到数组 buf  */
puts( buf );       /*  将数组 buf 中的字符串外加一个换行符输出到标准输出流  */
```

作为行输入函数，gets 读入一行字符，以换行符作为输入结束标记，但不保存换行符。读者应该注意，一方面使用者输入的空格或制表符，也将作为字符保存到数组中；另一方面，行输出函数 puts 在输出 buf 中的字符串（以 '\0' 结尾）之后，还将输出换行符。

鉴于格式控制符%s 的使用规定过于烦琐，实用软件开发中多使用行输入/输出的方法。

4.4 字符串处理函数及应用实例

字符串是一种常用的数据形式，在很多程序中，都需要对字符串进行各种处理。但是，由于字符串是特殊的字符数组，不能直接参与赋值运算和关系运算，因此 C 语言为之提供了丰富的标准函数，以便于实现对字符串的各种操作。本节将介绍一些常用的标准函数，并给出几个有关字符串操作的实例。

4.4.1 常用字符串处理函数

在 C 语言的标准函数库中，提供了 30 余种与字符串处理相关的标准函数。字符串的处理可以划分为几类：字符串的分析、字符串的创建和字符串的转换。

对于字符串的分析，可以利用下标来逐个访问每个字符，因为它就是一个数组。同时，系统还提供了几个标准函数：

```
strlen(s)          用于求 s 指定的字符串的字符个数
strcmp(s1,s2)      按照字母顺序比较 s1 和 s2 给定的两个字符串；如果两者相同，strcmp 将返回 0
strchr(s,ch)       用于检查 s 字符串中是否存在 ch 字符
strstr(s1,s2)      用于检查 s2 字符串是否是 s1 字符串的子串
```

为了创建一个字符串，人们可以给数组元素逐个赋值，并加上结束符 '\0'。但是，更方便的方法是使用函数 strcpy 和 strcat：

```
strcpy(s1,s2)       可以将 s2 中的字符串复制到 s1 指定的数组
strcat(s1,s2)       可以将 s1 和 s2 指定的字符串连接起来，放在 s1 指定的字符数组中
sprintf(s1, fmt,…)  其用法和 printf 类似，即按照格式说明 fmt 将指定的变量输出，但不是输出
```
到标准输出流，而是写入指定的字符数组 s1

由于每个字符数组和每个字符串都有预先规定好的数组容量（大小），只能保存有限的数组元素。当 s1 指定的数组没有足够的容量保存新创建的字符串时，程序执行可能出现无法预知的结果。编译系统也无法检测到这种错误。根据程序运行时的错误信息，也无法定位程序错误的位置。此类问题的解决完全依靠程序员的经验。

在应用系统开发中，字符串转换也是常见的。初学者可能分不清数字和数字字符串的区别。程序中两者的数据类型完全不同，前者可能是整数或实数，后者则是由多个数字字符组成的字符串。C 语言为它们提供了相互转换函数：

atoi(s)	用于把 s 指定的数字字符串转换成整数返回
atof(s)	用于把 s 指定的数字字符串转换成双精度数返回
itoa(n, s, r)	用于把 n 整数按照参数 r 转换成字符串，存入字符数组 s。参数 r 用于指定整数的表示法，如二进制、八进制还是十六进制
strlwr(s)	用于把 s 指定的字符串中的字母都换成小写字母
strupr(s)	用于把 s 指定的字符串中的字母都换成大写字母

上述标准函数的使用要求程序包含头文件 string.h，而 sprinf 函数的使用要求包含头文件 stdio.h。

鉴于字符串处理的广泛应用和上述函数的特殊用法，字符串处理编程技能已经是每个 C 语言程序员必备的知识。下面介绍几个程序设计实例。

4.4.2　实例：轨迹绘制中的坐标显示

第 3 章【例 3-6】中的程序具有圆形移动轨迹绘制功能，绘制者往往希望在移动圆的过程中，能随时看到圆心的坐标值。为此，本例为【例 3-6】扩展这个功能，在绘图环境的左下角显示圆心的当前坐标。

【例 4-5】　轨迹绘制中的坐标显示。

扩展坐标显示功能显然不影响轨迹绘制问题的分析和算法设计，因此这里仅讨论显示坐标的实现方法。

〖实现方法〗

坐标显示问题看来简单，但显示的数据必须是字符串。因此，本例会涉及如何将整型变量 x 和 y 中的坐标值转换成"圆心坐标(x, y)"形式的字符串，并存入指定的字符数组。

```
char text[80] = { '\0' }, buf[32];
strcpy( text, "圆心坐标（" );        /*  字符串复制         */
itoa( x, buf, 10 );                  /*  将 x 转换成字符串      */
strcat( text, buf );                 /*  字符串连接      */
strcat( text, ", " );                /*  字符串连接      */
itoa( y, buf, 10 );                  /*  将 y 转换成字符串      */
strcat( text, buf );                 /*  字符串连接      */
strcat( ")" );                       /*  字符串连接      */
```

上述方法多次使用了 strcpy 复制和 strcat 连接字符串的方法，相当烦琐，而且需要保证数组中有足够的空间来容纳这个字符串。此外，还有一种简单的办法是使用 sprintf 来实现字符串的连接。

```
char text[80];
sprintf( text, "圆心坐标（%d, %d）", x, y );
```

显然这种方法比较简单一些，同样要求数组 text 有足够的空间。但是，这种方法要求开发者熟悉格式控制符的用法。

〖**程序代码**〗

```c
#include <graphics.h>
#include <conio.h>
#include <atlstr.h>                          /*  包含 CString 声明 */

int main( )
{
        int x=320, y=240, ch;
        char text[80];

        initgraph(640, 480);                 /*   绘图环境初始化为 640×480 */
        while( 1 ) {                         /*   无限循环 */
            sprintf(text, "圆心坐标（%d,%d）", x, y);  /*  创建坐标说明 */
            outtextxy(40, 440,CString(text));    /*   在(40,440)处显示坐标说明 */
            circle(x, y, 20);                /*   绘制圆 */
            ch = _getch( );                  /*   键盘输入 */
            if( ch == ' ' )                  /*   空格 */
                break;                       /*   跳出循环 */
            switch( ch ) {

            case 75:
                x -= 20;                     /*   左 */
                break;                       /*   结束 switch 语句执行 */
            case 72:
                y -= 20;                     /*   上 */
                break;
            case 77:
                x += 20;                     /*   右 */
                break;
            case 80:
                y += 20;                     /*   下 */
            }
        }
        closegraph( );                       /*   关闭绘图环境 */
        return 0;
}
```

上述代码在【例 3-6】的基础上扩展了坐标显示功能。其中，函数 sprintf 用于创建坐标显示信息，EasyX 函数 outtextxy 用于在指定位置(40,440)输出圆心坐标信息。

由于 outtextxy 函数使用了 Windows 开发环境中的通用字符串类型 LPCTSTR 描述输出文本（第 3 个参数），因此程序中借用了 C++语言字符串构造函数 CString，将字符数组 text 变换为 LPCTSTR 类型的字符串。同时，代码中包含了头文件 altstr.h，为 CString 提供了类型声明。

4.4.3 用户注册程序

在相当多的应用系统和网站中，都提供了用户注册程序。注册时，通常要求用户输入用户名、设置密码。本节将介绍一个用于接收用户名和设置密码的程序。

【例 4-6】 用户注册程序。

〖 问题分析 〗

用户注册是十分常见的软件功能，要求用户输入用户名和密码。由于使用者可能会犯各种各样的输入错误，因此凡是涉及人机交互的程序必须充分考虑输入错误时的处理方法。本题考虑了以下情况：

（1）用户名不能为空。

（2）密码长度不小 6 位。

（3）要进行两次密码输入，且每次输入的密码都应该相同。

（4）每次用户输入前，程序都必须给出提示信息。

（5）出错后，要求用户再次输入。

〖 算法描述 〗

从问题的功能来看，算法逻辑比较简单，但是涉及各种出错情况，以及再次输入的可能。因此，需使用循环体来控制数据的反复提示和反复输入。具体算法流程的设计如图 4-11 所示。

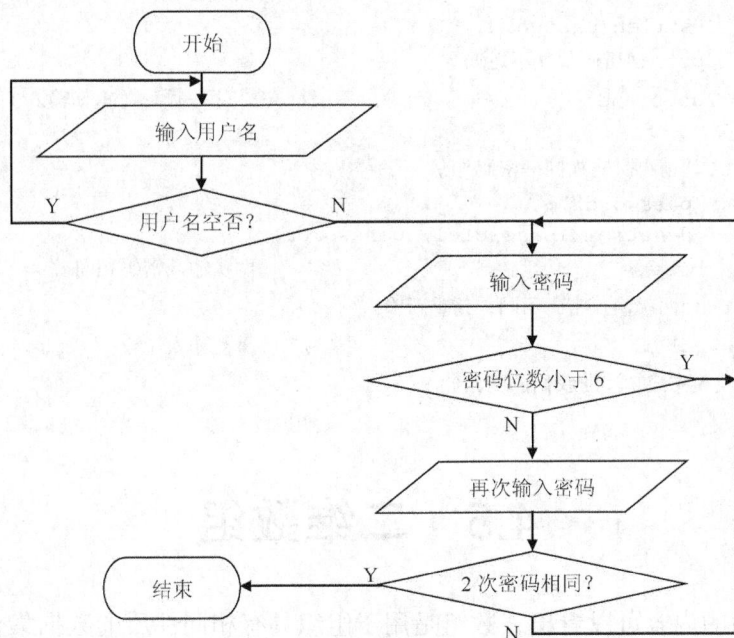

图 4-11 用户注册的算法流程图

〖 程序代码 〗

对于算法流程中的用户名输入和密码输入分别采用两个循环语句。每次数据输入前，程序都会提示输入内容。所有输入/输出均采用行输入/输出方式。每个循环的出口都处于循环体的中央，故采用 do while 和 break 语句配合来实现。针对密码的检查，可采用 C 语言提供的字符串函数 strlen 和 strcmp 进行判断，发现错误用 continue 指示继续循环。针对用户名是否为空的检查，可直接比较第一个字符是否为字符串结束符。

```
#include <stdio.h>
#include <string.h>
```

```
main( )
{
    char userid[32];                          /*    存放用户名            */
    char password1[16], password2[16];        /* 存放用户输入的密码 */

    /*    提示、输入、检查用户名               */
    do {
        puts("请输入用户名: ");
        gets(userid);
        if ( userid[0]!='\0' )
            break;                            /*    用户名不能为空        *、
        puts("用户名不能为空");                /*    提示重新输入 */
    } while ( 1 );                            /*    重复输入 */
    /*    提示、2 次输入、检查密码             */
    do {
        puts("请输入密码（六位以上）: ");
        gets(password1);                      /*    输入密码 */
        if ( strlen(password1)<6 ) {
            puts("密码长度不足");
            continue;                         /* 进入下一循环（重新输入）   */
        }
        puts("请再次输入同一密码");
        gets(password2);
        if ( 0==strcmp(password1, password2) )
            break;                            /*    两次输入密码相同      */
        puts("两次输入密码不同，请重新输入");
    } while ( 1 );                            /*    重复输入 */
    puts("祝贺您成功注册我们的网站");
}
```

4.5 二维数组

从本章前面的内容可以看出，数组是用于组织具有相同性质的数据集合的一种有效工具。读者在设计程序的时候，如果所处理的数据是诸如数值序列、字符序列等形式的数据，就可以采用一维数组将它们组织起来，以便在程序中更加有效地对它们进行处理。然而，有些时候，程序所面临的却是二维表格、矩阵等这类具有二维特征的数据。很显然，其中的每个数据都需要给出两个下标值才能够唯一地确定，故而组织这类数据的有效方法是使用二维数组。

4.5.1 二维数组的定义

在 C 语言中，定义二维数组类型变量的格式为：

<元素类型> <数组变量名>[<元素数量 1>][<元素数量 2>];

其中，<元素类型>说明了二维数组中每个元素的所属类型，<数组变量名>声明了二维数

组的变量名称，<元素数量 1>和<元素数量 2>必须是整型常量，用于声明二维数组变量所包含的元素数量。例如：

```
int value[5][4];
char content[10][80];
double data[6][7];
```

value 数组的每个元素类型为 int，包含 5 行 4 列共 20 个元素；content 数组的每个元素类型为 char，包含 10 行 80 列共 800 个元素；data 数组的每个元素类型为 double，包含 6 行 7 列共 42 个元素。

定义了二维数组型变量之后，就可以通过两个下标值来引用数组元素，引用二维数组元素的格式为：

<数组变量名>[<下标表达式 1>][<下标表达式 2>]

其中，<下标表达式 1>的值必须介于元素数量 1 的取值范围内，<表达式 2>的值必须介于元素数量 2 的取值范围内。例如，value[i+1][j+1]中的 i+1 必须介于 0～4 的取值范围内，j+1 必须介于 0～3 的取值范围内。如果下标表达式的值超出了取值范围，将可能导致错误的结果。

一旦定义了一个二维数组型变量，系统就会立即为其分配相应的存储空间用于存放数组中的每个元素。存储空间的数量取决于数组元素的类型和所定义的行数、列数，即：

存储空间数量=每个元素所占用的字节数量×行数×列数

每个元素均按照行列顺序依次排列。例如，在 32 位系统中，系统将为 value 分配 4×5×4=80 个字节的存储空间，其存储状态如图 4-12 所示。

| value[0][0] |
| value[0][1] |
| value[0][2] |
| ... |
| value[1][0] |
| value[1][1] |
| ... |
| value[2][0] |
| value[2][1] |
| ... |
| value[3][0] |
| value[3][1] |
| ... |
| value[4][3] |

图 4-12　存储状态

与所有变量的使用过程一样，在引用二维数组元素之前，应该对它们进行初始化或赋值操作。

二维数组的初始化形式有下面几种。例如：

```
int a[4][3]={{12,11,10},{9,8,7},{6,5,4},{3,2,1}};
int a[4][3]={12,11,10,9,8,7,6,5,4,3,2,1};
int a[][3]= {12,11,10,9,8,7,6,5,4,3,2,1};
```

上面这 3 种形式都可以实现对每个数组元素进行初始化的操作，它们所达到的效果是一样的。也就是说，使用上述任何一种形式都可以得到如图 4-13 所示的结果。

a[0][0]=12	a[0][1]=11	a[0][2]=10
a[1][0]=9	a[1][1]=8	a[1][2]=7
a[2][0]=6	a[2][1]=5	a[2][2]=4
a[3][0]=3	a[3][1]=2	a[3][2]=1

图 4-13　对二维数组 a 初始化后的结果

如果只对二维数组变量中的部分元素进行初始化，也可以采用类似于一维数组的方法。未指定初值的元素被赋值为 0。

4.5.2　二维数组的应用实例

矩阵是一种常用的数据组织形式，它由 M 行 N 列具有相同性质的数据组成，其中的每个数据都需要提供两个下标才能够唯一地确定，由此可见，采用二维数组表示矩阵是一种有效的方法。下面列举采用二维数组表示矩阵的实例。

【例 4-7】 对称矩阵的判定。

〖问题分析〗

对于一个给定的 $N \times N$ 矩阵 array，如果矩阵中的每个元素都满足 array[i][j]=array[j][i]，$0 < i < N+1$，$0 < j < N+1$，则称这个矩阵为对称矩阵。图 4-14 所示为一个 5×5 的对称矩阵。

$$\begin{bmatrix} 1 & 2 & 3 & 4 & 5 \\ 2 & 1 & 2 & 3 & 4 \\ 3 & 2 & 1 & 2 & 3 \\ 4 & 3 & 2 & 1 & 2 \\ 5 & 4 & 3 & 2 & 1 \end{bmatrix}$$

图 4-14 对称矩阵

很显然，在判断一个给定的矩阵是否为对称矩阵时，只需要用下三角部分的每个元素与对应的上三角元素进行比较。如果每一对元素都相等，这个矩阵就是对称矩阵，否则，就是非对称矩阵。

〖算法描述〗

上面描述的判断矩阵的方法实际上是查看每个元素是否都符合对称矩阵的规则。如果有一个二维数组 m，要实现对三角形内数据元素的遍历，可以设置两个下标变量 i 和 j，通过双重循环来实现。问题的核心在于下标值范围的控制，外部循环遍历每行元素，内部循环仅仅考虑 j<i 的情况。循环的控制和元素的对比都要依靠下标变量来实现。具体的算法流程如图 4-15 所示。

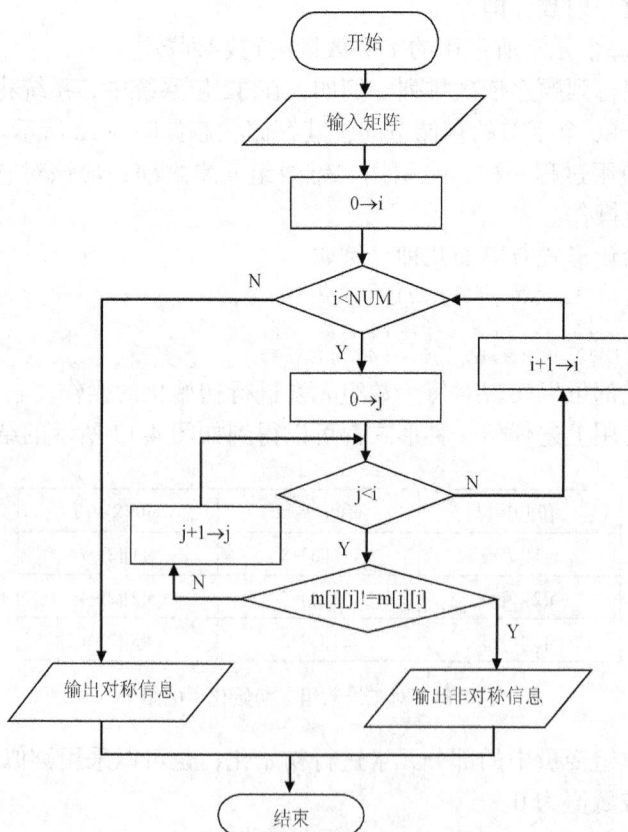

图 4-15 对称矩阵判别算法的流程图

〖程序代码〗

```
#include <stdio.h>
```

```
#define NUM 5                        /*   矩阵行列数      */

main( )
{
    int m[NUM][NUM];                 /*   定义二维数组变量    */
    int i, j;

    /* 输入矩阵 */
    printf("请输入 %d 行 %d 列的整数矩阵:\n", NUM, NUM);
    for (i=0; i<NUM; i++)
        for (j=0; j<NUM; j++)
            scanf("%d", &m[i][j]);

    /* 判断矩阵是否对称并输出相应的结果 */
    for (i=0; i<NUM; i++)
        for (j=0; j<i; j++)
            if (m[i][j]!=m[j][i]) {
                printf("\n 这个矩阵不是对称矩阵。");
                return 0;
            }
    printf("\n 这个矩阵是对称矩阵。");
    return 0;
}
```

〖 **运行结果** 〗

运行这个程序后，将会产生如下所示的结果。

请输入 5 行 5 列的整数矩阵：
1 2 3 4 5<回车>
2 1 2 3 4<回车>
3 2 1 2 3<回车>
4 3 2 1 2<回车>
5 4 3 2 1<回车>
这个矩阵是对称矩阵。

由此可见，在数组相关的计算中，必然会使用下标变量，通过下标可以控制数组元素。对于更复杂的多维数组，读者可以模仿二维数组的使用方法来实现多维数组的应用。根据应用数据本身的特征来组织数据，是保证程序设计合理性的基本方法。

4.6 本章小结

本章主要内容总结如下。

1. 数组类型

数组定义的格式：

<变量定义>	➜	<数据类型> <标识符> '[' <常量> ']'
	|	<数据类型> <标识符> '[' <常量> ']' '[' <常量> ']'

其中，<数据类型>是数组元素的所属类型；<标识符>表示数组名；<常量>表明元素数量。
数组的初始化格式：

<变量定义>	➔	<数据类型> <标识符> '[' <常量> ']' '=' <常量列表>
	|	<数据类型> <标识符> '[' ']' '=' <常量列表>
	|	<数据类型> <标识符> '[' <常量> ']' '[' <常量> ']'
		'=' '{' <常量列表> {',' <常量列表>} '}'
	|	<数据类型> <标识符> '[' ']' '[' <常量> ']' '=' <常量列表>
<常量列表>	➔	'{' <常量> {',' <常量 >} '}'

数组元素的引用格式：

<表达式>	➔	<标识符> '[' <表达式> ']'
	|	<标识符> '[' <表达式> ']' '[' <表达式> ']'

其中，数组下标范围为 0~元素个数-1。

2. 字符串

字符数组的定义：

<变量定义>	➔	char <标识符> '[' <常量> ']'

字符数组的初始化：

<变量定义>	➔	char <标识符>'[' ']' '=' <字符串常量>
	|	char <标识符>'[' ']' '=' '{'<字符串常量> {',' <字符串常量> '}'

3. 常用标准函数

随机数生成函数：

随机数生成 rand，随机数初始化 srand，时间函数 time。

字符串处理函数：

字符串复制 strcpy、字符串连接 strcat、字符串长度 strlen、字符串比较 strcmp；
整数变字符串 itoa、字符串变整数 atoi、格式化字符串变换 sscanf 和 sprintf。

EasyX 绘图函数：

定位置的文本输出 outtextxy。

习　　题

1. 请阅读下面的程序，并写出它的基本功能和运行结果。

```c
#include <stdio.h>
#define NUM 20

main( )
{
    int value[NUM];
    int i, temp;

    printf("\nEnter  %d integers:\n", NUM);
    for (i=0; i<NUM; i++)
        scanf("%d", &value[i]);

    for (i=0; i<NUM; i++)
```

```
        printf("%4d", value[i]);

    for (i=0; i<NUM/2; i++) {
        temp = value[i];
        value[i] = value[NUM-i-1];
        value[NUM-i-1] = temp;
    }

    for (i=0; i<NUM; i++)
        printf("%4d", value[i]);
    return 0;
}
```

假设通过键盘输入：

12 32 45 65 34 23 59 889 84 23 84 754 73 28 743 121 832 64 83 90

2．请阅读下面的程序，并写出它的基本功能和运行结果。

```
#include <stdio.h>
#include <string.h>

main( )
{
    char str1[80], str2[80];
    int  i, j;

    printf("\nEnter a text line:\n");
    gets(str1);
    str2[0] = str1[0];
    for (i=1,j=1; str1[i]!='\0'; i++) {
        if (str1[i]==' ' && str1[i-1]==' ')
            continue;
        str2[j++] = str1[i];
    }
    str2[j] = '\0';
    puts(str2);
    return 0;
}
```

假设通过键盘输入：

```
One  World  One  Dream
```

注意：每个单词之间可能会有多个空格。

3．请编写一个程序：使用 rand 产生 100 个随机整数，然后再通过键盘输入一个整数 key，查找在 100 个随机数中是否存在等于 key 的数值，如果存在，输出它们的位置。

4．请编写一个程序：假设某个部门共有 120 名职工，领导为了给每个职工过生日，希望知道每个月份有多少人需要过生日，并在每月的 1 日向这个月份过生日的职工送上一份礼物。请编写一个程序，统计每个月份过生日的职工人数。

5．请编写一个程序：输入一个文本行，其中包含多个单词，请计算其中最长的单词长度。

6．请编写一个程序：判断通过键盘输入的字符串是否表示一个合法的标识符。标识符的命名规则：第一个字符必须是字母或下画线，后面可以跟随字母、数字或下画线。

7．请编写一个程序：利用二维数组创建如图 4-16 所示的方阵，并显示输出。

1	2	3	0	0	0
2	1	2	3	0	0
3	2	1	2	3	0
0	3	2	1	2	3
0	0	3	2	1	2
0	0	0	3	2	1

图 4-16　一个 6×6 方阵

8．假设某个班级共有 35 名学生，期末进行了 4 门课程的考试，请编写一个程序完成下列任务：

（1）输入 4 门课程的考试成绩；

（2）计算每位学生的平均成绩；

（3）按照平均成绩的高低进行排名。

上机练习题

一、上机练习题 1

〖目的〗

通过这道上机题的训练，帮助学生熟悉一维数组的使用方式，并加深对排序算法的理解。

〖题目内容〗

某个网站拥有 100 个免费下载软件。请编写一个程序：随机生成每个软件的下载次数，并显示下载次数最多的前 10 个软件和下载次数为 0 的所有软件。（假设每个下载软件都用一个 1～100 的整数唯一标识。）

〖要求〗

1．每个软件的下载次数须通过随机函数 rand 产生。

2．在第 1 行输出下载次数最多的前 10 个软件的编号；在第 2 行输出下载次数为 0 的所有软件的编号。

〖提示〗

可以按照下面的方式定义两个一维数组：

```
int num[100], count[100];
```

其中，使用 num 记录每个软件的编号，使用 count 记录每个软件的下载次数。初始 num[i]=i+1，count[i]存放编号为 i+1 的软件下载次数。

需要提醒大家的是：为了输出下载次数最多的前 10 个软件，需要对 count 数组实施排序操作。在排序过程中，要保证两个数组的对应元素同时调换位置，以确保它们的对应关系。

二、上机练习题 2

〖目的〗

通过这道上机题的训练，能帮助学生们熟悉字符串的基本操作。

〖题目内容〗

请编写一个程序：通过键盘输入一个文本行，统计其中包含的单词数目。假设每个单词之间的分隔符只有空格或行结束符。

〖要求〗

输出文本行内容和单词的数量。

〖提示〗

1. 由于使用 scanf 输入字符串时，空格是输入的分隔符，所以，必须使用 gets 函数才能够输入包含空格的字符串。

2. 两个单词之间可能会出现多个空格，因此，不能采用累计空格数量的方式统计单词数目。

自　测　题

一、填空题

1. 数组类型适用于组织＿＿＿＿＿＿＿＿＿＿＿＿＿＿＿＿。在定义数组类型的时候，需要指出元素类型、＿＿＿＿＿＿＿＿＿＿和＿＿＿＿＿＿＿＿＿。

2. 假设有下列数组型变量的定义：

```
int value[36];
char str[80];
```

在 Visual Studio 2010 环境下，系统将为 value 分配＿＿＿＿＿＿＿＿个字节的存储空间；为 str 分配＿＿＿＿＿＿＿＿个字节的存储空间。

3. 查找问题是指＿＿＿＿＿＿＿＿＿；排序问题是指＿＿＿＿＿＿＿＿＿＿。

4. 字符串是指＿＿＿＿＿＿＿＿＿。假设有字符串 "One World, One Dream"，它的长度为＿＿＿＿＿＿＿＿。

5. 假设有下列二维数组型变量的定义：

```
int array[5][10];
```

这个数组共有＿＿＿＿＿＿＿个元素，它们按照＿＿＿＿＿＿＿行、＿＿＿＿＿＿＿列排列。

二、程序填空题

根据给出的程序功能，将程序的空缺处填写完整。

1. 这个程序的功能是：通过键盘输入一个整型数列，然后计算它们的平均值，并在数列中查找是否存在与平均值相等的数值，最后根据查找结果输出相应信息。

```
#include <stdio.h>
#define NUM 10

main( )
{
    int value[NUM];
    int i, sum;
    double ave;

    for (i=0; i<NUM; i++)                /* 输入整形数列 */
        scanf("%d", &value[i]);

    sum = value[0];                      /* 计算总和及平均成绩 */
```

```
    for (i=1; i<NUM; i++)
        sum = _____ ;
    ave = 1.0*sum/NUM;

    for (i=0; i<NUM; i++)              /* 查找等于平均值的数值 */
        if (_____ )  break;

    if (i<NUM)                         /* 根据查找结果输出相应信息 */
        printf("Exist an element equal to average.");
    else
        printf("No exist any element equal to average.");
    return 0;
}
```

2. 这个程序的功能是：将以字符串形式给出的时间分解成数值型表示的小时、分钟、秒，并显示输出。例如，字符串形式表示的时间是 "10:50:27"，运行程序后，在屏幕上应该显示输出 The time is :10 hours, 50 minutes, 27second 的字样。

```
#include <stdio.h>

main( )
{
    char time[ ] = "10:50:27";
    int hour, minute, second;

    hour = (time[0]-'0')*10+time[1]-'0';
    minute = (time[3]-'0')*10+_____ ;
    second = _____ +time[7]-'0';
    printf("\nThe time is :%d hours,%d minutes,%d seconds", hour, minute, second);
    return 0;
}
```

三、编程题

1. 请编写一个程序，其功能为：输入含有 n 个数值的整数数列和整数 m，使用选择排序的方法挑选出前 $m(m<n)$ 个较小的数值，并显示输出。要求挑选出前 m 个数值后，程序立即结束。

2. 请编写一个程序，其功能为：转换日期的表示形式。例如，将输入的字符串形式表示的日期格式 10/25/2017 转换成 Oct.25,2017 格式输出。

第 5 章
程序的组织结构

我们通过前面章节的学习可以得知：C 语言提供了丰富的数据类型，使得程序能够表示及处理各种类型的数据。不仅如此，C 语言在支持结构化程序设计的模块化思想方面也表现出了特色，它将函数作为构建程序的基本单位，每个函数都可用来描述一个相对独立的计算功能，函数之间可通过参数和返回值传递数据。如果在程序设计中不使用全局变量，而只使用函数参数来描述该函数所描述计算的输入和输出，就可以很好地实现操作过程的封装性，对用户隐藏各个操作的细节，从而降低程序设计的复杂度，提高程序的可维护性。本章将主要介绍函数的相关概念及使用函数组织程序的基本方法。

5.1   函数概述

结构化程序设计方法的核心可以用 8 个字来表示"功能分解、逐步求精"，具体的实现策略是将复杂的问题按照功能进行逐步分解，形成相对简单的子问题，这样将有利于降低解决问题的难度，提高程序开发的效率。例如，一个学校管理系统中往往提供了各种信息管理功能，如学生基本信息管理、课程管理、成绩管理和教室管理等，而每个信息管理程序也都包含若干子功能。例如、学生基本情况的管理程序可以被分解成如图 5-1 所示的若干个子问题。

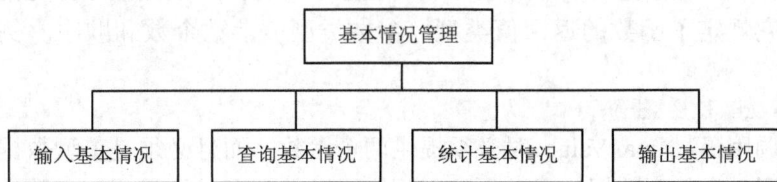

图 5-1   学生基本情况的问题分解

在图 5-1 中，上层是题目要求解决的总体问题，下层是将上层总体问题分解后形成的子问题。很显然，相对于总体问题而言，每个子问题的规模都会缩小，复杂度也会降低。在程序设计阶段，我们通常将矩形框表示的子问题称为模块，自上而下地将一个问题分解成若干个子问题的过程称为模块化。实际上，如果需要的话，可以将每个子问题继续分解下去，直到子问题足够简单为止。这就是问题求解的逐步求精的过程，是一个自上而下的过程。

将总体问题分解后，可以先从解决底层的简单问题入手，逐一考虑每个子问题的解决方案。解决了每个子问题之后，就可以按照解决总体问题的操作过程将各个子问题组装起来，从而达到解决总体问题的最终目的。

对于按照结构化程序设计思想分解的各个功能模块，C 语言提供了一种程序结构——函数，各种功能模块都可以通过函数来实现。对于底层的模块，可以使用独立的函数来实现，对于上层的模块，也可以使用函数实现，并利用函数调用功能将下层模块组合起来。

在 C 程序中，函数是构成程序的基本单位。它由函数首部和函数体两个部分组成，函数首部包含函数的返回类型、函数名称和参数表的声明，函数体包含实现特定功能所需要执行的语句序列。例如，下面就是一个返回两个 int 型整数中较大者的函数。

```
int maxValue(int d1,int d2)              /*返回两个整数值的较大者*/
{
    if (d1>=d2)
        return d1;
    else
        return d2;
}
```

其具体含义是：将参数 d1 和 d2 传入两个 int 类型的数值，然后执行函数体中的语句序列，并将结果返回。

由此可见，不同的功能可以通过不同的函数来实现。函数是对操作过程的抽象描述，是模块化方法在 C 程序中的具体体现。

每个函数都可以反复被调用，从而避免重复编写相同代码的需求。因此，使用函数可以实现代码的重复使用（代码复用），减少重复开发，提高程序开发效率。

C 语言的编译系统提供了众多标准函数，例如，前面章节使用过的 printf、scanf、ftab、exp、sqrt、strcpy、strlen 和 strcat 都是常用的标准函数。第三方软件厂商也往往针对不同应用领域，以函数库的形式提供了众多可以直接使用的函数。例如，前面介绍过的 EasyX 库就提供了 initgraph、line、circle、getch、outtextxy 等众多用于绘图环境的函数，使得图形软件的开发不必从零开始。

C 语言规定，所有的函数必须先定义后调用。对于标准函数而言，由于它们的定义已经包含在 C 语言提供的标准函数库中，所以，调用它们的时候，只需要在程序的前面通过编译预处理命令#include 将相应的函数原型加载到程序中即可。所谓函数原型是指不包含函数体的函数声明，它规定了函数的返回值类型、参数类型、参数个数和顺序。例如，上述函数的原型是：

```
int maxValue(int,int);
```

它规定了调用函数 maxValue 时必须提供两个参数，而且必须是整型数据，在完成内部计算后，将返回一个整型数据。函数原型仅规定了参数类型，而不规定参数的名字，定义时可以使用任何参数名。

为了便于管理和用户查询，各种 C 语言函数库按照不同的功能将所有的标准函数分成了若干个类别，每个类别的函数原型被集中声明在一个扩展名为.h 的头文件中。为了能够正确地将需要调用的函数原型声明加载到程序中，程序设计者需要了解每个函数分别属于哪个头文件。

下面是几个常用的函数头文件，它们各自包含的函数类别如表 5-1 所示。

表 5-1 常用的头文件

头 文 件 名	函 数 类 别
math.h	数学计算
ctype.h	字符处理
string.h	字符串处理
stdio.h	输入/输出
stdlib.h	动态分配存储、随机数生成等
graphics.h	EasyX 库的绘图函数
conio.h	EasyX 库的控制台操作函数

用户在调用函数之前,不仅要了解函数的功能,还要通过函数原型弄清楚函数需要的参数格式以及函数的返回值类型。

5.2 自定义函数

在 C 语言中,用户不仅可以使用函数库中提供的标准函数,还可以自己定义函数,以便用函数实现结构化程序设计过程中分解的各个模块。

5.2.1 函数的定义

在 C 语言中,用户自己定义的函数被称为自定义函数。自定义函数的基本格式为:

```
<函数返回类型>  <函数名>(<参数表>)
{
    <函数体>;
}
```

其中,<函数返回类型>是指函数执行完毕函数返回值所属的数据类型;<函数名>的命名应该符合 C 语言的用户自定义标识符规则;<参数表>指出了一组参数名称和每个参数所属的数据类型,这是函数之间交换信息的接口。函数调用时,调用者应该按照指定的参数类型,提供一组数值,传递给每个参数;也就是赋值到各个参数具有的存储空间内。需要说明的是:函数在没有被调用的时候,系统不会为任何参数分配空间,因此,可将这里的参数称为形式参数,将参数表称为形式参数表。<函数体>就是一条复合语句,由一对花括号括起来,内部包含由若干条语句组成的语句序列。

例如,下面是两个用户自定义的函数定义。

第一个函数的功能是返回直角坐标系中所给坐标点(x,y)到原点(0,0)之间的距离,如图 5-2 所示。

完成这个函数需要提供一对坐标点(x,y),该坐标点到原点(0,0)的距离可通过函数返回值返回,因此这个函数可以这样定义:

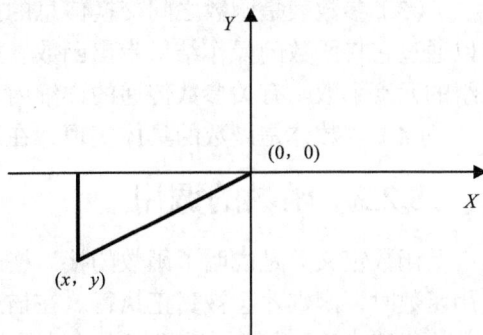

图 5-2 直角坐标

```
double Distance(int x, int y)
{
```

```
        double d;

        d = sqrt(x*x+y*y);
        return d;
    }
```

其中，函数 sqrt 是系统提供的标准函数，用于计算平方根，计算结果通过 return 语句返回给调用者。

第二个函数的功能是返回一个整数序列中的最大值。

假设整数序列中包含 n 个整数，要完成这个功能，调用者需要向函数提供整数数列和数列中包含的整数个数，因此，参数表应该包含一个存放整数数列的一维数组和一个 int 型变量 n。函数体中的语句计算出整数中的最大值后，通过函数返回值返回。下面是该函数的定义：

```
int Max(int value[ ], int n)              /* 返回 n 个整数的最大值 */
{
    int i, maxValue;                      /* 保存当前的最大值 */

    maxValue = value[0];                  /* 将下标为 0 的元素值赋给 maxValue */
    for (i=1; i<n; i++) {                  /* 检测下标为 1~n-1 的数值 */
        if (value[i]>maxValue)            /* 如果下标为 i 的元素值大于 maxValue */
            maxValue = value[i];          /* 将 value[i] 赋给 maxVlaue */
    }
    return maxValue;
}
```

其中，变量 maxValue 用于保存当前最大值，在循环中通过对比来更新，最终作为结果被返回。

用户在自定义函数时，需要注意以下几点。

（1）C 语言规定，一个函数可以有返回值，也可以没有返回值。如果有返回值，返回值的类型应在函数名前声明，并在函数体中利用 return 语句将返回值返回（默认的返回类型是 int）；如果没有返回值，应在函数名前声明 void。

（2）函数名不仅应该符合 C 语言的自定义标识符命名规范，还应该"见名知义"。由于每个函数都是用来实现某项操作的，所以最好用一个能够反映操作功能的动词作为函数的名称。

（3）参数表是函数之间交换信息的接口。既可以通过它将外界的数据传递给函数，也可以通过它将函数的操作结果带出函数。如果形式参数属于一维数组类型，则无须指出一维数组的元素个数。有关参数传递的详细内容稍后介绍。

（4）函数体是函数的具体实现，在这里列出了需要声明的变量和需要执行的语句序列。

5.2.2 函数的调用

函数定义只是说明了函数的接口格式及函数拥有的操作序列，只有通过函数调用语句调用函数时，函数才会被真正执行。在描述函数调用的时候，需要向函数提供必要的参数，函数执行完毕后，才可能返回相应的结果，这些都依赖于函数的声明格式以及函数的调用规则。下面介绍一下函数的调用、参数的传递以及函数的返回值。

1．函数的调用

在 C 程序中，要想执行某个函数，需要使用函数调用表达式来调用这个函数。函数调用表达式的基本格式为：

```
<函数名>(<实在参数表>)
```

其中，<函数名>是需要调用的函数名称，<实在参数表>给定零个或多个逗号分隔的表达式，且应与该函数的形式参数表相对应，这也就是说，作为实在参数的表达式的计算结果要与形式参数的数据类型和个数一一对应。

例如，对于前面定义的函数 Distance，形式参数是两个 int 型变量。在调用这个函数的时候，实在参数表必须提供两个相应数据类型的表达式。假如有下列变量定义：

```
int left = 100, up = 80;
double dis;
dis = Distance(left, up+40);
```

在函数调用中，变量 left 的值传递给第一个形式参数 x，表达式 up+40 的计算结果传递给第二个形式参数 y。完成函数 Distance 的内部计算后，return 语句将变量 d 的内容作为函数的返回值返回，函数调用结束。随后，该结果将直接赋给变量 dis。

在调用函数时，需要遵守"先定义后使用"的原则。也就是说，如果被调用的函数在前面已经定义好了，则可以直接调用；否则，需要将被调用函数的函数原型在前面进行声明，以便告知 C 编译程序，这个函数的完整定义在后面。

2．函数的返回值

在声明函数的时候，如果函数名前使用了保留字 void，说明这个函数没有返回值；否则，这个函数执行完毕，就应该返回一个相应类型的数值，因此函数调用将会出现以下两种情况。

（1）没有返回值的函数

当函数没有返回值时，函数调用应该以独立的语句形式书写。例如，下面定义的一个函数：

```
void printArray(int data[], int num)
{
    int i;

    printf("\n");
    for (i=0; i<num; i++)
        printf("%4d", data[i]);
}
```

上述程序的功能是显示通过参数带入的一维数组内容，因此并不需要返回任何值。对于函数的调用，可以采用以下方式：

```
int value[10] = { 1, 3, 5, 7, 17, 15, 13, 11, 19, 9 }
printArray(value, 10);
…
```

此时，数组名被赋值给 data，整数 10 赋值给变量 num，随后执行函数内部的语句。所有语句执行完之后，回到调用方，执行函数调用后面的语句。

（2）有返回值的函数

如果函数有返回值，在函数返回时，可以立即引用这个返回值，也可以将其保留在一个相应类型的变量中；否则，返回值将会丢失。例如，对于前面定义的函数 Distance，由于返回一个 double 型数值，所以可以按照以下形式调用：

```
printf("The average is %6.2lf", Distance(200, 160));
dis = Distance(left, up+40);
```

第一种调用形式是直接将 Distance 函数的返回值直接传递给函数 printf，用于输出显示；第二种调用形式是将函数返回值赋给变量 dis，以便将返回值保留起来。

3. 参数的传递

前面已经说过，定义函数时所给的参数被称为形式参数，这是由于当函数没有处于执行状态时，系统并不为这些参数分配存储空间。因此，程序执行中调用某个函数时，需要先计算每个实参，随后的参数传递需要经历两个基本步骤：一是根据形式参数的声明格式，为每一个形式参数分配存储空间；二是将实在参数的值，也就是实参表达式的计算结果赋给对应的形式参数。例如，对于以下函数调用：

```
int left = 60, down = 120;
double dis;
dis = Distance(left+20, down)
```

在执行第 1 条语句时，系统为变量 left 和 down 分配存储空间，并分别将整数 60 和 120 赋给它；当执行第 3 条语句调用函数 Distance 时，首先计算 left+20，将结果 80 放在一个临时变量中，然后系统为其中的形式参数 x 和 y 分配空间，然后将实际参数的当前值 80 和 120 分别赋给它们，如图 5-3 所示。在整个函数执行完毕后，系统自动将为 x 和 y 分配的存储空间回收，并将结果值返回后，赋值给变量 dis。

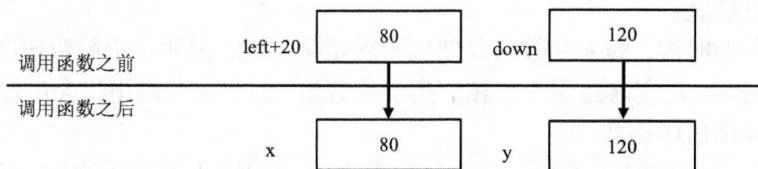

图 5-3　调用 Distance 函数的参数传递过程示意图

通过这个例子可以看出：将实在参数传递给形式参数的过程实际上是一个赋值的过程，它具有以下 3 个基本特征。

（1）具有单向性，实在参数既可以是变量，也可以是表达式。当实参是变量时，将这个变量的值赋给形式参数；当实参是表达式时，先计算表达式，再将结果值赋给形式参数。

（2）函数调用时，系统为形式参数分配存储空间，用于保存对应的实在参数的结果值。

（3）实在参数的值赋给形式参数之后，实在参数与形式参数不再有任何关系，因为它们分别保存在不同的存储空间。

具有这种特征的参数传递方式称为值传递，C 语言就是通过这种按值调用的方法来实现函数调用的。有些程序设计语言可以采用多种参数传递机制来实现函数参数的传递，但是 C 语言一律采用这种值传递的机制。

下面再看一个例子，说明值传递处理机制可能带来的误解。

```
void swap(int x, int y)
{
    int temp;

    temp = x;
    x = y;
    y = temp;
}
```

设计这个函数的初衷是希望通过执行这个函数，将由参数带入的两个变量值进行交换。但调用这个函数且执行完毕之后，却发现没有实现这个效果，其原因需要追溯到 C 语言采用的参数传递机制上。下面跟踪一下函数调用的过程，看看产生这种后果的原因。

假设有下面这两条变量定义语句：

```
int v1 = 10;
int v2 = 20;
```

则系统会为这两个变量分配存储空间，并完成初始化操作，如图 5-4 所示。

当执行函数调用语句 swap(v1,v2) 时，按照 C 语言的参数传递规则，首先为两个形式参数 x、y 分配存储空间，再将对应的实际参数的值 10 和 20 分别赋给两个形式参数，如图 5-5 所示。

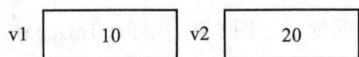

图 5-4　v1 和 v2 变量的存储状态

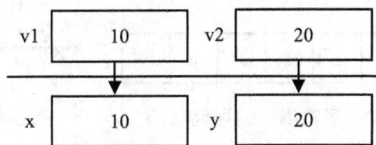

图 5-5　调用 swap(v1,v2)时参数传递的状态

执行函数 swap 中的 3 条语句之后，x 和 y 的内容将互换，如果此时显示 x 和 y 的内容，将会看到这种变化，如图 5-6 所示。

但当函数执行完毕，系统将自动地回收为 x 和 y 分配的存储空间，这时可以看到，v1 和 v2 仍维持原来的状态。

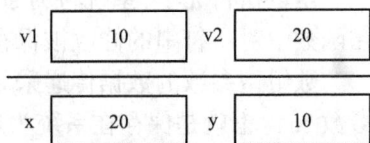

图 5-6　执行 swap 函数的效果

这是由于值传递机制使得 v1 与 x、v2 与 y 是两个不同的副本，即在内存中占据不同的存储空间。在函数中实施的所有操作都是针对 x 和 y 而言的，与实际参数 v1 和 v2 无关。要想真正实现两个变量互换的效果，需要使用第 6 章介绍的指针类型。

上面列举的几个函数，其形式参数都属于基本数据类型。当形式参数是数组类型时，将会带来特别的效果。在第 4 章关于数组的介绍中曾说明，每个数组型变量在内存中都占据着一块连续的存储空间，而 C 语言规定数组型变量名自身只是这块存储空间的首地址。但是，当函数的形式参数为数组类型的时候，系统并不会为形式参数分配一块用于存放所有数组元素的存储空间，而是仅仅分配一个用于存放数组首元素地址的存储空间，并在此后将实际参数对应的数组首地址传递给形式参数变量，因此没有必要指定数组元素的个数。下面举例来说明这种现象的产生过程。

首先，定义一个函数，其基本功能是将给定字符数组中的全部小写字母转换成大写字母。

```
void strToUpper(char str[ ])
{
    int i;

    for (i=0; str[i]!='\0'; i++)
        if (str[i]>='a' && str[i]<='z')          /* 如果 str[i]是小写字母 */
            str[i] = 'a'-str[i]+'A';             /* 将小写字母变换为大写字母 */
}
```

假如有下面的变量定义和函数调用语句：

```
char s[ ] = "Hello!";
strToUpper(s);
```

这两条语句的执行过程如下。

首先，执行第 1 条语句。其工作内容是：为字符型数组 s 分配存储空间，并用一个字符串常量完成初始化操作，如图 5-7 所示，每个字符和字符串结束符都被保存在这个存储空间中。

然后，执行包含函数调用第 2 条语句。执行函数调用的基本过程是：为形式参数分配用来存放数组地址的存储空间，并将实际参数对应的数组地址传递给形式参数 str，如图 5-8 所示。

在函数中，对形参 str 引用的每个数组元素的所有操作都是针对数组 s 的存储区域实施的，因此，函数执行的结果如图 5-9 所示。

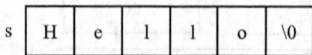

图 5-7　字符串 s 的存储状态　　　图 5-8　调用 strToUpper 时的　　　图 5-9　执行 strToUpper 函数的效果
　　　　　　　　　　　　　　　　　参数传递状态

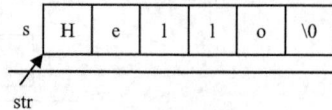

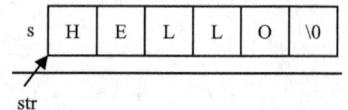

函数执行完毕，系统将为 str 分配的存储空间收回，而分配给数组变量 s 的空间仍然存在，在函数中对字符串的修改被保存了下来，这就是数组型参数的独到之处。

数组型参数的数据传递采用了值传递机制。它是将数组 s 的首元素地址值传递给数组型参数 str，也就是保存在系统为形参 str 分配的存储空间内。

在实用软件开发中，每个函数都承担独立的计算任务，负责完成规定的信息处理。从上述自定义函数的基本功能可知，函数的计算任务所需要的输入数据都只能由形参提供，而计算所产生的结果，可能直接输出到屏幕上，也可能通过返回值传递给函数的调用者，供后续计算使用。同时，由于数组元素可以被函数内部的执行所更新，因此调用者也可以通过数组来获得计算结果。

5.2.3　自定义函数的设计与应用实例

结构化程序设计方法倡导程序设计应该采用模块化手段将大型且复杂的问题分解成若干个小型且简单的问题解决，这样可以降低程序设计的难度，保证程序设计的质量。不仅如此，为了提高代码的重用率，应该将重复使用的操作设计成独立的模块。在 C 语言中，模块是用函数实现的。同时，为了保证模块之间不互相干扰，自定义函数的设计应该尽可能保持计算的局部化，也就是函数内部计算所需的输入通过函数参数提供，函数内部计算的输出都应该通过返回值、数组型参数或指针型参数（第 6 章进行介绍）返回调用者。按照这种设计思路，程序中不应该使用全局变量，以便保持每个函数计算的独立性。

在软件设计中，划分模块是降低问题复杂性的主要手段之一。对于 C 语言程序设计，由于函数是描述模块的主要手段，软件结构的设计就是要按照功能来分解问题，规划出多个函数分别用于实现不同层次的模块。因此，程序结构设计中首先要解决的问题就是应该设置几个函数，各自承担哪些功能。鉴于应用问题的多样性和复杂性，其解决方案自然是多种多样的。结构化程序设计和程序设计语言仅仅能够提供一般的设计原则。对于 C 语言程序设计，程序设计者应该能够按照功能来合理地划分模块，每个模块承担独立的计算任务和简明的对外接口；能够为每个模块配置一个函数，通过参数和返回值的设计，规定计算任务所需的输入/输出变量的语义及其数据类型，再通过函数体的程序设计完成计算任务的描述。

读者应该注意，这种设计方法考虑了一个复杂软件可能需要多人组成团队进行开发的可能性。每个函数模块可能由不同程序员进行开发，有些人负责函数内部的开发，有些人的开发需要使用他人开发的函数。对于函数内部的开发，开发者不需要了解其他模块的具体实现，只需要了解模块接口。因此，各个模块的接口十分重要，是所有开发者都应该熟悉的，而模块的接口在 C 程序中主要表现在函数原型的设计上，也就是函数参数和返回值的语义。当然，程序设计不能解决所有问题，复杂问题的具体方案需要开发者针对具体应用的场景和需求，借助于各种软件理论和技术来规划解决方案。本书作为初学者的入门教材，仅仅针对相对简单的问题给出算法和程序结构的设计与实现。

下面列举几个实例，展示如何在 C 程序设计中应用函数来实现问题求解。

【例 5-1】　指定整数的素数和。

给定的任意整数 N 可能存在两个素数，它们的和等于 N。请编写程序，输入整数 N，输出满足条件的所有素数。由于问题可能存在多个解，故要求输出所有的解。

〖问题分析〗

对于这个问题，枚举法显然是最直接的解决方法，也就是逐个检查小于 N/2 的每个整数 n；如果是素数，则检查 N-n 是否是素数，从而找出所有结果。在这样的解决方案中，素数的判别也需要有解决方案，第 3 章已经给出了具体的算法和实现。读者应该注意到，这两个方案是完全独立的，它们之间只有引用关系。因此，本题应该设置两个模块，设计两个算法，分别用于解决上述问题。

〖算法描述〗

根据上述枚举法的思路，可以得到图 5-10 所示的算法流程。其中，素数的判定仅仅是一个被引用的模块，可用一个独立函数 isprime 实现。这里需要确定二者的交互关系，也就是作为该函数的输入只有一个，应该是一个整数，而结果（即返回值）应该是一个布尔值，说明输入的整数是否是素数。按照这些函数及其参数的语义，得到的程序实现如下。

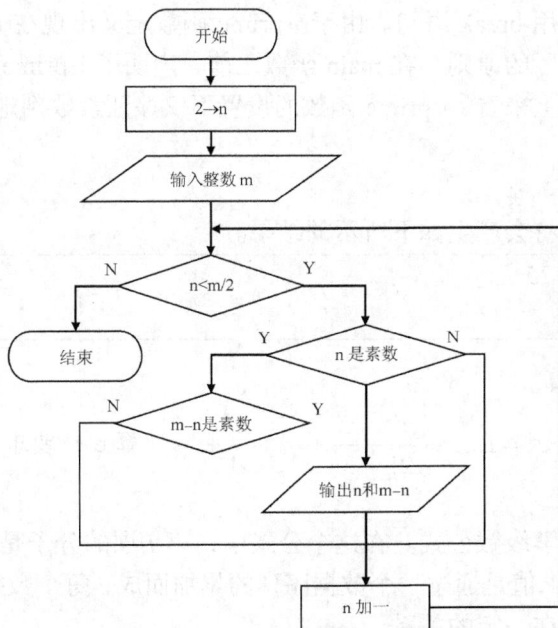

图 5-10　求解整数的素数和的算法流程图

〖 程序代码 〗

```c
#include <stdio.h>

int isprime(int x);                              /*    素数判定函数 isprime 的函数原型 */

main( )
{
    int n, m;

    printf("请输出一个正整数: ");
    scanf("%d", &m);
    for(n=2; n<m/2; n++) {                        /*    逐个枚举 1～m/2 */
        if( isprime(n) && isprime(m-n) )         /*    两次调用 isprime 判断素数 */
            printf("素数%d+%d 等于%d\n", n, m-n, m);
    }
}

int isprime(int x)
{
    int t;

    for(t=2; t<x; t++)
        if( x%t==0 )
            return 0;                            /*    x 可以被整除 */
    return 1;                                    /*    x 是素数 */
}
```

在上述程序中，函数 main 严格按照给定的算法流程来实现。以被枚举的整数 n 作为循环变量，设置了 for 语句完成依次判定。通过 isprime 函数的两次调用，完成了两个素数的判定。在 isprime 函数内部，针对带入的参数，实现了素数的判定，得到结果就立即通过 return 语句返回，也没必要使用 break 语句。由于 isprime 函数定义出现在 main 函数后面，为了避免违反"先声明后引用"的原则，在 main 函数之前，声明了 isprime 函数的原型。

从这个程序的结构上来看，isprime 函数的设置不仅保证素数判定计算独立于主程序，而且避免了重复编码。

〖 运行结果 〗

运行这个程序后，将会产生如下所示的结果。

> *请输入一个整数: 15*
> *素数 2+13 等于 15*

【例 5-2】 e^x 的计算。

给定 x，按照公式 $e^x = 1 + x + \dfrac{x^2}{2!} + \dfrac{x^3}{3!} + \cdots + \dfrac{x^i}{i!} + \cdots$ 计算 e^x，要求精确度达到 10^{-6}。

〖 问题分析 〗

这是一个典型的数学级数公式。在这个公式中，第 i 项的分子是 x^i；分母是 $i!$。从公式的组织结构可知，e^x 的求值是通过一个数据序列的累加而成，每个数据项都取决于 x 和 i；而且前后数据项之间也存在一定的关系。

对于数据序列累加计算，采用递推方法是首选的方法。对于这个问题，可以找到递推公式和边界条件：

$$e^x_i = x^i/i! + e^x_{i-1} \qquad\qquad for\ i=1,\cdots,n$$

$$e^x_0 = 1$$

显然这些计算都可以通过变量的迭代来实现。

〖结构设计〗

考虑程序的组织问题。e^x 是一个常用的数学计算，可能有很多程序都需要这个计算，因此有必要设置了一个函数 expx 专门用于该计算。此外，每个数据项都需要计算 x^i 和 $i!$。这些计算显然是相对独立的，都有各自的算法，因此分别设置函数 power 和 factory 来完成。几个函数的功能和原型的设计如下：

main( )	负责输入/输出，启动计算
double expx(int x)	给定整数 x，计算 e^x 返回
int power(int x, int y)	给定整数 x 和 y，计算 x^y 返回
int factorial(int x)	给定整数 x，计算 x! 返回

〖算法描述〗

在这个程序中，需要按顺序执行下列操作。

（1）输入 x。

（2）调用 expx 函数计算 e^x，并返回结果。

（3）输出计算结果。

在这个程序中，expx 是核心函数，用于实现各个数据项的累加。在负责累加的循环中，应该存在以下循环不变式：

① 从数据项的序号 i 和 x，可以得到当前项 $x^i/i!$；

② 对于保存当前计算结果的变量 result，始终保持截至当前项。

其算法流程图如图 5-11 所示。

按照循环不变式，算法中循环内部设置了当前项的计算，以及 result 的累加计算。循环结束时可得到最终结果。

〖程序代码〗

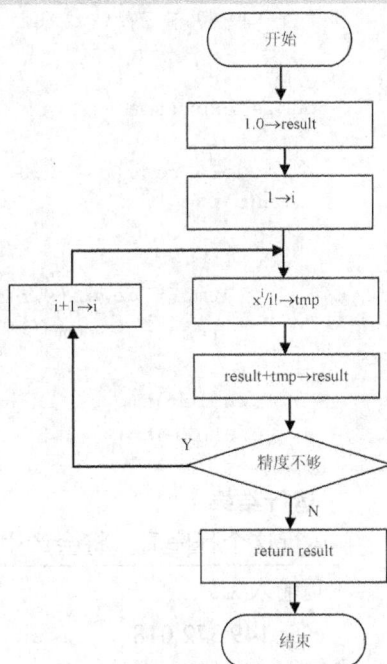

图 5-11　调用 expx 函数的算法流程图

```c
#include <stdio.h>

long power(int x, int y);          /* 计算 x^y */
long factorial(int n);             /* 计算 n!  */
double expx(int x);

main( )
{
    int x;

    printf("\n请输入 x:");
    scanf("%d", &x);                        /* 输入 x */
    printf("\ne^%d=%f\n", x, expx(x));      /* 计算并输出 expx(x) */
}
```

```
int power(int x, int y)                        /* 计算 x^y */
{
    int result = 1;

    for ( ; y>0; y-- )                         /* 循环 y 次 */
        result *= x;                           /* x 个 y 相乘 */
    return result;
}

int factorial(int n)                           /* 计算 n! */
{
    int result = 1;

    while ( n>1 )                              /* n! = n*(n-1)*…*2 */
        result = result * n--;
    return result;
}

double expx(int x)                             /* 计算 e^x */
{
    double result = 1.0, tmp;
    int i = 1;

    do {
        tmp = power(x,i)*1.0/factorial(i);     /* 计算当前项 */
        result += tmp;                         /* 累加 */
        i++;
    } while( tmp >= 1E-6 );                     /* 精度的检查 */
    return result;
}
```

〖 运行结果 〗

运行这个程序后，将会产生如下所示的结果。

```
请输入 x:5
e^5=149.372 018
```

上述程序设计中，在保证算法实现的正确性的基础上，从程序可读性和可维护性的角度出发，考虑了程序结构设计的合理性。针对程序计算中包含的几个子计算，分别设置了函数担负相对独立的计算任务，实现相对独立的功能，函数 expx 负责主要计算，函数 power 和 factorial 分别负责计算数据项的分子和分母，而主函数 main 仅仅负责输入/输出等功能。这种程序组织也保证了每个计算的局部化，也就是每个函数的计算仅仅需要使用参数提供的输入，在内部完成所有计算，也不需要使用其他数据和资源，计算逻辑都相当简单。这种结构化程序设计方法使得每个函数的算法实现都比较清楚，易于理解，也易于修改和功能扩充。

随着计算机应用的发展，人们需要开发越来越大的软件，程序可读性和可维护性的重要性越来越突出，使得人们更加追求程序结构设计的合理性。通过结构化程序设计方法来实现程序的模块化和局部化，已经是软件开发中常用的程序结构设计方法，而 C 语言的函数就是实现这种方法的重要工具。

就执行效率而言，本程序采用的方法并不是最佳的，从计算公式中可以发现，在计算第

i 项的时候，第 i-1 项的 x^{i-1} 和$(i$-1$)!$已经得到，只要在此基础上乘上 x 和 i 就可以得到 x^i 和 $i!$。这样就可省略大量的重复计算，提高程序的运行效率。建议读者设计并实现改进的算法。

5.3　函数与数组的应用实例：冒泡排序

　　由于用数组作为形式参数传递的是数组首元素的地址，所以在函数中对数组做出的任何改变都会被保留下来。不少算法的实现都利用了 C 语言的这个功能，下面列举一个冒泡排序程序的实例。

　　为了便于查找、统计数据，排序是一种经常需要进行的操作。排序的方法有很多种，在第 4 章中介绍的简单选择排序是一种基于选择手段实现的排序方法，这里再介绍一种基于交换手段实现的排序方法——冒泡排序。

【例 5-3】　冒泡排序。

　　鉴于排序功能为相当多的软件所需要，单独设置一个排序函数，将排序算法的实现分离出来是十分必要的。

〖问题分析〗

　　冒泡排序的基本思路是不断地将每对相邻数据依次进行比较，如果前面的数据大于后面的数据，就将两个位置的数据进行交换，经过多次相邻数据的比较和交换，最终实现将所有的数据按照非递减的顺序重新排列。具体的步骤如下。

　　（1）将整个待排序的数据序列划分成有序区域和无序区域。初始状态有序区域为空，无序区域包括所有待排序的数据。

　　（2）对无序区域从前向后依次对相邻的两个数据进行比较，若逆序则将其交换，从而使得较小的数据像泡沫一样"飘浮"（向前），较大的数据"下沉"（向后）。

　　每经过从前向后的一遍交换过程，都会使无序区域中的最大数据进入有序区域。如果有 n 个数据等待排序，则最多经过 n-1 遍交换过程就可以将所有的数据排列好。

　　例如，有一个整型数列（34,10,29,65,78,987,23,12,30,8），采用冒泡排序方法进行排序的过程如图 5-12 所示。

原始排列顺序	34	10	29	65	78	987	23	12	30	8
第 1 遍交换后结果	10	29	34	65	78	23	12	30	8	987
第 2 遍交换后结果	10	29	34	65	23	12	30	8	78	987
第 3 遍交换后结果	10	29	34	23	12	30	8	65	78	987
第 4 遍交换后结果	10	29	23	12	30	8	34	65	78	987
第 5 遍交换后结果	10	23	12	29	8	30	34	65	78	987
第 6 遍交换后结果	10	12	23	8	29	30	34	65	78	987
第 7 遍交换后结果	10	12	8	23	29	30	34	65	78	987
第 8 遍交换后结果	10	8	12	23	29	30	34	65	78	987
第 9 遍交换后结果	8	10	12	23	29	30	34	65	78	987

图 5-12　冒泡排序过程的示意图

在第一遍交换中，完成了 34 和 10 的交换、34 和 29 的交换、987 和 23 的交换、987 和 12 的交换、987 和 30 的交换，以及 987 和 8 交换，从使得最大值 987 进入有序区。随后，每遍交换都会使下一个最大值进入有序区，最终完成排序。

从图 5-12 可以看出，排序过程中仅需要进行数据的交换，不需要分别保存排序前和排序后的数据序列。因此，仅设置了一个数组 value 用于保存数据序列。

〖算法描述〗

下面考虑一个 10 个整数组成的整数序列的排序程序，以求演示冒泡排序的实现方法。在这个程序中，需要按照顺序执行下列操作。

（1）输入待排序数值，保存于数组 value。

（2）按照原始顺序显示待排序数值。

（3）对数组 value 中的数据进行冒泡排序。

（4）显示排序之后的结果。

冒泡排序的算法流程图如图 5-13 所示。针对上述排序过程，设置了两个循环变量 i 和 j，前者用于外循环，记录未排序区的范围，后者用于一行内相邻元素 value[j]和 value[j+1]的逐个对比和交换。通过 j<i 可以控制内循环的结束。外循环的不变式就是变量 i 作为下标，始终指向未排序区的最后元素，从而保证未排序区逐渐缩小。内循环的不变式就是保证下标小于 j 的数据元素都小于或等于 value[j]，从而保证最大值逐渐后移。

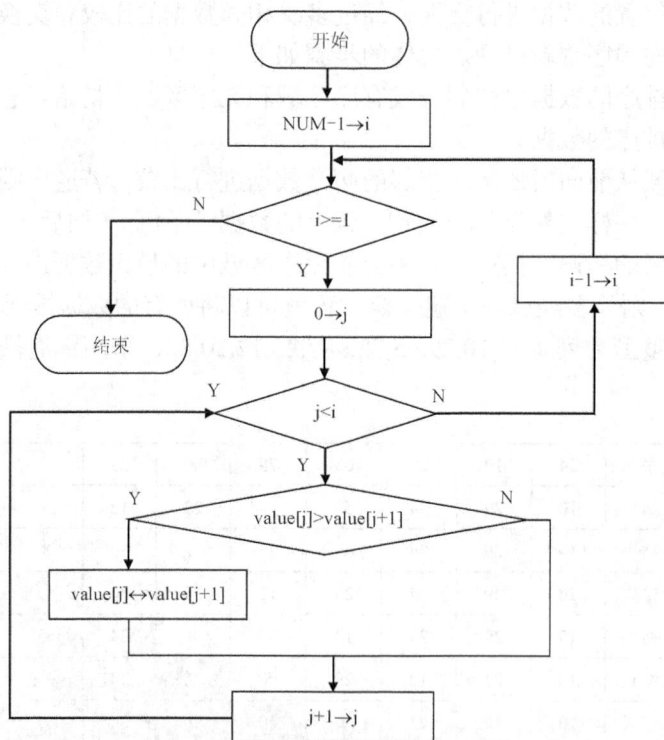

图 5-13　冒泡排序算法流程图

〖结构设计〗

考虑到排序是一个通用的算法，这里设置了一个专门用于排序的函数 sort；参数 value 用于保存整数序列，排序后的结果仍然保存在这个数组中。此外，为了程序描述的可读性，设置了专门用于输入和输出的 input 函数和 output 函数。3 个函数之间可通过数组名 value 传递数据。

〖 程序代码 〗

```c
#include <stdio.h>
#include <stdlib.h>

#define NUM 10
void input(int value[ ]);
void output(int value[ ]);
void sort(int value[ ]);

main( )
{
    int value[NUM];                        /* 存储待排序的数据数列 */

    input(value);                          /* 数据序列的输入 */
    output(value);                         /* 输出排序前的数据序列 */
    sort(value);                           /* 进行排序 */
    output(value);                         /* 输出排序后的数据序列 */
}

void input(int value[ ])                   /* 输入待排序数据 */
{
    int i;

    printf("\n 请输入%d 个整数: ",NUM);
    for (i=0; i<NUM; i++)
        scanf("%d", &value[i]);
}

void output(int value[ ])                  /* 输出显示数据数列 */
{
    int i;

    printf("\n");
    for (i=0; i<NUM; i++)
        printf("%5d", value[i]);
}

void sort(int value[ ])                    /* 冒泡排序函数 */
{
    int i, j, temp;

    for (i=NUM-1; i>1; i--)                /* 控制未排序区范围 */
        for (j=0; j<i; j++)                /* 控制相邻元素逐个对比 */
            if (value[j]>value[j+1]){      /* 相邻数据比较大小 */
                temp = value[j];           /* 如果两个相邻数据逆序, 交换 */
                value[j] = value[j+1];
                value[j+1] = temp;         /* temp 用于临时保存交互中的数据 */
            }
}
```

从程序实现中，可以看出几个数组型参数的不同用法。input 函数用于保存输入的数据，sort 函数用于保存排序前后的数据，output 函数用于数据的输出。

〖 运行结果 〗

运行这个程序后，将会产生如下所示的结果。

请输入 10 个整数：*34 10 29 65 78 987 23 12 30 8*

34 10 29 65 78 987 23 12 30 8

8 10 12 23 29 30 34 65 78 987

这个算法显然可以用于不同类型数据的排序。只要定义了不同类型的数据序列，以及数据值的比较方法，该算法就可以推广到任何数据的排序。然而，排序所花费的时间主要消耗在比较和交换操作上，因此我们可以认为，比较和交换次数较少的排序方法就是运行效率较高的算法。很显然，冒泡排序所需交换的次数依赖于原始数值的排列状态。如果原始数据排列基本有序，交换次数就少；反之交换次数就多。另外，从程序中还可以看出，比较操作位于两层 for 之中，其执行次数与原始数据的排列顺序无关，甚至当所有数据已经按照升序排列好之后，还是需要将剩余的比较操作进行完毕。于是，可以考虑的一种改进的方法：当发现所有数据已经排列好时，立即停止循环。有兴趣的读者可以思考一下：什么状态表示所有数据已经按照升序排列完毕，并对 sort 函数进行修改，以提高冒泡排序方法的运行效率。

5.4 递归算法与递归函数

对规模大且复杂度高的问题进行分解是降低求解难度、确保程序质量的一种有效方法。有很多问题经过分解后会发现子问题的基本结构与原问题完全相同，因此，可以采用求解原问题的基本方法来求解各个子问题。这种解决问题的思路就是递归。递归是一种常见的解题方法，掌握递归并了解递归的执行过程是充分利用 C 语言编写程序的基本前提。

5.4.1 递归算法与递归函数概述

下面先看一个实例，以便说明递归算法的概念。

【例 5-4】 阶乘的计算。

〖 问题分析 〗

大家都知道，n 的阶乘的数学表达形式是 $n!$，其含义为 $1\times2\times3\times4\times\cdots\times(n-1)\times n$。从这个数学公式中可以发现，$n!$ 可以通过在 $(n-1)!$ 的基础上再乘上一个 n 得到，因此，$n!$ 又可以采用下面这种定义形式：

$$n!=\begin{cases}1 & n=0\\ n\times(n-1)! & n\geq1\end{cases}$$

这个定义形式表明：$n!$ 等于 n 与 $(n-1)!$ 的乘积。像这样在定义一个概念的时候又用到自身概念的定义形式被称为递归定义，它直接反映了求解 $n!$ 的基本过程。即将计算 $n!$ 的过程分解成 n 与 $(n-1)!$ 的乘积；将计算 $(n-1)!$ 的过程分解成 $(n-1)$ 与 $(n-2)!$ 的乘积；依此类推，直到将计算 $1!$ 分解成 1 与 $0!$ 的乘积为止。很显然，它的基本思路是将求解 $n!$ 的过程分解成求解规模更小且更简单的过程。同时，*n*=0 时将直接获得结果。这是递归定义的边界条件。读者不难发现，这样分解的子问题除了 *n* 的值以外，与原问题具有相同的特征，所以求解子问题的基本方法与求解整个问题所采用的方法一样。具有这种特征的求解算法被称为递归算法，适用于解决相当多的应用问题。

〖 **程序代码** 〗

在 C 语言中，可以利用递归函数来实现递归算法。递归函数的特征是在函数的执行体中出现了调用函数本身。

实现阶乘递归算法的递归函数如下。

```
long factorial(int n)                    /*计算 n!*/
{
    if (n==0)
        return 1;
    else
        return n * factorial(n-1);       /* n!=n*(n-1)! */
}
```

从上述函数定义中可以得知：在调用这个函数的时候，需要通过实际参数向形式参数 n 传递一个 int 类型的数值，如果 n 等于 0，函数返回 1；否则函数返回 n 与 factorial(n-1)的乘积。在这里，出现了调用自己的函数调用，因此，它是一个递归函数。

由此可见，对于这种子问题的基本结构和原问题基本相同的场景，就可以采用递归算法来解决，采用具有不同参数的递归函数调用来实现。因此，每当人们面对问题时，可以换一个思路，从原问题中找出基本结构相同的子问题，从而就可以应用递归算法来描述解决方法。参照上述程序，可以看出具体方法如下。

（1）从原问题中找出基本结构相同的子问题，确认递归定义中的参数，据此定义递归函数的功能。

（2）根据子问题的计算结果，来求解原问题，也就是描述如何从递归函数调用的结果，得到函数的计算结果。

（3）确认边界问题，定义递归出口，也就是当问题足够小时，不使用递归调用，也可以直接得到计算结果。

5.4.2　递归函数的调用过程

递归函数也是一种函数。因此，它的执行过程与一般函数一样。在执行到函数调用时，首先需要为被调用函数的形式参数分配空间，然后将实在参数的值传递给形式参数，进而转去执行被调用函数。函数执行完毕后，释放为函数调用分配的所有存储空间，并回到调用函数的位置。

下面通过一个例子说明递归函数的调用过程。

求解两个整数的最大公约数有很多种方法。下面就是一种递归形式的定义：

$$\gcd(m,n)=\begin{cases} n & \text{如果 } m \text{ 能整除以 } n \\ \gcd(n,m\%n) & \text{如果 } m \text{ 不能整除以 } n \end{cases}$$

根据这个定义，可以编写出下面这个递归函数，以实现求两个整数最大公约数的计算（假设 *m*>*n* ）。

```
int gcd(int m, int n)
```

```
{
    if (m%n==0)
        return n;
    else
        return gcd(n, m%n);
}
```

如果调用函数 gcd(48, 38)，由于 48 不能被 38 整除，于是返回 gcd(38,10)，再次进入函数体中执行。多次递归，直至进入 gcd(8,2)，由于 8 能够被 2 整除，则直接返回 2。gcd(8,2) 将返回值 2 回送到 gcd(10,8)，然后逐次返回各自的调用者，这样形成的具体调用过程如图 5-14 所示。向下的箭头表示函数调用，向上的箭头表示函数返回。在整个计算过程中，先后 4 次调用了函数 gcd；然而，每次调用时的两个参数取值不同，每次函数递归调用中，系统都为形式参数 m 和 n 分配了不同的存储空间，保存不同的实参数据，按照同样的方法完成计算，返回计算结果。鉴于本题函数递归调用直接出现在 return 语句中，计算结果将直接返回到上一层，最终返回初始的调用点。读者应该注意到，每个形式参数 m 和 n 都从属于本次函数调用，递归调用中同名形式参数也有多个存储空间，保存不同的数据。例如，4 次函数调用的形参 1 分别保存了 48、38、10 和 8 等数据。同时，读者也应该注意到函数的递归调用包含了向下的逐次调用过程，也包含了向上的逐次返回过程。向下的调用需要逐次特征参数的取值，以缩小计算规模；而向上的返回则需要从下层的局部解构造上层的全局解。两个方面都需要关注。

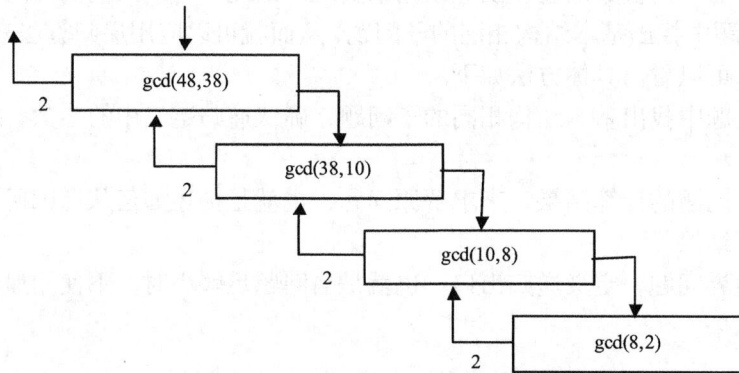

图 5-14　递归函数的执行过程示意图

5.4.3　递归函数的应用

事实上，能使用递推与迭代法解决的问题都可以采用递归方法来解决。理论上讲，所有使用循环描述的处理过程也都可以通过递归函数调用来实现。然而，递归算法的关键难点在于如何从问题中找出基本结构相同的子问题。上述案例从问题或算法中可以直接找出这种关系，而复杂的应用问题中这种关系往往隐蔽在问题内部，不容易被发现。软件设计者需要长期地不断积累开发经验才有可能增强这种设计能力，以下通过几个实例，展示递归算法的设计。

【例 5-5】　全排列的计算。

设计一个递归函数，计算并输出 1~n 的 n 个整数的全排列。例如，3 个数字 1、2、3 的全排列有 6 种形式，它们是：123、132、213、231、312、321；4 个数据的全排列有 24 种形式；依此类推；n 个数据的全排列有 n!种形式。

〖 问题分析 〗

解决这个问题似乎有些复杂，但采用递归方式就简单多了。从上面 3 个数的全排列可以发现，3 个数的全排列就是每个数轮流充当一次第一个数，再加上其余两个数的全排列，如图 5-15 所示。前两行都是以 1 为第一个数，其余两行则是 2 和 3 的全排列：2、3 和 3、2。

值得注意的是求解 n-1 个数的全排列方法与求解 n 个数的全排列方法完全一样。因此，可以采用递归算法给予解决，设置一个递归函数，以 n 为参数，来计算 $1\sim n$ 的 n 个元素的全排列。

1	2	3
1	3	2
2	3	1
2	1	3
3	1	2
3	2	1

图 5-15　3 个数的全排列示意图

考虑到每次递归过程中，将针对 n 个数据进行排列，而这些数据来自同一数据序列，所以可以设置一个数组来保存数据序列。不仅如此，在找到一个排列后，可以立即输出。因此，不必使用其他数组。

〖 算法描述 〗

对于排序算法，假设 n 个不同整数已经保存在数组 data 中，n 个元素全排列求解的步骤如下。

（1）若 n 等于 1，则输出数组的内容。

（2）否则，执行 n 次以下步骤：

① 计算并输出数组中后 n-1 个元素的全排列；

② 将数组中后 n-1 个元素依次向前移动，将第 1 个元素移到末尾。

上述算法的主要设计技巧是每次循环时，通过步骤①的循环移动，使得数组第一个元素采用不同的值，其余 n-1 个元素进行全排列计算（递归计算）；每当找到 n-1 个元素排列时，连同数组的第一元素就形成一个 n 元素的排列。于是，每次递归计算总是针对数组中后 n-1 个元素进行排列。

当步骤①完成 n-1 个元素的全排列之后，进入下一循环之前，需要选择另 1 个元素作为第 1 元素。因此，步骤②采用循环位移的方法，将每个元素向前移动，并把第 1 元素移到最后位置，从而保证每次 n-1 个元素的全排列计算时，第 1 元素都依次使用不同的数据。

按照上述做法，当 n 等于 1 时，说明经过多次递归计算，数组中前 n-1 个元素已经排列好了，当前的数组内容就是一个新的排列，于是可以立即输出。因此整个算法的实现仅仅需要使用一个数组。

显然，对于具有 n 个元素的数组 data，可设置一个递归函数 anngram 来实现这个算法。值得注意的是每次递归调用 anagram(data, m) 中，算法将遵循一个循环不变式：即数组 data 中的前 n-m 个元素和 anagram(data,m) 得到的每个排列组合起来，都是全排列的计算结果

〖 结构设计 〗

考虑程序的组织结构。对于算法，可以看出步骤①是问题性质相同的子问题。因此本算法是一个递归算法，应该以待排列的数据个数为参数，设置一个递归函数来实现。本题设置了一个函数 anagram(data, m)，用于求解数组 data 中后 m 个元素的全排列。于是，采用 anagram(data, m-1) 即可实现步骤①的运算。

考虑到步骤②的内部计算有些烦琐，为了保证整体递归算法的易理解性，专门设置函数 shift 来实现这一步的循环位移。此外，处于同样的考虑，设置了函数 print 来实现结果输出。

〖 程序代码 〗

```c
#include <stdio.h>
#define NUM 3

void anagram(int[ ], int);          /* 全排列计算 */
void shift(int[ ], int);            /* 循环位移 */
void print(int[ ]);                 /* 结果输出 */

main( )
{
    int data[NUM];
    int i;

    for (i=0; i<NUM; i++)           /* 初始化 */
        data[i] = i+1;
    anagram(data, NUM);             /* 全排列计算 */
}

void anagram(int data[ ], int m)    /* 求数组中后 m 个元素的全排列 */
{
    int i;

    if (m==1) {                     /* 前 m-1 元素已经排列好 */
        print(data);                /* 直接输出排列好的数据 */
        return;
    }
    for (i=0; i<m; i++) {           /* m 次循环 */
        anagram(data, m-1);         /* 求数组中后 m-1 个元素的全排列 */
        shift(data, m);             /* 将数组中后 m 个元素向前循环移动一位 */
    }
}

void shift(int data[ ], int n)
{
    int i, temp;

    temp = data[NUM-n];             /* 保留第一个位置的数 */
    for (i=NUM-n; i<NUM-1; i++)     /* 移动后 n-1 个数据 */
        data[i] = data[i+1];        /* 将每个数据向前移 */
    data[NUM-1] = temp;             /* 将第一位置的数复制到末尾 */
}

void print(int d[ ])                /* 输出数组内容 */
{
    int i;

    for (i=0; i<NUM; i++)
        printf("%d" ,d[i]);
    printf("\n");
}
```

〖 运行结果 〗

运行这个程序后，将会产生如下所示的结果。

```
123
132
231
213
312
321
```

在上述程序设计中，main 函数定义了用于保存数据的数组 data。通过参数传递，函数 anagram 对数组元素进行全排列的计算。每当发现一个结果，就将它交给函数 print 输出。计算所需要的数组元素移动也通过函数 shift 对该数组进行。

从程序结构上看，主函数负责总体控制逻辑的实现，各个函数分别负责不同模块的算法实现。递归函数 anagram 的程序描述结构简洁明了，和算法结构十分接近，使得程序和算法易于理解，也便于修改。读者很容易就可以把这个程序改为针对其他类型数据的全排列计算。

递归算法可以解决很多复杂问题，下面介绍一个著名的算法。

【例 5-6】 Hanoi 塔问题。

Hanoi 塔的具体描述是：假设有 3 个塔座 A、B、C，最初在塔座 A 上按照自下而上、由大到小的顺序放置着 n 个圆盘，如图 5-16 所示。现要求按照下面的规则将 A 塔座上的 n 个圆盘移到 C 塔座上（移动过程中可以利用 B 塔座）：

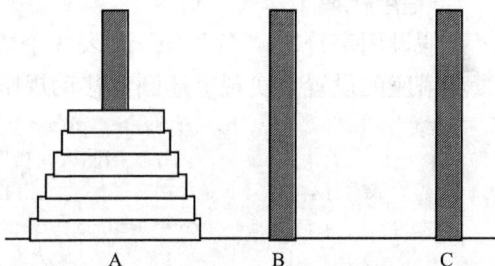

图 5-16 Hanoi 问题

（1）每次只能移动 1 个圆盘；

（2）任何时刻都不允许出现将半径较大的圆盘压在半径较小的圆盘之上的情况。

〖 问题分析 〗

这个问题初看起来，有些无从下手。先将 A 塔座上的第一个圆盘移动何处？如何继续？好像没有道理。这里需要有点逆向思维，首先考虑 A 塔座中最大的圆盘如何移动到 C 塔座。此时，上面的 n-1 个圆盘必然要按照由小到大的顺序排列在 B 塔座上。之后将 A 塔座的最大圆盘移到 C 塔座将不受任何阻碍。但在此之前，必须将 n-1 个圆盘移动到 B 塔座，而由于这时 C 塔座为空，不会影响移动。同样，在移动最大圆盘到 C 塔座之后，只要将 n-1 个圆盘从 B 塔座移到 C 塔座就可以完成所有圆盘的移动，而这个过程由于这时 A 塔座为空，而 C 塔座只有最大圆盘，都不会阻碍移动。于是，这里出现了两个性质相同的子问题，即①利用 C，从 A 到 B 移动 n-1 个盘子；②利用 A 从 B 到 C 移动 n-1 个盘子，而 n 等于 1 时可以直接移动。这些子问题只有塔的标号不同和盘子个数不同，求解要求相同。这样，就找到了使用递归法的基本条件。

〖 算法描述 〗

按照上述思路，将 n 个圆盘从 A 塔座移动到 C 塔座的基本方法如下。

（1）如果 n 等于 1，直接将 A 塔座上的 1 个圆盘移到 C 塔座。

（2）否则：

① 将 A 塔座上的 *n*-1 个圆盘通过 C 塔座移到 B 塔座上；
② 将 A 塔座上剩下的 1 个圆盘（最大的圆盘）移到 C 塔座上；
③ 将 B 塔座上的 *n*-1 个圆盘通过 A 塔座移到 C 塔座上。

从这个移动过程的描述中可以发现，它将移动 *n* 个圆盘的过程分解成移动 *n*-1 个圆盘和 1 个圆盘的过程；而移动 *n*-1 个圆盘的过程又进一步被分解成移动 *n*-2 个圆盘和 1 个圆盘的过程；依此类推。显然，不管移动多少个圆盘，它们采用的基本方法都是一样的，因此，这是一个递归的过程。而在每次递归过程中，随着 *n* 的不同取值使用了不同的源塔座、目标塔座和中间塔座，以及相同的移动规则，也就是首先从原塔座通过目标塔座移动 *n*-1 个圆盘到中间塔座，再从原塔座移动 1 个圆盘到目标塔座，最后从中间塔座通过原塔座移动 *n*-1 个圆盘到目标塔座。

〖结构设计〗

针对上述递归过程，设计一个递归函数 Hanoi 来描述求解过程中相同的移动规则。根据每次递归的不同特征，设置了 1 个整数型参数 n 表示圆盘数量，设置 3 个字符型参数（a、b、c）分别代表源塔座、中间塔座和目标塔座。

〖程序代码〗

假设用字符 'a' 'b' 'c' 代表 3 个塔座，可通过在函数 Hanoi 的递归调用中改变圆盘数量和塔座的设置，实现上述圆盘移动规则。

```
void Hanoi(int n, char a, char b, char c)
{                        /* 描述从 a 塔座借助 b 塔座将 n 个圆盘移到 c 塔座的过程 */
    if (n==1)
        printf( "Move %c to %c\n", a, c );       /* 只有一个圆盘，则直接移动 */
    else{
        Hanoi(n-1, a, c, b);                     /* 借助于 c，从 a 移动 n-1 个圆盘到 b */
        printf("Move %c to %c\n", a, c);         /* 直接移动一个圆盘从 a 到 c */
        Hanoi(n-1, b, a, c);                     /* 借助于 a，从 b 移动 n-1 个圆盘到 c */
    }
}
```

在这个函数 Hanoi 中出现了两次递归调用，每次都使用了不同的参数，分别实现了移动规则中的两组移动过程。

值得注意的是递归算法可以解决任何循环处理问题，同样存在循环不变式的约束。本题中的循环不变式就存在于递归函数设计自身，也就是函数 Hanoi 始终用于表示从参数 a 所示的塔座，借助于参数 b 所示的塔座，向参数 c 所示的塔座移动 n 个圆盘的过程。因此，只要保证参数设置正确，就可以保证计算的正确性。

读者可以自行编写 main 函数，调用该函数 Hanoi('a', 'b', 'c')，获得 Hanoi 塔问题的计算结果。

5.5　变量的作用域和生存期

变量是存储空间在程序中的一种表示，它承担着存储操作数据和结果的重任，是程序中不可缺少的主要元素。C 语言规定，变量必须先定义后引用，这样才能保证系统已经为这个变量分配了一块存储空间，此时对变量的操作就是对变量所对应的存储空间中存放的数据的操作。根据变量声明时的类型说明可以确定所需存储空间的大小。人们将变量占据这个存储空间的时间称为变量的生存期，将可以引用这个变量的程序段落称为变量的作用域。

5.5.1 变量的作用域

变量的作用域依赖于程序源代码中变量定义的位置。在 C 语言中，变量可以在 3 个位置进行定义：函数外部、函数内部和复合语句之中。在函数外部定义的变量被称为全局变量；在函数内部定义的变量，包括参数表中定义的形式参数被称为局部变量；在复合语句中定义的变量被称为块变量。

1. 局部变量

在前面章节的实例中给出的所有变量都是局部变量，包括函数内部定义的变量和形式参数。即使是 main 函数中定义的变量也是局部变量。每个函数定义的局部变量，只有在函数被调用时系统才为它们分配存储空间，当函数执行结束后，系统会马上将这些存储空间收回。所以，不同的函数之间可以定义相同名称的变量，这是因为位于不同函数的变量对应不同的存储空间，实质上是完全无关的独立变量。例如，在本书的很多程序的不同函数中，都采用变量 i 作为循环变量，然而它们之间毫无关系。针对某个变量 i 的赋值不会影响其他变量 i 的取值，因为它们分别代表不同的存储空间。

此处，读者应该注意到函数递归调用的场景。局部变量的局部性还体现在这些变量仅仅属于函数的本次执行。对于递归调用中，函数可能多次被嵌套调用，如【例 5-6】的 Hanoi 塔程序中，函数 Hanoi 的执行中又再次调用了函数 Hanoi；在被调用的 Hanoi 函数返回之前，调用者仍然处于执行期。对于每次函数调用，形式参数 a、b、c 和 n 被重新分配了新的存储空间，因此可以保存递归中每个层次的数据，而且互不干扰。于是源代码中这些形参变量在存储器中各自对应多个存储空间，服务于不同层次的递归函数调用。例如，程序执行中存在如下函数调用关系：

Hanoi(5, 'a', 'b', 'c') 调用了 Hanoi(4, 'a', 'c', 'b') 和 Hanoi(4, 'b', 'a', 'c')

此时，形式参数 c 在 3 次调用中分别保存 'c' 'b' 和 'c'，占用了 3 个存储空间；而随着这些函数的执行结束，这些存储空间将逐个被释放。

2. 全局变量

顾名思义，全局变量就是程序源代码文件中都可以使用的变量。例如，对于【例 5-5】全排列求解程序，所有操作作用在同一个数组 data 上。因此，如果设置一个全局数组，并把各个函数原型做如下修改，似乎没有问题：

```
int data[NUM];
void anagram(int);
void shift(int);
void print( );
```

这里，每个函数都少用了一个参数，而数组 data 定义在函数的外面。main 函数可以直接将读入的数据存到这个数组中，其他函数也可以直接访问这个数组。

这个数组 data 就是一个全局变量。它的存储空间在程序执行开始时就分配到位。源文件中任何函数都可以访问该变量。使用全局变量的方法似乎简化了程序的描述，但是结构化程序设计方法不提倡使用全局变量。原因在于这种全局变量可以被所有函数访问，违反了局部化的原则，也最有可能被误操作。应用数据的使用通常都遵循一定的逻辑和时序，全局变量的使用可能导致开发者难以发现误操作所在，影响程序的易理解性。

因此，在实用软件开发中，全局变量往往用于无法保存在局部变量中的大批量数据。这是因为局部变量的存储空间受系统的限制不可能占用过大的空间，否则可能导致系统堆栈溢出等错误的发生。

全局变量又被称为外部变量。在软件开发中，由于源代码的规模可能很大，C语言的程序可能编写在几个文件中，分别进行编译处理，最终连接成一个可执行文件。在一个文件中定义的全局变量可以被其他文件中定义的函数访问。这时，要求采用以下方式对被访问的变量给予说明：

```
extern int x, y;
```

以保留字 extern 标识的这种外部变量告诉编译系统该变量已经在其他文件中定义了，本次编译不必为它分配存储空间。对于在多个文件中将要使用的全局变量，应该在一个位置定义、多处做外部说明。读者可以在系统头文件 stdio.h 中，找到标准输入流变量 stdin 和标准输出流变量 stdout 的这种外部说明。

3. 块变量

块变量就是一种特殊的局部变量，程序中任何复合语句，都可以声明块变量，用于语句内部的计算。例如，对于【例 5-3】中的冒泡排序函数，就可以做如下改写：

```
void sort(int value[ ])                    /* 冒泡排序函数 */
{
    int i, j;

    for (i=NUM-1; i>1; i--)                /* 控制未排序区范围 */
        for (j=0; j<i; j++)                /* 控制相邻元素逐个对比 */
            if (value[j]>value[j+1]){      /* 相邻数据比较大小 */
                int temp;
                temp = value[j];           /* 如果两个相邻数据逆序，交换 */
                value[j] = value[j+1];
                value[j+1] = temp;         /* temp 用于临时保存交换中的数据 */
            }
}
```

其中，变量 temp 被移到了循环内部的条件分支中。因此，程序的其他部分不允许使用该变量，否则会出现编译错误。可见，块变量的使用同样可以避免误操作。

对于不同作用域的变量，可以使用相同的名称；对于相同作用域的变量，不可以使用相同的名称。如果全局变量和局部变量使用了相同名称，则全局变量在该局部变量的作用域中无效，也就是无法被访问。

5.5.2 变量的生存期

计算机系统为了充分利用存储资源，为程序设计语言中的全局变量和局部变量提供了不同类别的存储空间，具有不同存储类别的变量占用存储空间的时间段有所不同。

局部变量（包括块变量）也叫自动变量（Auto），其生存期就是函数的执行期。函数调用时被分配空间，返回时释放空间，同时保存在局部变量中的数据被全部放弃，且被释放的存储空间会分配给后续的函数调用继续使用。因此，对于任何变量，分配到的存储空间内可能还有数据，如果直接拿去使用就会导致无法预料的后果。而且，这种错误是难以预料的，也是编译系统检查不出来的，需要程序设计者自己来把握。对此，程序设计者应该坚守一条原则，对于形式参数以外的任何变量，不要引用前面没有赋值的变量。

由于全局变量可以用于整个程序中，其生存期自然是这个程序的执行期。程序执行结束，所有内容都被抛弃。如果希望保存这些数据，下次执行程序时再次使用，则需要将数据保存在数据库或文件系统中，有关内容见第 7 章的介绍。但是，仍然存在不易解决的存储问题，请考虑以下引用需求。

假如有如下需求：某程序希望能够统计某个函数的调用次数。具体来讲，就是调用一次返回整数 1，再次调用返回整数 2，随后每次调用返回的数字恰好都是调用的次数。下面设计一个函数满足这个要求。

```
int num = 1;
int count( void )
{
    return num++;
}
```

每次调用 count 函数后，返回变量 num 的值，随后，num 变量值自增。由于变量 num 是全局变量，函数返回后仍然有效，因此每次 count 函数对 num 的修改都是有效的。

然而，这个方法不是好方法。因为全局变量 num 允许其他函数访问，容易被误操作，可能破坏了上述计数过程。对此，C 语言提供了一种特殊的存储类别——静态变量（Static）。使用静态变量改写的计数函数如下：

```
int count( void )
{
    static int num = 1;
    return num++;
}
```

静态变量采用保留字 static 描述，可以被赋初值，这种静态变量的生存期和全局变量相同，作用域和局部变量相同，因此外部函数无法访问该变量，但变量中的数据在多次调用后始终有效，可以连续使用。所以，借助于静态变量可以有效避免来自外部函数的误操作。注意，静态变量的初始化仅仅进行一次，随后的多次函数调用都不会再次赋初值。

对于函数的形式参数，不允许定义为静态类型。此外，全局变量也可以定义为静态全局变量。和静态局部变量不同，静态全局变量的作用域是当前源程序文件。对于规模较大的 C 语言程序，可能存在很多个函数，其中多个函数可能需要使用同一组数据，而其他函数不需要使用这些数据。这时，可以把这些数据保存在静态全局变量中，连同使用它的函数一起放在一个独立的源程序文件内。其他函数放在别的文件中，从而使得其他函数无法使用这些静态变量（不能用 extern），避免了针对这些数据的误操作。

5.6　本章小结

本章主要内容总结如下。

1. 功能分解、逐步求精

"功能分解、逐步求精"是结构化程序设计方法的核心内容。所谓功能分解就是面对复杂的应用问题，要按照功能分布将复杂问题分解为小问题；所谓逐步求精就是如果小问题仍然复杂，则继续按照功能分解问题，直到问题足够简单。如此分解之后，每个子问题都可以用一个函数实现。

2. 自定义函数

（1）函数定义

<函数定义>　　➔　　[<数据类型> | void] <标识符> '(' [<形式参数表>] ')' <复合语句>
<形式参数>　　➔　　<变量声明> { ',', <变量声明> }
<变量声明>　　➔　　<数据类型> <标识符> ['[' ']']

其中，<数据类型>是函数返回值的类型，<标识符>是函数名。有关函数定义说明如下。

① 如果没有指定函数返回值的类型，则默认的返回值类型为 int。

② 如果函数没有返回值，则应该将函数的返回值类型指定为 void。

③ 函数返回值可通过 return 语句返回，return 语句的语法格式为：

return <表达式>;

其中，<表达式>的结果类型应该与函数返回类型一致。

④ 函数名的命名必须符合 C 语言的自定义标识符命名规则，且能够"见名知义"。

（2）函数调用与返回

<表达式>　　➔　　<标识符> '(' [<实在参数表>] ')'
<实在参数表>　　➔　　<表达式> { ',' <表达式> }
<语句>　　➔　　return [<表达式>] ;

在 C 语言中，函数调用本身就是一个表达式，可以出现在任何允许使用表达式的地方。

函数的参数传递需要说明以下几点。

① 代表标识符的形式参数必须符合 C 语言的标识符命名规则。

② <实在参数表>中所包含的表达式个数必须与形式参数的个数相同，且每个表达式的结果类型与形式参数之间必须符合赋值规则。

③ C 语言使用的是值传递机制。参数传递有如下两种情况。

● 如果形式参数是数组类型，实际参数应该给出相应类型的数组型变量名。在执行函数时，系统首先为形式参数分配一块用于存放地址的空间，然后将数组首地址传递给形式参数，使得形式参数与实际参数指向同一个数组空间。这样一来，在函数中操作的数组元素就是实际参数所指的元素。

● 如果形式参数不是数组类型，则在执行函数的时候，系统首先计算实际参数对应的表达式，并将结果值赋给形式参数，至此，形式参数与实际参数不再有任何关系。

3. 递归法

递归法是一种基本算法，其基本策略是：

（1）在解决问题时，寻找基本结构相同的子问题，将问题分解为性质相同的子问题；

（2）由子问题的解来构造整个问题的解；

（3）保证问题足够小时可直接获得解（边界条件）。

递归算法简洁易懂，可以通过递归函数来实现。事实上，任何循环处理都可以通过递归法来实现。

4. 变量的生存期与作用域

变量的生存期是指变量存在的期限，即从系统为变量分配存储空间开始到将其回收为止。变量的作用域是指可以引用变量的区域。变量的存储类别控制着生存期，定义位置决定着作用域。

根据变量定义位置的不同，可以将变量分为：块变量、局部变量和全局变量。全局变量和具有静态存储类别的变量与程序共存亡，其他类别的变量与函数共存亡。

在函数内部和参数表中定义的变量为局部变量。函数开始执行时，系统为之分配存储空间，函数执行完毕后，系统自动地将空间收回，因此，它们的生存期和作用域是所在的函数。如果在函数内部包含同名的块变量，其变量的作用域将除去块变量的作用区域。

在函数内部定义的变量可以通过添加 static 说明符将其定义成静态变量。对于静态局部变量，系统在首次调用函数时，为之分配空间并初始化，以后的调用不再进行初始化。当程序结束时，系统才回收存储空间。

在函数外部定义的变量为全局变量。在默认情况下，其生存期是定义这些变量的程序运行期间，作用域是从定义处开始到程序文件的结束处为止。如果程序中的某些局部变量与之同名，则全局变量的作用域应该去除这部分区域。

习　题

1. 请阅读下面的程序，并写出它的基本功能和运行结果。

```c
#include <stdio.h>
#include <ctype.h>

void modify(char[ ]);

main( )
{
    char str[ ] = "one world, one dream";

    puts(str);
    modify(str);
    puts(str);
}
void modify(char av_str[ ])
{
    int i;

    for (i=0; av_str[i]!='\0'; i++) {
        if (i==0 || !isalpha(av_str[i-1]) )
            av_str[i] = toupper(av_str[i]);
    }
}
```

其中，标准函数 toupper(ch)的功能是：若 ch 是小写字母，函数返回相应的大写字母。

2. 请阅读下面的程序，并写出它的基本功能和运行结果。

```c
#include <stdio.h>

int try(int );
int w = 3;
```

```
main( )
{
    int i, k;

    k = 1;
    for(i = 0; i < 3; i++)
        printf("try(%d)=%d\n", i, try(i+k)+w);
}

int try(int x)
{
    static int a = 5;
    int b = 2;

    a += x + b;
    w++;
    return a + w;
}
```

3. 请阅读下面的程序，并写出它的基本功能和运行结果。

```
#include <stdio.h>

int ex( );
int x = 1;

main( )
{
    int x = 0;

    while (x++<5) {
        x++;
        printf("%d", x);
    }
    x += 2;
    ex( );
    printf("%d", x);
}

int ex( )
{
    x +=2;
}
```

4. 请编写一个函数，其功能为：通过给定的整数 n（$n>1$），计算下列公式的结果 $1\times2+2\times3+3\times4+\cdots+n\times(n+1)$。（要求：采用两种算法来实现该函数，一种采用递归函数，另一种采用非递归函数）

5. 请优化冒泡排序算法：在针对整数序列的遍历中，如果发现数据是有序的，则没有必要再次遍历这个整数序列。因此，可通过检查每次遍历中是否进行了数据交换来判断数据序列的有序性，进而控制算法提前结束，以提高排序性能。请按照这个思路，优化冒泡排序程序，并编写 main 函数，完成测试。

6. 请编写一个递归函数 int reverse(int value)，其功能为：逆序返回给定的正整数值。例如，通过 value 带入正整数 1349，返回 9431。

7. 假设某数组中保存了若干整数，请设计两个函数，分别用于从数组中找出能够被 5

整除的整数个数、能够被 3 整除的所有整数。（要求：通过参数或返回值返回计算结果，不得使用输入/输出函数）

8. 假设数组 nums 中放置了若干学生的学号（整数），数组 scores 中存放了这些学生的相应入学总成绩，请设计 3 个函数，分别用于统计平均成绩、获得指定学生的学号、统计成绩大 300 的学生学号（注意应该通过参数给定学生数量）。（要求：通过参数或返回值返回计算结果，不得使用输入/输出函数。此外，设计一个 main 函数完成 3 个函数的测试）

上机练习题

1. 上机练习题 1

〖目的〗

通过这道上机题的训练，培养学生使用结构化程序设计的方法解决问题。

〖题目内容〗

编写一个程序，完成下列各项操作：

（1）输入一个包含 n 个整数的数列；

（2）输出已经输入的整数数列；

（3）将整数数列按照非递减的顺序重新排列；

（4）计算 n 个整数中的最大值，并输出；

（5）计算 n 个整数中的最小值，并输出；

（6）计算 n 个整数的平均值，并输出。

〖要求〗

假如用整数代表一名学生的考试成绩，则第 6 项操作可以获得平均成绩；假如用整数代表一本书的销售量，则第 3 项操作可以获到销售量情况等。因此，学会用函数实现上述各项操作十分必要。

为了养成良好的程序设计习惯，加深对结构化程序设计方法的理解，要求将上面的各项操作设计成一个个独立的函数，函数之间通过参数传递数据。

〖提示〗

可以采用一维数组将整数数列组织起来。实现上述各项操作的函数原型可以这样定义：

```
void Input(int value[ ], int n);
void Output(int value[ ], int n);
void Sort(int value[ ], int n);
int MaxValue(int value[ ], int n);
int MinValue(int value[ ], int n);
double Average(int value[ ], int n);
```

2. 上机练习题 2

〖目的〗

通过这道上机题的训练，帮助学生了解递归函数的工作机制。

〖题目内容〗

Ackermann 函数是一个著名的数学函数，其定义如下：

$$Ack(m, n) = \begin{cases} n+1 & （若 m 等于 0） \\ Ack(m-1, 1) & （若 m 不等于 0, n 等于 0） \\ Ack(m-1, Ack(m, n-1)); & （若 m 和 n 都不等于 0） \end{cases}$$

编写一个程序，实现 Ack 函数和调用该函数的 main 函数；

〖 要求 〗

（1）main 函数从键盘输入整数 m 和 n，调用 Ack 函数，输出计算结果。

（2）对于每个 Ack 函数调用，除了完成计算之外，要求调用时输出每个参数到屏幕，返回时输出结果到屏幕，从而可以观察函数递归调用的过程。

（3）测试时，建议使用 Ack(2,1)来展示函数递归调用的过程。

自 测 题

一、填空题

1. 结构化程序设计中的模块化思想，在 C 语言中是采用_____实现的。

2. 标准函数是指_____；用户自定义函数是指_____。

3. C 语言采用的参数传递机制是_____，具体的含义是_____。

4. 递归函数是指_____。

5. 变量的生命期是指_____；变量的作用域是指_____。

二、函数填空题

根据给出的函数功能，将函数的空缺处填写完整。

1. 这个函数的功能是：计算 $\dfrac{2}{1} \times \dfrac{2}{3} \times \dfrac{4}{3} \times \dfrac{4}{5} \times \cdots \times \dfrac{2n}{2n-1} \times \dfrac{2n}{2n+1}$ 的结果。

```
double calculate (_____)
{
    int i
    double result = 1.0;

    for (i=1; i<=n; i++)
        result =_____;
    return result;
}
```

2. 这个函数的功能是：采用选择排序的方法，将 *n* 个整数按照从小到大的顺序重新排列。

```
void select_sort(_____)
{
    int i, j, index, temp;

    for (i=0; i<n-1; i++){
        index = i;
        for (j=i+1; j<n; j++)
            if (_____ )
                index = j;
        if (index != i) {
            temp = value[index];
```

```
                    _____;
            value[j] = temp;
        }
    }
}
```

三、编程题

1. A_m^n 表示从 m 个元素中抽取 n 个元素的排列数。它的计算公式为：

$$A_m^n = \frac{m!}{(m-n)!}$$

请编写一个程序，通过给定的 m、n，计算出 A_m^n 的值。（要求：在程序设计中，设置一个函数，专门用于计算 $n!$）

2. 请编写一个函数，其功能为：将一个给定的十进制正整数转换成二进制数值。（提示：将二进制数值的每一位数字存放在数组 binary 中）

函数的原型定义为：

```
void toBinary(int value, int binary[ ])
```

其中，value 是带入的十进制正整数；binary 是存放二进制数值的一维数组。

例如，如果通过参数 value 带入十进制数值 564，由于十进制数值 564 对应的二进制数值是 1000110100，所以 binary 数组的内容应该为：

15	14	13	12	11	10	9	8	7	6	5	4	3	2	1	0
0	0	0	0	0	0	1	0	0	0	1	1	0	1	0	0

第6章
基于指针的程序设计

在计算机应用系统中，作为软件处理对象的数据种类繁多，且具有不同性质的组织结构，仅仅依靠数组并不能有效地表示各种数据之间的联系。高效的数据处理必须采用灵活的数据结构和合理的数据组织。因此，C 语言提供了一种特殊的指针类型，用于表示数据存储空间的地址，使得程序设计者可以通过指针直接访问内存单元中的数据，并通过指针建立各种数据之间的联系，形成动态可变的数据结构，进而支持复杂软件的算法设计和程序设计。本章将介绍 C 语言中指针型变量的定义和使用方法，结合各种程序设计实例，讲解基于指针的数组、字符串、函数等语言功能的综合应用方法。

指针为程序设计者提供了面向存储器进行程序设计的能力。大家知道，内存中的数据均采用二进制的方式存储，不少系统软件中也采用二进制的数据组织方式。例如，计算机网络中最常用的 TCP/IP，用于组织传输数据的 IP 数据包规定：数据包的首部由若干个 32 字长的数据组成，其中，前 4 个二进制位保存协议的版本号，后 4 个二进制位保存数据包首部的长度，8 个二进制位保存服务类型，16 个二进制位保存总长度，等等。显然，这种数据组织和访问需求仅仅用 int 整型、char 字符型以及相关操作是不容易实现的。本章将介绍 C 语言为此类程序设计提供的数据类型和位运算功能。

指针和位运算功能使得 C 语言具备了底层程序设计能力。它能够像机器语言和汇编语言那样，直接进行面向存储器的程序描述，能够完成近似于机器指令的细粒度编码，从而充分利用存储资源，并获得较高的程序执行性能。因此，C 语言有时也被称为中级语言。

6.1　指针类型、变量和基本操作

本节将介绍 C 语言中指针类型的相关概念、指针型变量、基于指针的数据访问方法和基本操作。

6.1.1　指针类型的概念

指针类型是 C 语言提供的一种特殊的基本数据类型。其特殊性在于：在指针类型的变量中存放的不是待操作的数据，而是那些待操作数据的存储地址，因此，在程序中，可以通过指针类型变量确定待操作数据的存放位置，然后再对它们进行所需的操作。

1. 地址与取地址运算

正确理解"地址"的概念是掌握指针类型应用的必要条件。简单地说，地址是用来表示数据在内存中存放位置的一种标识。在计算机系统中，所有运算都是针对内存数据的运算，程序处理的数据必须被事先放置在内存中。为了有效地管理存放在内存中的数据，提高程序对数据的可操作性，内存被划分成许许多多大小相同的存储单元。每个存储单元都有 8 个二进制位（1 个字节），对应一个编号，也就是这个存储单元的门牌号码。这个编号将代表这个存储单元在内存中的位置，被称为存储地址，简称地址。

通过前面章节的学习，大家知道 C 程序中引用的所有变量都必须遵循先定义后使用的原则。变量的定义明确了变量的名称和所属的数据类型，而数据类型决定着该变量的取值范围及允许参与的运算。系统也会根据数据类型，计算出变量需要的存储单元数量，并为其分配一块存储空间。于是，在程序中通过变量名就可以获得这个变量所对应的存储空间中的当前内容，也可以将某个值存入变量名所对应的存储空间中。例如，下面的变量定义：

```
int value = 512;
double price = 3.14;
```

由于 int 整型占用 4 个字节，因此系统将为 value 分配 4 个存储单元；为 price 分配 8 个存储单元。图 6-1 所示为系统为变量 value 和 price 分配的存储空间示意图。

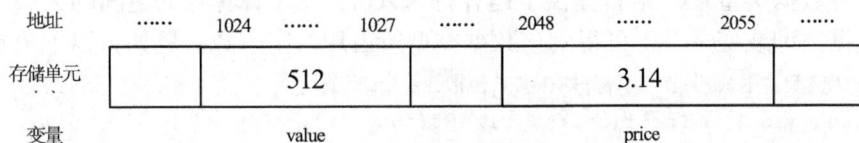

图 6-1　系统为 value 和 price 分配的存储空间

如图 6-1 所示，value 占用了从地址 1024 开始的 4 个存储单元；price 占用了从地址 2048 开始的 8 个存储单元。通常，每个变量占用的首单元地址被称为这个变量的存储地址。需要说明的是：这里给出的地址只是示意性的。在程序运行过程中，每个变量对应的具体存储位置将由操作系统采用的内存管理策略等因素决定。在大多数情况下，人们仅关心数据的存储，而不需要知道变量存储的具体地址值，这些管理工作完全由操作系统负责。尽管如此，C 语言还是提供了一种获取变量地址的途径。

符号 "&" 被称为取地址运算符，它是一个一元运算符，常用的使用格式为：

&变量名　或　&数组名[下标]

上述语句的功能是返回指定变量的存储空间的首地址。例如，&value 将返回 1024；&price 将返回 2048。在前几章的程序中，诸如 scanf("%d, %lf", &value, &price);等常用的输入函数调用中，都使用了这个取地址运算。这是因为 scanf 函数规定每个实在参数都必须是数据地址，输入的数据将保存到这些地址指定的存储空间中。读者也应该注意到：只有输入字符串时，不需要使用运算符&，因为数组名就是数组存储空间的首地址。

程序设计者如果希望看到实际的地址值，可以使用格式符%d 或%p，利用 printf 函数直接输出指针变量中保存的地址值。

2.　指针型变量的定义

如上所述，指针型变量是保存地址的变量，准确地讲是保存存储空间首地址的变量。然而，数据类型不同，其存储空间的大小也有所不相同。因此，指针型变量和其他类型变量的根本区别，就是它定义时必须指定被存储数据的类型（基类型）。

在 C 程序中，定义一个指针型变量的语法格式为：

```
<数据类型> *<指针型变量名>;
```

其中，<数据类型>是指针所指的基类型，<指针型变量名>应该符合用户自定义标识符的命名规则。例如：

```
int *intptr;
char *chptr;
```

这样定义的含义是：intptr 是一个指向 int 类型整数的指针型变量；chptr 是一个指向 char 类型数据的指针型变量。也就是说，intptr 变量中保存的地址必须是 int 型整数存储空间的首地址，于是，该空间应该有 4 个字节（由 int 类型决定）；而 chptr 变量中保存的地址必须是 char 型字符存储空间的地址（由指针型变量的基类型决定）。基于变量中保存的首地址，intptr 可直接访问 4 个字节，而 chptr 只能访问 1 个字节。

对于程序中出现的指针变量定义，程序运行时系统将为指针变量分配一个存储空间。由于这个空间是用于保存地址的，因此只有 32 个二进制位，即 4 个字节。但是，系统并没有给这些指针变量赋值，此时这个存储空间的内容没有意义，不能用来获得地址内的数据。指针变量和普通变量一样，只有被赋值或初始化之后，才能够使用变量中存储的内容。

对于各种数据类型，C 语言提供了运算符 sizeof，用于计算存储空间的大小。这个运算符作用在数据类型或变量上，可得到该数据类型所占用的字节数。例如，以下语句：

```
printf("整型占用%d字节，字符占%d字节，指针占%d字节",
    sizeof(int), sizeof(char), sizeof(char *));
```

执行该语句可以得到 int 型、字符型和指针型等 3 种数据类型所占据的存储空间的字节数。由于不同的计算机系统具有不同的字长，int 类型所占的空间是 1 个字；因此，对 32 位系统来说是 4 个字节，对 16 位系统来说是两个字节。巧妙地利用 sizeof 可以使程序适用于各种系统的需求。

6.1.2　基于指针的数据访问

基于指针的数据访问就是根据指针型变量中保存的存储地址来访问存储空间中的数据，只有把存储地址保存到指针变量之后，才有可能通过指针型变量来访问存储器中的数据。问题是：哪些存储空间的地址可以放到指针型变量中，哪些存储空间中的数据可以被访问和更新。在计算机系统中运行的所有程序都要使用存储器，各自占据不同的存储空间，才能够保证互不干扰。因此，程序设计者必须十分清楚哪些存储空间是给本程序使用的，必须透过程序源代码字面上的意思，深入到系统内部了解程序何时何地使用哪些存储空间。否则，滥用指针型变量将导致不可预料的后果，使得程序调试陷入窘境。

回顾前几章介绍的语言功能，涉及存储空间分配的内容包括以下几个方面。

（1）对于任何变量的定义，系统都会分配存储空间。

（2）对于函数的任何形式参数，函数调用时系统也都会分配存储空间。

（3）对于形如 "string" 的字符串常量，系统会分配存储空间。

（4）对于局部变量，函数调用时分配存储空间，而函数返回时释放存储空间。

由此可知，只有这些存储空间的地址放在指针变量中才是有效的，只有这些存储空间才是系统分配给本程序使用的，其他空间都是无效的，都不允许本程序侵占。于是，对于本程序自己的存储空间，可以使用运算符&来获得它们的地址，赋值给指针型变量，随后就可以利用指针型变量来访问。

1. 指针型变量的初始化和赋值

对于指针型变量的初始化有两种方式：一种是将某个已经存在的变量地址赋给指针型变量，让该指针指向这个变量的存储空间；另一种是将 NULL 赋给指针型变量。NULL 是一个特殊的值，它表示目前指针没有有效地址，我们通常将这种状态称为"空"指针。试看以下程序段：

```
int a, *intptr = NULL;
char c;
char *chptr = &c;
```

这里定义了 int 整型变量 a、字符型变量 c、int 整型指针变量 intptr 和字符型指针变量 chptr。可见，指针变量的定义可以和基类型的变量定义写在一行。在定义的同时还可以进行初始化。这里，将变量 c 的地址赋值给变量 chptr，而 intptr 被赋值为空指针。

指针型变量的赋值是改变变量中存储地址的手段。例如，

```
intptr = &a;
chptr = &c;
```

假设变量 a 的存储地址为 1024，变量 c 的存储地址为 1028，则执行上面这两条语句之后，这几个变量之间的关系如图 6-2（a）所示。

如图 6-2 所示，变量 intptr 中存放着变量 a 的存储地址 1024；变量 chptr 中存放着变量 c 的存储地址 1028，这样就可以通过 intptr 和 chptr 得到变量 a 和 c 的存储位置并对它们进行操作。由于指针型变量主要用来指示其他变量的存储位置，因此，人们又将它称为指针，并将指针与

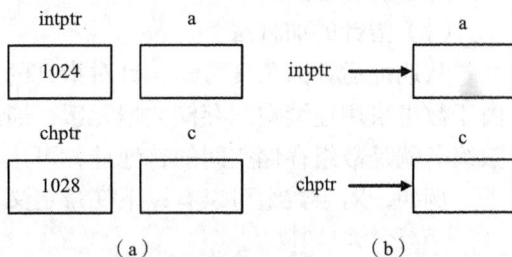

图 6-2　指针型变量 intptr 和 chptr 的状态

指针所指变量的关系简化成图 6-2（b）的形式，这种绘图方法有助于我们形象化地理解指针的功能。

2. 基于指针的数据访问与更新

为了获得指针保存的内存地址中的数据，C 语言中提供了一个一元运算符"*"，以指针作为其操作数。其作用与"&"的作用相反，它将返回指针型变量所指变量的内容，因此"*"又被称为取内容运算。

对于图 6-2 所示的实例，*intptr 与 a 等价；*chptr 与 c 等价。通过以下语句，可以更新存储空间中的内容：

```
*intptr = 30;
*chptr = 'P';
```

执行这两条赋值语句后，将会得到如图 6-3 所示的效果。

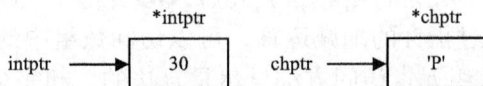

图 6-3　对指针所指变量赋值后的状态

如果希望输出上面两个指针所指存储空间中的内容，可以使用下面这条输出语句实现：

```
printf("%d, %c", *intptr, *chptr);
```

读者应该注意到：在上述用法中，诸如*intptr 的表达式同样具有左值和右值的区别。和变量、数组元素等各种简单表达式一样，*intptr 直接出现在赋值号左侧时，代表 intptr 指向的存储单元，表示赋值的目标。当*intptr 出现在表达式的其他位置时，它的语义是 intptr 所指存储单元的内容。上面 printf 函数所输出的正是存储单元中的数据。

综上所述运算符 "*" 可以出现在任何允许表达式出现的位置。它可以参加的运算取决于指针指向的存储数据，也就是说，指针基类型决定了它可以参加哪些运算。然而，正如前面所强调的，运算符 "*" 所用的指针变量必须事先已经被赋值，也就是已经保存了某个地址，并且这个地址是有效的，即是系统分配给本程序的存储单元的地址。否则，运算符 "*" 可能访问到系统自身的存储空间。此时的赋值将修改系统的程序，破坏其他程序的工作。

6.1.3 指针运算

由于指针中保存的是存储地址，指针自身参加的运算完全遵循地址运算的规则。所以，指针比较就是地址的比较，指针的加减法就是地址和整数之间的运算，而乘法和除法对于地址运算是没有意义的。

（1）指针的加减法

从地址运算的角度可知，针对指针的加减运算，主要是地址和某个整数之间的加减法。由于数组采用连续空间存储数据元素，通过指针的加减法即可方便地访问附近的数组元素。数组名就是数组存储空间的首地址，可用于保存指针型变量。

例如，对于数组可以有以下变量定义：

```
int data[10];
int *ptr;
ptr = &data[0];
```

其中，data 数组的第 1 个元素 data[0]的地址被赋给指针 ptr，此时*ptr 与 data[0] 是完全相等的，它们之间的关系如图 6-4 所示。

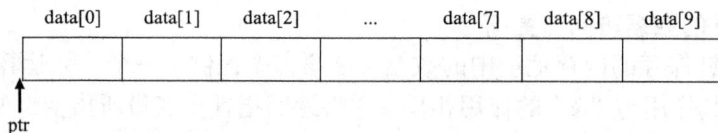

图 6-4 *ptr 与 data[0]之间的关系

由于 C 语言规定数组名就是首元素地址。因此，对于任意数组下标 idx，都存在以下等价关系：

```
data+idx ←→ &data[idx] ←→ ptr+idx ←→ &ptr[idx]
```
于是，也有以下等价关系成立：

```
data[idx] ←→ *(data + idx) ←→ ptr[idx] ←→ *(ptr+idx)
```

这种等价关系说明通过指针的加减运算，可以访问数组中的任何元素。诸如 data[idx]和 ptr[idx]等基于下标的数组元素访问方法虽然是合法的，却完全可以用指针运算来取代，仅仅是为了保持代码的可读性才得以存在，而基于指针的数据访问法可以直接翻译为机器指令，便于编译实现。对于指针相关内容的学习，上述等价关系十分重要，读者应该熟练掌握和运用。

此外，在 C 语言规范中，涉及地址加法运算有特殊语义。建议读者试用以下语句：

```
printf("%d + %d = %d? \n", ptr, 3, ptr+3);
```

此时的执行结果将告诉你，这个等式并不成立。ptr+3 的结果大于数组首元素地址 ptr，但是它们的差不是 3，而是 12，也就是 3×sizeof(int)。原因在于该数组元素的类型是 int 整型，也就是指针 ptr 的基类型是 int 整型。于是，ptr 和 ptr+3 所表示的地址之间保存了 3 个 int 整数；每个 int 整数占 4 个字节，因此二者的地址之差是 12 个字节。

值得注意的是，由于编译系统并不检查数组的上下界，这种指针的加法运算有时是危险的，可能会误用到不属于自己的存储空间，因此，程序设计者需要特别留意。

此外，指针和指针之间也可以进行减法算法，但是它们不能进行加法运算，因为地址和地址的加法是没有意义的。假设，有如下程序：

```
int *ptr1, *ptr2;          /* 定义了 2 个整数指针 */
ptr1 = &data[0];           /* 第 1 个数组元素的地址 */
ptr2 = &data[4];           /* 第 5 个数组元素的地址 */
printf("%d, %d, &d", ptr1, ptr2, ptr2-ptr1);
```

程序的执行结果将显示出两个指针保存的地址值，及进行指针减法得到的差。读者可以自行试试运行该程序，会发现两个地址的绝对值相差 16，而减法的计算结果为 4。原因和前面的例子相同，4 来自于 16/sizeof(int)，也就是说指针之间的减法实际上是求它们之间保存了几个 int 型整数（即基类型数据）。

（2）指针的比较

判断两个指针在同一时刻是否指向同一个存储空间，或者判断某个指针是否为"空"是程序经常进行的两个操作。例如，判断 ptr1 与 ptr2 是否指向同一个变量的表达式应该写成（ptr1==ptr2），如果这个表达式返回值为非零，则表示 ptr1 和 ptr2 保存的地址相同。用一个指针与 NULL 进行比较，经常用来作为结束某个程序处理的标志。

注意：指针取值的比较仅用于数组空间的内部，因为数组元素是连续排列的。在其他情况下将两个指针的取值进行比较没有任何实际意义。每个变量在内存中所处的位置与系统管理内存空间的策略、当前内存空间的状态以及变量定义的位置等因素有关。

（3）指针的位移计算

在使用指针访问数组元素的时候，借助于 C 语言提供++和--等自增和自减运算符，完成移动指针的操作是十分便捷的。例如，ptr++操作的执行，使得 ptr 指向下一个数组元素。由于数组 data 的元素类型为 int，对于 32 位计算机系统，每个 int 型变量占用 4 个字节（1 个字节为 1 个存储单元），所以 ptr 在原地址的基础上加上 4 个字节，即可指向 data[1]元素的存储位置。具体的指针指向位置如图 6-5 所示。

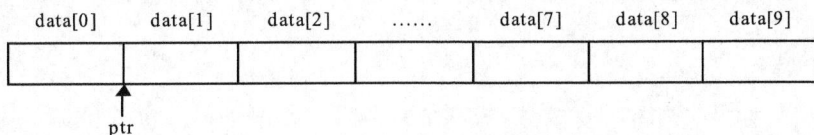

图 6-5 执行 ptr++之后的状态

指针进行算术减运算与算术加运算的道理一样，指针向后位移需要改变所寻出的地址值，改变的位移量就是一个数组元素所占据的存储单元数量。同理，ptr--可以使指针向前移动，指向上一个数组元素。假如某个指针的基类型为 int，对其实施加 1 或减 1 操作后，指针型变量中的地址将加上 4 或减去 4，这是因为一个 int 型变量占用 4 个字节的存储单元。这就是 C 语言为什么要求在定义指针型变量的同时必须指明基类型的原因之一。

6.2　指针与函数

函数是 C 语言用于组织程序的基本单位，各种计算模块都会用函数来实现。每个计算都可能需要多个输入数据和多个输出数据。例如，一元二次方程的求解需要输入 3 个系数，可能输出两个结果。有些负责数据加工的模块要求将加工对象和加工结果放在同一组数据结构中。例如，排序程序的输入序列和排序后的结果通常放在同一数组中。但是，C 语言对于函数的各种使用规定限制了这些计算需求的实现。具体限制如下。

（1）在 C 语言中，函数采用值传递机制控制参数的传递过程，也就是说，在调用函数的时候，系统将为形式参数分配存储空间，并将实在参数的值赋给形式参数。至此为止，实在参数与形式参数不再有任何关系，在函数中对形式参数做出的任何修改，不会影响该形式参数所对应的实际参数。因此，函数中无法访问和更新外部定义的变量。

（2）函数中的局部变量仅用于内部计算。当函数执行结束，返回调用者时，只有返回值被传回；而所有局部变量被全部释放，其计算结果也会被放弃。

这些问题虽然可以通过设置全局变量来解决，但是全局变量的使用将破坏程序的可理解性和可维护性，是应该极力避免的手段。正确的方法是使用指针型参数，将外部变量的地址传递给函数，使得函数内部可以通过指针来访问和更新外部数据，从而满足计算的需求，摆脱局部变量生存期的限制。

6.2.1　指针型参数

在 C 语言的函数中，指针型参数的使用方法是多种多样的。下面分别进行介绍。

1.　基于指针的外部数据更新

在很多应用场景中，函数的计算结果需要回送给调用者，指针就可以实现这种操作。其实现方法是：将形式参数定义成指针类型，在进行参数传递时，系统将实参变量的存储地址传递给形式参数，此时它们指向同一块存储空间。当在函数中修改形式参数所指的变量时，实际上就是对实在参数所指变量的修改。下面就是这样一个函数：

```
void swap(int*x,int*y)
{
    int tem;

    temp= *x;
    *x  = *y;
    *y  = temp;
}
```

对于下面定义的变量 a、b，如果执行下列语句：

```
int a=10;
int b=30;
swap(&a, &b);                    /*   将变量 a 和 b 的地址带入形参 x 和 y   */
printf("\na=%d, b=%d",a,b);
```

将会显示下列结果：

```
a=30, b=10
```

可以看出，使用这种方式实现了交换两个变量的内容，其关键是指针型参数的使用。图 6-6 所示即为调用函数 swap 时参数传递过程的示意图。

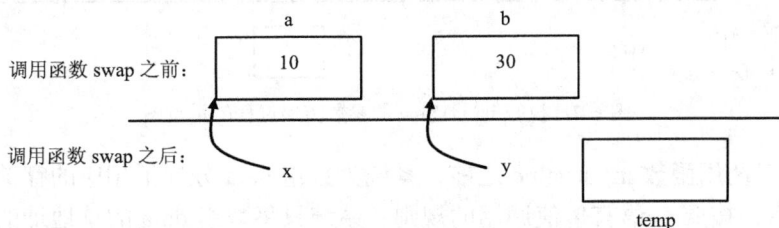

图 6-6　调用函数 swap 的参数传递过程

图 6-6 说明：当执行到函数调用 swap(&a,&b)时，系统将通过&运算得到变量 a 和 b 的存储地址，将具体的地址赋值给形式参数 x 和 y；也就是保存在系统为指针型变量 x 和 y 分配的存储空间中。

在函数执行期间，多次利用"*"运算符来访问指针指向的数据，先将 x 指向的数据保存于变量 tmp，再将 y 指向的数据复制到 x 指向的存储空间内，最后将 tmp 中的数据赋值到 y 指向的存储空间，从而完成了数据交换。

由于 x 和 y 中保存了 a 和 b 的地址，对*x 和*y 的操作就是对 a 和 b 中数据的操作；当函数结束后，a、b 中保留交换之后的结果，而函数退出时放弃了 x 和 y 也不会影响最终的执行结果。

这种方法可以将函数内部的计算结果通过指针赋值给外部的变量，使得程序设计者可以不使用函数的返回值。

2. 指针与数组型参数

在 C 语言中，对于负责数据加工的函数，数据加工的对象经常是一个数组，计算结果也可能放在同一数组中。第 5 章已经介绍了如何通过数组型参数，在函数内部处理和更新外部数据的内容。这种数组型的形式参数实际上就是一个指针型变量，而所谓数组型参数仅仅是表示方法不同。例如，对于以下函数：

```
void inputValue(int value[ ], int num)
{                                /* 等价于 void inputValue(int *value, int num) */
    int i;

    printf("\n 请输入 %d 个整数:", num);
    for (i=0; i<num; i++)
        scanf("%d", value+i);    /* value+i 等效于&value[i] */
}
```

这个函数包含两个形式参数，一个是用于传递一个整型数组 value，另一个是数组中包含的整数个数。这个函数的功能是，从键盘输入 num 个整数，并分别赋给 value 数组的每个元素。注意：这里对数组元素采用了指针引用 value+i 的方法，因为 scanf 函数要求提供变量地址。

如果在另一个函数中，有如下语句：

```
int data[10];
```

```
inputValue(data, 10);
```

则参数传递的过程如图 6-7 所示。

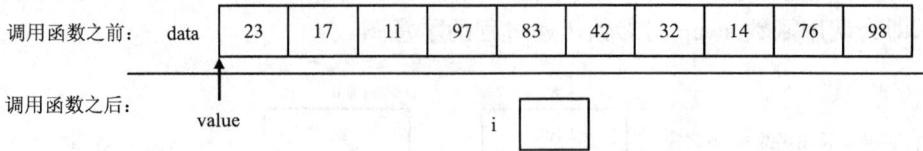

图 6-7　执行 inputValue 的参数传递过程的示意图

可以看出，调用函数 inputValue 之前，系统为数组 data 分配了相应的存储空间。当调用 inputValue 之后，按照 C 语言传值调用的规则，系统只将数组 data 的首地址的具体地址值传递给形式参数 value，也就是赋值给形式参数 value，而并没有重新创建一个数组。所以，在图 6-7 中表示成 value 指向 data。函数中的 scanf 函数按照 value+i 指定的地址来保存输入数据，实际上就是对 data 相应元素的赋值，因此，函数结束后，value 被放弃，而处于调用方的数组 data 中的计算结果自然保存了下来。

对于数组型的形式参数，特别说明如下。

（1）对于形如 int value[ ]的形式参数定义，不管有没有数组大小的描述，都不是一个数组名，而是一个指针变量。它仅仅保存了数组的首元素地址（仅有 4 个字节的存储空间），而根本就没有保存整个数组。于是，这种形参定义方法和 int *value 的语义相同，只是表示方法不同。于是，inputValue 的函数原型也可以定义为：

```
void inputValue(int *value, int num);
```

因为按照 C 语言的规定，数组名是一个常量不占据存储空间，不能被赋值；而指针变量作为形参被分配了 4 个字节的存储空间，可以被赋值，这里用于保存来自实参传来的地址值。当然，二者必须具有相同的基类型。

（2）正是因为形式参数 value 是 int 型指针，根据上节所述的数组名和指针的重要等价关系，访问数组元素时在程序既可以采用 valuc[i]的表示方法，也可以采用*(value+i)的表示方法。表示元素地址时既可以采用 value+i 的地址计算方法，也可以采用&value[i]的计算方法。和上述形式参数的表示方法一样，这两种表示方法的语义没有任何区别，完全可以交叉使用。对于初学者，它仅影响程序的可读性。读者应该能够十分熟练地理解和使用这些表示方法。

6.2.2　字符串处理

C 语言中的字符串都是匿名的字符数组。对于形如"string"的字符串常量，经常出现在表达式中，参加各种运算。准确地来讲，就是可以出现在任何允许使用字符指针的地方。此时，它传递给表达式计算的是字符串首地址，其存储空间是系统自动分配给它的。例如，存在以下合法和非法的使用方法：

```
char *p = "string";          /* 合法的指针赋值 */
strcpy(p, "char");           /* 合法的字符串复制 */
if (p=="char")               /* 没有意义，这是地址的比较，不是内容比较 */
    p[2]= "string"[0];       /* 合法元素获取和更新 */
printf(p);                   /* 输出为 chsr */
strcat("char", p);           /* 错误：字符串 char 中没有更多的空间来容纳后续字符 */
```

在这段程序中，前两行是指针和字符串的赋值；第 3 行没有意义，直接使用指针的比较是在比较地址。如果需要比较两个字符串，应该使用标准函数 strcmp。在第 5 行，最后输出为 4 个字符 chsr，这是因为在第 4 行"string"中的首字符被赋值给指针 p，指向的字符串"char"中下标为 2 的字符。最后一行是个常见错误，strcat 函数用于连接字符串，但不能保证第一参数中有足够的空间来保存连接后的字符串。

鉴于字符串是匿名数组，程序设计者可以使用指针来访问数组中的元素。字符串处理的特殊性在于每个字符串都必须用空字节 "\0" 来表示结尾，没有空字节的字符数组就不是字符串。例如，在 C 语言为字符串处理提供的标准函数中，函数 strcmp 的 strcat 分别用于字符串的比较和连接。它们的具体实现如下：

```
int strcmp(char *s, char *t)
                                    /* 按照字母顺序，比较 s 和 t 绑定的 2 个字符串 */
{
    for(; *s==*t; s++, t++)         /* 逐个比较对应的字符，且移动两个指针 */
        if (*s=='\0')
            return 0;               /* 如果比较到'\0'，两个对应字符仍相等，则返回 0 */
        return *s-*t;               /* 根据对应字符的 ASCII 值大小返回比较结果 */
}

char *strcat(char *s, char *t)
{                                   /* 将 t 绑定的字符串连接到 s 指定的字符串后面 */
    char *p;

    for( p=s; *p!='\0'; p++ )       /* 逐步移动 p 指针到 s 字符串的尾部 */
        p++;
    while( *t!='\0' )               /* 逐个复制 t 中的每个字符到 p */
        *p++ = *t++;
    *p = '\0';                      /* 设置结束标记 */
    return  s;                      /* 返回首地址 */
}
```

借助于程序注释，可以看出函数 strcmp 实现的算法是逐个比较两个字符串中的每个字符；如果直到空字节，所有字符都相等，则返回 0，说明两个字符串相同；否则，返回第一个不相等的字符 ASCII 值的差。对于函数 strcat，则以指针 p 指向第一个字符串中的当前元素，而首先位移该指针，直至其结尾处。此时，p 指向空字节。随后，将赋值第二个字符串中的每个字符。最后，返回第一个字符串的首地址。

由此可见，函数内部完全采用指针描述字符串内部的运算，通过 p++等位移运算，使得指针 p 指向下一字符；通过空字节的检查来控制循环处理的终止，通过计算*p 可以获得或者更新具体的字符。为描述的简便，for 语句中采用了 C 语言的逗号运算符 ","，这里的 s++,t++相当于 s++;t++。

对于这种使用频率较高的字符串处理函数，指针的使用可以保证程序执行的高效率，是非常必要的。同时，读者也应该看出 C 语言字符串处理中最容易出错的问题，就是 strcat、strcpy 等函数中没有考虑存储空间的分配。程序设计者必须保证带入变量 s 的地址下面具有足够的、属于本程序的存储空间来保存连接后的字符串，否则字符的复制很容易进入无效的存储单元，而编译系统无法发现这种错误。

6.2.3   指针型返回值及应用实例

函数的返回值类型也可以定义为指针类型，也就是说函数可以把计算结果放在某个存储单元内，而把其存储地址作为返回值送回。例如，上述 strcat 函数，就采用 char *类型的指针，作为返回值。通过这种函数返回值，函数的调用者可以访问它指向的存储单元。

这种使用方法很常见，但也很容易犯错误。回顾前面讨论过的有效地址问题，程序只能访问系统分配给自己的存储空间，而且函数中局部变量生存期有限，所占据的存储空间在函数体执行结束时将被释放。不少程序设计者忽略了这一点，他们把计算结果放在局部变量中，把局部变量的地址返回。编译系统无法发现这种错误，而且这种错误也不一定导致程序执行错误。因为，局部变量所占据的空间被释放后，都会交给后续的函数调用使用。如果没有下一个函数调用，或者返回的指针在下一函数调用之前已经被使用了，则可能不会造成错误。但是，这种不确定性是编写任何程序设计都应该避免的。

程序设计者应该明白程序执行结果的正确并不能表示程序设计是正确的。正确的程序应该具有正确的结构、正确的数据组织和正确的实现方法。下面通过程序设计案例，进一步展示指针型参数和返回值的使用方法。

【例 6-1】   二分查找的递归函数。

第 4 章已经介绍过二分查找的实现方法，本例介绍的是如何采用递归算法实现二分查找。

〖 问题分析 〗

二分查找是信息处理时常用的一个算法。为了提高这个算法的重用性，最好单独设置一个函数来实现该算法。二分查找算法可以描述为：对于一个已经从小到大排序的数据序列，用给定数据 key 与查找区间中央位置的数据比较，如果相等则表明查找成功；否则，如果 key 比中央位置的数据小，则在前半个区间用同样的方法继续查找；否则在后半个区间用同样的方法继续查找。因此，这是一个递归的过程。当查找区间为空时，说明未找到指定的数据。

回顾递归算法的设计方法，由于子区间的查找方法是相同，而查询区间有所不同。查找空间为空就是递归的边界条件。因此，可以设置一个递归函数来描述查找方法，以区间作为参数，通过带入不同的参数来指定子区间。

〖 结构设计 〗

在第 4 章中的【例 4-2】中采用了 4 个变量，包括数组 value，待查找数据 key，以及用于表示查找区间的下标变量 low 和 high。本题则利用数组元素在内存中连续排列的特点，用两个指针变量 plow 和 phigh，通过保存两个数组元素的地址，来表示查找区间的下界和上界，力图完全不使用数组下标。函数原型的设计如下：

```
int *search(int key, int *plow, int *phigh);
```

这里，应注意到参数中没有数组，因为通过两个指针，已经能够访问数组中的元素，不需要使用数组名了。如果查找到了指定数据，则返回该元素的地址，否则返回空指针 NULL，表示未找到。假定有序的数据序列已经放在数组 val 中，采用以下函数调用即可完成指定数据的查找：

```
int *q, key, val[10];
…              /* 输入数据到 key 和 val 中（具体代码被省略） */
q = search(key, &val[0], &val[9]);
```

注意：函数调用时通过运算符 “&” 将数组第一个元素和最后一个元素的地址分别带入

形参 plow 和 phigh；建立了如图 6-8 所示的虚实结合关系。函数调用完成后，可以从返回的指针获得元素的地址，通过*q 就可以得到具体的整数；如果返回了空指针，表明查找失败。

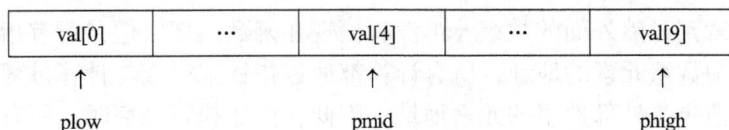

图 6-8　search 函数形式参数与 val 数组之间的虚实结合关系

〖**算法描述**〗

按照二分查找法，这时的循环不变式就是保证 plow 始终指向查找区间的下界，而 phigh 始终指向查找区间的上界。算法的主要步骤如下。

（1）检查查找空间是否为空。

（2）如果查找区间为空，则结束函数执行，返回空指针。

（3）计算出区间中央元素的地址，赋值给 pmid，如图 6-8 所示。

（4）如果 pmid 指向的数组元素等于 key，则结束函数执行，返回 pmid。

（5）如果 pmid 指定的数据元素小于 key，则用同样方法在以 pmid-1 为上界的区间内查找，返回查找结果。

（6）否则，则用同样方法在以 pmid+1 为下界的区间内查找，返回查找结果。

〖**程序代码**〗

按照上述算法描述，可以通过递归函数来实现算法。其中，对于同样方法、不同区间的处理，采用了函数的递归调用。所有涉及区间的检查、比较和改变都采用指针控制，具体代码如下：

```
int *search(int key, int *plow, int *phigh)    /* 二分查找的递归函数 */
{
    int *pmid;

    if (plow>phigh)
        return NULL;                           /* 查找区间为空 */
    pmid = plow + (phigh-plow)/2;              /* 求中间位置 */
    if (*pmid == key)
        return pmid;                           /* 得到查找的数据位置 */
    if (key < *pmid )
        return search(key, plow, pmid-1);      /* 在下半区查找 */
    else
        return search(key, pmid+1, phigh);     /* 在上半区查找 */
}
```

在上述代码中，多处使用了指针运算，具体说明如下。

（1）查找区间是否为空的检查是通过比较上下界指针来实现的。利用数组元素地址的递增性质，如果下界地址 plow 大于上界地址 phigh，自然说明区间为空。

（2）对于区间中央位置的计算，采用了指针加减运算，先通过 phigh-plow 求上下界之间有几个 int 型整数，然后通过 plow 做加法，计算出中央位置的地址。

（3）在查找数据的比较中，直接采用了取内容操作*pmid 得到区间中央元素的值。

（4）程序中直接用 pmid+1 等指针运算来计算新的查询区间上界或下界，并在函数的递归调用中，传值给形式参数 plow 和 phigh，从而实现子区间的查找。

（5）子区间的查找结果就是最终查找结果，因此，递归函数调用的结果也就是最终结果，会被直接返回。

读者应该注意到虽然外面的数组 val 没有出现在函数内部，但是所有指针变量保存的地址都是数组 val 中数组元素的地址，所有计算都通过指针来完成。计算过程作用于外部的数组，函数的返回值也是外部数组的元素地址。因此，函数执行结束时，所有指针变量都被释放了，而数组 val 的内容依然存在。

6.3　指针与数组

在 C 语言中，由于数组名就是数组存储空间的首地址，用于保存地址的指针变量自然与数组有着密切的关系。正如上节所述，任何使用数组下标的地方都可以用指针替代。在通常情况下，使用指针更加快捷、灵活，能够实现高效、简洁的程序，但易于出错，可读性也稍显逊色。下面将介绍指针与数组的关系，以及使用指针对数组元素进行操作的基本方法。

6.3.1　指针与一维数组

通过第 4 章的学习已知，在定义数组型变量的时候，需要指出数组元素所属的数据类型、变量名、所包含的数组元素数量；而指针变量的定义需要指定基类型和变量名。

这里需要思考的是数组名的类型是什么？对照指针的定义方法，可知指针指向的数据类型就是基类型，而数组名是首元素地址，因此它的类型就是指针类型，其基类型就是数组元素类型。

因此，如果基类型和数组元素的类型相同，就可以完成从数组名到指针变量的赋值。例如，在以下定义中：

```
int iarray[10], *iptr;     /* 定义数组, 和指向整数的指针 */
iptr = iarray;             /* 等效于 iptr=&iarray[0] */
*iptr = 100;               /* 合法, 等效于 iarray[0] = 100 */
*(iptr + 1) = Iarray[0];   /* 合法, 等效于 iarray[1] = iarray[0] */
Iarray = iptr;             /* 非法赋值 */
```

其中，iarray 是含有 10 个 int 类型元素的数组，iptr 是指向 int 整数的指针变量。

对于第 1 句，基类型相同的变量可以定义在同一行。对于这些变量，系统为数组 iarray 分配了 40 个字节，用于保存 10 个整数。并且，为指针变量 iptr 分配了 4 个字节。

第 2 句数组名被赋值到指针 iptr 中，使得第 3 句和第 4 句的赋值能够通过 iptr 中的数组首地址完成对数组元素的赋值。值得注意的是指针 iptr 自身仅仅具备保存一个地址所需的存储空间，而通过其中保存的地址却可以访问数组 iarray 定义时获得的数组存储空间。大家可以通过数组名 iarray 和指针 iptr 两种方式来访问同一组数据。图 6-9 列出了它们的对应关系。

然而，数组名 iarray 自身却没有存储空间。在程序执行中，它就是由系统赋予的地址常量，因此第 5 句是非法的。原因在于任何常量，都只有右值，没有左值，不能直接作为赋值的目标；而指针 iptr 具有存储空间，是可以被改变的，正如第 2 句所示。

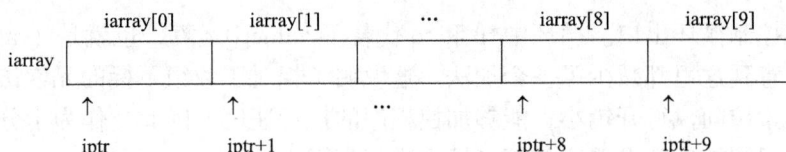

图 6-9 iptr 与 iarray 之间的关系

鉴于指针与数组之间的关系，在数组相关的应用程序中，指针位移运算已经可以完全代替下标变量，而且还有可能获得效率上的好处。下面通过一个程序实例，来介绍这种程序设计方法。

【例 6-2】 选择排序函数。

题目要求设计一个函数，采用选择排序方法，利用指针来完成整数序列的排序。输入数据序列由一个整数数组提供，排序结果仍然放在这个数组中。

〖问题分析〗

对于输入数据的数组，应该给出元素个数。因此，排序函数应该有两个参数：数组名 value 和元素个数 n。

按照【例 4-3】给出的算法，选择排序过程包含两个循环：外部循环依次考察每个元素；内部循环负责计算当前元素和其余元素的最小值，并将最小值与当前元素交换位置。于是，经过 n 次循环，可得到递增的整数序列。

对于指针的使用，可以用来代替数组下标的作用，也就是利用指针变量保存元素的地址，提供每个元素的访问和修改的手段。

〖程序代码〗

描述整数排序函数的程序代码如下。这里采用了两个指针 p 和 q，作为循环变量分别用于指向外循环处理的当前元素和内循环的当前元素。另一个指针 pmin 在内循环中保存已知的最小值的地址。设计中，外部循环的不变式就是指针 p 所指整数之前的数据元素已经是有序的，内部循环的不变式就是指针 p 和 q 所存的地址之间所有数据的最小值保存在 pmin 指向的地址中。因此，当发现其他元素比*pmin 小，则将其地址保存到指针变量 pmin 中。内循环结束后，将*pmin 与外循环的当前元素*p 进行交换。

具体的每个步骤详见代码的注释。

```
void sort( int value[ ], int n )
{
    int *p, *q, *pmin, temp;

    for (p=value; p<value+n; p++) {     /* n 次循环依次考察每个元素 */
        pmin = p;                        /* 假定当前元素指针 p 指向最小值 */
        for (q=p+1; q<value+n; q++)      /* 依次检查后面的元素 */
            if (*q<*pmin )
                pmin=q;                  /* 从后面的元素找出更小整数的地址 */
        temp = *p;                       /* 交换 p 指向的整数与最小元素 */
        *p = *pmin;
        *pmin = temp;
    }
}
```

从上述代码中，可见指针 p 和 q 的使用完全替代了数组下标的使用，作为循环变量通过地址运算能够控制循环出口。循环中*p 和*q 代替了 value[i]运算，也就是*(value+i)运算，仔细分析可以注意到这里都减少了一个加法。这说明了相对于数组下标的元素访问方法，基于指针的数组元素访问执行开销小，能够加快程序的执行速度。因此，作为十分讲究资源开销和执行效率的系统软件开发普遍使用指针来进行程序设计。

6.3.2　指针与二维数组

在 C 语言中，二维数组由多个一维数组组成，每个元素都是一个一维数组。假设有一个二维数组型变量的定义：int a[3][2]。按照 C 语言的规范，这个二维数组的存储结构如图 6-10 所示。从这个图中可以看出，C 语言采用按行排列的方法来组织数据元素。依次排列的 a[0]、a[1]和 a[2]是 3 个分别含有两个 int 类型元素的一维数组，于是所谓二维数组 a 就是含有 3 个一维数组的一维数组。和一维数组相同，二维数组也符合 C 语言中任何数组名都满足 a+i 等价于&a[i]的要求。

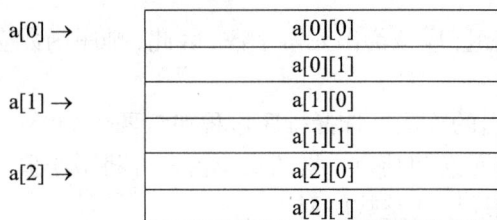

a[0] →	a[0][0]
	a[0][1]
a[1] →	a[1][0]
	a[1][1]
a[2] →	a[2][0]
	a[2][1]

图 6-10　二维数组的存储结构

这里需要特别考虑的是二维数组名 a 的类型是什么？a[0]的类型又是什么？由于数组 a 的基类型是一维数组，所以数组名 a 的数据类型就是指向一维整数数组的指针，且必须是由两个元素组成的整数数组。于是，对于采用同样类型定义的指针 p：

```
int (*p)[2];
```

赋值式 p = a 就是合法的赋值表达式。于是，a+1 等于&a[1]，即在原地址的基础上向后位移 2*sizeof(int)=8 个字节；而 a[0]、a[1]和 a[2]也是指针类型，其基类型是 int，所以 a[0]+1 能够得到下个元素的地址，也就是&a[0][1]，相当于在原地址的基础上向后位移 4 个字节。

下面通过一个案例，来介绍二维数组的计算。

【例 6-3】　矩阵乘法。

矩阵乘法是一种常见的数学运算，作用于两个矩阵。采用计算机实现该计算时，需要将数据保存在二维数组中，给出其中每个矩阵元素的计算方法，并将计算结果保存在新的矩阵中。

〖问题分析〗

假设有两个矩阵 $A_{m1\times n1}$ 和 $B_{m2\times n2}$，计算乘法 $A\times B$ 的条件是 $n1=m2$，所得到的结果矩阵应该是 $m1$ 行 $n2$ 列。两个矩阵相乘的规则是：

$$C_{ij}=\sum_{k=1}^{n1}A_{ik}\times B_{kj}\ (1\leqslant i\leqslant m1,1\leqslant j\leqslant n2)$$

考虑数据结构的设计，矩阵显然需要二维数组来保存。对于结果矩阵中每个元素的计算，都需要一个循环来完成上述公式运算，因此算法的基本结构是一个三重循环。具体算法设计如下。

〖算法描述〗

在这个程序中，需要按照顺序执行下列操作。

（1）随机生成两个矩阵，放在两个二维数组中。

（2）显示数组中的两个矩阵。

（3）计算两个矩阵的乘积，结果放在另一个二维数组中。

① 重复考虑结构矩阵的每个元素的遍历；

② 按照上述∑公式，计算每个元素。

（4）输出结果矩阵。

第 3 步计算两个矩阵乘积的算法中，采用了三重循环，分别以整型变量 i、j 和 k 为下标变量，来实现上述公式中所示的每个元素的计算；具体流程图如图 6-11 所示。

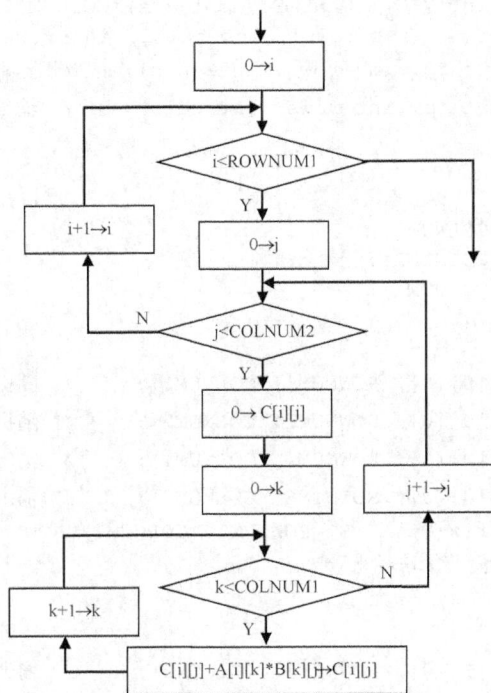

图 6-11 两个矩阵相乘的流程图

〖结构设计〗

考虑到程序中每个矩阵的生成、输出和计算都需要双重循环，且都有输出的需求。因此，设置了 3 个函数 CreateMatrix、OutputMatrix 和 MultipleMatrix，分别用于矩阵的输入、输出和乘法计算。鉴于这些函数可用于不同的矩阵的输入/输出，设置了数组名及其行列数作为函数的参数。

〖程序代码〗

在 3 个函数的程序实现中，都采用了二维数组作为参数，使用方法却并不相同。对于函数 MultipleMatrix，它的 3 个参数都是二维数组，因此采用了形如 int (*形参名)[列数]的形式参数描述方法；对于函数内部三重循环的复杂性，采用诸如 A[i][j]的数据元素描述方法，以求保证程序的可读性。对于矩阵的生成和输出，则利用 C 语言将二维数组元素顺序排列的特征，通过参数类型的自动转换，将这个二维数组看作一维数组，再将第一元素的地址作为参数（如&A[0][0]），分别代入函数 CreateMatrix 和 OutputMatrix 的形参 p。函数内部通过一个循环，分别采用指针和下标作为循环变量，即可完成元素的数据生成和数据输出。

```
#include <stdio.h>
#include <stdlib.h>
#include <time.h>

#define ROWNUM1 6          /* 矩阵 A 的行数 */
#define COLNUM1 4          /* 矩阵 A 的列数 */
#define ROWNUM2 4          /* 矩阵 B 的行数 */
#define COLNUM2 5          /* 矩阵 B 的列数 */

/*   矩阵乘法函数 A*B→C  */
int MultipleMatrix(int (*C)[COLNUM2], int (*A)[COLNUM1], int(*B)[COLNUM2],
                    int rows1, int cols1, int rows2, int cols2);
void CreateMatrix(int *p, int rows, int cols);      /* 随机生成矩阵 A */
void OutputMatrix(int *p, int rows, int cols);      /* 输出矩阵 */

main( )
{
    int A[ROWNUM1][COLNUM1];
    int B[ROWNUM2][COLNUM2];
    int C[ROWNUM1][COLNUM2];

    srand(time(0));
    CreateMatrix(&A[0][0], ROWNUM1, COLNUM1);        /* 随机生成矩阵 A */
    CreateMatrix(&B[0][0], ROWNUM2, COLNUM2);        /* 随机生成矩阵 B */
    OutputMatrix(&A[0][0], ROWNUM1, COLNUM1);        /* 输出矩阵 A */
    OutputMatrix(&B[0][0], ROWNUM2, COLNUM2);        /* 输出矩阵 B */
    if( MultipleMatrix(C, A, B, ROWNUM1, COLNUM1, ROWNUM2, COLNUM2)==0 ) {
        printf("2 个矩阵无法相乘\n");
        return 0;
    }                                                /* 矩阵相乘 A*B → C */
    OutputMatrix(&C[0][0], ROWNUM1, COLNUM2);        /* 输出矩阵 C */
    return 0;
}

int MultipleMatrix(int (*C)[COLNUM2], int (*A)[COLNUM1], int(*B)[COLNUM2],
                    int rows1, int cols1, int rows2, int cols2)
{
    int i, j, k;

    if (rows2 != cols1)                              /* 判断两个矩阵是否可以相乘 */
        return 0;
    for (i=0; i<rows1; i++)                          /* 矩阵相乘：计算每个元素 */
        for (j=0; j<cols2; j++) {
            C[i][j] = 0;
            for (k=0; k<cols1; k++)
                C[i][j] += A[i][k]*B[k][j];
        }
    return 1;                                        /* 正常完成 */
}

void CreateMatrix(int *p, int rows, int cols)        /* 随机生成矩阵 */
```

```
{
    int *q;

    for (q=p; p<q+rows*cols; p++)              /* 将二维数组看作一维数组 */
        *p = rand()%20;
}

void OutputMatrix(int *p, int rows, int cols)     /* 输出矩阵 */
{
    int i;

    for (i=0; i<rows*cols; i++) {              /* 将二维数组看作一维数组 */
        if (i%cols == 0)
            printf("\n");
        printf("%6d", p[i]);
    }
    printf("\n");
}
```

程序的内部实现中，创建矩阵时采用了随机数生成函数 rand( )%20 来生成 20 以内的整数。此前，必须采用 srand(time(0)) 通过系统当前时间 time(0) 进行随机数的初始化。为此，程序包含了头文件 time.h。

在矩阵乘法的实现中，为了保证 A 的列数必须等于 B 的行数的要求，程序做了检查，用返回值来表示检查结果。

在上述程序的结构设计中，可以看出 3 个函数的设置，保证了各自功能的独立性，并且所有输出可以由一个函数完成，避免了重复编码。在矩阵创建和输出的函数中，利用了二维数组采用连续存储空间的特征，通过一个循环而不是两个循环来完成每个数组元素的生成和按行输出。

〖 运行结果 〗

运行这个程序后，将可以在屏幕上看到随机产生的两个矩阵和相乘的结果。

从上述程序设计可见，对于二维数组（或多维数组），指针的使用有可能带来便利，也有可能带来理解困难。考虑到保持程序可读性和可维护性的需求，而且讲究性能的系统程序设计中很少使用多维数组，因此建议在实用软件开发中，尽量不采用指针来实现多维数组的访问和更新。

6.4 指针数组与动态存储空间

前面介绍过，指针变量用于保存存储单元的地址。一方面，借助于指针变量的赋值、位移和运算，可以实现细粒度的程序设计，近似于机器语言和汇编语言的程序描述；另一方面，指针也可用于建立数据之间的联系，以方便于数据的管理，改善数据的组织结构。

于是，在 C 语言程序中管理的各种数据就可以分为两大类：一类数据属于计算所需的数据，包括各种整数、实数、字符及其数组，程序需要设定变量来管理这些数据，并且在计算中使用这些数据，将计算结果保存在专用的变量中；另一类数据就是存储单元的地址，细粒度的计算处理需要管理地址，完成地址的计算和更新。所以，存储地址自身也是数据，也要参与计算，也需要被存储。指针及其相关操作正是用于地址的存储和计算。借助于 C 语言的指针，通过对地址数据的组织管理可以维护各种数据实体之间的关系，使得程序中的数据组织更加符合应用系统的数据模型，更方便算法的设计与高效实现。

本节将以指针数组为中心，介绍几种常见的数据组织和维护方法。

6.4.1　字符串数组及应用实例

C 语言中字符串就是一种匿名的字符数组，但是各种字符串的长度不同，因此在需要管理一组字符串时，二维数组不在考虑范围内。由于字符串自身是数组，因此无法直接参与运算，其使用大都需要借助于 C 语言标准函数库中的 strlen、strcpy 等字符串处理函数。从 6.2.2 节中给出的函数实现中，可见任何字符串处理都是采用字符指针，也就是通过首元素的地址开始逐个处理每个字符的。因此，对于若干个字符串的管理，可以将字符指针作为数组元素，设置一个字符指针数组来进行管理。定义形式如下：

```
char *pSet[ 4 ];
```

准确地来讲，这种数组中保存的不是每个字符串，而是每个字符串的首地址，如图 6-12 所示。程序设计中，可以借助于数组下标获得这些地址，进而访问字符串中的每个字符。下面通过一个实例介绍字符指针数组的应用。

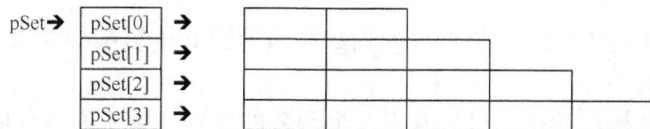

图 6-12　指针数组的存储结构

【例 6-4】　英文日期的翻译。

编写一个程序，输入形如 Match 8，2013 的英文日期，并将其转换成形如 2013 年 3 月 8 日的中文日期。

〖问题分析〗

从输入英文日期的内容来看，翻译的主要任务是识别出年、月、日等信息，然后将英文的月份转换为数字，进而组织成中文日期。为了管理每个月的英文名称，需要使用一个字符指针数组（即字符串数组）进行管理。

〖算法描述〗

考虑到输入数据书写的随意性，空格和逗号的存在，可以先将输入日期保存在一个字符数组 date（输入缓冲区）中，再经过一次扫描，识别出年、月、日等信息。具体步骤如下。

（1）逐个读取字母，直到遇到空格。

（2）将已经读入的字符串，通过对字符串数组的查找，翻译为月份（数字）。

（3）继续读入数字字符，根据其 ASCII 值构造（日期）数字，直到遇到非数字字符为止。

（4）继续读入字符，将连续的数字字符翻译为数字（年份），直至遇到非数字字符为止。

（5）如果上述翻译都正确完成，则输出翻译后的日期。

〖结构设计〗

在算法中，考虑到存在两个将连续的数字字符转换成数字的过程，设置了专用函数：

```
char *genNum(char *buf, int *ip)
```

该函数以输入缓冲区的当前指针 buf 为参数，设置了指针 ip 用于保存计算结果的存储地址。同时，考虑到这个计算不仅要识别出数字，而且应该保证后面的计算能够扫描该缓冲区的其余部分。因此将返回值设为字符指针，用于给出后续扫描的开始位置。出错时，返回空指针。

为了便于月份的翻译，设置了一个函数：

```
char *genMont(char *buf, int *ip)
```

该函数以当前指针和结果存储地址为参数，以后续字符的存储地址为返回值。函数内部设置了字符指针数组，12 个数组元素分别保存 1～12 月的英文名称字符串。于是，使用数组元素的下标加一就可以获得月份的值，具体实现代码如下。

〖 程序代码 〗

```
#include <stdio.h>
#include <string.h>
#include <ctype.h>

char *genMonth(char *, int *);
char *genNum(char *, int *);

main( )
{
    char buf[256];                 /* 输入缓冲区和月份字符串 */
    char *p;                       /* 扫描中当前字符的地址 */
    int year, mon, day;            /* 计算结果的年月日 */

    printf("请用英文输入一个日期: ");
    gets(buf);                     /*   输入一行，到 buf 缓冲区 */
    p = genMonth(buf, &mon);       /*   识别并翻译月份，存入 mon */
    if ( p!=NULL )
        p = genNum(p, &day);       /*   从 p 开始识别日期值，存入 day */
    if ( p!=NULL)
        p = genNum(p+1, &year);    /*   从 p+1 开始识别年份，存入 year */
    if ( p!=NULL)
        printf("翻译结果是: %d 年%d 月%d 日\n", year, mon, day);
    else
        printf("输入格式错误。");
}

char *genMonth(char *p, int *ip)  /* 从 p 指定的位置，识别翻译出月份值,存于 ip 指向的变量 */
{
    static char *table[ ] = {      /* 保存字符串首地址的字符指针数组 */
        "January",  "February", "Match",     "April",
        "May",      "June",     "July",      "August",
        "September","October",  "November",  "December"
    };
    int i;
    char *q;

    for ( q=p; isalpha(*p); p++ )
        ;
    *p = '\0';                     /* 设置字符串结束符，使得 q 指向一个字符串 */
```

```
        for ( i=0; i<12; i++ )                    /* 逐个比较每个月的英文名 */
            if( strcmp(q, table[i])==0 ) {        /* 相等时 */
                *ip = i+1;                        /* 将月份值赋值到 ip 指向的变量 */
                return p+1;                       /* 返回后续字符的地址 */
            }
        return NULL;                              /* 未找到月份 */
}

char *genNum(char *p, int *ip)    /* 从 p 指向的缓冲区识别出数字，存到 ip 指向的变量 */
{
    for ( *ip=0; isdigit(*p); p++ )
        *ip = *ip * 10 + *p - '0';                /* 计算已经输入的数组字符组成的数字 */
    if (*ip==0)
        return NULL;
    return p+1;                                   /* 返回后续字符的地址 */
}
```

如代码注释所示，主程序遵循算法的处理逻辑，从输入缓冲区依次识别和翻译月、日、年等信息。程序中函数设计的一个技巧在于返回值的设计。读者应该注意到，这些函数都是从输入缓冲区 buf 中获取的，而且需要连续扫描 buf 中的每个字符；每个函数都有一个参数 p 用于指定扫描的开始位置；各函数之间的接续关系都是通过返回值来实现的；返回值都是指针类型，说明返回值是地址，这个地址给出了在缓冲区 buf 中识别出当前字符串或数字之后的结束位置，使得后续函数可以从该地址开始继续后面的识别工作。

值得注意的是，来自用户输入的数据可能包含各种输入错误，因此每一步都需要检查错误。同时，每个函数都有检查错误的任务，它们会用空指针 NULL 向主程序报告，而不输出到屏幕上。这种设计也反映了各个模块功能的独立性，各个函数都有发现错误的责任，但是输出目标不属于它的管理范围。

在两个函数的处理中，都假定各个年、月、日之间只有一个空格或标点符号作为分割符，其他情况看作格式错误。当遇到空字节 '\0' 时，说明无后续字符，则用空指针报错。关于英文字母和数字字符的识别，这里使用了 C 语言函数库中的 isalpha 和 isdigit 宏代换（用法类似于函数），其定义可以在头文件 ctype.h 中找到。

在函数 genMonth 中，各个月份的名字保存在一个静态的字符串数组 month 中。在识别月份的过程中使用了一个技巧：在获取文本缓冲区中的月份名时，通过填入空字节 '\0'，使得其中的月份变成一个字符串（从 q 指针到空字节）。这样做重用了扫描过的缓冲区，也不影响后续处理。通过循环语句，将 q 指向的月份名称依次比较指针数组 months 中的每个元素指向的字符串，进而可以根据数组下标计算出月份。

在函数 genNum 识别数字的过程中，确保每次循环中*ip 都保存已经识别出的数字；然后利用*p－'0' 的 ASCII 值减法将数字字符变成新的个位数，加上*ip 的十倍就构造出新的数字。

本程序的功能看似简单，却涉及各种程序设计技能。程序设计中，不仅使用了字符指针数组这种专门用于管理其他数据的数据结构，读者也应该体会设置函数及其参数的合理性，各自承担独立功能，提供计算结果和出错信息，内部逻辑都不太复杂，易于理解。同时，也可以体会利用指针来逐个进行字符串处理的技巧。

6.4.2　动态存储空间及应用实例

上节实例【6-4】中使用了字符指针数组来保存字符串首地址，使得人们可以通过地址的管理来管理地址中的内容，从而获得了把控数据组织的新手段。但是，应用中的问题可能更加复杂。被管理的字符串数量可能无法预先确定，因此不知道使用多大的数组合适。例如，在邮件系统中，有些人的邮件很多，也有些人的邮件很少。于是，数组设置小了可能不够用，而设置大可能造成存储空间的浪费。

对于此类十分常见的应用问题，可以采用动态申请存储空间的方法来解决，也就是在程序执行的过程中，如果发现存储空间不足，则随时申请新的空间。同样，如果发现有些存储空间不再需要了，就可以立即释放这些空间，以保证整个运行环境的工作效率。为此，C 语言提供了如下标准函数，而它们的使用都需要指针变量来提供空间访问、更新和维护的手段。

```
void *malloc(unsigned size);              /* 申请 size 个字节的存储空间, 返回首地址 */
void free(void *p);                       /* 释放以 p 为首地址的存储空间 */
void *realloc(void *p, unsigend size);    /* 扩展以 p 为首地址的存储空间到 size 个字节 */
```

这些函数的定义在头文件 stdlib.h 中，其中，类型 void *表示指向任意类型数据的指针，unsigned 是无符号整数类型的标识。当需要分配具体数据时，需要采用以下的形式：

```
int *ptr;
ptr = (int *)malloc(32*sizeof(int));
```

这个语句申请了足以保存 32 个整数的存储空间，首地址被指针 ptr 保存。于是，通过 ptr 就可以访问属于本程序的数组空间。其中，(int *)是 C 语言提供的强制类型转换功能，以保证赋值号左右侧的数据类型相同，也就是保证这个数组空间的元素类型和指针的基类型一致，否则编译系统会给予警告。sizeof 的参数可以是类型名也可以是变量，用于计算指定数据类型占据的字节数。

函数 free 用于释放存储空间，realloc 用于修改存储空间大小。它们的使用都要求第一个参数 p 必须是来自某个 malloc 函数调用的返回值。realloc 在改变存储空间大小的同时，仍然可以保留空间内的原有数据。这 3 个函数提供了完整的存储空间申请和释放接口，每个程序都应该按照需求来申请存储空间，并及时释放不用的空间。程序结束时，也应该释放申请到的所有空间，否则可能侵占过多的内存空间，影响整个计算机系统的运行效率。

关于强制类型转换(int *)，C 语言允许采用（类型名）的形式，来指定类型转换。编译系统也会自动添加强制类型转换到目标语言中。例如，对于形如 3.2+20 的表达式，编译系统都会自动变换为 3.2+(double)20，以保证加号的操作数类型相同。

强制类型转换可能导致数据精度的损失，而由于指针都是用来保存地址的，基类型不同的指针类型转换不会丢失数据，但是会影响指针访问的空间范围，所有编译系统有时会给出警告，以提醒开发者确认强制类型转换的适当性。

下面介绍一个需要使用动态存储空间和指针数组的程序实例。

【例 6-5】　最长文本行的计算。

从键盘输入一组文本行，求出最长行并且给予输出。本题目具有如下两点假设。

（1）如果有多个长度相同的最长行，则应该输出所有最长行。

（2）要求用户通过键盘输入文本行，并以空行作为结束标志。

【问题分析】

从问题的求解要求可知，没有必要保存输入的所有文本行。为了得到最长行，应保存已经输入各行中的最长行。每次输入一行数据时，通过比较当前行和已经输入各行中最长行的长度，可以决定是否保存这行数据。但也可能存在相同长度的文本行，自然最长行也可能有多个。不仅如此，最长文本行的数量和每行的字符个数都无法预先确定的，需要采用动态存储策略来维护被保存的数据。

【算法描述】

按照上述思想，需要考虑多行数据的保存方法。与上个例题相同，字符串可用于保存文本行，而字符指针数组（命名为 maxlines）自然可以用于保存所有最长行。每当需要增加和更新最长行时，需要申请或释放存储空间，以适应最长行的维护需求。

C 语言已经提供了用于字符串比较和字符串长度计算的函数 strcmp 和 strlen。然而，正如第 4 章的例题所示，字符串不是标量数据，长度计算需要逐个字符进行统计，而整数比较很简单。因此，从性能的角度，应该保存最长行的长度，以求减少长度计算的时间。为此，设置变量 maxlength，用于保存最长行的长度。

其算法流程比较简单，如图 6-13 所示，其中使用了一个当前缓冲区 line 用于保存当前输入行。通过一个循环来计算和比较每个文本行的长度，当新输入行长度等于 maxlength 时，添加新的最长行；大于 maxlength 时，则保存新的最长行及其长度。在循环处理中，作为循环不变式，保证已经输入的文本行中的所有最长行都保存在 maxlines 中，并用变量 used 记录最长行个数。

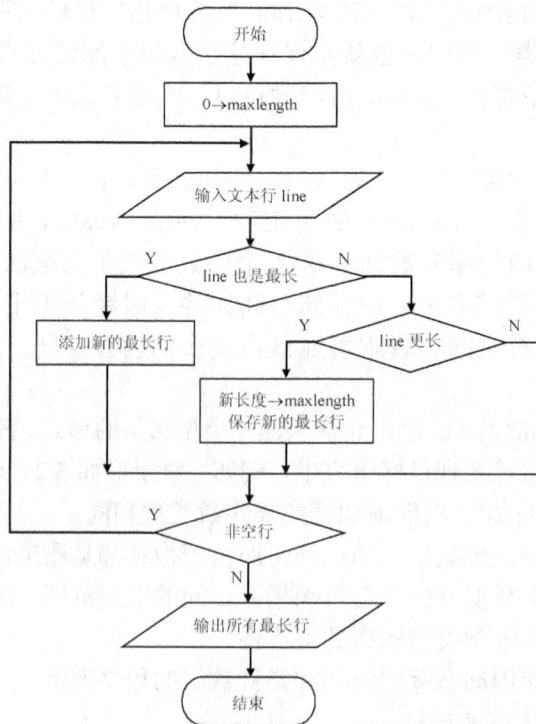

图 6-13　计算最长文本行的算法流程图

【结构设计】

从算法流程中来看，多数模块比较简单，只有最长行的添加、设置和输出需要考虑多行文本的维护，需要考虑空间分配问题。因此，这里要设置 3 个函数。

函数 setmax 用于设置新的最长行。这个计算除了需要最长行缓冲区 maxlines 和输入行 line 之外，还需要给出已保存的最长行的个数 used。在设置新行之前，必须释放已经保存的文本行，所以设置了 3 个参数。

函数 addmax 用于添加新的最长行。为此，同样需要 maxlines、used 和 line。不仅如此，由于 maxlines 指向的数组空间可能不足以满足添加新行的需求，需要申请并扩大新的空间，从而使得 maxlines 保存的首地址和该空间现有的容量 size 都会被改变。因此，增加了指针参数 psz 用于更新空间容量 size，并且将新的数组空间首地址返回，用于更新主程序中的 maxlines。

函数 outputs 用于输出 maxlines 指向的所有最长行，释放所有动态申请到的存储空间。

〖**程序代码**〗

在算法中，为了维护最长行缓冲区，设置了 4 个变量：maxlines 保存缓冲区的首地址；size 保存缓冲区的容量，也就是可以保存的字符指针个数；used 保存当前最长行的个数；maxlength 保存已知最长行的长度。程序执行过程，作为循环不变式，始终要维护 4 个变量的这些语义。此外，数组 line 保存输入行，n 保存其长度。于是，通过 n 和 maxlength 的对比就可以实现各个条件判断。

```c
#include <stdio.h>
#include <string.h>
#include <stdlib.h>

void setmax(char *maxlines[ ], int used, char *line);
char **addmax(char *maxlines[ ], int used, int *size, char *line);
void output(char *p[ ], int used);

main( )
{
    char line[80], **maxlines;                 /*当前行、最长行缓冲区首地址*/
    int n, maxlength=0;                        /*当前行长度、最长行长度*/
    int used=0, size=64;                       /*最长行个数、最长行缓冲区容量*/

    maxlines = (char **)malloc(size*sizeof(char*));    /*初始化最长行缓冲区*/
    printf("\n 请输入若干文本行 ( 空行结尾 ):\n");
    do {
        gets(line);                            /*输入文本行*/
        n = strlen(line);                      /*求文本行长度*/
        if (n==maxlength)                      /*长度等于最长行长度*/
            maxlines = addmax(maxlines, used++, &size, line); /*添加新的最长行*/
        if (n>maxlength) {                     /*与记录的最长文本行进行比较*/
            maxlength = n;                     /*更新记录最长文本行的信息*/
            setmax(maxlines, used, line);      /*设置新的最长行*/
            used = 1;                          /*最长行的个数*/
        }                                      /*设置新的最长行*/
    } while (n>0);                             /*空行结束*/
    output(maxlines, used);                    /*输出最长行并释放空间*/
    return 0;
```

```
    }

    void setmax(char *maxlines[ ], int used, char *line)
    {                                              /*设置新的最长行*/
        int i;
        char *p;

        for (i=0; i<used; i++)
            free(maxlines[i]);                     /*释放原来的最长行*/
        p = (char *)malloc(strlen(line)+1);        /*申请保存文本行的空间*/
        maxlines[0] = strcpy(p, line);             /*复制文本行，且存入缓冲区*/
    }

    char **addmax(char *maxlines[ ], int used, int *psz, char *line)
    {                                              /*添加最长行*/
        char *p;

        if (used == *psz) {                        /*如果最长缓冲区已经满了*/
            *psz += 64;                            /*扩大缓冲区*/
            maxlines = (char **)realloc(maxlines, (*psz)*sizeof(char*));
        }                                          /*重新分配更多空间*/
        p = (char *)malloc(strlen(line)+1);        /*申请保存文本行的空间*/
        maxlines[used] = strcpy(p, line);          /*复制并保存到缓冲区*/
        return maxlines;
    }

    void output(char *p[ ], int used)
    {
        int i;

        printf("最长行是：\n");
        for (i=0; i<used; i++) {
            printf("%s\n", p[i]);
            free(p[i]);                            /*释放每个字符串*/
        }
        free(p);                                   /*释放字符指针数组*/
    }
```

上述程序中提供了详细的代码注释，读者不难读懂各个函数的工作原理。

关于动态空间的分配，main 函数首先调用 malloc 为 maxlines 分配了 64 个字符指针的数组空间。注意这里的指针变量 maxlines 用于保存数组空间的首地址，而数组元素的类型是字符指针 char *；因此，maxlines 的类型是 char **，也就是字符指针的指针。由于前述的数组名和元素指针类型的等价关系，也可以写作 char *maxlines[ ]。于是，addmax 函数的第一个参数和返回值都采用这种类型描述。读者应该熟悉这种表示方法。

在函数 addmax 中，当发现最长行缓冲区没有足够的存储空间时，就需要重新申请更多的空间（size+4）。使用 realloc 函数可以实现这个功能，而且保证现有内容不丢失。由于新的空间有新的首地址，因此需要返回这个地址，并在主程序中赋值给 maxlines，从而保证前述不变式。

在函数 setmax 和 addmax 中，需要为文本行申请存储空间，将当前行 line 复制过去，并将首地址复制到 maxlines 中的数组元素中。因为，在下一循环还要使用 line 去接受下一输入行。这里是按照保存 line 中的所有字符和结束符的需求来申请一个字符数组。

当这些字符数组不再需要时，例如发现更长的文本行时，函数 setmax 调用函数 free 释放了 used 个字符串。函数 outputs 在输出最长行后，也释放了字符串，并释放了字符指针数组。

〖 运行结果 〗

运行这个程序后，将会产生如下所示的结果。

> 请输入若干行文本（空行结尾）：
>
> *C is a general-purpose programming language which features economy of expression,*
>
> *modern control flow and data structures,*
>
> *and a rich set of operators.*
>
> *C is not a "very high level"language,nor a "big" one,*
>
> *and is not specialized to any particular area of application.*
>
> 最长行是：
>
> C is a general-purpose programming language which features economy of expression,

从本题的程序设计中，仍然可以看出结构化程序设计的优势。核心算法并不复杂，程序实现却涉及动态存储空间的分配、释放、再分配等烦琐的过程中。为了在满足应用需求的前提下，保证有效利用存储资源，程序设计者必须巧妙地利用指针来组织和维护数据及其存储空间。然而，所有这些复杂问题都被隐藏函数 setmax 和 addmax 的内部设计中，并没有给主程序描述的算法实现带来困难，这说明了程序结构设计，也就是函数设计的合理性。这里需要特别关注的是各个函数功能、参数和返回值的设计方法，仔细分析每个计算的数据需求，来确认函数的输入和输出，而不是讨论内部实现的过程。

6.4.3　命令行参数及应用实例

命令行参数是一个老问题。早期的计算机没有图形界面，都采用控制台界面，利用命令行来控制计算机中的程序运行。在 Windows 系统下，读者可以通过单击右下角，打开"系统"菜单（或按 Win+R 组合键）调出运行框；输入命令 cmd 以进入控制台窗口，如图 6-14 所示。

图 6-14　控制台窗口

控制台窗口内显示的闪烁光标指示了命令输入位置。光标左侧指示的信息是当前的目录名称，包括当前盘的符号 C:和路径\Users\liaohs，说明了当前目录处于文件系统中的位置。在这个环境下，可以输入各种命令，包括目录查看、目录转移、文件复制与删除等各种文件系统命令，也可以输入各个应用程序的名称，以运行应用程序。例如，在 Visual studio 2010 环境和 Dec-C++环境中，程序设计时都要求设置工程（Project）的名字，C 语言等源程序经过编译和连接之后，都会生成扩展名为.exe 的可执行文件。例如，如果工程名为 Test，则系统生成的应用程序名就是 Test.exe。这时，在控制台窗口内直接键入 Test 就可以直接启动该程序。事实上，Windows 系统中任何软件都是通过这种命令行来启动的。读者可以使用鼠标右击任意界面图标，进而在菜单中选择"属性"选项，就可以看到该程序的各种属性，而最重要的属性就是目标。目标属性就是命令行，从中可以看到这个程序所在的盘符、路径、程序名及参数。

在命令行中，除了上述信息之外，程序名后面还可以指定多个参数。例如，用于显示当前目录内容的 dir 命令，使用不同参数可以得到不同格式的内容表示，如图 6-15 所示。

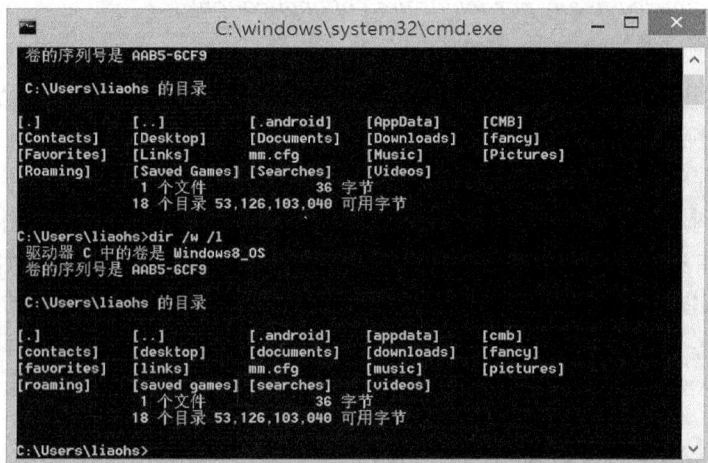

图 6-15　命令 dir 的两种使用方法

这里，命令行 dir /w 要求按行显示目录中的每个子目录和文件，而命令行 dir /w /l 不仅要求按行显示，而且要求都采用小写字母。

由此可见，程序设计者可以设置各种命令行参数来要求程序实现不同的功能。为了支持这种功能的实现，C 语言提供了另一种形式的 main 函数。

```
main(int argc, char *argv[ ]);
```

这种形式的 main 函数具有参数表。参数表中的第一个参数 argc 负责带入命令行包含的参数个数（包括命令自身），第二个参数 argv 是一个指向字符串的指针数组，它负责带入命令行中的每个参数。假设存在一个可执行程序 prog.exe，在控制台可以使用下面的命令行运行这个程序：

```
C:\prog 10 20 30
```

对于这条运行命令，main 函数的第一个参数 argc 为 4，第二个参数 argv 的存储状态如图 6-16 所示。由此可见指针数组的应用，每个数组元素都保存字符串的首地址，每个字符串都以空字节\0结尾。所有这些存储空间都是程序启动时，系统自动分配给该程序的。下面给出一个使用命令行参数的程序案例。

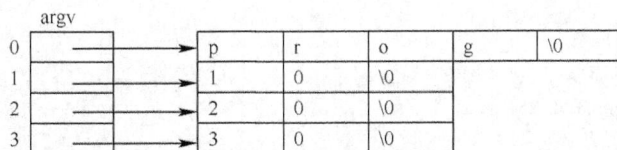

图 6-16　argv 的存储状态

【例 6-6】　文本行的筛选。

题目要求通过键盘输入若干个文本行，输出所有包含给定字符串的文本行。这个给定字符串是通过命令行参数给出的。由于查询参数是通过命令行参数指定的，用户可以在查询中指定不同的查询参数，完成各种数据的查询。

〖问题分析〗

由于需要由命令行参数传入一个字符串，所以命令行参数数组中应该包含两个参数，一个是将要运行的程序名称 argv[0]，另一个是需要带入的字符串 argv[1]。在 main 函数中，首先应该判断命令行中是否包含足够的参数；如果不是，输出相应的提示信息，并结束程序的执行。

〖算法描述〗

在这个程序中，需要按照下列顺序执行下列操作。

（1）判断命令行参数的个数。

（2）重复执行下面的操作，直到输入空行为止。

① 输入文本行。

② 如果为空行，则结束程序运行。

③ 否则，查找是否包含给定字符串。

④ 如果包含给定的字符串，输出该文本行。

如图 6-17 所示即为此算法的流程图描述。

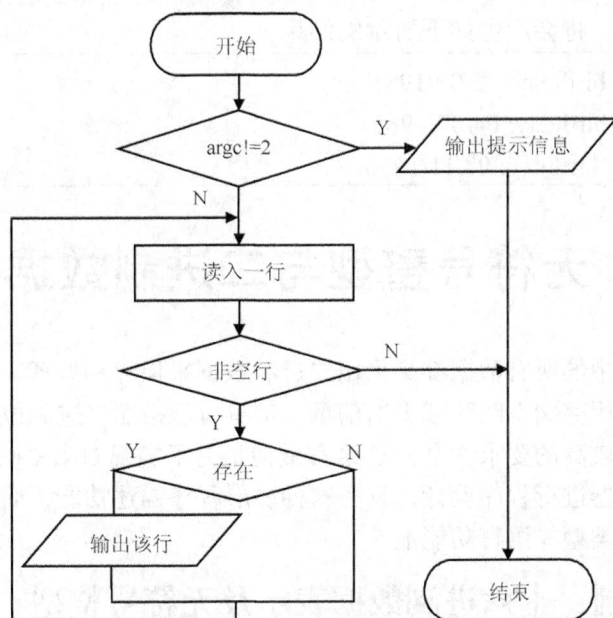

图 6-17　文本行筛选的算法流程图

〖程序代码〗

```
#include <stdio.h>
#include <string.h>
#define MAXLINE 80

main(int argc, char *argv[ ])
{
    char line[MAXLINE];                          /* 当前行缓冲区 */
    if (argc!=2) {
        printf("命令格式: 程序名  待查找的字符串\n");
        return;
    }
    while (1)  {
        gets(line);
        if (strlen(line)==0)
            break;                               /* 如果读入空行，则退出循环 */
        if (strstr(line, argv[1]) != NULL)       /* 查找给定字符串 */
            printf("%s\n", line);
    }
}
```

程序中使用的标准函数 strstr 要求两个参数都是字符串，如果第 1 字符串中包含了第 2 字符串，则返回所在位置的首字符地址；否则返回空指针 NULL。

〖运行结果〗

假设将这个源程序命名为 exa.c，并经过编译、连接后得到可执行文件 exa.exe。

当键入命令行：exa name，并通过键盘输入下列文本行：

```
name: Wang gang birthday: 12/09/1988
name: Li li      birthday: 04/07/1983
name: Zhang peng birthday: 08/11/1986
end
```

运行这个程序后，将会产生如下所示的结果。

```
name: Wang gang birthday: 12/09/1988
name: Li li        birthday: 04/07/1983
name: Zhang peng birthday: 08/11/1986
```

6.5　无符号整型与二进制数据处理

计算机硬件系统中的所有数据都是采用二进制数据来保存和处理。在数据存储和通信的过程中，为了充分利用存储空间和减少通信量，都有可能按照二进制位来组织数据，从而对程序设计语言提出了较高的要求。由于 C 语言最初是为了实现 UNIX 操作系统所设计，其优势就是能够面向存储器进行程序设计，具备这种底层程序描述功能，而这种能力主要表现在二进制位运算和指针类型等语言功能上。

6.5.1　八进制、十六进制数据表示及无符号整型

底层程序设计需要面对存储单元来描述和处理数据。存储器中的数据和存储单元的地址都

是二进制数。但是，二进制数的可读性极差，不便于用户书写和理解。因此，C 语言还提供了八进制和十六进制的数据表示方法及其相关格式符，以支持二进制数据的描述和输入/输出。

1. 八进制和十六进制的数据表示

八进制的书写形式以 0 开头，之后紧跟一个介于 0~7 之间的数字序列。例如，0634、023、07765，它们分别对应十进制数值 412、19 和 4085。

十六进制的书写形式以 0x 或 0X 开头，之后紧跟一个由数字 0~9 和字母 a~f（或 A~F）组成的字符序列。例如，0x2345、0xfa85 和 0xffff，它们分别对应十进制数值 9029、64133 和 65535。

八进制和十六进制的输入/输出格式符分别是%o 和%x。在 printf 函数中，根据这些格式符规定表示方法来输出整数。例如，以下语句可以按照不同的表示方法输出。

```
int x = 144;
int y = 074;
int z = 0x35;
printf("x=%d =%o =%x\n", x, x, x);
printf("y=%d =%o =%x\n", y, y, y);
printf("z=%d =%o= %x\n", z, z, z);
```

程序运行结果是：

```
x=144 =220 =90
y=60 =74 =3c
z=53 =65 =35
```

由此可见，每个整数都可以用八进制和十六进制来书写和输出，而且对于二进制数据来说，十六进制表示方法显然优势明显，因为它的每一位直接对应 4 个二进制位。

2. 无符号整型

前几章介绍了 int 整型、char 字符型、double 双精度实数以及数组等各种数据类型的使用方法。但是，二进制数据是按照字节（Byte）或字（Word）进行组织管理的，负数和实数已经没有讨论的必要，对此应该利用 C 语言提供的几种无符号整型：

unsigned int 整型（通常简写为 unsigned）占用 4 个字节（1 个字），用于表示非负整数，表示范围为 $0 \sim 2^{32}-1$。有些综合开发环境扩展了 C 语言的数据类型，unsigned 整型经常被定义为 Word。

unsigned char 整型占用 1 个字节，可用于表示字符，表示范围为 0 ~ 255。采用这些类型时，不需要保留符号位，可以直接进行各种二进制运算。格式化的输入/输出可以使用格式符%u。

6.5.2　位运算

所谓位运算就是按照二进制数进行的计算。在 C 语言中，提供了如表 6-1 所示的 6 种位运算符。它们的操作数都是整数，包括 int、unsigned、char 和 unsigned char 等各种整型数据。

表 6-1　　　　　　　　　　　　　C 语言提供的 6 种位运算符

位 运 算 符	说　　明
&	"按位与"运算
|	"按位或"运算

位 运 算 符	说　明
^	"按位异或"运算
~	"取反"运算
<<	"左移"运算
>>	"右移"运算

下面分别介绍各种位运算的操作规则。

1. "按位与"运算

"按位与"运算符"&"是一个二元运算符，它的功能是将两个操作数按位"与"。"与"操作的规则是：当对应的两个二进制位均为1时，结果位为1；否则结果位为0。

例如，9&5：

由于9对应的二进制数为1001；5对应的二进制数为101，所以上式可以表示成

$$(…1001)_2$$
$$\&\quad (…0101)_2$$
$$(…0001)_2$$

从这个计算式子可以得出9&5的结果为1。

"按位与"运算可以被用来实现将某些二进制位清0或保留某些二进制位的操作。例如，如果希望将a的高8位清0，将低8位保留起来，就可以用 a&0xFF 实现。这是因为数值FF（十六进制）所对应的二进制数为0000000011111111，由于0与任何值相"与"都为0，1与任何值相"与"都为原值，所以a&0xFF的计算结果为高8位置0，低8位保留a的原值。

2. "按位或"运算

"按位或"运算符"|"是一个二元运算符，它的功能是将两个操作数按位"或"。"或"操作的规则是：当对应的两个二进制位中有一个为1时，结果位为1；否则结果位为0。

例如，9|5可以表示成：

$$(…1001)_2$$
$$|\quad (…0101)_2$$
$$(…1101)_2$$

从这个计算式子可以得出9|5的结果为13。

"按位或"运算可以被用来实现将某些二进制位置1的操作。例如，如果希望将a的高8位保留原值，低8位置1，就可以用a|255实现。这是因为0与任何值相"或"都为原值，1与任何值相"或"都为1，所以a|255的计算结果是高8位为a的原值，低8位置1。

3. "按位异或"运算

"按位异或"运算符"^"是一个二元运算符，它的功能是将两个操作数按位"异或"。"异或"操作的规则是：当对应的二进制位不相同时，结果位为1；否则结果位为0。

例如，9^5可以表示成：

$$(…1001)_2$$
$$^\quad (…0101)_2$$
$$(…1100)_2$$

从这个计算式子可以得出 9^5 的结果是 12。

"按位异或"运算可以被用来保留某些二进制位的原值或对某些二进制位的原值求反。如果与 0 "异或"将保留原值；与 1 "异或"将对该位原值求反。

例如，如果希望将 a 的高 8 位保留原值，对低 8 位求反，就可以用 a^0xFF 实现。

4．"求反"运算

"求反"运算符"～"为一个一元运算符，具有右结合性。它的功能是对操作数的每个二进制位求反。

例如，～9 可以表示成～(0000000000001001)$_2$，结果为(1111111111110110)$_2$。

5．"左移"运算

"左移"运算符"<<"是一个二元运算符，它的功能是将"<<"号左侧的操作数的每一个二进制位向左移动若干位，具体移动的位数由"<<"右侧的数值决定。移动的原则是：高位舍去，低位补 0。

例如，a<<4 将把 a 的每一个二进制位向左移动 4 位。假设 a=(00000011)$_2$，a<<4 的结果是(00110000)$_2$。

6．"右移"运算

"右移"运算符">>"是一个二元运算符，它的功能是将">>"号左侧的操作数的每一个二进制位向右移动若干位，具体移动的位数由">>"右侧的数值决定。移动的原则是：当所移动的数值为正数时，高位补 0；为负数时，高位补 1。

例如，a>>3 将把 a 的每一个二进制位向右移动 3 位。假设 a=(00110011)$_2$，a>>3 的结果是(00000110)$_2$。

6.5.3　二进制数据的应用实例

本节通过一个实例，介绍基于 C 语言提供的二进制数据的操作方法。

【例 6-7】　IP 数据包的打包和解包。

TCP/IP 协议是最常见的计算机网络协议。读者在配置计算机和家庭路由器时，多少都会遇到 IP 地址设置的问题。按照 TCP/IP 协议的规定，网络中传输的数据必须包装成 IP 数据包，并且采用规定的数据格式。该协议规定一个 IP 数据包（Datagram）应该使用若干个 32 位的字：在第一个字中依次排列着 4 个二进制位保存协议的版本号，4 个二进制位保存数据包首部的长度，8 个二进制位保存服务类型，16 个二进制位保存总长度。

本题要求设计两个函数：一个用于打包，设置 IP 数据包中的版本号和总长度，忽略其他字段；另一个用于解包，从数据包中分解出协议版本号和总长度，并输出到屏幕上。

〖问题分析〗

该程序的功能是模拟的打包和解包。对于 IP 数据包，可以假定保存在一个数组 datagram 中。考虑到 IP 数据包包含多个 32 位字，可选择 unsigned 作为数组元素的类型；并且将这个数组作为参数，带入打包函数 package 和解包函数 unpackage，以模拟通信中的数据加工过程。

〖算法描述〗

从问题分析来看，算法比较简单。对于各种数据，版本号和首部长度不超过 15，可采用 unsigned char 类型。在打包时，需要将输入的版本号向左移动 4 位，连同首部长度放入数据包的第一个字节中。解包时，需要分解第一个字节中前 4 位和后 4 位。

〖程序代码〗

```
void package( unsigned datagram[ ] )
{
    unsigned char version, length, *head;

    printf( "请输入版本号和首部长度（<16）: " );
    scanf( "%u%u", &version, &length );
    head = (unsigned char *)datagram;        /*转换成无符号字符指针(指向前 8 位)*/
    head[0] = 0x0;                           /*清空*/
    head[0] = version<<4 | length;           /*前 4 位是版本号，后 4 位是首部长度*/
}

void unpackage( unsigned datagram[ ] )
{
    unsigned char version, length, *head;

    head = (unsigned char *)datagram;        /*转换成无符号字符指针(指向前 8 位)*/
    version = head[0] & 0xF0 >> 4;           /*筛选出前 4 位后，右移 4 位*/
    length  = head[0] & 0x0F;                /*筛选出后 4 位*/
    printf( "version=%u, length=%u\n", version, length );
}
```

上述程序代码中，考虑到仅仅需要针对前 8 个二进制位进行操作，设置了指向第一个字节的指针 head，而参数 datagram 是一个指向 32 位无符号整数的指针。因此需要通过强制类型转换，将指向 32 位数的参数指针 datagram 转换成无符号字符指针 head，也就是指向 8 个二进制位的指针，进而采用按位或运算"|"实现了 8 位数据的拼接，采用按位与运算实现了 8 位数据的筛选。

如注释所示，使用面向二进制位的逻辑运算和位移运算就可以完成对二进制数的各种操作，满足数据处理的基本需求。然而，本题仅仅是一个用于演示的模拟程序，真正的 TCP/IP 程序设计还需要计算机网络的众多专业基础知识，不属于本书的范围。

6.6 本章小结

本章主要内容归纳如下。

1. 指针的概念

（1）指针类型、变量定义和表达式的相关语法规则

<变量声明>	➡	<数据类型> '*' <标识符> {'[' <常量> ']'}
<数据类型>	➡	<基本数据类型> {'*'}
<表达式>	➡	'&' <标识符> {'[' <表达式> ']'}
	|	'*'<表达式>

（2）指针运算的语义

指针比较：地址的比较。

指针减法：计算指针之间存在几个基类型数据。

指针位移（自增、自减）：指向前一个或后一个基类性数据。

指针和整数的加减：指向前 n 个或后 n 个基类型数据。

2．指针、数组与函数

（1）指针运算和数组元素引用的等价关系

若初始化指针 ptr = array，则对于任意整数 idx：

ptr+idx 等价于 array+idx 等价于 &ptr[idx]等价于&array[idx]

并且

(ptr+idx)等价于(array+idx)等价于 ptr[idx]等价于 array[idx]

如果指针基类型和数组元素类型相同，数组名和指针具有相同的类型。但是，数组名是常量（首元素地址），不能被赋值。

指针数组是以某种指针为数据元素的数组，用于组织和管理指针指向的数据。

（2）指针与函数

函数的参数和返回值都可以采用指针类型。借助于指针型参数，函数可以更新指针指向的外部变量的存储空间，从而可以将计算结果输出给函数的调用者。

数组型形式参数等价于指针型形式参数，语义相同，表示方法不同。

二维数组可以被看作为一维数组，不过这种特殊数组的元素是一维数组，从而可以利用指针来访问。于是，如果 M×N 的二维整数数组作为实参传递给函数，形式参数的类型应该是 int (*p)[N]。

3．动态存储空间分配

动态存储空间分配的标准函数有：

```
void *malloc( size_t size )          /* 用于申请 size 个字节的存储空间，返回首地址 */
void *realloc( void *p, size_t size )/* 用于扩展 p 指向的存储空间到 size 字节，返回新的
首地址 */
void free( void *p )                 /* 用于释放首地址 p 指向的存储空间 */
```

其中，size_t 是无符号整数类型，对于 32 位系统，它等价于 unsigned 类型。

运算符 sizeof 的用法有两种：sizeof(数据类型)和 sizeof(表达式)。前者用于计算指定数据类型的存储空间大小（size_t 型的字节数）；后者用于计算表达式计算结果所需要的存储空间大小。

4．命令行参数

从控制台输入某个程序的执行命令时，可以带入若干参数，这些参数叫作命令行参数。C 程序通过主函数 main(int argc, char *argv[ ])中的形式参数 argc 和 argv 可以获得这些输入数据。其中，argc 提供命令行参数的个数（包括命令自身），argv 以字符指针数组的方式提供字符串形式的命令及其各个参数。

5．字符处理宏定义

常用的几个字符处理宏定义由头文件 ctype.h 提供。

```
isdigit(c)        /* 用于判断 c 是不是数字字符 */
isalpha(c)        /* 用于判断 c 是不是英文字母 */
isalnum(c)        /* 用于判断 c 是不是数字字符或英文字母 */
```

6．无符号整数类型

unsigned 型整数占 4 个字节，表示范围为 $0 \sim 2^{32}-1$，输入/输出格式符为%u。

unsigned char 型整数占 1 个字节，表示范围为 $0 \sim 511$。输入/输出格式符为%u 或%c。

7. 八进制、十六进制与位运算

（1）八进制和十六进制

C 语言提供了八进制和十六进制的数据表示，用于描述地址、整数和字符等各种数据，便于描述二进制的位运算。

书写方式：八进制数的表示以 0 开头，后续各位采用 0～7。十六进制数的表示以 0x 或 0X 开头，后续各位采用 0～9 和 a～f（或 A～F）来表示。输入/输出格式符：八进制%o、十六进制%x。

（2）位运算

C 语言提供了各种位运算功能，常用于无符号整数的按位处理。具体的位运算符如下：

按位与   &   按位或 | 按位异或   ^   取反   ~

左移   <<   右移   >>

习 题

1. 请阅读下面的程序，并写出它的运行结果。

```c
#include <stdio.h>

void sub(char*, int, int);

main( )
{
    char s[ ] = "abcdefxyz";
    int n = 6;
    sub(s, 0, n - 1);          printf("%s\n", s);
    sub(s, n, 8);              printf("%s\n", s);
    sub(s, 0, 8);              printf("%s\n", s);
}

void sub(char *s, int m1, int m2)
{
    char a, *p;
    p = s + m2;
    s = s + m1;
    while(s < p) {
        a = *s;  *s++ = *p;  *p-- = a;
    }
}
```

2. 下面这个程序经过编译、连接后生成一个可执行文件 cfile.exe。请在控制台输入：

```
cfile comp C_Language<回车>
```

写出该程序执行的结果。

```c
main(int ac, char *av[ ])
{
    int i;

    while(ac > 1) {
        if(ac == 2)
            for(i = 0; av[1][i] != '\0'; i++)
                if(av[1][i] >= 'a' && av[1][i] <= 'z')
```

```
                            av[1][i] = av[1][i] - 32;
            printf("%s\n", av[ac-1]);
            ac--;
        }
    }
```

3．请编写一个函数，求给定数组中每个元素的平方根，以及最小元素和最大元素的下标。函数原型为：

```
void Computing(double src[ ], int n, double *tag, int *pmax, int *pmin);
```

其中，src 是给定的实数数组，*n* 是元素个数，tag 是用于保存平方根的数组首地址，pmax 和 pmin 给出了保存最大值和最小值下标的地址。

4．请编写一个函数，删除给定字符串的所有空格符。函数原型为：

```
int delSpace(char *str);
```

其中，str 是带入的字符串，用于保存结果，函数将返回删除的空格数目。

5．请编写一个函数，给定一个相同的整数序列，每次调用时，依次返回其中一个素数。也就是说，当整数序列中包含 3 个素数时，前 3 次调用依次返回这 3 个素数。随后，每次调用返回-1。函数原型为：

```
int getNextPrime( int value[ ], int num);
```

其中，value 保存给定的整数序列，num 是整数个数。

6．请编写一个函数，将给定字符串分解为两个字符串。函数原型为：

```
char *divString(char *src);
```

要求删除字符串 src 中的所有小写字母，并将被删除的字符按照被删除的顺序组成新的字符串，作为函数的返回值。

7．请编写一个函数，将给定的汉字数字表示（小于一万）变换为阿拉伯数字表示，如三百四十应变换为 340。函数原型为：

```
int toDigits( char txt[ ] );
```

其中，形参 txt 中以字符串的形式保存了数字的汉字数字表示，函数返回值是阿拉伯数字表示。如果 txt 中没有汉字数字，则返回-1。

8．请基于下列函数原型，编写一个函数，从给定的若干行文本中找出同时满足以下条件的三行文本：

（1）三行文本的行号连续出现；

（2）三行文本依次包含给定的三个关键词。

```
int findTuple( char *lines[ ], int num, char *key1, char &key2, char *key3, char
*tuple[ ]);
```

其中，参数 lines 给出多行文本；num 是文本行数；key1、key2 和 key3 是要求依次出现的 3 个关键词；数组 tuple 用于保存查找结果。如果未找到，返回-1；否则，返回首行的行号。

上机练习题

1．上机练习题 1

〖目的〗

通过这道上机题的训练，能帮助学生加深对指针概念的认识，掌握利用指针处理字符串的的基本操作。

〖题目内容〗

C 语言中标识符（名字）的语法规定：组成标识符的每个字符可以是大小写英文字母、数字字符或下画线'_'，而数字字符不能作为首字符。请编写一个程序，检查从键盘输入的一组单词中，哪些是标识符，哪些不是标识符。

〖要求〗

程序中设置一个函数，用于判断给定的字符串是否符合标识符的文法；函数原型规定如下：

```
int isIdntifier( char *word );
```

其中，word 保存给定的字符串，返回值为 0 表示不是标识符，非 0 表示是标识符。

2. 上机练习题 2

〖目的〗

通过这道上机题的训练，学生们可熟悉指针数组的应用方法。

〖题目内容〗

针对键盘输入的若干行文本（空行结束），给定两个字符串，将多行文本中出现的所有第一字符串，替换为第二个字符串，输出替换后的文本。

〖要求〗

主程序负责完成两个字符串的输入，多行文本的替换和输出；其中，专门设置一个函数，负责完成一行文本内指定字符串的替换：

```
char *Replace(char line[ ], char *old, char *new);
```

其中，line 数组中给定一行文本（字符串），变量 old 和 new 表示替换前后的两个字符串。返回变换后的文本字符串首地址。

〖提示〗

字符串替换中，变换后的文本可能需要使用更多的存储空间。此时，应该重新申请空间，存入变换结果后，释放原有空间。

自　测　题

一、填空题

1. 指针类型是指其变量内容为_____的数据类型。
2. 字符串数组和字符指针数组的区别是_____。
3. 指针型形参和数组型形参占据存储空间大小分别是_____和_____。
4. 整数和指针之间的二元运算中，合法的四则运算有_____和_____。

二、程序填空题

根据给出的程序功能，将程序的空缺处填写完整。

1. 这个函数的功能是计算两个用数组表示的向量的和；参数 xs 和 ys 给出两个向量各个元素的数值，num 是元素个数。

```
double *addVector(double xs[], double ys[], int num)
{
```

```
    int i;
    double *p;

    p = (_____ *) _____(num * sizeof(double));
    if( p==NULL )
        return NULL;
    for( i=0; i<num; i++ )
        _____ = xs[i]+ys[i];
    return p;
}
```

2. 程序功能是打印输出一个 5 阶魔方阵。所谓"魔方阵"是指这样的方阵，它的每一行、每一列以及两条主对角线之和均相等。

```
#include <stdio.h>
#define NUM 5
void create(_____, int n)
{
    int i, j, value;

    i=0; j=n/2;                              /* 将 1 放置在第 1 行中间位置 */
    magic[i][j] = 1;

    for (value=2; value<=n*n; value++) {
        if (magic[(i-1+n)%n][(j+1)%n]==0){   /* 判断右上方是否为空 */
            i = (i-1+n)%n;                     /* 右上方空，当前数值准备放置在右上方 */
            j = (j+1)%n;
        } else {
            i = (i+1)%n;                      /* 右上方非空，当前数值准备放置在正下方 */
        }
        magic____ = value;                    /* 将当前数值放置在 i 行 j 列的位置 */
    }
}
void output(_____, int n)
{
    int i;
    printf("\nThe magic(%d*%d) is:\n", n, n);/* 显示"魔方阵" */
    for (i=0; i<n*n; i++) {
        printf("%4d", magic[___][___]);
        if( i%n==0 )
            printf("\n");
    }
}
main( )
{
    int magic[NUM][NUM]={0};                 /* 初始化"魔方阵" */

    create(magic, NUM);
    output(magic, NUM);
}
```

三、编程题

1. 请编写一个函数，将给定数组中处于指定范围内的双精度数取出，创建新的数组保存它们，返回该数组的首地址和元素个数。

```
double *getPart(double src[ ], int n, double x1, double x2, int *p);
```

其中，src 数组中给定一组双精度数，*n* 给定 src 数组的元素个数；要求取出数组中大于 x2 并且小于 x1 的元素，保存在新数组中返回；并将找到的元素个数保存在指针 p 给定的地址中。

2.　假设某班级所有学生的姓名保存在一个字符串数组中，请设计一个函数完成以下功能。函数原型如下：

```
int lookup(char *src[ ], int n, char *tag[ ]);
```

其中，src 是学生名数组的首地址，n 是学生人数。要求找出所有姓刘的同学，在数组 tag 中保存他们的名字，返回刘姓学生的数量。

第7章
数据的组织结构（二）

在计算机应用系统中，作为软件处理对象的数据种类繁多，且具有不同性质的组织结构。有些数据集具有相同类型的数据元素，有些数据集具有不同类型的数据元素；有些数据集的大小是固定的，有些数据集的大小则按需变化；有些数据仅仅存在于程序运行时，也有些数据具有持久性，程序运行结束后仍然是有效的。为了满足软件开发中数据组织多样性的需求，程序设计语言提供了丰富的数据类型，以便开发人员能够使用更加自然、有效的方式将各类数据组织起来，为程序的加工处理奠定良好的基础。C 语言正是一种具有这个优势的程序设计语言，它不但拥有众多能够表达各类单一数据形式的基本数据类型，以及能够组织具有相同属性的批量数据，还提供了用于表达复合数据形式的结构体类型，以及将数据永久性地保存到外部设备上的文件类型，并且允许开发者利用指针连接各种结构体数据，形成动态数据结构。本章将逐一介绍它们的定义和使用方式。

7.1　结构体类型

在程序处理的对象中，有些内容可以用很简单的数据形式加以描述，有些内容则不然。例如，一本书籍的基本信息至少应该包含书号、书名、作者姓名、出版社名称和价格等信息；一个部门的基本情况至少应该包含部门编号、部门名称、部门负责人名称、部门在职人数等信息；一名学生的学籍基本信息至少应该包含学号、姓名、出生日期、所属学院、专业和入校年份等信息。它们的共同特点是：需要用若干个数据项才能够将它们的内容表达完整。如果仅仅使用前面章节介绍的基本数据类型和数组类型，则很难将它们形成一个整体，导致数据管理的困难。本节将介绍表示这类数据形式的结构体类型，并通过列举典型实例，帮助读者加深对结构体类型的理解。

7.1.1　结构体类型的概念

结构体是一种可以将若干个不同数据类型的变量组合在一起的复合型数据类型。人们常常借助于它将表示同一数据实体的不同属性封装在一起，使之达到逻辑概念与程序变量一一对应的目的，从而提高程序的清晰度，降低程序的复杂度，改善程序的可维护性。下面分别介绍结构体类型的声明、结构体变量的定义、结构体变量的初始化和结构体变量的引用。

1. 结构体类型的声明

在 C 语言中，结构体中的变量称为"成员"，为了说明结构体中包含了哪些成员，C 语言提供以下类型声明语句，其语法格式为：

```
struct <结构体类型名>{
    <数据类型> <成员变量 1>;
    <数据类型> <成员变量 2>;
    …
    <数据类型 n> <成员变量 n>;
};
```

其中，struct 是保留字，它是声明结构体类型的开始标志；<结构体类型名>应符合 C 语言的自定义标识符规则，结构体所包含的所有成员都封装在一对花括号之间。通过这些声明语句，可以为各种结构体类型命名，声明这种结构体中包含哪些成员变量，以及这些成员的数据类型。

例如，直角坐标系中的每个点由(x,y)唯一确定。在没有介绍结构体类型之前，往往要在程序中定义两个整型变量共同表示这个坐标点的两个坐标值，尽管这样也可以满足处理的要求，但从概念上讲，一个坐标点最好能够对应程序中的一个变量，每个坐标也应该有自己的名字，使人感觉更加自然、更加易于理解。

下面是用于描述坐标点的结构体类型声明：

```
struct point_type{
    int x;              /*x 坐标 */
    int y;              /*y 坐标 */
};
```

这个声明表示：point_type 类型的变量将包含两个整型数据成员 x、y，它们分别用于存储坐标点的两个坐标值。

同样，"日期"也是一个适宜采用结构体类型描述的操作对象，它的结构体类型可以这样声明：

```
struct date_type{
    int year;           /*年 */
    int month;          /*月 */
    int day;            /*日 */
};
```

在结构体类型中，成员可以属于任何一种数据类型。如果一个成员又属于一种结构体类型，则将其称为结构体嵌套。

例如，在很多绘图工具中，如果希望绘制一个矩形，需要给出该矩形在屏幕中左上角和右下角的坐标位置，可以通过 point_type 类型声明下面这个结构体类型：

```
struct rectangle_type{
    struct point_type lefttop;              /*左上角的坐标 */
    struct point_type rightbottom;          /*右下角的坐标 */
};
```

在上面这个类型中，说明了两个属于结构体类型的 point_type 成员，它们分别用来表示矩形在屏幕中左上角和右下角的位置。应该注意的是：当将一个成员声明为结构体类型时，不要忘记在结构体的名字前面写上保留字 struct。例如，struct point_type。

又如，一名学生的基本信息包括：学号、姓名、出生日期、所属院系和所学专业。描述这些信息的结构体类型为：

```
struct studentInfo_type{
    int num;                            /* 学号 */
    char name[20];                      /* 姓名 */
    struct date_type birthday;          /* 出生日期 */
    char department[50];                /* 所属院系 */
    char major[30];                     /* 所学专业 */
};
```

此外，C 语言提供了一个保留字 typedef，用于类型定义。它允许用户为已经存在的数据类型起一个别名，其声明格式为：

```
typedef 原数据类型 新数据类型名;
```

例如：

```
typedef int INTEGER;
typedef char CHARACTER;
```

上面的声明表示：INTEGER 代表 int 类型；CHARACTER 代表 char 类型。有了上面的声明之后，就可以在程序中直接应用 INTEGER、CHARACTER。这样做的好处是可以增加程序的可读性。

实际上，在编写程序时，经常使用这个功能简化使用结构体类型的书写方式。例如，上面的结构体类型 point_type 可以这样声明：

```
typedef struct point_type{
    int x;
    int y;
} POINT;
```

在这里，POINT 与 struct point_type 完全等价，因此，rectangle_type 类型又可以这样声明：

```
typedef struct rectangle_type{
    POINT lefttop;
    POINT rightbottom;
} RECT;
```

可以看到，在声明成员 lefttop、rightbottom 时，采用 POINT 替代 struct point_type 更加简练。许多软件开发环境中大量地使用了这种定义方法。

2. 结构体类型变量的定义

声明了结构体类型之后，就可以定义结构体类型变量了。C 语言主要提供了两种定义结构体类型变量的方式：一种是通过结构体类型名定义变量；另一种是在声明结构体类型的同时定义变量。

使用结构体类型名定义变量的格式为：

```
<结构体类型名>  <变量名> {,<变量名> };
```

例如，语句 POINT pt1, pt2; 等价于 struct point_type pt1, pt2;

又如，语句 RECT rect; 等价于 struct rectangle_type rect;

与其他数据类型的变量一样，一旦定义了变量之后，系统就会为这个变量分配相应的存储空间。对于结构体类型的变量而言，系统为之分配的存储单元数量取决于结构体所包含的成员数量以及每个成员所属的数据类型。例如，上面定义的结构体型变量 pt1 包含 2 个 int

类型的成员，每个 int 类型的变量占用 4 字节，所以系统至少应该为 pt1 分配 8 个字节。其中 4 个字节用于表示成员 x；4 个字节用于表示成员 y，具体的存储状态如图 7-1 所示。

rect 变量包含两个 POINT 类型的成员，由于每个 POINT 成员需要占用 8 个字节，所以系统至少会为 rect 变量分配 16 个字节的存储空间，具体的存储状态如图 7-2 所示。

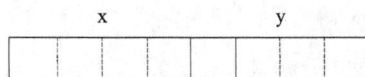

图 7-1　结构体类型变量 pt1 的存储状态　　图 7-2　结构体类型变量 rect 的存储状态

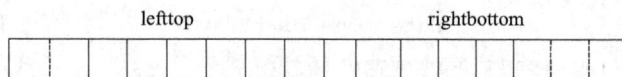

上面这种定义形式表明，pt1 和 pt2 是两个 struct point_type 类型的结构体类型变量。

3.　结构体类型变量的初始化

在定义结构类型变量的同时也可以进行初始化。对结构体类型变量进行初始化的格式为：

```
struct <结构体类型名> <变量名>={<成员值列表>};
```

下面就是几个对结构体类型变量进行初始化的例子，可见多个相同类型的结构体变量可以在同一行中定义和初始化，每个结构体成员都被赋予了初值。

```
struct point_type pt1 = {10, 20}, pt2 = {30, 40};
struct date_type d = {2005, 5, 20};
struct rectangle_type rect = { {10, 10}, {100, 100} };
```

4.　结构体类型变量的引用和操作

定义了结构体类型变量之后，可以对这个变量进行访问和更新；既可以对整个结构体变量进行操作，也可以对结构体中的某个成员进行操作。例如，在以下语句中：

```
p1 = p2;                        /* 结构体变量赋值 */
printf("%d", d.year);           /* 结构体成员的输出 */
p1.x = rect.righrbottom.x;      /* 结构体成员的赋值 */
rect.lefttop = p2;              /* 结构体成员的赋值 */
```

在上述语句中，第一句中 p1 和 p2 都是结构体 struct point，这个赋值完成其中所有成员的赋值。第二句的 printf 函数输出了结构体成员 d.year，由此可见结构体成员的引用方式是：

```
<结构体变量>.<成员名>
```

字符'.'是访问成员的操作，具有最高优先级。第三句展示了结构体成员的赋值，说明只要指定了结构体变量，成员变量的使用方法和普通变量相同。第四句用于把结构体变量保存的数据全部赋值给变量 rect 的 lefttop 成员。由于结构体 rectangle_type 中嵌套了结构体 point_type，这既是一个结构体赋值，也是对结构体成员的赋值。

对于结构体类型，C 语言没有提供专用的输入/输出格式符。因此，结构体类型数据的输入和输出比较烦琐，必须通过每个基本类型的数据成员的输入/输出来完成。

5.　结构体与指针

对于结构体变量，也可以使用&运算来获得存储空间的地址。结构体类型还可以作为指针类型的基类型，从而定义一种指向结构体的指针，例如：

```
struct date_type{
    int year;        /*年 */
    int month;       /*月 */
    int day;         /*日 */
};
```

```
struct date_type date, *pdate;                    /* 结构体变量和指针变量的定义 */
pdate = &date;                                     /* 结构体指针的赋值 */
printf("%d-%d-%d", pdate->year, pdate->month, date.day);  /* 成员的输出 */
```

在上述语句中，定义了两个变量：date_type 类型的变量 date 和指向这种结构体的指针变量 pdate。随后，将 date 的存储地址赋值给 pdate。于是，可以使用 date.year 的方式来访问其成员，也可以通过指针 pdate 来访问该成员 pdate->year。通过结构体指针访问成员的方法为：

<结构体指针变量>-><成员名>

其中，'->' 是一个运算符，用于根据指针变量给定的地址，访问结构体的成员。在最后一条语句中，通过这两种方法获得了结构体中的三个成员，用 printf 函数进行了格式化输出。

读者应该注意到这些语句为变量 date 申请了足以保存所有成员的存储空间，也为变量 pdate 申请了保存指针的存储空间（4 个字节）。这些存储空间属于本程序可以访问的空间。但是，为了方便管理存储空间，操作系统分配的空间可能大于所有成员的需求，也就是分配了一些无用的空间。读者可以使用诸如 sizeof(date_type) 的方法来获得该变量实际得到的字节数。在有些系统中，它会大于 sizeof(int) 的三倍。程序设计中应该避免这种现象可能带来的影响。

综上所述，由于结构体自身就是一种数据类型，是由若干成员组成的数据类型，其成员可以是其他类型的结构体，也可以是数组。结构体类型既可以用于变量定义，又可以用于数组元素，构成结构体数组。指向结构体的指针同样可以用作数组元素，从而构成结构体指针数组。于是，结构体、指针和数组为程序设计者提供了灵活且强大的数据组织手段，然而如何合理地利用这些数据结构是程序设计今后需要学习的重点。下面通过一些实例来介绍结构型数组、结构型参数以及结构型函数返回值的概念。

7.1.2　结构体实例：学生基本信息

学生基本信息的组织和管理是一个十分有代表性的结构体应用实例。为了简化程序的复杂性，减少程序的书写量，这里假设学生的基本信息只包括学号、姓名、出生日期、所属院系和所学专业。

在没有介绍结构体类型之前，要想表示一个学生的基本信息往往需要定义 7 个变量，它们分别表示学号，姓名，出生的年份、月份、日期，所属院系和所学专业。然而，这 7 个数据都是同一学生的数据信息。从软件系统的角度来看，学生信息是一个数据实体，这 7 个信息都是同一数据实体的属性，数据实体及其属性之间的关系任何时候都不应该改变。但如果使用 7 个变量，程序设计过程中就可能会破坏这种约束关系。因此，程序中最好只用一个变量表示一名学生的全部信息。显然，在这个变量中应该包含描述学生信息的各项内容，C 语言提供的结构体类型正是组织具有这类特征数据的一种有效方式。下面将借助【例 7-1】详细地说明使用结构体类型组织学生信息的具体方法。

【例 7-1】　学生基本信息的筛选。

通过键盘输入 30 名学生的基本信息，并在屏幕上输出。然后，再通过键盘输入一个月份和日期，查找并输出本年度在这个给定日期之后过生日的学生信息。

〖问题分析〗

解决这个问题的关键是选择一种组织 30 名学生基本信息的有效方式。首先考虑一名学生信息的表示方式。从前面的叙述中得知，为了表示一名学生的基本信息，应该声明一个包括学号、姓名、出生日期、所属院系、所学专业的结构体类型。接下来发现，其中的"出生日期"需要用 3 个数据项才能够表示完整，而"日期"是一个独立的概念，也应该为之声明一个结构体类型。因此，解决这个问题需要声明两个结构体类型，一个用于描述"日期"；一个用于描述"学生信息"。下面是这两个结构体类型的具体声明内容。

```c
/* 描述"日期"的结构体类型 */
typedef struct {
    int year;                   /* 年 */
    int month;                  /* 月 */
    int day;                    /* 日 */
} DATE;
/* 描述"学生信息"的结构体类型 */
typedef struct {
    int num;                    /* 学号 */
    char name[24];              /* 姓名 */
    DATE birthday;              /* 出生日期 */
    char department[48];        /* 所属院系 */
    char major[32];             /* 所学专业 */
} STUDENTINFO;
```

在这个类型中，描述"出生日期"的 birthday 成员属于 DATE 类型。这是一个结构体类型中某个成员又属于另一个结构体类型的典型用法。

接下来，需要考虑如何组织 30 名学生的信息。回想在第 4 章中讨论的内容可知：30 名学生的基本信息属于同一个性质的数据，因此，应该使用一维数组将它们组织在一起。这个一维数组型变量的定义格式为：

```c
STUDENTINFO std[NUM];
```

其中，NUM 是一个用编译预处理命令#define NUM 30 声明的宏。数组 std 中的每个元素都属于结构体类型 STUDENTINFO，因此，第 i 个元素中的各个成员的引用应该为 std[i].num、std[i].name、std[i].birthday.year、std[i].birthday.month、std[i].birthday.day、std[i].department 和 std[i].major。

在程序设计中，这种数组元素属于一个结构体类型的数据组织形式经常被采用。它可以将比较复杂的数据关系描述出来，其效果清晰、简捷，符合人们的表示习惯。

〖算法描述〗

在这个程序中，需要按照顺序执行下列操作。

（1）输入 30 名学生的基本信息。

（2）输出 30 名学生的基本信息。

（3）输入某个月份和日期。

（4）查找并输出在本年度上述月份和日期之后过生日的学生信息。

按照结构化程序设计方法的设计思路，在这个程序中，除了主函数外，还设计了 3 个用于完成输入、输出和查找操作的函数，它们分别是 inputInfo、outputInfo 和 searchInfo。每个函数都需要保存学生信息的结构体数组 std 作为参数，查找操作还需要指定日期 date 作为参数。各函数之间的调用关系如图 7-3 所示。向上的箭头表示由函数返回的数据，向下的箭头表示传入函数的数据。

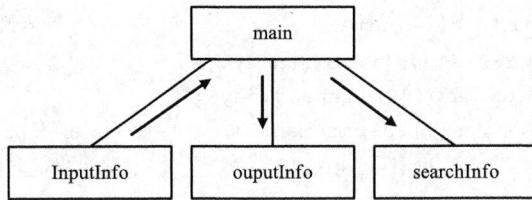

图 7-3　各函数间的调用关系

〖**程序代码**〗

```c
#include <stdio.h>
#define NUM 30

typedef struct {                              /* 日期结构 */
    int year;
    int month;
    int day;
} DATE;

typedef struct {                              /* 学生信息结构 */
    int num;
    char name[24];
    DATE birthday;
    char department[48];
    char major[32];
} STUDENTINFO;

void inputInfo(STUDENTINFO[ ]);
void outputInfo(STUDENTINFO[ ]);
void searchInfo(STUDENTINFO[ ], DATE);

main( )
{
    STUDENTINFO std[NUM];
    DATE date;

    inputInfo(std);                           /* 输入 NUM 个学生信息到数组 std */
    outputInfo(std);                          /* 输出 std 中的所有学生信息 */
    printf("\n Enter a date(month,day)");
    scanf("%d%d", &date.month, &date.day);    /* 输入待查找的生日 */
    searchInfo(std, date);                    /* 查找指定日期后，出生的学生的信息 */
}

/* 输入全部学生的信息 */
void inputInfo(STUDENTINFO s[ ])
{
    int i;

    printf("\nEnter %d student's infmation(name,birthday,department,major)\n",
NUM);
    for (i=0; i<NUM; i++) {
        s[i].num = i+1;                       /* 自动编制学号 */
```

```
            scanf("%s", s[i].name);                          /* 输入姓名 */
            scanf("%d%d%d",&s[i].birthday.year,       /* 输入生日 */
   &s[i].birthday.month, &s[i].birthday.day);
            scanf("%s", s[i].department);            /* 输入所在院系名称 */
            scanf("%s", s[i].major);                 /* 输入专业名称 */
    }
}


/* 输出全部学生的信息 */
void outputInfo(STUDENTINFO s[ ])
{
    STUDENT *p;

    printf("\n Num      Name    Dirthday   Department  Major\n");
    for (p=s; p<s+NUM; p++) {
        printf("\n%4d%14s  %4d/%2d/%2d%16s%16s",
            p->num, p->name,
            p->birthday.year, p->birthday.month, p->birthday.day,
            p->department, p->major);
    }
}

/* 查找并输出 date 之后过生日的学生信息 */
void searchInfo(STUDENTINFO s[ ], DATE date)
{
   int i;

   for (i=0; i<NUM; i++){                             /* 循环逐个比较每个学生的信息 */
       if (s[i].birthday.month > date.month) { /* 比较月份 */
           printf("\n%4d%16s    %2d/%2d", s[i].num,
                   s[i].name, s[i].birthday.month, s[i].birthday.day);
           continue;
       }
       /* 月份相同时，比较日期 */
       if (s[i].birthday.month==date.month && s[i].birthday.day>date.day) {
           printf("\n%4d%16s    %2d/%2d", s[i].num,
                   s[i].name, s[i].birthday.month, s[i].birthday.day);
       }
   }
}
```

在上述程序中，借助于一个结构型数组记录 30 名学生的基本信息。从第 6 章可知：如果函数的参数是数组类型，则传递的是地址，即在调用这个函数时，实际参数的计算结果是一个地址，它传递给指针类型的形式参数。鉴于第 6 章所述的指针和数组名之间的等价关系，这个参数可以写成 STUDENTINFO s[ ]，也可以写成 STUDENTINFO *s。于是，数组元素的成员可以写成 s[i].num，也可以写成诸如*(s+i).num 的形式。

在函数 inputInfo 中，实现了 NUM 个学生信息的输入。其中，学号采用自动生成方式，按照输入顺序，自动编制，其余数据从键盘输入。在程序代码中，完全采用了数组的描述方法。通过诸如 s[i].name 的方式来描述每个结构体成员，并按照格式化输入的要求保证每个成员的存储地址提供给 scanf 函数。由于函数调用时形式参数 s 保存了结构体数组 std 的首地址，使得所有的输入数据都保存到 std 数组中。

函数 outputInfo 负责完成数据输出，其基本控制逻辑和 inputInfo 相同。不过，这里采用了指针描述方式。将一个结构体指针 p 作为循环变量；以形式参数 s 带入的 std 数组首地址为初值，以 s+NUM 作为终值，通过结构体指针 p++ 的位移来实现对每个数组元素的访问。回顾第 6 章所述指针运算的语义，p++ 表示指针移动一个数组元素占用的字节数，从而指向数组中的下一个结构体，而 s+NUM 将得到的地址等于 std 数组首元素加上 NUM 个结构体所占用的字节数，从而保证遍历完数组中每个结构体。同时，鉴于 p 就是指向学生信息结构体的指针，采用 p->num 的方式就可以直接获得成员，而没有必要采用 s[i].num 的方式。

在 searchInfo 函数中，如代码注释所示，根据给定的参数 date 完成了查找。由于都采用数组型参数，也就是指针型参数，使得 3 个函数都可以访问和更新结构体数组 std 中的数据。在本例中，对结构体成员采用了诸如 s[i].name 的描述方法，基于指针的 p->name 两种描述方法。除此之外，结构体类型变量的使用和其他类型没有区别，都可以用于定义变量，也可以用于赋值，还可以作为函数返回值和形式参数。

需要说明的情况是：如果函数的形式参数属于结构类型，则在调用函数时，首先为结构型形式参数分配存储空间，然后将实际参数的结构型变量值完整地赋给形式参数，也就是为所有成员同时赋值。例如，函数 searchInfo 的 date 参数属于结构类型 DATE，当调用这个函数时，系统为形式参数 date 分配至少 6 字节的存储空间，并将实际参数 date 的整体赋值给形式参数 date。由于这种传递方式导致形式参数与实际参数占据不同的存储空间，所以，在函数中对形式参数做出的任何修改都不会对实际参数造成影响。

读者可以自行运行该程序，检查输入，显示输出的效果。

7.2　动态数据结构——链表

从前面的内容可知，C 语言为程序设计提供了多种组织数据的方法。对于相同类型的数据，可以采用数组的方式来组织；对于不同类型的数据，可以采用结构体的方法来组织。同时，指针类型的存在使得人们可以为不同的数据之间建立联系（如指针数组），使得更加灵活地进行数据组织成为可能。读者应该注意到相对于数组和结构体，基于指针的数据组织是可以在运行时建立起来的。利用指针变量的更新，人们既可以建立新的数据联系，又可以改变已有的数据关系。这种可以在运行时创建与更新的数据结构就叫作动态数据结构。在软件技术开发中，为了有效且高效地实现各种算法，人们总结和归纳出多种经典的动态数据结构，其中，链表就是最有代表性的一种动态数据结构。本节将介绍链表的概念和使用案例。

7.2.1　链表的概念

在计算机软件系统的设计中，经常涉及批量数据的处理，也就是数据集合的处理。对于数据集合的数据组织，虽然可以采用数组的方式来保存，但却存在多种问题。

（1）数组的大小是固定的，不可改变。但是，应用问题中很多批量数据的多少是无法预先确定的。例如，电子邮件系统将管理众多用户的邮件。有些人每天的邮件很多，有些人每年的邮件都很少。如果使用固定大小的数组来保存，则数组设置小了就可能无法满足需求，设置大了就可能造成存储资源的浪费。

（2）数组内容的插入和删除都比较困难。实际应用中，很多数据都有排列顺序的要求，如邮件的时间顺序、学生信息的学号顺序等。对于此类存在线性关系的数据，插入数据、删除数据都是常见的操作。第 4 章曾经介绍过，数组型变量占据了一片连续的内存空间。若要存取某个位置的数据，只要给出相应的下标就可以很快地定位，但是为了能够始终地保持数据之间的前后顺序关系，当在某个位置插入一个新数据时，需要将后面的所有数据向后移一个位置；当删除某个位置的数据时，需要将后面的所有数据向前移动一个位置。这种数组元素的移动可能带来较大的开销，特别是对于数组元素非常多时，这种低性能操作完全是不可接受的。

针对数组的上述缺陷，人们提出了一种动态数据结构——链表。对于批量数据，链表将其数据集合表示为一个线性序列。同时，允许根据应用需求随时增加或删除新的数据元素，并且不带来过多的资源开销。链表的基本方法就是采用动态存储分配方式来维护线性序列。根据使用需要，随时动态地为每个数据申请存储空间。由于线性序列所包含的全部数据的存储空间并不是一次性申请到的，所以数据之间占用的存储空间有可能不连续，因此对于每一个数据来说，在存储数据值的同时还要保存在线性序列中这个数据之后的数据存储位置。假设有一个线性序列 L=（9,5,8,3），可以先后 4 次向系统申请存储空间，并得到如图 7-4 所示的存储状态。

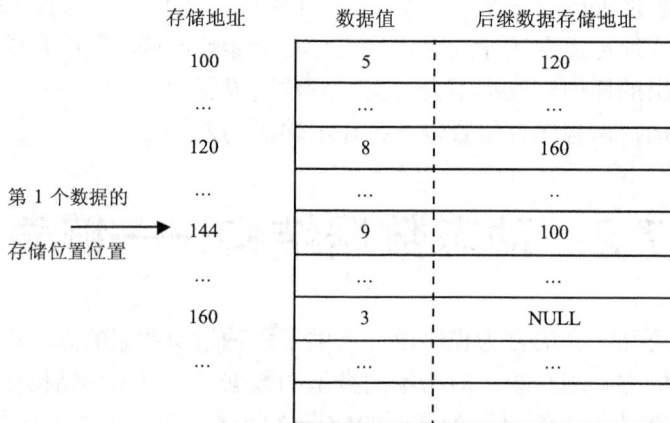

存储地址	数据值	后继数据存储地址
100	5	120
...	...	...
120	8	160
...	...	..
144	9	100
...	...	...
160	3	NULL
...	...	...

第 1 个数据的存储位置位置 → 144

图 7-4　数据序列的存储示意图

读者应该注意到，图 7-4 中各个数据并不是连续存储的。它仅将数据值和后续数据的存储位置放在一起，称为节点。利用 C 语言的结构体和类型定义功能，节点类型的定义形式如下：

```
typedef struct node {
    <数据类型> data;
    struct node *next;
} NODE;
```

其中，表示数据值的部分称为数据域（data）；表示后继数据存储地址的部分称为指针或指针域（next）。

指针 next 指向下一节点的结构体，是一种结构指针。它专门用于组织数据，其作用好像一个链，将线性序列中的所有数据一个个连接起来。因此，人们习惯地将这种存储形式称为链表。鉴于简化、直观的考虑，图 7-4 表示的存储状态通常表示为图 7-5 所示的链表。

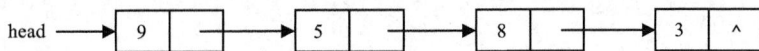

图 7-5　链表结构

其中，一个指针变量 head 用于保存头指针，指向链表中的第一个节点。这是链表操作的唯一入口点，所有链表元素的访问必须从这里出发。由于最后一个节点没有后继节点，所以，它的指针域存放一个特殊值 NULL。NULL 在图中常用（^）符号表示，代表了表尾，也可以代表一个空表。

由此可见，相对于数组，链表具有以下两个特点。

（1）不需要在创建链表之前就指出链表中所包含的数据个数。所有操作都要从表头指针开始。

（2）在线性序列的某个位置上，插入或删除某项数据时，只需要找到该数据所在的节点，修改相邻节点的指针，就可以按照新的顺序重新组织各个节点。

读者应该注意到，诸如链表等各种动态数据结构都涉及两类数据：一类数据是用于保存应用问题自身的数据，通常用各种基本类型、数组和结构体来描述。另一类数据是用于保存地址的各种指针变量，也可能是指针型的数组元素或结构成员变量。这些指针用于维护数据的组织结构。通过指针变量，程序设计者可以在运行时调整程序的数据组织，使其能够更好地反映实用数据之间的内在联系，可以使程序获得更高的性能，也可以使程序描述更加符合应用系统自身的业务逻辑。

7.2.2　链表的基本操作

线性序列的维护需要针对链表来完成，其基本操作包括查找、插入和删除数据等。

1.　指定元素的查找

鉴于链表采用顺序连接的结构，元素的查找必然从头指针开始，通过一个循环逐个检查每个元素。例如，在线性序列 L=（9,5,8,3）的链表中，查找某个元素 x 的程序如下：

```
NODE *p;
for( p=head; p!=NULL; p=p->next ) {            /* 逐个遍历每个节点 */
    if (p->data == x)
        printf( "链表中存在%d\n", p->data );
}
```

其中，使用了节点指针 p 作为循环变量；以 head 作为初始值；以空指针作为终止条件，每次循环后通过更新 p 使它指向下一节点（保存下一节点的地址位置 next）。循环中，检查指针 p 指向的节点中是否包含所查找的数据 x。由此可见，链表的访问方法和数组的访问方法相似，只是循环变量是一个指针，必须保证循环变量始终指向当前处理的元素。

2.　链表元素的插入

链表元素的插入应该达到如图 7-6 所示的效果，即要拆开两个节点之间的连接关系，加入新节点，并更新指针的连接关系。一般情况下，插入的过程分为两步：先找到指定位置之前的节点，然后修改指针的连接关系。插入链表元素的方法有多种，都需要首先确定插入的位置。下面假定被插入的数据是 x，需要在 head 指向的链表的第 i 个元素之前插入某个新节点 s，如果不存在第 i 个元素，则放在链表末尾。下面介绍两种定位插入的方法。

（1）插入方法 1：设置指针变量 p，先使其指向第 i-1 个节点，再完成插入，具体程序代码如下。

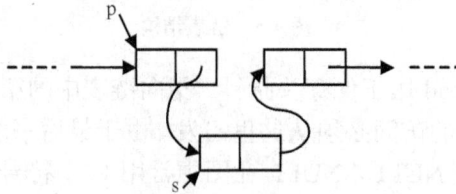

图 7-6 将 s 所指节点插入到 p 所指节点的后面

```
s = (NODE*)malloc(sizeof(NODE)); /* 构建新节点指针 s */
s->data = x;                     /* 新节点数据初始化 */
for (p=head; i>2 && p->next!=NULL; p=p->next) {
    i--;                         /* 使 p 指向第 i-1 个节点或最后一个元素 */
}
if( i!=1 ) {                     /* 如果插入位置不等于 1 */
    s->next = p->next;          /* 将 p 所指节点的下一节点作为 s 所指节点的下一节点 */
    p->next = s;                /* 将 s 所指节点作为 p 所指节点的下一节点 */
} else {                         /* 在第 1 元素之前插入 */
    s->next = head;            /* 将表头指针指向的节点(首节点)作为 s 所指节点的下一节点 */
    head = s;                  /* 让表头指针指向新节点（s 指向的节点) */
}
```

如代码注释所示，为了在第 i 个节点前插入新节点，必须先查找第 i-1 个节点；于是，一个 for 循环用于查找第 i-1 个元素的位置，将其地址保存在当前节点指针 p 中。如果没有找到第 i-1 个节点，则使 p 指向最后一个节点。

由于指针 p 所指节点的下一节点的地址都保存在成员变量 p->next 中。所以，通过修改 next 成员变量就可以重新连接各个节点。人们往往习惯于把指针 p 所指节点的下一节点简称为 "p 的下一节点"，那么赋值 s->next=p->next 就是 p 的下一节点作为 s 的下一节点；而赋值 p->next=s 就是将 s 作为 p 的下一节点。于是，就完成了节点的插入。

一个特殊情况就是 i 对于 1 的场景，此时需要以新节点作为表头。于是，需要把 head 作为新节点的下一节点，并使 head 指向新节点。

（2）插入方法 2：设置一个节点指针的指针 q，也就是 struct node**型的指针，用于保存当前节点地址的指针变量的地址，具体程序代码如下。

```
struct node **q, *s;

/* 构建新节点指针 s */
s = (NODE*)malloc(sizeof(NODE));
s->data = x;            /* 节点数据初始化 */
for( q=&head; *q!=NULL; q=&(*q)->next ) {
    if (i==1)           /* 找到插入位置 (*q 指向当前节点） */
        break;
    i--;                /* 从下一节点继续查找插入位置 */
}
s->next = *q;           /* 把当前节点的地址复制给 s->next */
*q = s;                 /* 把新节点的地址 s 放到原来保存当前节点地址的变量中 */
```

对于这个循环变量 q，如果当前节点为第 1 个节点，q 保存表头指针 head 的地址；如果当前节点是第 i 个元素，则 q 保存第 i-1 个节点中的成员变量 next 的地址，如图 7-7 所示。这时，当前节点的地址表示为*q。因此，当依次寻找插入位置时，每次循环需要采用 q=&(*q)->next 的方式来更新 q 的取值，以获得当前节点的 next 成员的地址。

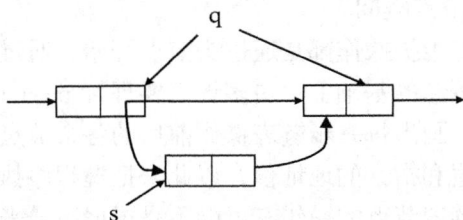

图 7-7　将 s 指向的节点插入到*q 指向的节点后面

随后，如程序注释所示，通过 s->next=*q 可以把原来的当前节点的地址放在新节点的 next 成员，也就是新节点的后面；通过*q=s 可以把新节点指针赋值到原来保存当前节点指针的变量 q 中，使得新节点处于第 i-1 节点的后面，从而插入到链表中。

由此可见，各种节点插入的方法都需要灵活利用指针，甚至指针的指针，使其指向当前节点之前的那个节点。

3. 链表元素的删除

链表元素的删除应该达到如图 7-8 所示的效果，即使指定节点脱离链表中的连接关系。方法是：先定位到指定节点的前一个节点，然后改变该节点的下一节点地址（next）。删除链表中第 i 个节点的程序代码如下。

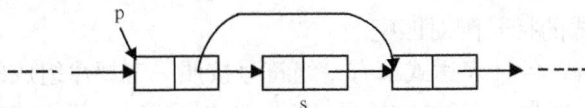

图 7-8　删除 s 指向的节点

```
NODE *s;
for(p=head; i>2; p=p->next) {
    i--;                      /* 使 p 指向第 i-1 个节点 */
    if (p->next==NULL)
        return;               /* 不存在第 i 个节点 */
}
if (i!=1) {                   /* 删除第 i 个节点 */
    s = p->next;              /* 保存被删除节点的地址 */
    p->next = p->next->next;  /* 将 p 所指节点的下一节点的下一节点,作为 p 所指节点的下一节点 */
} else {                      /* 删除第 1 个节点 */
    s = head;                 /* 保存被删除节点的地址 */
    head = head->next;        /* 将 head 所指节点的下一节点, 作为 head 所指的节点 */
}
free(s);                      /* 释放被删除节点的存储空间 */
```

如代码注释所示，链表元素的删除也需要先定位第 i-1 个元素。随后，通过赋值 p->next=p->next->next 就可以改变节点的连接关系，使得指定节点脱离链表，达到删除节点的目的。但是，由于 C 程序设计要求动态申请到的存储空间，在不用时都必须释放。为了释放被删除节点所占的存储空间，需要记住该空间的首地址。于是，程序中采用了变量 s 事先记录将要被删除的节点的地址。完成链表节点的删除之后，通过 free(s) 就可以释放节点的空间。如果被删除的节点是 head 指向的首节点，则直接用 head=head->next 就可以完成操作。赋值 s=head 也是为了释放节点空间。

综上所述，链表的所有维护操作都是通过头节点开始，通过指向节点的指针变量来实现的。读者在熟悉指针基本概念的基础上，更多地需要理解 p->next 的语义。一个有效的学习方法就是采用绘图的方法，画出每一步链表操作前后的各个节点及其关联的图示，必要时打印显示结构成员变量的取值和指针的地址值，以此来把握程序执行的效果。

在实用软件开发中，链表节点的操作有可能不是根据序号来查找的。由于链表中的节点指针完全可以替代下标变量，可能需要根据节点指针来执行要查询或删除的位置。对于这种需求，需要改进上述程序段中的节点定位方法，很多场景中并不需要沿着链表进行节点定位的操作，就可以直接进行操作。在不少系统使用的链表中，节点的结构体不仅具有指向下一节点的指针，还有指向前一节点的指针。这种双向链表结构更易于实现节点的插入和删除。

与此同时，读者也应该注意到链表元素的每次查找都需要从表头开始，相对效率较低，而数组元素的访问操作可以直接通过下标来完成。因此，链表适用于需要频繁插入、删除数据的场景，对于需要高效数据访问且不需要频繁插入、删除数据的场景，可以考虑使用动态数组等数据结构。

7.2.3　链表的应用实例

本节给出几个链表的应用实例，以加深读者对链表的应用方法和程序描述的理解。

【例 7-2】　表达式的括号配对匹配。

从句子结构上来看，各种表达式都有一组符号按照一定规律组成的字符串。其中，可能包含各种括号，包括小括号（和）、方括号[和]、大括号{和}。任何情况下，括号都是成对出现，而且任何左括号和右括号之间都只能出现完整的括号匹配。请编写一个程序，针对输入的一行表达式，判断其中的各种括号是否匹配。

〖问题分析〗

从问题的性质来看，逐个检查表达式中的每个字符，如果发现任何左括号，则后面必须存在相应的右括号。当遍历到表达式中任何位置时，都可能存在若干尚未匹配的左括号，而后续出现的任何未匹配的多个右括号，必然依次匹配这些左括号，而且这些右括号出现的顺序和左括号出现的顺序应该正好相反。

〖算法描述〗

根据上述分析，可知在检查过程中，必须依次保存尚未匹配的左括号。随后，到来的右括号必然和最后一个左括号相匹配；否则，就是括号不匹配。如果后面到来的是左括号，则属于未匹配的括号，应该保存。此外，当这个表达式分析结束时，如果仍然存在未匹配的左括号，则说明未找到足够的右括号。于是，基本流程就是读入每个字符后，按照上述逻辑依次处理。

对于保存左括号的需求，考虑到括号个数不确定，且经常需要增删，故采用一个链表 brkst 来维护。鉴于每次检查都针对最后一个括号进行，所以在针对表达式中每个字符的循环处理过程中，采用的循环不变式就是链表 brks 始终按照逆序来保存未匹配的所有左括号。

按照上述思路，图 7-9 所示的算法流程在循环处理中分别考虑了输入字符为左括号、右括号、结束符和其他字符等 4 种情况。每遇到左括号，则加到 brks 表的头部；遇到右括号，若和 brks 头部符号匹配，则删除 brks 中的头节点，从而始终保持循环不变式成立。遇到结束符时，如 brks 为空表，则说明整个表达式的括号都是匹配的。同时，流程中也考虑到处理右括号时可能出现的各种不匹配情况。

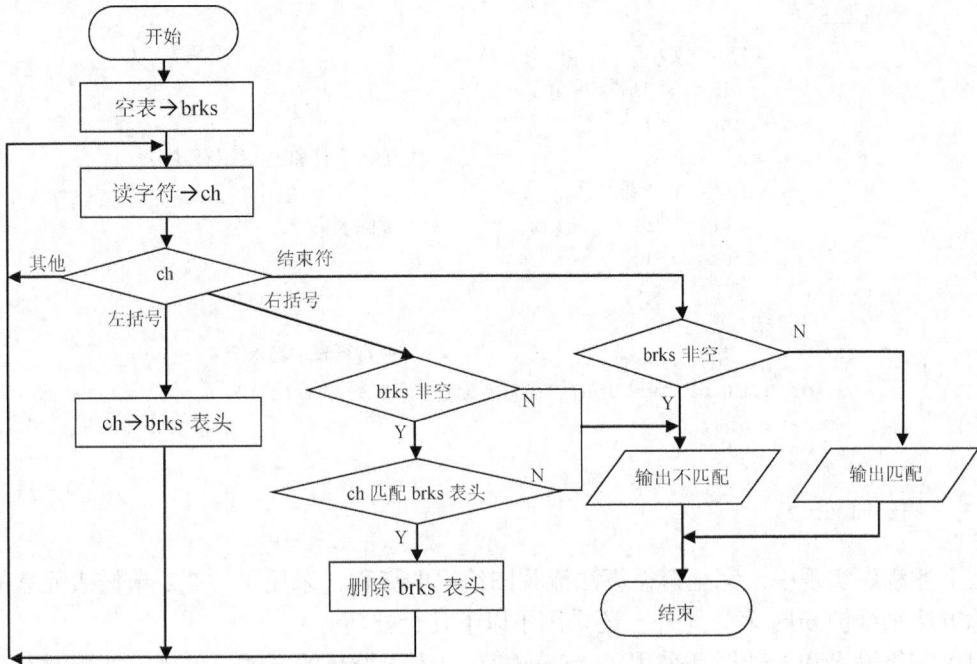

图 7-9　括号匹配检查的算法流程图

该算法具体的程序代码和详细注释如下。

〖**程序代码**〗

```
#include <stdio.h>
#include <stdlib.h>

struct node {                            /* 链表节点定义 */
    char        ch;
    struct node *next;
};

main( )
{
    char ch;
    struct node *brks = NULL, *tmp;       /* brks 是链表表头 */

    printf("请输入表达式\n");
    while( 1 ) {
        switch( ch = getchar( ) ) {       /* 读入字符 */
        case '(':                         /* 对于左括号 */
        case '[':                         /* 添加新节点 */
        case '{':
            tmp = (struct node*)malloc(sizeof(struct node));
```

```
                tmp->ch = ch;                          /* 保存括号 */
                tmp->next = brks;
                brks = tmp;                            /* 加到表头 */
                break;
        case ')':
        case ']':                                      /* 对于右括号 */
        case '}':
                if (brks==NULL || ch !=brks->ch+1) {        /* 空链表 */
                    printf( "括号不匹配\n" );
                    return 0;
                } else {                               /* 输入字符和表头字符匹配 */
                    tmp = brks;
                    brks = brks->next;                 /* 删除表头 */
                    free(tmp);
                }
                break;
        case '\n':                                     /* 换行符表示输入结束 */
                printf( brks==NULL? "括号匹配\n": "括号不匹配\n" );
                return 0;
        }
    }
    return 0;
}
```

在上述程序实现中，完全遵循算法流程图给出的流程，采用了 7.2.2 节链表元素的插入和删除方法来维护 brks 表。此外，还采用了以下几个技巧。

（1）字符输入和处理循环采用了 while(1){...}无限循环的方式；发现不匹配时，可通过 return 语言跳出循环，结束执行。

（2）在 switch 开关语句中，直接使用赋值表达式 ch=getchar( )，完成字符输入和判断；并使用连续排列多个 case 语句的方式，为多个分支提供同样的处理逻辑。

（3）在右括号和链表中左括号的匹配检查中，利用了左右括号 ASCII 值的差等于 1 的特点，采用 ch==brks->ch+1 的方式来检查。

（4）在用换行符\n 表示的结束符处理中，采用 C 语言提供的 e1?e2:e3 方式的条件表达式。该表达式先计算 e1，结果非 0 时计算 e2，否则计算 e3，以 e2 或 e3 的计算结果作为表达式的值。

〖 运行结果 〗

运行这个程序后，将会产生如下所示的结果。

```
请输入表达式
{3*(x[9]+6)/y,x[2]=(s+3)/s}
括号匹配
```

【例 7-3】 学生成绩管理。

假设一个班级中有 35 名学生，为了能够在毕业的时候打印出学生的成绩单，应该将每个学生每次考试的成绩记录下来。鉴于简化问题的考虑，这里仅记录每个学生参加考试的课程名称和考试成绩。请编写一个 C 程序，记录并输出这个班级中每个学生的考试成绩情况。

〖 问题分析 〗

在大学中，除了专业必修课程外，每个学生可以选择不同门次、不同类别的课程，成绩管理系统应该能够管理每个学生所选课程的成绩。因此，这里涉及学生信息、课程信息和成绩信息。从题目要求已知，学生数量是固定的，但每个学生所选的课程不一定相同，课程数量也可能不同。这些数据信息之间存在以下关系。

（1）每个学生对应该生选修的若干门课程。

（2）每个学生选修的每门课程都有相应的成绩。

（3）全班共计 35 名学生。

对于这些数据，程序需要提供数据结构给予保存。由于每个学生所选课程不统一，可用链表组织每个学生的选课信息（成绩链表），每个节点中保存一门课程的名称和成绩。对于全班 35 名学生的信息，可以采用数组来组织（学生信息数组）。每个数组元素保存学生学号、姓名和选课成绩链表，也应该是一个结构体。于是，所有数据组织成一个结构体数组，其数据组织结构的示意图如图 7-10 所示。

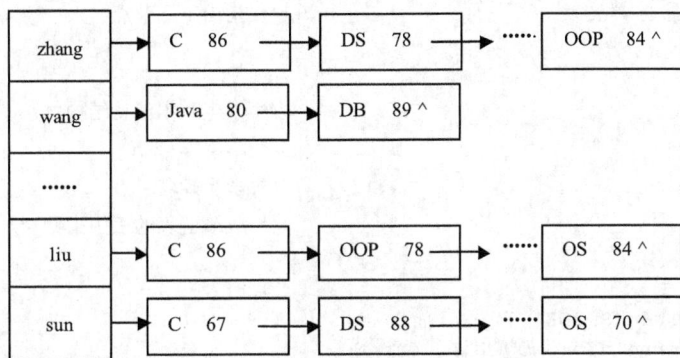

图 7-10　学生成绩数据组织示意图

如图 7-10 所示，zhang 同学的 C 语言成绩是 86、数据结构（DS）成绩是 78、面向对象程序设计（OOP）成绩是 84；而 liu 同学的操作系统（OS）成绩是 84；等等。于是，在计算过程中，从左侧的学生信息数组出发根据学生姓名，沿着数组元素中成绩链表表头指针和链表节点中的指针就可以找到每个学生各门课程的成绩。

对于程序结构的设计，遵循结构化程序设计方法中按照功能划分程序模块的原则，为求解这个问题，设计了 3 个函数：用于完成输入学生基本信息的函数 initStuInfo，用于输入一个学生的成绩信息的函数 inputCourseInfo 和用于输出全部信息的函数 outputInfo。

学生成绩管理程序的结构图如图 7-11 所示。

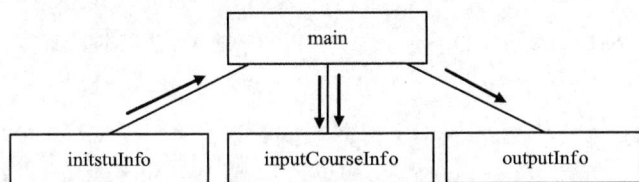

图 7-11　学生成绩管理程序的结构图

〖算法描述〗

在这个程序中，需要按照顺序执行下列操作。

（1）初始化学生信息。输入 35 行信息，每行包括学生学号和姓名。

（2）输入考试成绩。输入每个学生的所选课程和成绩，每行提供课程名称和成绩，以空行表示结束。

（3）显示学生考试成绩情况。分段输出每个学生的成绩信息，每行显示课程名和成绩。

由于这个程序的算法比较简单，有兴趣的读者可以自行画出流程图。

〖程序代码〗

```c
#include <stdio.h>
#include <string.h>
#include <stdlib.h>
#define NUM 30

typedef struct cnode {                      /* 课程成绩节点结构 */
    char cname[16];                         /* 课程名称 */
    int score;                              /* 成绩 */
    struct cnode *next;                     /* 指向下一节点 */
} CNODE;

typedef struct {                            /* 学生基本信息结构 */
    char no[8];                             /* 学生学号 */
    char name[20];                          /* 学生姓名 */
    CNODE *head;                            /* 成绩链表的表头指针 */
} SNODE;

void initStuInfo(SNODE[ ]);
void inputCourseInfo(SNODE[ ], int No);
void outputInfo(SNODE[ ]);

main()
{
    int i;
    SNODE stu[NUM];                         /* 学生信息数组 */

    initStuInfo(stu);                       /* 输入学生基本信息 */
    for (i=0; i<NUM; i++)
        inputCourseInfo(stu, i);            /* 输入一个学生的所有成绩 */
    outputInfo(stu);                        /* 输出所有学生的信息和成绩 */
    return 0;
}

void initStuInfo(SNODE s[ ])                /* 输入学生基本信息 */
{
    int i;
    char buf[64];

    printf("\n输入%d个学生的学号、姓名:\n", NUM);
    for (i=0; i<NUM; i++) {                  /* 完成学生信息数组的初始化 */
        gets(buf);                           /* 读入一行文本（学生学号和姓名） */
        sscanf(buf, "%s%s", s[i].no, s[i].name); /* 取数据，存入节点成员 */
        s[i].head = NULL;                    /* 空表 */
    }
```

```
}

void inputCourseInfo(SNODE s[ ], int n)    /* 输入一个学生的考试成绩 */
{
    char buf[64];
    CNODE *c;

    printf("\n 输入%s 同学 (学号%s) 选修的课程名称和成绩\n", s[n].name, s[n].no);
    while (1) {
        gets(buf);                          /* 读入一行文本 (课程名称与成绩) */
        c = (CNODE*)malloc(sizeof(CNODE)); /* 创建链表节点 */
        /* 从数组 buf 中取出课程名称、成绩，赋值给节点成员 */
        if (2!=sscanf(buf, "%s%d", c->cname, &c->score))
            return;                         /* 读取失败时，结束输入 */
        c->next = s[n].head;                /* 添加到成绩链表的表头 */
        s[n].head = c;
                                            /* s[n] 始终指向已输入的成绩的链表表头 */
    }
}

void outputInfo(SNODE s[ ])                 /* 输出所有信息 */
{
    int i;
    CNODE *p;

    for (i=0; i<NUM; i++) {                  /* 每个学生的信息 */
        printf("\n\n 学号%8s, 姓名%12s 的成绩:  ", s[i].no, s[i].name);
        for (p=s[i].head; p!=NULL; p=p->next)  /* 每门课程和成绩 */
            printf("(%10s,%d)\n", p->cname, p->score);
    }
}
```

　　本程序根据题目中保存各种数据的需求，定义了两个结构体，分别用于描述成绩链表节点（CNODE）和学生数组元素（SNODE）。以学生信息数组作为参数，传递给各个函数。

　　函数 initStdInfo 负责完成学生基本信息的输入，并通过形参 s 将输入的学生基本信息数据保存到结构体数组 stu。函数 inputCourseInfo 负责一个学生的成绩录入，将各门成绩数据保存到 stu[i] 的链表成员中。这里创建的链表采用了与输入数据逆序的方式来组织成绩。函数 outputInfo 采用双重循环，遍历每个学生的成绩链表，完成课程名和成绩的输出。

　　在程序实现中，对于数据输入使用了一个技巧：首先使用了行输入函数 gets 将一行文本保存在字符数组 buf 中，然后通过 sscanf 函数从 buf 中读取各种数据。函数 sscanf 的使用方法和 scanf 函数相似，也是用于格式化输入；不同之处在于它是从第一个参数指定的字符数组中读入数据，而不是标准输入流。函数 sscanf 的返回值是成功输入的数据个数，因此函数调用 sscanf(buf, "%s%d", c->name, &c->score) 应该返回 2。因此，当用户输入空行时，buf 中只有 1 个空字符串，sscanf 将返回 0。根据这个判断，程序结束了成绩输入。

　　这种方法避免了直接使用 scanf 时，对键盘输入的格式要求。一般情况下，在程序中应该避免混合使用行输入 gets、格式化输入 scanf 和字符输入 getc。

　　读者可以自行运行该程序，查看数据输入、数据输出显示的效果。

　　综上所述，本程序使用了比较复杂的数据结构。根据各种数据之间的关系，选用了结构体数组来组织学生信息，选用了链表来组织考试成绩信息，以链表首指针作为数组元素的结构成员变量，形成程序的整体数据组织。程序编码展示了结构体和指针的综合使用方法。C语言为数据的组织提供了数组、结构和指针等多种手段，指针不同于应用数据，它专门用于组织数据，建立各种数据之间的关系。在指针的各种用途中，最常见的用途就是构建链表等常用的动态数据结构。由此可见，在应用软件开发中，人们需要仔细分析各种数据的特征和关联关系，分析计算数据处理时数据访问和更新的特征，从而选择适当的数据组织。

7.3　状态机的概念与应用

软件系统设计的核心内容是静态建模和动态建模，其中，静态建模包括数据模型和结构设计。在程序设计中利用指针和结构体来构造动态数据结构，就能够满足数据模型的实现需求。通过合理地设置函数，能够支持结构化程序设计的实现。软件系统的动态模型主要描述软件的动态工作性质，包括算法执行逻辑和交互控制逻辑。然而，在相当多的应用场景中，仅仅依靠顺序、选择和循环等控制语句难以直击问题的本质。因此，人们在长期的软件设计实践中总结出多种设计模式，本节将介绍一种常见的设计模式——状态机及其程序实现方法。更多的设计模式将在后续课程中介绍。

在计算机科学中，状态机是一种常用的工具，用于刻画某种计算逻辑，亦称为有限状态机（Finite State Machine，FSM）或有限状态自动机。状态机具有比较强的抽象描述能力，常用于解决方案的设计，为程序设计提供了一种设计模式。本章将在介绍状态机基本概念的基础上，通过程序实例来讲解状态机的设计与实现方法。

7.3.1　状态机的基本概念

客观世界中很多事物的性质都可以描述为状态。例如，一场体育比赛可以有比赛状态、暂停状态和中间休息状态。一个微波炉可能有准备、定时、加热、停止等状态、一个 CD 播放器可能有播放、快进、暂停、回退和终止等状态。于是，这些事物的工作过程就表现为有限个状态，以及状态之间转移。将有限个状态、状态转移关系、状态转移条件组合在一起，就形成了状态机，并且可以表示为状态转移图。例如，一个微波炉的使用过程就可以抽象为图 7-12 所示的状态机。

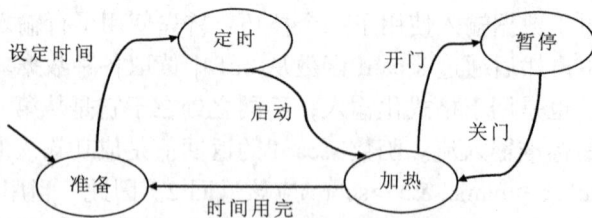

图 7-12　描述微波炉使用过程的状态机

如图 7-12 所示，状态机是一个有向图。它有多个状态，状态之间存在转移关系。转移关系上标有转移条件，有些条件是外部输入（用户操作），有些条件来自内部（如时钟）。工作开始时，微波炉处于准备状态（箭头指向）；当设置时间以后，转到定时状态；此时，按动启动按钮，则开始加热，进入加热状态。当规定时间达到后，将回到准备状态。如果未达到规定时间时打开炉门，则进入暂停状态。关闭炉门后，将进入加热状态，继续加热。由此可见，状态机描述的状态转移过程刻画了微波炉的工作过程。作为一种设计工具，设计者可以采用状态机来设计诸如微波炉等事物的工作过程。其主要方法是：分析问题的性质，设置有限个状态，考虑各个状态的转移关系，设置转移条件、开始状态（箭头指向）和终止状态（用双线圆表示）。

对于程序设计来说，状态机同样也是一种有效的设计工具。事实上，第 3 章介绍的流程图也可以转换为状态机。如果把流程图中的每个模块都看作状态，根据控制流转移条件设置状态转移，将顺序结构看作无条件转移，则可以找到相应的状态机。然而，状态机的特点在于能够直观地描述系统的动态工作性质，而不是程序中每一步的执行过程。因此，状态机的抽象描述能力更强，更适用于描述问题的解题方案，并以此来指导具体的程序设计。

在软件设计中，状态机常用于描述系统的动态性质，也就是建立系统动态模型。在程序设计阶段，需要根据状态机来设计程序逻辑，实现具体的状态表示、转移条件的判别和状态转移，完成各个状态下具体的计算任务。

一般来讲，状态机的实现首先应该考虑状态的表示，也就是采用何种数据结构或程序结构来表示每个状态。其次，考虑各种转移条件判定的实现方法。对于状态机的整体工作逻辑，相对比较简单，也就是设置一个变量标识当前工作状态，设置一个循环，在循环中通过检查状态来确定工作是否结束，根据输入信息等外部信息来检查各个转移条件是否得到满足，满足时则按照转移关系设置新的当前状态。具体步骤如下。

（1）将开始状态设为当前状态。

（2）读取输入消息 c。

（3）如果输入消息 c 和当前状态出发的某个状态转移上的符号匹配，则将目标状态设为当前状态。

（4）如果不存在匹配的符号，则异常终止。

（5）如果当前状态为终止状态，则正常终止；否则，重复执行步骤（2）～（5）。

然而，在实际应用中，每个状态转移都可能伴随着各种计算任务，转移条件也可能是内部计算结果或者时钟。此时，需要根据应用问题，扩展状态机的功能，以实现完整的应用程序。

下面，通过一个程序设计案例来展示状态机的设计与实现。

7.3.2 状态机的应用实例：交通信号的控制

状态机的实现中，很多采用不同的整数来表示不同的状态。在实用系统中，状态往往是由多方面因素决定的。下面考虑一个交通信号系统的程序设计。

【例 7-4】 交通信号的控制程序。

不少交通系统存在手动和自动控制交通信号灯的机制。在自动控制模式下，红绿黄三色信号灯按照事先设定的时间进行变换。本题要求设计一个程序，模拟在手动和自动方式下，交通信号灯的转换，具体要求如下。

（1）在两种方式下，在绿灯转换为红灯时，都自动显示黄灯 3 秒。

（2）在自动方式下，红绿灯间隔 30 秒自动转换。

（3）在手动方式下，空格键控制红绿灯之间的转换。

（4）"Tab"键用于自动方式和手动方式两种模式的切换。

〖问题分析〗

要想用状态机来描述本例的转换逻辑，就需要先考虑共有几个状态。红灯和绿灯是不同的状态，而黄灯处于转换过程中的自动显示，可以不作为一个状态。然而，自动和手动等转换方式也属于不同状态。因此，应该把转换方式和信号颜色的各种组合看作是不同状态，本例中的信息灯共有 4 种状态。考虑状态之间可能有的转换关系和转移条件，可以绘制如图 7-13 所示状态转移图。

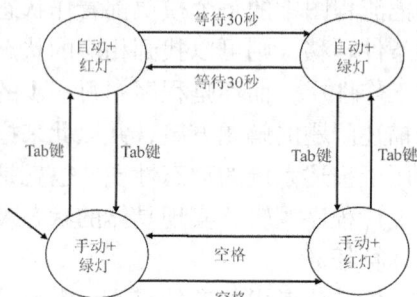

图 7-13 交通信号灯的状态机

如图 7-13 所示，状态机的开始状态为"手动+绿灯"状态；在连续输入空格时，状态在"手动+绿灯"和"手动+红灯"之间变换。如果输入"Tab"键，则转到"自动+红色"或"自动+绿色"状态；随后，每过 30 秒在两个状态之间转换。再次输入"Tab"键时，仍可以回到各个手动状态。可见，上述 4 种状态转移即可完整地说明交通信号灯的各种变换。题目没有要求单独设立黄灯的控制，相关过程可以在绿灯变红灯的转换中实现；题目也没有考虑终止的必要。

〖算法描述〗

对于上述状态机，可以看出区别于通用状态机的特殊性，在于自动方式下状态转移条件中使用了时钟。当用户点击键盘时，需要检查是否输入了"Tab"键，以控制从自动方式到手动方式的转变。当用户点击其他键时，则应保持当前状态不变。在无键盘输入时，要保持 30 秒。为此，本题采用以下步骤来实现状态机规定的计算逻辑。

（1）检查有无键盘输入。

（2）如果存在键盘输入，或者系统处于手动模式，则读取输入字符。

（3）如果输入字符为空格，则做信号转换。

（4）如果输入字符为 Tab 键，则做操作方式的切换。

（5）如果无键盘输入，并且系统处于自动状态，则做信号转换，并暂停运行 30 秒。

信号转换算法比较简单，但是需要使用 EasyX 图形函数，完成界面上信号灯的模拟显示。因此，单独设立了一个函数 change 负责状态转换、黄灯闪烁、界面显示等相关操作。

对于状态的描述，考虑到本题状态包含了信号颜色和操作方式两个信息，故将它们组合成一个结构体来表示整个状态。具体代码实现如下。

〖程序代码〗

```
#include <graphics.h>
#include <conio.h>
```

```c
struct STATE {
    int type;                              /* 自动:1 手动:0 */
    COLORREF color;                        /* 信号灯颜色 */
};

void change(struct STATE*);

int main( )
{
    char ch;
    struct STATE st = { 0, RED };          /* 当前状态及其初态: 手动+红色 */

    initgraph(640, 480);                   /* 绘图环境初始化 */
    change(&st);                           /* 状态变换和显示 */
    while (1) {
        if (kbhit() || st.type==0 ) {      /* 存在输入或处于手动状态 */
            switch (ch = getch( )) {       /* 读键入命令 */
            case '\t':                     /* Tab 键 */
                st.type = !st.type;        /* 手动变自动, 自动变手动 */
            case ' ':
                if (st.type == 0 )         /* 手动模式 */
                    change(&st);           /* 变灯和显示 */
            }
        } else {
            change(&st);                   /* 自动状态: 变灯显示 */
            Sleep(30000);                  /* 显示 30 秒 */
        }
    }
    closegraph( );                         /* 关闭绘图环境 */
    return 0;
}

void change(struct STATE *p)               /* 状态变换和显示 */
{
    if (p->type)                           /* 在界面左上角显示操作模式 */
        outtextxy(10, 10, _T("自动模式"));
    else
        outtextxy(10, 10, _T("手动模式"));
    if( p->color == RED )
        p->color = GREEN;                  /* 红变绿 */
    else {
        setfillcolor(YELLOW);              /* 设置黄色 */
        fillcircle(300, 240, 80);          /* 显示有色的圆 */
        Sleep(3000);                       /* 显示 3 秒 */
        p->color = RED;                    /* 绿变红 */
    }
    setfillcolor(p->color);                /* 设置新的颜色 */
    fillcircle(300, 240, 80);              /* 显示有色的圆 */
}
```

上述程序中，定义了状态结构体和当前状态变量 st。用整数 1 和 0 分别表示自动和手动操作方式。主程序的基本逻辑遵循状态机的执行算法，采用循环语句控制输入、转移条件判定和状态转移。其中，采用了 EasyX 提供的函数 kbhit 来判定是否存在键盘输入，通过更新当前状态的操作方式属性 st.type 来完成操作方式的转换，通过调用函数 change 来完成信号变换，通过标准函数 Sleep 迫使程序暂停来实现信号灯的持久显示（其参数单位为毫秒）。

函数 change 的参数为当前状态的指针，通过指针可以修改当前状态的颜色 p->color。程序中，COLORREF 是 graphics.h 中定义好的颜色类型，取值有 RED、GREEN、YELLOW 等各种颜色。此外，EasyX 还提供了 setfillcolor 用于设置当前填充色，函数 fillcircle 则用于画出涂有当前填充色的圆。如注释所示，借助于这两个函数，函数 change 画出了不同颜色的圆，并用 Sleep 使得黄灯显示 3 秒。此外，还利用 outtextxy 函数在界面左上角显示了当前的操作方式。为了满足参数类型的约定，采用_T 宏变换将字符串常数转换为 LPCTSTR 类型。可见，虽然这些 EasyX 函数、常量和类型的定义不属于标准的 C 语言，但仍为图形处理的实现提供了不少便利的手段。

在上述程序的结构设计中，函数 change 封装了各种烦琐的绘图和变换操作，使得状态机的核心控制逻辑完全由 main 函数负责。这种合理的功能划分保证了程序的可读性，所有基于状态机的程序设计都应该在结构设计上分离状态转移和各种具体的操作。

本程序展示了在具体的应用案例中状态机的设计与实现方法。在状态机的设计中，需要针对问题性质，来设置状态、状态转移关系和条件。对于状态机的程序实现，通常需要扩展状态机的通用执行算法，根据应用需求，处理数据输入和转移条件的判定，并在状态转移中补充必要的计算任务。

〖运行结果〗

程序的运行结果如图 7-14 所示。用户可以通过空格键来变换信息，也可以通过"Tab"键来切换手动模式和自动模式。

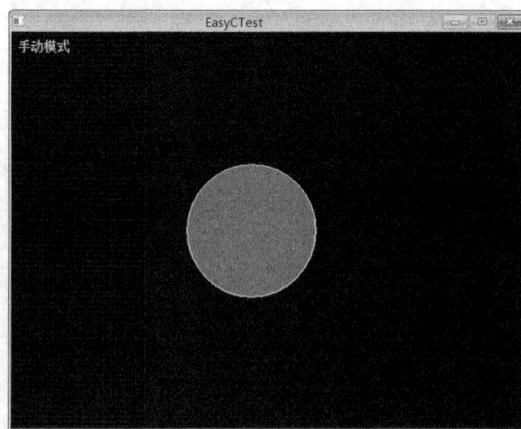

图 7-14　交通信号灯的模拟显示

上述算法虽然实现了完整的交通信号灯控制，但如果直接运行和使用该程序，则不难发现在自动模式到手动模式的转换中，存在输入响应过慢的问题。这是因为本题采用了信号显示 30 秒后检查键盘输入的方法，不能及时捕获键盘输入。如果修改这个缺点，可以在 30 秒内多次检查键盘输入。为此，需要设置一个计数器来记录信号显示时间是否达到 30 秒。这个问题可以作为一个练习题，请读者来完成。

7.4　文件

各种计算机应用系统大都需要使用大量的数据。正如前面各种程序设计案例所示，程序设计中必须提供各种数据类型的变量，来保存和组织这些数据。对于变量表示的数据，系统的基本处理过程为：当程序运行时为它们分配存储空间，然后对它们进行输入、赋值、判断、计算和输出等一系列操作，当程序结束运行后，系统将自动地回收全部存储空间。当然，保留在各个变量中的数据也随之消失，无法继续使用。然而，几乎所有的应用软件都需要保留数据，保留过去的计算或更新结果。例如，人们正在编辑的文章不应该随着编辑程序的关闭而消失；人们使用的交流记录也不应该随着微信程序的关闭而消失，也不应该随着计算机的关闭而消失。

从计算机的工作原理可知，计算机系统中只有保存在硬盘、磁盘或 U 盘等二次存储器中的数据才不会随着计算机的关闭消失。因此，程序设计语言应该提供访问二次存储器的功能，支持针对二次存储器的读/写操作的实现。为了管理二次存储器中的数据信息，计算机中的文件系统提供了按照目录组织数据文件的功能。各种数据被分别保存在不同类型的文件中。每个文件目录中包含了若干个文件和子目录。

7.4.1　文件的概念

在 C 语言中，"文件"是指存储在外部介质上的一组相关数据的集合，包括存放各种程序代码的程序文件和存放各种数据的数据文件。实际上，本书介绍过多种不同扩展名表示的不同类型的程序文件。例如，C 源代码形成的.c 源程序文件；对.c 文件进行编译后生成的.obj 目标文件；经过连接得到的.exe 可执行文件；以及大量的.h 头文件等。除此之外，文件还可以将一组待处理的原始数据，或者输出的结果数据组织起来。通常情况下，在程序中处理的绝大多数文件属于数据文件。

按照不同的组织方式，文件被划分为两个类别：文本文件和二进制码文件。文本文件以字符为基本单位，每个字符占用一个字节存放对应的 ASCII 编码；这种文件形式又被称为 ASCII 文件。例如，数值 8765 在文本文件中需要占用 4 个字节，其存储形式为

ASCII：　　00111000　　00110111　　00110110　　00110101

　　　　　　　↓　　　　　↓　　　　　↓　　　　　↓

十进制码：　　8　　　　　7　　　　　6　　　　　5

其中，二进制数 00111000 对应十进制数 56；二进制数 00110111 对应十进制数 55；二进制数 00110110 对应十进制数 54；二进制数 00110101 对应十进制数 53。它们分别是数字字符'8'、'7'、'6'和'5'的 ASCII 编码。可以注意到，这种存储形式将数值 8765 看作由 4 个数字字符组成，每个字符占用 1 个字节用来存放每个数字字符对应的 ASCII 编码。

概括起来，文本文件有如下两个特征。

（1）文本文件由若干个文本行组成，每个文本行由若干个字符组成，且由换行符'\n'结束。

（2）由于文本文件是按照字符存储的，所以可以利用任何一个文本编辑器把文本文件打开，其中内容将一目了然地展现在人们面前。借助于任何一个文本编辑器，可以直接地键入和修改文本文件的内容。

二进制文件是指直接按照二进制编码形式存储数值的方式。例如，数值 8765 对应的二进制编码为：00000000000000000010001000111101，在文件中将利用四个字节直接存储这个 int 型整数的二进制数值。读者应该注意到对于同一个整数 8765，虽然都使用四个字节来表示，但是在 ASCII 文件和二进制文件中的表示方法完全不同。

在 C 语言中，不管是哪种类别的文件，都可以把它看成一个字节序列，又称为"字节流"，简称为"流"。在程序对文件进行读写操作时，完全由程序控制读写的开始和结束，而不受任何诸如换行符等物理符号的控制，人们通常把具有这种特征的文件称作"流式文件"。

在大多数情况下，程序中处理的文件对应于一个磁盘文件，而对磁盘文件的各项操作都将引发对外部存储设备的访问。试想一下，如果每次访问只读写一个字节的数据，完成对一个文件全部数据的读写操作将会消耗大量的时间，解决这个问题的主要途径是减少访问外部存储设备的次数，为此，C 语言的编译系统提供了一种缓冲式文件处理机制。这种处理机制的基本策略是：为每个文件开辟一块内存区域。当对文件进行读操作时，先从文件中读取一批数据至这块内存区域，直到满为止，然后系统再从这块内存区域提取数据赋给程序中的变量；与此相反，当对文件进行写操作时，先将数据放入这块内存区域中，直到满为止，然后系统再将这块内存区域中的数据一次性地写入磁盘文件中。可以看出，这块内存区域起到了一个缓冲的作用，因此，将之称为"文件缓冲区"，又简称为"缓冲区"。程序、缓冲区与磁盘文件的关系如图 7-15 所示：

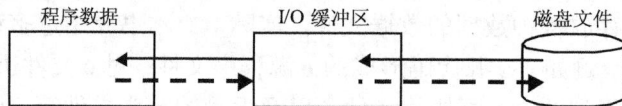

图 7-15 缓冲区与磁盘文件的关系

在这个图中，实线表示读文件的过程，虚线表示写文件的过程。很明显，不管是读文件，还是写文件，程序与磁盘文件始终没有直接接触，而是经过缓冲区，这样就可以实现一次读/写一批数据，从而达到减少访问外部存储设备次数的目的。

前面已经讲过，程序中操作的文件大多数是磁盘文件。要想处理磁盘文件中的数据必须先将这些数据读到程序的变量中；如果希望将程序的结果永久性地保留起来，就要将这些数据写入磁盘文件中，因此，文件的操作主要包含读文件和写文件。所谓读文件是指将磁盘文件中的数据读取到内存中；所谓写文件是指将内存中的数据写入磁盘文件。除此之外，为了保证文件数据的安全性和完整性，在未经许可的情况下，不允许对文件进行读/写操作，这就好像是系统为每个文件上了一把锁，只有用钥匙将锁打开，才能够对其进行操作；当操作完毕，还应该将文件锁上。所以，对文件的操作需要经过打开文件、读/写文件和关闭文件 3 个阶段。

7.4.2 文件的打开和关闭操作

在 C 语言中，提供了一个用于描述文件属性的结构体类型 FILE，当对文件操作时，需要定义一个指向 FILE 的指针，用这个指针标识实际的磁盘文件。在随后的读/写操作过程中，程序将根据这个指针的指向，对相应的文件实施各项操作。下面介绍 FILE 指针，文件打开、关闭和文件读/写操作的基本方式。

1. FILE 指针

FILE 类型是一个结构体，包含了对文件操作时所需要的全部信息，其类型声明如下所示：

```
typedef struct {
        int              level;        /* 文件缓冲区的占用状况 */
        unsigned         flags;        /* 文件状态标志 */
        char             fd;           /* 文件描述符 */
        unsigned char    hold;         /* 没有文件缓冲区时保存字符 */
        int              bsize;        /* 文件缓冲区大小 */
        unsigned char    *buffer;      /* 数据缓冲区 */
        unsigned char    *curp;        /* 指向当前的读写位置 */
        unsigned         istemp;       /* 临时文件指示器 */
        short            token;        /* 用于有效性检查 */
} FILE;
```

这个声明位于系统提供的头文件 stdio.h 中，因此，在处理文件时，首先需要将这个头文件嵌入到程序中，随后定义指向 FILE 的指针，即文件指针。事实上，在 stdio.h 文件中定义了 3 个文件指针：

```
FILE *stdin, *stdout, *stderr;
```

它们分别代表标准输入流（键盘输入流）、标准输出流（控制台输出流）和错误信息流。

2. 文件的打开、关闭

从前面的叙述中已经得知，要想对某个文件进行读/写，首先就要将文件打开，完成所有读/写操作后，再将文件关闭，才能保证数据不丢失。关闭后的文件才允许其他程序访问。在 C 语言中，提供了两个标准函数 fopen 和 fclose，分别用于文件的打开和关闭，它们的函数原型是：

```
FILE *fopen( char fname[ ], char mode[ ] );
int fclose( FILE *fp );
```

其中，fopen 的返回值是一个 FILE 类型的指针变量；fname 是以字符串形式描述的文件名；mode 是文件操作模式。如果文件打开成功，系统自动地创建一个 FILE 型结构体，用于存放文件的相关信息，并返回这个结构体的地址，即文件指针。在随后的各项操作中，程序将通过这个文件指针控制所有文件操作。文件无法打开时，将返回 NULL。在关闭时，需要给出打开文件时得到的文件指针，如果关闭文件成功，FILE 结构体被释放，fclose 函数返回 0；否则返回 EOF(-1)。

例如，在下列程序段中，

```
FILE *fp;
if ((fp = fopen("c:\file.dat", "r")) == NUUL) {
    printf("\nCannot open the file");
    return 1;
}
fclose( fp );
```

第二行的 fopen 函数采用了表示读打开的操作模式 "r"。它打开磁盘文件 c:\file.dat。如果文件打开成功，函数返回文件指针，否则返回 NULL；赋值给文件指针变量 fp。函数调用执行完毕后，立即判断文件指针 fp 的内容，如果为 NULL，说明文件打开失败，显示相应的提示信息，并结束程序的继续执行；否则，说明文件已经成功地打开，针对文件 c:\file.dat 的所有后续操作都必须通过文件指针 fp 完成。用于关闭文件的 fclose 就根据 fp，来关闭文件 c:\file.dat。

对文件可以施加什么样的操作，完全取决于打开文件时指定的"操作模式"。表 7-1 列出了 C 语言提供的 12 种文件操作模式。

表 7-1   文件操作模式

操 作 模 式	说　　明
"r"	以"只读"的方式打开一个文本文件
"w"	以"只写"的方式建立一个文本文件
"a"	以"只写"的方式打开或创建一个文本文件，新数据追加在文件的尾部
"rb"	以"只读"的形式打开一个二进制文件
"wb"	以"只写"的形式打开或建立一个二进制文件
"ab"	以"只写"的形式打开或创建一个二进制文件，新数据追加在文件的尾部
"r+"	为了更新文件，以"可读写"的方式打开一个文本文件
"w+"	为了更新文件，以"可读写"的方式打开或创建一个文本文件
"a+"	为了更新文件，以"可读写"的方式打开或创建一个文本文件，新数据追加在文件的尾部
"rb+"	为了更新文件，以"可读写"的方式打开一个二进制文件
"wb+"	为了更新文件，以"可读写"的方式打开或创建一个二进制文件
"ab+"	为了更新文件，以"可读写"的形式打开或创建一个二进制文件，新数据追加在文件的尾部

在指定文件的"操作模式"时，需要注意以下使用条件。

（1）当文件以"r"的方式打开时，该文件必须已经存在。

（2）当文件以"w"的方式打开时，如果文件不存在，将按照给定的路径和文件名创建一个新文件；否则删去原有文件的内容。

（3）当文件以"a"的方式打开时，表示要向一个已经存在的文件中追加新数据，因此该文件必须存在。

3. 文件的读取结束或出错检查

对于处于磁盘或光盘中的各种文件，读/写错误是常见的。C 语言提供了两个函数，分别用于检查文件读取的结束和出错检查；它们的函数原型如下：

```
int feof( FILE *fp );
int ferror( FILE *fp );
```

其中，前者用于检查对指定文件的读取是否已经到达文件结尾。后者用于检查之前发生的读/写操作中是否存在错误。二者的返回值都是表示布尔值的整数 1 或 0。

7.4.3　文本文件读/写操作及应用实例

当文件打开成功后，就可以对文件进行读/写操作了。在 C 语言中，提供了若干种读/写文件的标准函数。下面针对文本文件，介绍一下各类函数的使用方式。

（1）字符读/写操作

字符读/写方式是指以字符为单位对文件进行读/写操作。在 C 语言中，提供的标准函数 fgetc 用于从文件中读取一个字符；fputc 用于将一个字符写入文件中。它们的函数原型是：

```
int fgetc( FILE *fp);
int fputc( int ch, FILE *fp );
```

前者用于从 fp 指定的文件读取一个字符，返回其 ASCII 值；后者用于向 fp 指定的文件按照 ch 给定的 ASCII 值写入一个字符。当文件读到结尾处或者读取失败时，fget 返回 EOF(-1)。当 fputc 遇到写错误时，也返回 EOF。事实上，前面常用的 getchar 和 putchar 函数并不是真正的函数，而是在 stdio.h 中通过以下宏定义实现的。

```
#define getchar( )   fgetc(stdin)
#define putchar(c)   fpuc(c, stdout)
#define EOF  (-1)
```

读者应该注意到这些函数的返回值为 int 整型，并不是 char 字符型。读者一不小心就可能犯以下错误：

```
char ch;
ch = fgetc(fp);
if (ch == EOF )
…
```

对于这些语句，如果 fgetc 读到字符时，不会出现问题。但是，当遇到文件结束，fgetc 返回 EOF 时，会出现给字符型变量 ch 赋值整数-1 的情况。由于 ch 只有 8 个二进位，因此必然丢失了其余 24 位，从而使得后面的 ch==EOF 永远不会成立。因此，对于文件结束的检查，应该使用 int 整型或标准函数 feof 来检查。

（2）字符串读/写操作

在 C 程序中，不仅能够以字符为单位对文本文件进行操作，还能够以字符串的形式对文件施加各种操作。fgets 和 fputs 正是一对从指定文件中读取一行字符串或将字符串作为一行写入指定文件的标准函数。它们的函数原型如下：

```
char *fgets(char buf[ ], int n, FILE *fp);
int fputs(char buf[ ], FILE *fp);
```

其中，函数 fgets 用于从 fp 指定的文件读取至多 n-1 个字符到 buf 绑定的字符数组中。读取时遇到换行符为止，并在最后一个字符之后加标志 '\0'。成功时返回字符串的首地址，失败时返回 NULL。函数 fputs 用于将绑定在 buf 的字符串输出到 fp 指定的文件。成功时返回 0，出错时返回 EOF。

（3）格式化读/写操作

对于文本文件，C 语言也提供了类似于 scanf 和 printf 函数的格式化输入和输出函数。

```
int fscanf(FILE *fp, char format[ ], 地址, …, 地址);
int fprintf(FILE *fp, char format[ ], 表达式, …, 表达式);
```

这些函数都使用了文件指针作为第一个参数，用于指定输入来源或输出目标。其他使用方法和已经熟悉的 scanf 和 printf 函数完全相同。它们的返回值都是成功输入或输出的数据项个数。

下面通过一个实用案例介绍文本文件的读入和创建。

【例 7-5】　文本文件的复制。

请设计一个文本文件的复制程序，采用形如 filecopy file1 file2 的命令行方式，将文件 file1 复制到文件 file2 中。

〖问题分析〗

从题目要求来看，程序的输入采用命令行方式。第 1 个参数是可执行程序的文件名称，叫作 filecopy，第 2 个参数是旧文件名；第 3 个参数是新文件名。如果命令行中的参数数量不足 3 个，将无法正常运行。复制文本文件的过程是：一边从旧文件中读取字符，一边往新文件中写入字符，直到原文件结束。

〖算法描述〗

在这个程序中，需要按照顺序执行下列操作。

（1）打开两个文件。

（2）反复地从旧文件中读取字符，然后写入新文件中，直到读完旧文件为止。

（3）关闭两个文件。

这个程序的计算逻辑很简单，仅仅包含一个循环。但是，需要考虑所有可能出现的错误，包括打开/关闭文件时的错误、读/写文件时可能出现的错误等。

〖程序代码〗

```c
#include <stdio.h>

main(int argc, char *argv[ ])
{
    FILE *fp1, *fp2;
    int ch;

    if(argc!=3) {                                  /* 判断参数的数量 */
        printf("No file name.");
        return 1;
    }
    if(NULL == (fp1=fopen(argv[1], "r"))) {        /* 读打开旧文件 */
        printf("Cannot open %s\n", argv[1]);
        return 1;
    }
    if(NULL == (fp2=fopen(argv[2], "w"))) {        /* 写打开新文件 */
        printf("Cannot open %s\n", argv[2]);
        return 1;
    }
    while(EOF != (ch = fgetc(fp1))) {              /* 从文件读字符 */
        if (EOF == fputc(ch, fp2))                 /* 向文件写字符 */
            break;
    } while ( 1 );                                 /* 复制文件 */
    If( !ferror(fp1) )                             /* 如果读文件出错 */
        printf("Read error from file %s\n", argv[1]);
    if( !ferror(fp2) )                             /* 如果写文件出错 */
        printf("Write error from file %s\n", argv[2]);
    if( EOF == fclose(fp1) )                       /* 关闭两个文件并检查出错 */
        printf("Fail to close file %s\n", argv[1]);
    if( EOF == fclose(fp2) )
        printf("Fail to close file %s\n", argv[2]);
}
```

在上述代码中，为了描述简便，几个 if 语言的条件式中都采用了包含函数调用的赋值表达式，以及赋值结果相等判断的关系表达式。如表达式 NULL == (fp1=fopen(argv[1], "r")))表示将调用 fopen 函数，将结果赋值给变量 fp1，并且检查这个值是否是空指针 NULL。这种写法在实用程序中是很常见的。

在程序代码中，针对各种文件处理标准函数，都安排了出错检查步骤。通过检查返回值是否等于 EOF 就可以发现错误。由于 EOF 也被用作是文件结束的标志，ferror 函数被用于检查读文件时可能出现的错误。

〖运行结果〗

假设将上面这个 C 程序文件存放在硬盘 d 区的根目录下，文件名（或工程名）必须是filecopy，经过编译、连接后形成了一个可执行文件 filecopy.exe，并且已经存在一个文本文件 wfile.txt，则可以键入下列格式的命令行运行这个程序：

```
filecopy wfile.txt newfile.txt
```

程序运行之后，可以在磁盘上看到一个新创建的名为 newfile.txt 文本文件，文件内容和文件 wfile.txt 相同。

归纳起来，文本文件的处理完全依靠系统提供的标准函数来实现。由于涉及外部输入/输出，存储设备或介质的任何损坏都可能导致输入/输出错误。因此，读者应该深入了解各个标准函数如何报告这种错误，程序设计中也必须充分考虑所有出错的可能性。

7.4.4　二进制文件的读/取操作

对于二进制文件，C 语言提供了一组用于读/写数据块的标准函数。利用它们可以从文件中读取一组数据，或写入一组数据到文件中，这样就可以一次性地实现读/写数组变量或结构体变量中的全部数据。数据块读/写函数的调用格式分别为：

```
size_t fread(void *buffer, size_t size, size_t count, FILE *fp);
size_t fwrite(void *buffer, size_t size, size_t count, FILE *fp);
```

其中，size_t 是无符号整数的数据类型；对于 32 位系统 size_t 相当于无符号整型 unsigned。对于二进制文件，函数 fread 用于从 fp 指定的文件读取 count 个数据项到 buffer 指定的地址，其中每个数据项占用 size 个字节。函数 fwrite 用于从 buffer 指定的地址开始，将 count 个数据项写入 fp 指定的文件，其中 size 指定了每个数据项占用的字节数。这里的参数 buffer 是一个 void 无类型指针，因此可以绑定任何基类型的指针变量。两个函数返回值分别是成功读取或成功写入的数据项个数。因此，通过比较 count 和返回值就可以得知输入输出是否出错。

此外，C 语言还允许在文件的任意位置进行读写操作。利用 fseek 函数可以进行文件的定位，利用 rewind 函数可以移动读写位置到文件头。

```
int fseek(FILE *fp, long int pos, int where);
long int ftell(FILE *fp);
void rewind(FILE *fp);
```

函数 fseek 的第三个参数有三个取值：SEEK_SET、SEEK_CUR 和 SEEK_END，分别代表文件头、当前位置和文件尾。对于 fp 指定的文件，fseek 用于移动读写位置到相对于 where 指定位置移动 pos 个字节的地方。当前读/写位置可以用 ftell 函数获得。

下面给出一个程序案例，展示二进制文件的创建、读取和保存方法。

【例 7-6】　职工基本信息管理。

考虑职工基本信息的管理需求。请编写一个程序，提供从键盘输入职工基本信息，写入指定文件；打开指定文件，显示此前输入的职工信息，按照职工号选择部分信息，写入其他文件等功能。要求以菜单方式提供功能选择。

〚 问题分析 〛

考虑到计算机软件的任何计算都是针对内存数据完成的，上述数据处理功能需求可以归纳为以下几个操作。

（1）数据输入：从键盘输入多个职工基本信息，保存到内存中。

（2）数据保存：给出职工号范围，将部分数据写入指定文件。

（3）数据装入：将指定文件中的所有职工数据，读到内存中。

从上述操作中，可以看出需要保存在内存的数据主要是多个职工基本信息；此外，还有必要保存当前处理的文件名。假定职工基本信息包括职工号、姓名、所属部门、职务，因此应该设置一个结构体来维护一个职工的信息。对于多个职工的信息，可以采用结构体数组，但是考虑到数据选取操作涉及数据删除，故选择链表来保存，每个节点保存一个职工的基本信息。同时，考虑到信息显示的可读性，要求职工信息按照职工号的顺序排列。

〚 算法描述 〛

根据上述分析，设置指针变量 lines，所谓职工信息链表的头指针。在链表节点的结构体 struct node 中设置保存各种职工基本信息的结构体 struct info 型变量 dara 作为其成员。

从计算任务上来看，程序执行的主要逻辑就是反复地根据菜单输入来完成数据输入、数据保存、数据装入等操作，直至输入退出命令为止。大致算法如图 7-16 所示。

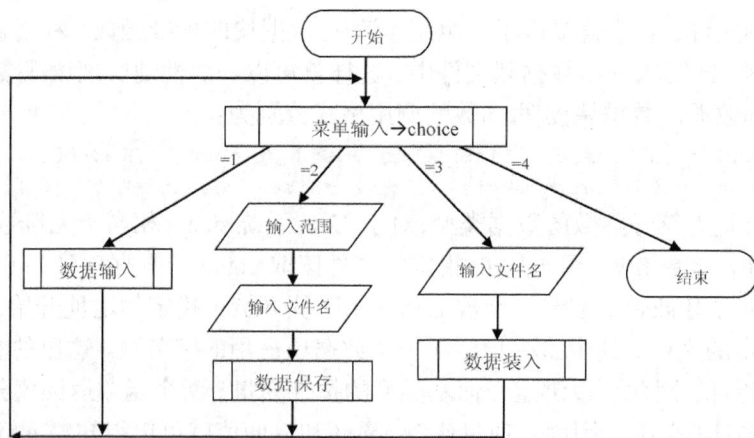

图 7-16　职工信息管理的算法流程图

图中整型变量 choice 用于保存菜单输入命令，不同整数代表不同的命令。对于 3 种操作都是独立的操作，应分别设置函数。函数参数的设置需要考虑到每个操作都涉及职工信息，有些需要指定文件和其他输入。此外，对于菜单输入等独立的功能，也应单独设置函数。

4 个函数的原型设计如下：

```
int menuInput(void);                          /* 菜单输入 */
struct node *inputData(struct node *);        /* 输入数据 */
int writeFile(struct node *, int, int, FILE *);   /* 保存数据到指定文件 */
struct node *readFile(FILE *);                /* 从指定文件装入数据 */
```

各种函数的参数设置考虑了完成各自功能数据所需的输入和输出。对于函数 inputData 完成来自键盘的输入后，并允许反复输入，因此设置参数给定原链表，返回添加后的链表的头指针。函数 readFile 则完成从文件的数据输入，同样返回表头指针。对于函数 writeFile，

需要从现有链表中选择部分数据，写入指定文件；对于可能出现的错误，采用空指针或整数
0 报告错误。程序的实现代码如下。

〖 程序代码 〗

```c
#include <stdio.h>
#include <stdlib.h>

struct info {                                    /* 职工基本信息 */
    int no;                                      /* 职工号 */
    char name[32];                               /* 姓名 */
    char department[32];                         /* 单位 */
    char post[32];                               /* 职务 */
};

struct node {                                    /* 链表节点 */
    struct info data;                            /* 1 个职工的信息 */
    struct node *next;                           /* 指向下一节点 */
};

int menuInput(void);                             /* 菜单输入 */
struct node *inputData(struct node *);           /* 输入数据 */
int writeFile(struct node *, int, int, FILE *);  /* 选取部分数据到指定文件 */
struct node *readFile(FILE *);                   /* 从指定文件装入并显示数据 */

main( )
{
    int choice;                                  /* 命令 */
    int start, end;                              /* 选择范围 */
    FILE *fp;                                     /* 文件指针 */
    char buf[32];                                 /* 输入缓冲区 */
    struct node *lines = NULL;                    /* 数据链表 */

    do{
        switch( choice = menuInput( ) ) {

        case 1:
            lines = inputData(lines);            /* 输入数据 */
            break;
        case 2:                                  /* 选取部分数据，保存到指定文件 */
            printf("请输入职工号的选择范围: ");
            gets(buf);
            if( 2!=sscanf(buf, "%d%d", &start, &end) )
                printf("输入错误.\n");
            printf("请输入文件名: ");
            gets(buf);
            fp = fopen(buf,"wb");
            if( fp==NULL )
                printf("无法打开文件.\n");
            else if( 0==writeFile(lines, start, end, fp) )
```

```
                    printf("写文件出错.\n");
                fclose(fp);
                break;
            case 3:                                  /* 装入数据 */
                printf("请输入文件名：");
                gets(buf);
                fp = fopen(buf,"rb");
                if( NULL==fp ) {
                    printf("无法打开文件.\n");
                    break;
                }
                lines = readFile(fp);
                fclose(fp);
                break;
            case 4:
                printf("谢谢使用.\n");
                return 0;
        }
    } while (1);
}

int menuInput(void)                                  /* 菜单输入 */
{
    int i;
    char buf[32];
    char *menu[ ] = {"数据输入", "数据保存", "数据装入", "结束运行"};

    for(i=0; i<4; i++) {
        printf("\n%12s..........%d", menu[i], i+1);
    }
    printf("\n请选择（1-%d):", i);
    gets(buf);                                        /* 读取输入字符串 */
    return atoi(buf);                                 /* 转变为整数返回 */
}

struct node *inputData(struct node *lines)           /* 输入数据 */
{
    char buf[80];
    struct node *p, **q;

    printf("请输入职工号、姓名、单位、职务（空格分隔、每行一人、空行结束）:\n");
    while( 1 ) {
        p = (struct node *)malloc(sizeof(struct node));
        if( p == NULL )
            return lines;                            /* 存储分配错误 */
        gets(buf);
        if( 4 != sscanf(buf, "%d%s%s%s", &p->data.no, p->data.name,
                                         p->data.department, p->data.post) )
            return lines;                            /* 输入格式错误或空行 */
        for( q=&lines; *q!=NULL; q=&(*q)->next ) {   /* 找插入位置 */
            if (p->data.no < (*q)->data.no )
```

```
                    break;                              /* 插入*q 指向的节点之前 */
        }                       /* 不变式：*q 始终指向当前节点，即 q 始终指向保存当前节点地址的变量 */
        p->next = *q;          /* 使 p->next 指向当前节点*q */
        *q = p;                /* 把新节点的地址 p 保存在原来保存当前节点地址的变量中 */
    }
    return lines;
}


int writeFile(struct node *p, int start, int end, FILE *fp)
{                               /* 指定职工号范围，保存数据到指定文件 */
    for( ; p!=NULL; p=p->next ) {
        if( p->data.no > end )
            return 1;
        if( p->data.no < start )
            continue;
        if( 1 != fwrite(&p->data, sizeof(struct info), 1, fp) )
            return 0;                               /* 写入 1 个职工基本信息，报告写错误 */
        /* 显示正在写入的数据 */
        printf("%8d%8s%8s%8s\n", p->data.no, p->data.name,
                            p->data.department, p->data.post);
    }
    return 1;
}


struct node *readFile(FILE *fp)                 /* 从指定文件装入数据 */
{
    struct node *p, *last, *first = NULL;

    while (!feof(fp)) {                              /* 文件未读完 */
        p = (struct node *)malloc(sizeof(struct node));
        if( p==NULL )
            return first;                           /* 申请空间失败 */
        if( 1 != fread(&p->data, sizeof(struct info), 1, fp) )
            return first;                           /* 读文件错误 */
        /* 显示读入的数据 */
        printf("%8d%8s%8s%8s\n", p->data.no, p->data.name,
                            p->data.department, p->data.post);
        if( first==NULL ) {
            first = last = p;                       /* 将*p 作为第 1 个节点 */
            p->next = NULL;
            continue;
        }
        last->next = p;                             /* 将*p 插到*last 的后面 */
        p->next = NULL;
        last = p;                                   /* 保持 last 始终指向最后一个节点 */
    }
    return first;
}
```

在上述程序中，main 函数实现了核心算法逻辑，负责所有输入命令的处理，调用各个函数完成各个操作。所有输入都采用 gets 行输入方式，以避免格式化输入数据自然分割可能带来的混乱；并采用 sscanf 函数来转换数据，检查输入格式的正确性。同时，检测有无二进制文件打开和关闭的错误。

在函数 menuInput 中，显示保存于字符串数组中的菜单项，接收输入行，转换为整数返回。在函数 writeFile 中，依次检查链表中每个职工的职工号，采用 fwrite 把选择范围内保存职工基本信息的整个结构体变量 p->data 被写入 fp 指定的二进制文件中。读者可以用各种编辑器打开这个二进制文件，当然只能看到乱码。

在函数 inputData 中，完成若干行的职工基本信息输入，保存到 lines 指向的链表中。为了满足链表中按职工号排列的要求，这里需要找到插入位置，在进行新节点的插入。这里采用了 7.3 节介绍的第二种插入方法。设置了一个节点指针的指针 q，用于保存当前节点地址的指针变量的地址。于是，如果当前节点为第 1 个节点，q 保存变量 lines 的地址；如果当前节点是第 i 个元素，则 q 保存第 i-1 个节点中的成员变量 next 的地址。因此，当依次寻找插入位置时，每次循环需要采用 q=&(*q)->next 的方式来更新 q 的取值。随后，通过 p->next=*q 就可以把原来的当前节点放在新节点的后面；通过 *q=p 就可以把节点的地址放到原来存放当前节点地址的变量中，从而连接到链表中。

在函数 readFile 中，完成了创建新节点，并从指定文件读入每个结构体 struct info，保存到链表中。由于职工号顺序的要求，这里设置了指向最后一个节点的指针 last，方便于把每个新节点都加到链表末尾。

〖 运行结果 〗

本程序的运行结果内容过多，不便于在书本上展示。读者可以自行运行该程序，查看数据输入、数据保存、数据装入的效果；还可以使用各种编辑器来查看保存在文件系统的文件。

在 C 语言的实现中，为了存储空间管理的方便，系统在为结构体等数据结构分配存储空间时，经常多分配一些单元。也就是说，一个结构变量所占用的存储空间会大于或等于各个结构成员变量占用空间的总和。在采用上述函数将结构变量的内容写入二进制文件时，一个很常见的错误就是写入和读取时采用了不同的读写方式。比如，写入时按照结构体大小工作，而读取时按照结构成员逐个读取，这样就有可能产生意想不到的结果。

7.5 联合体与枚举类型

联合体与枚举类型是两个具有特殊用途的数据类型。联合体可以提高存储空间的利用率，达到多个变量共享同一块存储空间的目的；枚举类型可以提高程序的可读性。

7.5.1 联合体

1. 联合体的应用背景

联合体是一种很有特点的数据类型，将它应用在适当的场合，可以降低程序设计的复杂度，改善存储空间的利用率，提高程序的可理解性。下面通过一个实例说明联合类型的适用场合。

对于一个学校的人事管理系统而言，它所需要管理的人员至少包括教师和职工。教师应该包含编号、姓名、出生年月和所属专业等基本信息；职工应该包括编号、姓名、出生年月和工作年限等基本信息。可以看出，这两类人员需要表示的信息既有一些相同的部分，也有一些不相同的部分。具体差异如图 7-17 所示。

教师	编号	姓名	出生年月	所属专业
职工				工作年限

图 7-17　教师与职工信息对比

对于具有这类特征的数据，就可以应该联合体类型。

2. 联合体类型的定义

定义一个联合类型的语法格式为：

```
union<联合体类型名>
{
    <成员列表>
};
```

其中，union 是保留字，负责通告系统接下来是一个联合体类型的定义；<联合体类型名>的命名应该符合 C 语言的自定义标识符的命名规则；<成员列表>包含若干个成员的说明，格式与结构体类型相同。例如：

```
union union_type
{
    int data;
    char str[16];
};
```

这里定义了一个名为 union_type 的联合体类型，它含有两个成员：一个为整型，成员名为 data；另一个为字符型数组，成员名为 str。

对于上面所说的学校人事管理系统，可以这样定义表示教师和职工的数据类型。

```
typedef struct date {          /* 日期类型 */
    int year, month, day;
} DATE;

typedef struct per_type{
    int No;                    /* 编号 */
    char name[20];             /* 姓名 */
    DATE birthday;             /* 出生年月 */
    int type;                  /* 类别，1 代表教师，2 代表职工 */
    union different_part       /* 联合体 */
    {
        char major[32];        /* 专业 */
        int job_time;          /* 工作年限 */
    };
} PERSON;
```

对于联合体部分，系统将为之分配最长字节数目的存储空间。很明显，联合体 different_part 部分包含两个成员：一个是字符型数组，需要 32 个字节；另一个是 int 类型，需要 4 个字节。于是，系统将为这部分数据分配 32 个字节。

假设有下面的变量定义：

```
PERSON person;
```

系统将为这个变量分配的存储空间如图 7-18 所示。

可以看到，引用 major 成员时使用 32 个字节；引用 job_time 成员时只使用 32 个字节中的 4 个字节。

成员	No	Name	birthday	type	major	
					job_time	
字节数目	2	20	6	2	32	

图 7-18 person 变量的存储示意图

3. 联合体变量的操作

对联合体部分引用的格式与结构型变量一样。例如，若要引用 person 变量的联合体部分，可以这样书写 person.major 和 person.job_time，只不过 person.major 是一个字符型数组，占用 30 个字节的存储空间；person.job_time 是一个 int，占用两个字节。

在对含有联合体部分的结构体型变量操作时，需要时刻根据标志确定应该引用哪一个成员。例如，下面是一段实现 person 输入的操作：

```
scanf("%d%s%d%d%d%d",&person.No,person.name, &person.birthday.year,
                &person.birthday.month, &person.birthday.day, &person.type);
if(person.type==1)
    scanf("%s",person.major);
else
    scanf("%d",&person.job_time);
```

如果在 person.type 等于 1 的时候，引用 person.job_time 将会出现不可预见的后果。因此，在对联合体进行操作的时候，通常有一个充当标志作用的变量用来指示人们合法操作的成员。

7.5.2　枚举类型

在实际问题中，有些变量的取值被限定在一个有限的数据集合中。例如，一年中只有规定的 12 个月，一个星期内只有规定的 7 天等，布尔值只有逻辑真和逻辑假，红绿灯只有红、黄、绿 3 种颜色。在前面的例子中，遇到这类数据都是用一个 int 型变量表示的。很显然，这种表示方法不具有检测数据合法性的功能。为此，C 语言提供了一种名为"枚举"的类型。这种类型的特点是：在定义类型的时候将所有可能的取值一一列举出来，这种类型的变量只能取得其中的某个值，这样就起到了很好的限定作用。

1. 枚举类型的定义

在 C 语言中，枚举类型的定义格式为：

```
enum<枚举类型名>{<枚举值列表>};
```

其中，enum 是保留字，它负责通知接下来是一个枚举类型的定义；<枚举类型名>的命名应该符合 C 语言的自定义标识符的命名规则；<枚举值列表>既可以是取值标识，又可以是 int 类型数据。通常，人们将这些值称为枚举元素。

例如，下面是一个用于表示每星期只有规定的 7 天的枚举类型。

```
enum weekday {Sun,Mon,Tue,Wed,Thu,Fri,Sat};
```

上面这个类型定义表明：weekday 是一个枚举类型，这个类型包含给定的 7 个值。在默认情况下，每个值的内部表示从 0 开始，依次为 0，1，2，3，…，6。

又如，下面是一个用于表示月份的枚举类型。

```
enum month {Jan,Feb,Mar,Apr,May,Jun,Jul,Aug,Sep,Oct,Nov,Dec};
```

上面这个类型定义表明：month 是一个枚举类型，这个类型包含给定的 12 个值。在默认情况下，每个值的内部表示从 0 开始，依次为 0，1，2，3，…，11。

根据定义好的枚举类型，可以定义枚举类型的变量。两个枚举型变量 day 和 mon 的定义如下：

```
enum weekday day;
enum month mon;
```

2．枚举型变量的操作
几个枚举型变量的赋值和比较表达式如下：

```
day=Wed;
mon=Mar;
if(mon<Nov)
    …;
else
    …;
```

如果将枚举值以外的数值赋值给枚举类型变量，编译系统会报错或给予警告。枚举类型值的大小依赖于每个值在枚举值列表的序号，序号小者其值就小；序号大者其值就大。枚举类型最常见的使用是作为 switch 语句的开关值，控制多路选择的处理逻辑。例如，一个根据星期几选择输出的程序段如下：

```
switch(day){
    case Sun:    printf("Sun");        break;
    case Mon:    printf("Mon");        break;
    case Tue:    printf("Tue");        break;
    case Wed:    printf("Wed");        break;
    case Thu:    printf("Thu");        break;
    case Fri:    printf("Fri");        break;
    case Sat:    printf("Sat");        break;
}
```

在程序中使用枚举类型主要有两个好处：一个是限制变量的取值范围；另一个是提高程序的可读性。

7.6　本章小结

本章主要内容归纳如下。

1．结构体类型
结构体类型适用于描述类型相同或类型不同的多个数据组成的复合型数据。

（1）结构体的类型说明

<结构体类型声明>	➜	struct [<标识符>] '{' <成员定义表> '}';
<成员定义表>	➜	<数据类型> <标识符> ';' [<成员定义表>]

<结构体类型说明>中可以指定或者不指定结构体类型名；<成员定义表>亦可使用结构体类型。

（2）结构体的变量定义和初始化

```
<数据类型>        ➜    struct [ <标识符> ] '{' <成员定义表> '}'
                 |    struct <标识符>              /* 已定义的结构体 */
<变量定义>        ➜    <数据类型>      <标识符> ['=' '{'<常量>{';'<常量>}'}'']';'
                 |    <数据类型> *<标识符> ';'     /* 和普通指针相同 */
```

<变量定义>中，结构体类型名可以用作数据类型，无类型名的结构体定义也可以作为数据类型。同样可以进行结构体类型变量、结构指针、结构体形式参数的定义和初始化。

（3）结构体变量及其成员的引用

表达式中可以直接使用结构体变量和结构指针，也可以引用其成员。语法如下：

```
<表达式>         ➜    <表达式>'.'<标识符>          /* 从结构体变量引用分量 */
                 |    <表达式> '->'<标识符>         /* 从结构指针引用分量 */
                 |    <变量>                        /* 包括结构体变量和结构指针 */
```

结构体涉及两种方式的赋值：一是整体赋值；二是分别赋值。所谓整体赋值是指利用赋值操作将一个已被赋值的结构型变量整体赋给另一个结构型变量；所谓分别赋值是指分别引用结构型变量中的成员，并对其赋值。

2. **动态数据结构——链表**

链表将数据集合表示为一个线性序列。序列中每个节点即保存每个数据元素，也通过指针维护相邻元素之间的联系，是一种动态数据结构。链表适用于数据元素个数不定，或者经常需要增加和删除数据元素的应用场景。针对链表的操作都需要首先沿着节点之间的指针进行定位，元素的增删改操作可以通过指针运算完成，效率较高；但数据访问的速度低于数据元素的访问。

3. **状态机**

状态机是一种描述计算逻辑的工具，常用于表示系统的动态工作过程。状态机又被称为有限状态自动机，是一个有向图，包含多个状态节点、具有转移条件的多个状态转移关系组成；状态中有一个起始状态和多个终止状态。

一般应用场景下，状态机的运行从起始状态开始，根据当前输入符号或内部事件判断是否存在满足状态转移条件；存在状态转移条件时，完成状态转移；重复上述过程，直到终止状态为止，表明工作正常结束。转移条件无法满足时，表明工作出现异常。

4. **文件**

在C语言中，文件是指存储在外部介质上的一组相关数据的集合。按照不同的组织方式，文件被划分成两个类型：文本文件和二进制文件。文本文件以字符为基本单位，每个字符用ASCII值表示。二进制文件的特征是直接按照二进制编码形式存储数值。

C语言提供了一种数据类型FILE。对文件操作，都必须通过一个指向FILE的指针来完成。

（1）文件的打开和关闭

在C语言中，提供了一个专门用来完成打开文件操作的标准函数fopen()，它的调用格式为：

```
<文件指针>=fopen（<文件名>,<操作模式>）
```

```
…
fclose（<文件指针>）;
```

其中，<文件指针>是一个 FILE 类型的指针变量；<操作模式>是指文件的类别和操作方式。

（2）文件的读/写函数

- 字符读/写函数：fgetc 和 fputc。
- 字符串读/写函数：fgets 和 fputs。
- 二进制数据块读/写函数：fread 和 fwrite。
- 格式化读/写函数：fscanf 和 fprinf。

5. 联合类型、枚举类型和类型定义

（1）联合类型

定义一个联合类型的语法格式为：

```
union<标识符>
{
    <成员定义列表>
};
```

其中，<union>是保留字，负责声明一个联合体类型；<成员定义列表>包含若干个成员的说明，格式与结构体类型相同。

（2）枚举类型

在 C 语言中，枚举类型的定义格式为：

```
enum<标识符>{<枚举值列表>};
```

其中，<enum>是保留字，负责声明一个枚举类型；<枚举值列表>中的每个数据既可以是取值标识，又可以是 int 类型。

（3）类型定义

为了简化类型的描述，C 语言提供了类型定义功能，用于给某个已知类型命名。其书写格式为：

```
typedef  <数据类型>  <标识符>;
```

其中，typedef 是用于类型定义的保留字。<数据类型>是一个已知的数据类型，可以是各种整数类型、实数类型，更多地使用结构体类型、联合体类型或枚举类型。指定的标识符随后可以代替完整的数据类型描述出现在程序中。

习　　题

1. 请阅读下面的程序，并写出它的基本功能和运行结果。

```c
#include <stdio.h>
#include <string.h>

typedef struct {
    char ch;
    int  num;
} ELEMTYPE;
```

```
main( )
{
    int i, k;
    ELEMTYPE alpha[ ] = {{'a',0}, {'e',0}, {'i',0}, {'o',0}, {'u',0}};
    char line[80];

    puts("Enter a line text:");
    gets(line);
    puts(line);

    for (i=0; i<strlen(line); i++) {
        for (k=0; k<5; k++)
            if (line[i]==alpha[k].ch) {
                alpha[k].num++;
                break;
            }
    }

    for (k=0; k<5; k++)
        printf("\n%c:%d", alpha[k].ch, alpha[k].num);
}
```

假设运行这个程序后，用户通过键盘输入下列字符串：

```
elephant
```

写出在屏幕上显示的运行结果。

2. 请阅读下面的程序，并写出它的运行结果。

```
#include <stdio.h>
#include <stdlib.h>
#include <string.h>

typedef struct node {
    char line[256];
    struct node *next;
} NODE;

void func(NODE **qCur, char line[])
{
    NODE *p;

    p=(NODE *)malloc(sizeof(NODE));
    strcpy(p->line, line);
    p->next = *qCur;
    *qCur = p;
}

main( )
{
    char buf[256];
    NODE *p = NULL;

    while( 1 ) {
        gets(buf);
        if( buf[0]=='\0' )
            break;
        func(&p, buf);
```

```
    }
    for( ; p!=NULL; p=p->next )
          printf("%s\n", p->line);
    return 0;
}
```

假设运行这个程序后，用户通过键盘输入下列字符串：

```
The C language is most famous programming labnguage;
It is subset of the C++ language.
```

写出在屏幕上显示的运行结果。

3. 请为管理通讯簿的应用程序定义数据类型。假设通讯簿最多有 100 页，每页记录一个人的联系信息，包括姓名、办公室电话、住宅电话、手机和传真等信息。

4. 请编写一个程序，从键盘输入 100 名职工的职工号、姓名和工资，输出所有职工的平均工资，并将工资低于政府最低生活标准（300.00 元）的职工信息（职工号、姓名和工资）打印输出。

5. 请编写一个正序创建链表的函数。所谓正序创建链表是指链表的节点顺序与数据输入的顺序一致。

链表的结点结构如下所示：

```
typedef struct node {
    int data;
    struct node *next ;
} NODE;
```

函数的原型为：

```
NODE *create();
```

该函数用于从键盘读入若干个整数（以 # 表示结束），按照正序创建链表，返回头指针。

6. 请编写一个函数，判断一个给定链表是否为有序的。假设函数原型为：

```
Int isOrder(NODE* h);
```

如果链表内容按升序排列，函数返回 1；否则，函数返回 0（NODE 的定义请参看上题）。

7. 请编写一个函数，从给定的整数链表中找出指定整数。假设函数原型为：

```
int reNth(NODE* h, int n);
```

假设 h 为链表表头指针，要求从链表中找出倒数第 n 个整数，返回该整数；链表元素个数小于 n，则返回-1。

8. 请编写一个程序，其功能为：将第 5 题中输入的信息写入文件，然后再从文件中读取出来，并将工资低于政府最低生活标准（300.00 元）的职工信息（职工号、姓名和工资）写入一个新文件中。

上机练习题

1. 上机练习题 1

〖目的〗

通过这道上机题的训练，帮助学生熟悉结构体数组与文件的应用。

〖题目内容〗

请编写一个程序，用于管理图书信息。要求具有下列功能。

（1）从键盘输入图书信息并写入指定文件中。

（2）从指定文件中读取图书信息。

（3）显示所有图书的信息。

（4）按照指定的书名或作者查找图书。

为降低问题的难度，假设图书数量不超过 100 本。

〖要求〗

（1）设计一个菜单，程序运行后，首先显示菜单，然后根据用户的选择进行相应的操作。

（2）可以采用数据块读/写或格式化读/写方式操作文件。

〖提示〗

为了降低程序的书写量，可以假设图书信息包括编号、书名、作者名、出版社、价格和出版日期等。表示它的结构体类型可以这样定义：

```
typedef struct date {              /* 表示日期的结构体类型 */
    int year;
    int month;
    int day;
}DATE;

typedef struct info {              /* 表示图书信息的结构体类型 */
    int No;                        /* 编号 */
    char name[30];                 /* 书名 */
    char author[20];               /* 作者名 */
    char publish[40];              /* 出版社 */
    float price;                   /* 价格 */
    DATE publish_date;             /* 出版日期 */
} BOOK;
```

对于 100 本图书，需要定义一个结构型数组，定义格式如下：

```
BOOK bookInfo[100];
```

2. 上机练习题 2

〖目的〗

通过这道上机题的训练，帮助学生加深对指针的认识，掌握链表的基本操作。

〖题目内容〗

请在【例 7-3】的基础上，增加如下功能。

（1）查找某个学生的考试成绩信息。

（2）更新某个学生的考试成绩信息。

（3）删除某个学生的某门课程的考试成绩信息。

〖要求〗

为这个程序增加一个菜单，其中包括：输入学生信息、输入考试成绩、显示所有学生的考试成绩、显示某个学生的信息、查找某个学生的考试成绩信息、更新某个学生的考试成绩信息、删除某个学生某门课程的考试成绩信息等选项。程序运行后，根据用户的选择进行相应的操作。

〖提示〗

当根据学生姓名或课程名称查找时，注意要使用标准函数 strcmp 对两个字符串进行比较，而不能直接通过 "==" 符号进行字符串的比较。

自 测 题

一、填空题

1. 结构体类型适用于组织_____。

2. 链表适用于组织_____。
它的主要特点是_____。

3. struct 是定义_____类型的保留字；union 是定义_____类型的保留字；enum 是定义_____类型的保留字。

4. 文件类型的特点是_____。在对文件进行读/写前，应该利用标准函数_____打开文件；读/写完毕后，应该利用标准函数_____关闭文件。

二、程序填空题

根据给出的程序功能，将程序的空缺处填写完整。

1. 这个程序的功能是：从键盘输入 30 个学生的信息，包括学号、姓名和某门课程的考试成绩，输出每个学生的信息及该门课程的平均成绩。

```
#include <stdio.h>
#include <stdlib.h>
#define NUM 30

struct student{
    int No;
    char name[20];
    int score;
};

main( )
{
    struct student s[NUM];
    int i, sum = 0;

    for (i=0; i<NUM; i++) {
        scanf("%d%s%d", &s[i].No, s[i].name, &s[i].score);
        sum=_____ ;
    }

    for (i=0; i<NUM; i++)
        printf("\n%4d%12s%4d", s[i].No, s[i].name, s[i].score);
    printf("\nAverage score is : %5.1f", _____ );
}
```

2. 假设 "f:\one.dat" 是一个已经存在的文本文件，下列程序的功能是读取 "f:\one.dat" 文件的内容，并将其中的小写字母显示在屏幕上，其余的内容写入一个新的文本文件 "f:\two.dat" 中。

```
#include <stdio.h>
```

```
main( )
{
    FILE *fp1,*fp2;
    int ch, i;

    if ((fp1 = fopen( "f:\\one.dat", "r" ))==NULL){
        printf("Cannot open this file!\n");
        return 0;
    }

    if ((fp2 = fopen( "f:\\two.dat", "w" ))==NULL){
        printf("Cannot open this file!\n");
        return 0;
    }

    ch = fgetc(fp1);
    while ( _____ ) {
        if( ch>='a' && ch<='z' )
            _____;
        else
            _____;
        ch = fgetc(fp1);
    }
    fclose(fp1);
    fclose(fp2);
    return 0;
}
```

三、编程题

1. 每个复数由一个实部和一个虚部唯一确定。请定义一个表示复数的结构体类型，并编写一个程序，实现输入两个复数、显示两个复数和两个复数相加的操作。

2. 请编写一个程序，其功能为根据输入的一组整数（用-1 表示结束），创建一个有序链表，即对于任意的输入顺序，链表中的每个节点内容按照非递减有序排列。假设链表的节点结构体定义如下：

```
typedef struct node {
    int item;
    struct node *next;
} NODE;
```

第8章
C 程序应用实例

前面的章节已经全面展示了 C 语言的主要功能以及程序设计的主要方法。然而，应用问题可能是很复杂的，开发者需要深入分析问题，探讨正确的算法和合理的程序结构，并充分利用 C 语言提供的各种程序设计功能和技巧。为了更好地帮助读者领会 C 语言的使用技巧，体验采用结构化程序设计方法解决实际问题的基本过程，本章将介绍几个典型的应用实例，供读者参考借鉴。

8.1　实例 1　文本行编辑程序

文本编辑程序是最常用的计算机软件，如 Word 和 WPS 都是著名的编辑软件。而早期的计算机由于没有图形界面，所提供的编辑器都是一些基于命令行的编辑器。本节将介绍一个用于编辑文本的行编辑器。

在涉及文本处理的程序设计中，字符串处理是一个重要的组成部分。在实际应用中，经常采用字符串形式表示一些事物的属性或说明性内容。例如，一个部门的名称、一篇论文的关键字和表格中的备注信息等，甚至源程序代码本身也是由字符串构成的，因此，掌握对字符串操作的实现技巧是编写程序的重要基础之一。本例将充分展现字符串处理的实现方法。

1. 题目要求

为文本编辑提供以下功能。

（1）指定并显示当前行。

（2）在当前行前，添加文本行。

（3）删除当前行。

（4）在当前行中，查找并替换指定单词。

（5）统计指定单词的数目。

2. 问题分析

从题目要求可以看出，各个功能都是相对独立的，都是根据用户选择来处理文本数据。因此，用户界面应该提供菜单选择。整体控制结构是一个简单的循环，反复接收用户输入，并按照输入命令进行处理。但是，每个功能需要的参数不同，如指定当前行时需要给定行号。于是，在进行数据处理之前，应该首先提示用户输入必要的参数。

作为编辑对象，文本数据会包含多个文本行。有些编辑功能针对文本行，有些编辑功能针对一行文本内部。因此，文本的数据组织应该按行组织，以适应处理需求。同时，不难看出多数编辑功能都是围绕当前行进行的。这种编辑方式是众多编辑软件普遍采用的方式。

3. 结构设计

从上述分析可见，每个编辑功能相对独立，应该分别设置为 5 个独立的函数。整体编辑过程比较简单，由主程序负责，并且承担所有参数输入功能。这种分离人机交互功能与数据处理的处理方法是常见的结构化设计方法。连同菜单选择函数，6 个具体函数原型设计如下。

```
int choice(void);                                    /* 显示并选择菜单，返回命令号 */
char *curline(TEXT *ptext, int pos);                 /* 指定并显示当前行 */
void addline(TEXT *ptext, char line[]);              /* 添加文本行到当前行前 */
void delline(TEXT *ptext);                           /* 删除当前行 */
int count(TEXT *ptext, char str[ ]);                 /* 统计 str 出现次数 */
int replace(TEXT *ptext, char str1[ ], char str2[ ]);/* 用 str2 替换单词 str1*/
```

其中，TEXT 表示文本缓冲区，pos 是表示位置的行号，ptext 是指向文本缓冲区的指针，其他形式参数是单词。

这些函数满足了问题的所有编辑需求，多行输入可以通过多次调用 addline 来实现。整个程序的结构如图 8-1 所示。

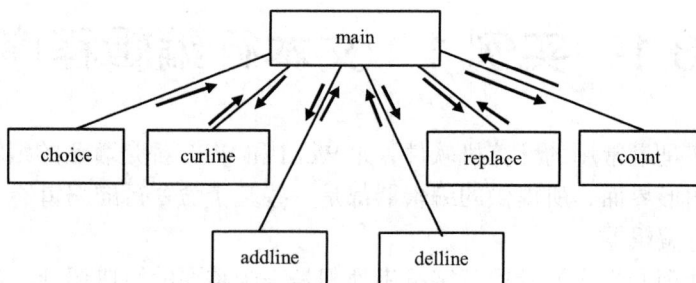

图 8-1　文本编辑程序的程序结构图

在图 8-1 中，向下的箭头表示传入模块的数据，向上的箭头表示模块返回的数据。

4. 数据结构设计

首先考虑数据结构的设计。对于多行文本的保存，考虑到行增加和行删除的需求，故采用链表保存多行文本，每个节点保存一行字符。由于行的长度不可能太大，可采用数组保存文本中的字符。于是得到以下列表节点的设计。

```
typedef struct node {
    char line[ 256 ];          /* 一行文本 */
    struct node *next;
} NODE;
```

上述编辑功能多数都与当前行的位置和内容有关，而当前行必然存在于某个链表节点中，其位置就是节点地址。但是，正如第 7 章所述，如果保存该节点地址，节点添加和删除操作仍然比较麻烦，我们通常采用间接表示方法，也就是保存指向当前节点的指针变量的地址，而不是直接保存当前节点的地址。因此，为了方便添加新行和删除当前行等操作的实现，本题设置了 1 个变量 pCur 来保存当前行节点的指针变量的地址，连同多行文本链表的表头变量 pLines，都作为文本缓冲区结构的分量。文本缓冲区的结构说明和变量定义如下：

```
typedef struct {
```

```
    NODE *pLines;                /* 多行文本的链表 */
    NODE **pCur;                 /* 保存当前行节点指针变量的地址 */
} TEXT;                          /* 文本缓冲区的结构声明 */
TEXT text;                       /* 文本缓冲区的变量定义 */
text.pLines = NULL;              /* 初始化为空表 */
text.pCur = &text.pLines;        /* 以第一行为当前行（表头指针变量的地址） */
```

按照上述数据结构设置，最后两行完成了文本缓冲区变量 text 的初始化，包括链表表头初始化为空表，当前行位置变量 pCur 的初值指向表头变量。于是，在随后的计算中，用 *text.pCur 即可获得当前行节点指针，进而访问文本行的内容数组 line。通过(*text.pCur)->next 可获得下一节点的地址，而通过 text.pCur=&((*text.pCur)->next)来更新，就可以使得 pCur 指针指向下一节点的指针变量，实现当前行位置的下移。

5. 算法设计

主函数负责控制循环和人机交互。图 8-2 所示为 main 函数的算法流程图。

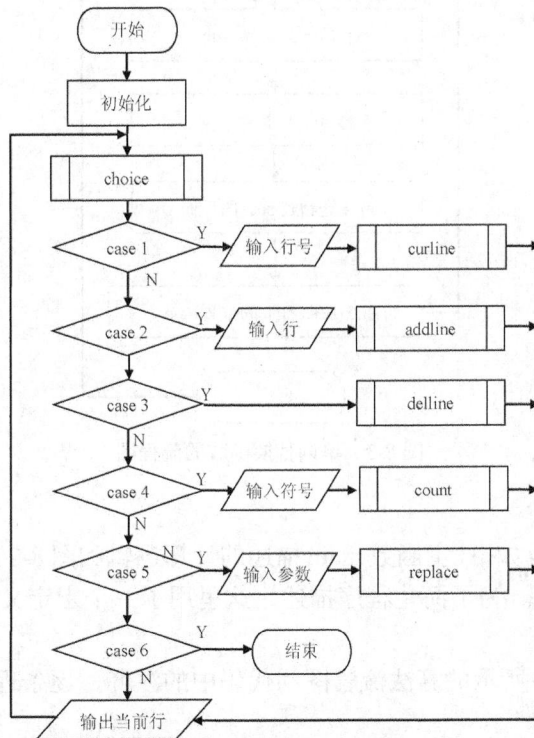

图 8-2　main 函数的算法流程图

控制循环中首先调用 choice 函数显示菜单，返回用户选择（整数）。不同整数代表不同的编辑命令。随后，输入各命令需要的参数，如 replace 命令要求指定替换前后的单词。每个命令执行完毕，都会输出当前行来展示编辑结果，而 delline 命令在删除当前行之后，把下一行作为当前行显示。

对于文本行的添加和删除采用了第 7 章介绍的方法，通过对链表节点的添加和删除来实现行的添加和删除。基于指向链表节点的指针变量的存储地址（text.pCur 变量），通过更新该变量即可直接实现添加和删除链表节点的操作。

对于单词替换和统计，则需要使用 C 语言提供的标准函数 strstr。由于 strstr 会返回查找到的单词的位置（首字符地址），为后续查找提供了方便。例如，replace 的实现算法如图 8-3 所示。其算法要点在于，设置了一个指针 p 用于指示单词在文本中的位置，以及一个临时缓冲区 m 用于保存指定单词后面的部分文本；通过 strstr 来反复寻找单词的位置，并保证 p 始终指向找到的单词首字符。

单词统计的算法和单词替换的算法类似，读者可以参考程序代码中的注释。

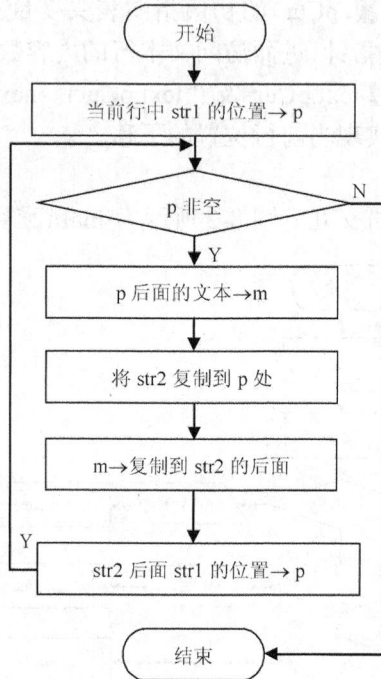

图 8-3　单词替换函数的流程图

6. 程序代码

文本编辑程序的代码如下。主函数 main 描述的计算逻辑和图 8-2 给出的控制流基本一致；整数 1～6 表示 6 种命令。为了简化程序描述，这里用了一个宏定义 input，用于输入信息提示和接收。

建议读者对照图 8-2 所示的算法流程图和代码中的注释，逐条理解 main 函数的代码。

```c
#include <stdio.h>
#include <stdlib.h>
#include <string.h>

#define input(txt,buf)  (printf(txt), gets(buf))  /* 显示提示信息，输入一行文本 */

typedef struct node {
    char line[ 256 ];                              /* 一行文本 */
    struct node *next;
} NODE;                                            /* 文本行链表节点 */

typedef struct {
    NODE *pLines;                                  /* 多行文本的链表 */
```

```
    NODE **pCur;                                /* 指向当前行所在节点地址存储单元 */
} TEXT;                                         /* 文本缓冲区的结构声明 */

int choice(void);                              /* 显示并选择菜单, 返回命令号 */
char *curline(TEXT *ptext, int pos);           /* 指定并显示当前行 */
void addline(TEXT *ptext, char line[]);        /* 添加文本行到当前行前 */
void delline(TEXT *ptext);                     /* 删除当前行 */
int count(TEXT *ptext, char str[ ]);           /* 统计 str 出现次数 */
void replace(TEXT *ptext, char str1[ ], char str2[ ]);  /* 用 str2 替换子串 str1 */

main()
{
    int n;
    char buf[256], str1[32], str2[32];
    TEXT text;                                 /* 文本缓冲区的变量定义 */

    text.pLines = NULL;                        /* 初始化为空表 */
    text.pCur = &text.pLines;                  /* 以第一行为当前行(表头变量的地址) */

    while( 1 ) {
        switch ( choice() ) {                  /* 选择菜单项 */
        case 6:                                /* 出口命令 */
            printf("谢谢使用\n");
            return 0;
        case 1:                                /* 指定当前行命令 */
            input("输入当前行号",buf);
            if( NULL == curline(&text, atoi(buf)) )
                printf("行号错误\n");           /* 指定当前行 */
            break;
        case 2:                                /* 添加行命令 */
            input("输入新行", buf);
            addline(&text, buf);
            break;
        case 3:                                /* 删除当前行命令 */
            delline(&text);
            break;
        case 4:                                /* 统计单词命令 */
            input("输入单词", buf);
            n = count(&text, buf);
            printf("%s 出现%d 次\n", buf, n);
            break;
        case 5:                                /* 替换单词命令 */
            input("输入被替换单词", str1);
            input("输入新单词", str2);
            replace(&text, str1, str2);
        }
        printf("当前行: %s\n", (*text.pCur)->line);
    }                                          /* 显示当前行 */
```

```
        return 0;
    }

    int choice(void)                                    /* 显示并选择菜单，返回命令号 */
    {
        int ch, i;
        char buf[32];
        char *menu[] = {
            "指定当前行", "添加当前行", "删除当前行", "统计单词", "替换单词", "退出编辑"
        };

        do {
            printf("\n+++++++行编辑器+++++++\n");
            for( i=0; i<6;i++ ) {                        /* 显示菜单 */
                printf("%12s--------%4d\n", menu[i], i+1);
            }
            printf("请选择（1-%d）", i);
            gets(buf);
            ch = atoi(buf);                              /* 将数字字符串变换成数字 */
        } while( ch<0 && ch>6 );                         /* 输入错误则重新输入 */
        return ch;
    }

    char *curline(TEXT *ptext, int pos)                  /* 指定并显示当前行 */
    {
        NODE *p;

        for( p=ptext->pLines; p!=NULL; p=p->next ) {
            if( pos-- == 1 )                             /* 位置减一 */
                return p->line;                          /* 返回当前行 */
            if( p->next == NULL )
                return NULL;                             /* 表示不存在第 pos 行 */
            ptext->pCur = &p->next;                      /* 当前行位置下移 */
        }
        return NULL;
    }

    void addline(TEXT *ptext, char line[])               /* 添加文本行到当前行前 */
    {
        NODE *p;

        p=(NODE *)malloc(sizeof(NODE));                  /* 创建新节点 */
        strcpy(p->line, line);
        p->next = *ptext->pCur;                          /* 当前行作为下一行 */
        *ptext->pCur = p;                                /* 新行作为当前行 */
    }

    void delline(TEXT *ptext)                            /* 删除当前行 */
    {
        NODE *p;
```

```
    p = *ptext->pCur;                                    /* 当前行节点 */
    *ptext->pCur = p->next;                              /* 将下一节点作为当前行 */
    free(p);                                             /* 释放原当前行节点 */
}

int count(TEXT *ptext, char str[ ])                      /* 统计 str 出现次数 */
{
    int n = 0;
    NODE *p;
    char *q;

    for( p=ptext->pLines; p!=NULL; p=p->next ) {         /* 分析每行 */
        q = strstr(p->line, str);                        /* 初次查找 */
        while( q!=NULL ) {                               /* 统计后继续找 */
            n++;                                         /* 统计 */
            q += strlen(str);                            /* 后移查找位置 */
            q = strstr(q, str);                          /* 再次查找 */
        }
    }
    return n;
}

void replace(TEXT *ptext, char str1[ ], char str2[ ])
{                                                        /* 用 str2 替换单词 str1 */
    char m[256];                                         /* 内部缓冲区 */
    char *p;

    p = strstr((*ptext->pCur)->line, str1);              /* 查找 str1 的位置 */
    while( p!=NULL ) {                                   /* str1 存在? */
        strcpy(m, p+strlen(str1));                       /* 将 str1 后面的文本备份到 m 中 */
        strcpy(p, str2);                                 /* 复制 tr2 到 str1 的位置 */
        strcpy(p+strlen(str2), m);                       /* 把备份复制到 str2 的后面 */
        p = strstr(p, str1);                             /* 再次查找 */
    }
}
```

　　建议读者对照各个函数的语义和代码注释，逐条分析代码，并理解其工作原理。

　　代码中比较难懂的地方莫过于(*ptext->pCur)->line 的语句。在各个编辑函数的调用中，形参 ptext 绑定于结构体变量 line 的地址，ptext->pCur 表示 text.pCur 分量。鉴于 pCur 是指针的指针，(*ptext->pCur)将得到一个 Node 指针，也就是当前行所在节点的地址。于是(*ptext->pCur)->line 将得到节点中 line 数组，也就是保存当前行的字符数组。

　　这个实例通过对于文本行链表的添加和删除，又一次展现了基于指针的数据处理方法。为了维护操作的实现，程序中设置了变量 pCur 来间接地指示当前行的位置，也就是使得*pCur 始终指向链表中的当前节点（保存当前行的节点）。这样做的好处在于可以直接进行链表节点的添加和删除，不需要事先使用循环语句来完成定位操作，从而使得链表元素操作明显优于数组元素的同类操作。

　　这个实例反映了字符串的存储与操作方式，大量使用了字符型数组与指向字符的指针，读者可以从中复习字符串、字符型数组以及字符型指针的概念。C 语言程序设计要求设计者十分熟悉这些字符串处理函数的使用。

在字符串处理中，一个常见的问题在于，各个标准函数没有考虑存储空间的大小。特别是对于 strcpy 和 strcat 等函数的使用，设计者必须保证目标字符数组中有足够的存储空间来保存复制过来的字符串。

读者也应注意到本程序实例中输入函数的使用方法，所有键盘输入都采用了 gets 函数，保证了按行读取输入流的处理顺序，避免了 scanf 函数使用时可能带来的输入/输出次序的混乱。

8.2　实例 2　Hanoi 塔演示程序

在第 5 章讲解递归算法时，曾以 Hanoi 塔问题为例，介绍了求解 Hanoi 问题的递归函数。本节将为 Hanoi 问题的求解过程提供可视化的演示，使得读者能够更加直观地理解问题的求解过程，并熟悉可视化演示的程序设计方法。

1. 题目要求

回顾 Hanoi 塔问题：假设有 3 个塔座 A、B、C，最初在塔座 A 上按照自下而上、由大到小的顺序放置着 n 个圆盘，如图 5-16 所示。现要求按照下面的规则将 A 塔座上的 n 个圆盘移到 C 塔座上（移动时可以利用 B 塔座）。

（1）每次只能移动 1 个圆盘。

（2）任何时刻都不允许出现将半径较大的圆盘压在半径较小的圆盘之上的情况。

本题要求在图形界面上展示各个塔座及其圆盘。输入整数 n 后，展示 A 塔座具有 n 个圆盘的初始状态；随后，使用者每次单击任何键，就有一个圆盘移动到其他塔座；多次移动后，所有圆盘最终都移到了 C 塔座。

2. 问题分析

首先要考虑 A 塔座中最大的圆盘如何才能移动到 C 塔座。在移动最大圆盘之前，必须将 $n-1$ 个圆盘移动到 B 塔座，这时 C 塔座为空，不会影响移动。在移动最大圆盘到 C 塔座之后，只要将 $n-1$ 个圆盘从 B 塔座移到 C 塔座就可以完成所有圆盘的移动，这时 A 塔座为空，而 C 塔座只有最大圆盘，都不会阻碍移动。于是，这里出现了两个性质相同的子问题，即①利用 C，从 A 到 B 移动 $n-1$ 个盘子；②利用 A，从 B 到 C 移动 $n-1$ 个盘子，而 n 等于 1 时自然可以直接移动。这样，就找到了使用递归法的基本条件。

对于可视化展示的要求，首先在初始状态，应该能够展示 n 个圆盘处于 A 塔座；其次，每次移动中，取出圆盘时应该能够清除一个圆盘的显示，放置圆盘时可在不同的塔座画出新的圆盘。同时，每个塔座和上面的圆盘需要同时展示，有必要记录每个塔座上有哪几个圆盘。因此，塔座的表示不能再用字符，而应该包含多个圆盘的尺寸和位置信息。

3. 结构设计

根据上述分析，Hanoi 演示程序不仅需要一个负责解题的递归函数 Hanoi，而且要根据可视化的需求，分别设置初态展示、取出圆盘和放置圆盘等 3 个函数。具体函数原型如下：

```
void Hanoi(int n, TOWER *a, TOWER *b, TOWER *c);  /* 在 3 个塔座上解 n 个圆盘的移动 */
void set(int n, TOWER *a);                         /* 在 a 塔座上展示 n 个圆盘 */
```

```
NODE *pop(TOWER *x);                                    /* 从 x 塔座取出圆盘返回 */
void push(NODE *r, TOWER *x);                           /* 将 r 圆盘放置到 x 塔座 */
```

其中，TOWER 是描述塔座的数据结构、NODE 是描述圆盘的数据结构。

4. 数据结构设计

在可视化展示中，每个塔座的展示需要位置信息，也需要多个圆盘的信息。每个圆盘也有自身的尺寸。它们之间的关系需要数据结构来组织。据此，本题采用链表来组织每个塔座上的圆盘，定义了以下结构体：

```
typedef struct node {
    int radius;                          /* 盘子半径 */
    struct node *next;
} NODE;                                  /* 表示盘子的链表节点 */

typedef struct {
    int x;                               /* 轴坐标 */
    NODE *head;                          /* 盘子链表首节点指针 */
} TOWER;                                 /* 塔座信息 */
```

其中，结构体 NODE 是一个链表节点，内部数据是盘子半径；TOWER 表示一个塔座的信息，包括轴坐标和盘子链表的首节点指针。所有圆盘按照放置的次序组织在链表中，最小的盘子放在表头。

为了正确显示每个圆盘，本题规定每个塔座中，按照自下而上的顺序，第 i 个圆盘的中心坐标为(x,30*i)。此外，假定所有盘子的厚度相同（30 像素），最小圆盘的半径为 30，其余圆盘半径逐个递增 10 个像素。

5. 算法设计

主程序的算法仅包含 3 步：读取整数 n，显示 A 塔座及其 n 个圆盘（set），调用 Hanoi 函数。Hanoi 函数的算法遵循【例 5-6】的算法框架，主要步骤如下。

（1）如果 n 等于 1，则等待用户输入，从 A 塔座取出 1 个圆盘（调用 pop）放到 C 塔座（调用 push）。

（2）否则：

① 将 A 塔座上的 $n-1$ 个圆盘通过 C 塔座移到 B 塔座上（递归调用 Hanoi）；

② 等待用户输入，从 A 塔座上取出 1 个圆盘（调用 pop）移到 C 塔座上（调用 push）；

③ 将 B 塔座上的 $n-1$ 个圆盘通过 A 塔座移到 C 塔座上（递归调用 Hanoi）。

具体实现代码如下。

6. 程序代码

可视化展示的实现采用了 EasyX 图形库。为坐标计算的方便，初始化图形界面后，设置了新的圆点，并将 Y 轴的方向设置向上。圆盘的显示为矩形，分别采用 EasyX 的函数 rectangle 和 clearrectangle 来绘制和清除矩形。

```
#include <stdio.h>
#include <graphics.h>
#include <conio.h>

typedef struct node {
    int radius;                          /* 盘子半径 */
    struct node *next;
```

```
    } NODE;                              /* 表示盘子的链表节点 */

    typedef struct {
        int x;                           /* 轴坐标 */
        NODE *head;                      /* 盘子链表 */
    } TOWER;                             /* 塔座信息 */

    void Hanoi(int n, TOWER *a, TOWER *b, TOWER *c);
    void set(int n, TOWER *a);

    int main( )
    {
        int n;
        TOWER ta, tb, tc;                /* 3 个塔座 */

        printf("输入盘子的个数（<10）: ");
        scanf("%d", &n);                 /* 输入 n */

        initgraph(640, 480);             /* 图形界面初始化 */
        setorigin(0, 400);               /* 设置原点 */
        setaspectratio(1.0, -1.0);       /* 改变 Y 轴方向 */

        ta.x = 160;                      /* 3 个塔的 X 坐标 */
        tb.x = 320;
        tc.x = 480;
        set(n, &ta);                     /* 初始化显示 a 塔及其 n 个盘子 */
        tb.head = NULL;
        tc.head = NULL;
        Hanoi(n, &ta, &tb, &tc);         /* 解题过程 */
        getch( );
        closegraph( );                   /* 关闭界面 */
        return 0;
    }

    NODE *pop(TOWER *a);
    void push(NODE *r, TOWER *a);

    void Hanoi(int n, TOWER *a, TOWER *b, TOWER *c)
    {                                    /* 描述从 a 塔座借助 b 塔座将 n 个圆盘移到 c 塔座的过程 */
        NODE *r;

        if (n==1) {                      /* 只有 1 个圆盘，直接移动 */
            getch();                     /* 等待输入 */
            r = pop(a);                  /* 从 a 表示的塔取出盘子 */
            push(r, c);                  /* 放到 c 表示的塔 */
        } else {
            Hanoi(n-1, a, c, b);         /* 借助于 c，从 a 移动 n-1 个圆盘到 b */
            getch();                     /* 等待输入 */
            r = pop(a);                  /* 从 a 表示的塔取出盘子 */
```

```
        push(r, c);                 /* 放到 c 表示的塔 */
        Hanoi(n-1, b, a, c);        /* 借助于 a，从 b 移动 n-1 个圆盘到 c */
    }
}

void set(int n, TOWER *a)           /*  初始化 a 表示的塔，放入 n 个圆盘  */
{
    int i;
    NODE *p;

    a->head = NULL;
    for (i=0; i<n; i++) {
        p = (NODE *)malloc(sizeof(NODE));
        if( p==NULL )               /* 创建节点 */
            return;
        p->radius = (n-i)*10+20;    /* 从大到小，设置盘子半径（…,50,40,30）*/
        p->next = a->head;          /* 加到链表头部 */
        a->head = p;
        rectangle(a->x-p->radius, i*30-15, a->x+p->radius, i*30+15);
    }                               /* 以 x 为中心，绘制第 i 个圆盘（矩形）*/
}

NODE *pop(TOWER *a)                 /* 从 a 指定的塔取出一个圆盘 */
{
    int n = 0;
    NODE *p, *q;

    for (q=a->head; q!=NULL; q=q->next)
        n++;                        /* 求链表节点个数（圆盘个数）*/
    p = a->head;                    /* 取出链表头部 */
    clearrectangle(a->x-p->radius, (n-1)*30-15, a->x+p->radius, (n-1)*30+15);
    a->head = a->head->next;        /* 清除圆盘（矩形）*/
    return p;
}

void push(NODE *p, TOWER *a)        /* 将 p 指定的圆盘放到 a 指定的塔座 */
{
    int n = 0;
    NODE *q;

    for (q=a->head; q!=NULL; q=q->next)
        n++;                        /* 求圆盘个数 */
    p->next = a->head;              /* 加到链表头部 */
    a->head = p;
    rectangle(a->x-p->radius, n*30-15, a->x+p->radius, n*30+15);
}                                   /* 绘制圆盘（矩形）*/
```

在程序中，用 pop 和 push 函数取出和放置圆盘仅仅需要取出和添加链表的第一个节点。然而，为了正确地显示每个圆盘，位置坐标计算中需要使用现有圆盘的个数。因此，pop 和 push 函数都首先计算了链表长度，也就是圆盘个数。建议读者对照代码注释，了解圆盘显示和链表处理的各个步骤。

本实例通过设置不同的函数来实现各种可视化功能，从而分离了 Hanoi 函数描述的解题逻辑和各种图形显示功能。所有数据结构都是根据显示塔座上多个圆盘的需求来设置的。所有圆盘的显示和清除功能都在 set、pop 和 push 函数中完成。这种方法同样遵循了结构化程序设计的功能分解思想。

读者可能已经注意到：对于不同性质的问题，程序结构设计、数据结构设计和算法设计经常是交叉进行的。程序设计者需要根据应用问题的性质来考虑如何组织程序结构、如何设置数据结构以及如何设计算法。对于 8.1 节所述的文本行编辑问题，各个编辑功能相对独立，因此首先应该考虑结构设计。对于本节的 Hanoi 塔问题，解题算法是核心，应该首先考虑算法设计。对于本节考虑的 Hanoi 塔可视化问题，则需要分离解题逻辑和可视化功能，分别进行结构设计和算法设计。

8.3　实例 3　通讯录管理程序

通讯录软件是一款十分常见的应用软件，用于管理若干人的通信电话、地址等联络方式，其功能包括增加、删除、查询、修改数据信息等。使用通讯录管理的数据信息在关闭程序后依然存在。下次打开通讯录软件时，还能找到以前添加和修改的数据。

1. 题目要求

编写一个通讯录管理程序，以每个人的联络信息作为一个记录（包括电话、邮件地址），提供以下基本功能。

（1）增加新的记录。

（2）删除指定记录。

（3）根据给定条件查询记录。

（4）将通讯录信息写入文件。

（5）从文件中读取通讯录信息。

2. 问题分析

考虑到通讯录存在持久性保存的需求，而且每个通讯录仅需要一个文件保存，可以使用一个固定的文件负责通讯录数据的保存。本例使用二进制文件的保存方式，规定文件名为 addressbook.dat。程序启动时，自动装入数据和显示数据。同时，记录的添加、删除、查询都需要指定具体的姓名等数据，此外，程序应该提供报错功能。程序退出时，也需要考虑做过的修改是否被保存。因此，需要设置一个标志，指示当前内容是否被修改。

3. 数据结构设计

在通讯录中，每个人的通讯信息包含姓名、电话号码和邮件地址。考虑到每本通讯录所含有的记录条数有可能相差很远，而且有增删改的需求，所以准备选用链表作为在内存中表示通讯录信息的存储结构。它的节点类型定义为：

```
typedef struct address
{
    char name[32];
    char tele[32];
    char email[32];
```

```
    struct address *next;
} ADDR;
```

此外，为了表示当前内容是否被修改，设置了整型变量 update（初值为 0），取值为 1 时表示内容已修改。

4．程序结构设计

从系统功能上来看，各个功能相对独立，应该设置为独立的函数。为了方便用户使用，本程序仍采用菜单方式提供输入界面，提供添加纪录、删除记录、查找记录、记录显示、文件保存和程序出口等功能。主程序首先读入文件，显示原有记录，再根据菜单选择，控制各个功能模块的调用，负责所有人机交互功能。此外，还设置了用于释放链表空间的函数 freeRecord。程序结构图如图 8-4 所示。

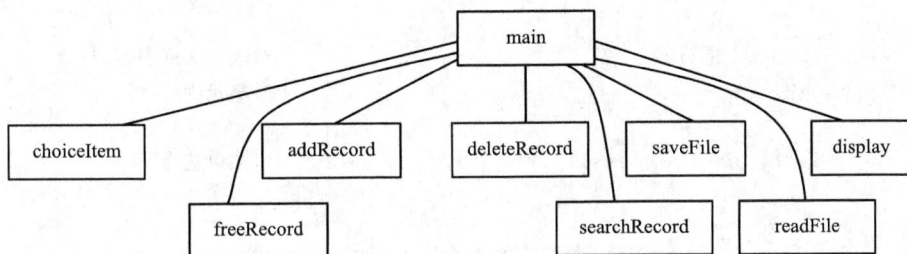

图 8-4　通讯录管理程序的程序结构图

各个函数的函数原型设计如下。对于每个模块，计算所需的参数都通过参数提供，计算结果都通过返回值送回。前 4 个函数负责输入/输出，后 4 个函数负责具体的数据处理。

```
int choiceItem();                              /* 菜单选择 */
void saveFile(ADDR *head);                     /* 保存所有记录 */
ADDR *readFile();                              /* 读取文件记录 */
void display(ADDR *head);                      /* 显示所有记录 */
void freeRecord(ADDR *head);                   /* 释放所有记录 */
ADDR *addRecord(ADDR *head, char *text);       /* 添加记录 text */
ADDR *deleteRecord(ADDR *head, char *name);    /* 删除 name 的记录 */
ADDR *searchRecord(ADDR *head, char *name);    /* 查找 name 的记录 */
```

5．程序代码

```
#include <stdio.h>
#include <stdlib.h>
#include <string.h>

typedef struct address                         /* 通讯录链表节点结构 */
{
    char name[32];                             /* 姓名 */
    char tele[32];                             /* 电话号码 */
    char email[32];                            /* 邮件地址 */
    struct address *next;
} ADDR;

int choiceItem();                              /* 菜单选择 */
ADDR *addRecord(ADDR *head, char *text);       /* 添加记录 text */
```

```
ADDR *deleteRecord(ADDR *head, char *name);            /* 删除 name 的记录 */
ADDR *searchRecord(ADDR *head, char *name);            /* 查找 name 的记录 */
void saveFile(ADDR *head);                             /* 保存所有记录 */
ADDR *readFile();                                      /* 读取文件记录 */
void display(ADDR *head);                              /* 显示所有记录 */
void freeRecord(ADDR *head);                           /* 释放所有记录 */

main()
{
    ADDR *head, *tmp;                                  /* 表头指针 */
    int update = 0;                                    /* 更新标记 */
    char text[256];

    head = readFile();                                 /* 读取文件内容 */
    display(head);                                     /* 显示内容 */
    do {
        switch (choiceItem())  {                       /* 菜单选择 */

        case 1:
            printf("\n请输入姓名、电话号码、邮件地址：\n");
            gets(text);                                /* 读取一行文本 */
            tmp = addRecord(head, text);               /* 添加记录 */
            if( tmp != head ) {
                head = tmp;
                update = 1;
            }
            break;
        case 2:
            printf("\n请输入姓名：");
            gets(text);
            tmp = deleteRecord(head, text);            /* 删除记录 */
            if( tmp != NULL ) {
                head = tmp;
                update = 1;
            }
            break;
        case 3:
            printf("\n请输入姓名：");
            gets(text);
            tmp = searchRecord(head, text);            /* 查找记录 */
            if( tmp != NULL )
                printf("%s\t%s\t%s\n", tmp->name, tmp->tele, tmp->email);
            break;
        case 4:
            display(head);                             /* 显示通讯录 */
            break;
        case 5:
            saveFile(head);                            /* 保存到文件 */
            update = 0;
            break;
        case 6:
```

```
                if( update==1 )
                    printf("修改记录尚未保存\n");
                else {
                    freeRecord(head);                        /* 退出系统 */
                    printf("谢谢使用! \n");
                    return 0;
                }
            }
    } while( 1 );
    return 0;
}


int choiceItem()                                             /* 菜单选择 */
{
    int i, ch;
    char line[80];
    char *menu[ ] = {
        "添加记录", "删除记录", "查询记录", "显示记录",       "保存到文件", "退出系统"
    };

    do {
        for( i=0; i<sizeof(menu)/sizeof(char *); i++ )
            printf("%d-----------%s\n", i+1, menu[i]);
        printf("请选择（1-%d): ", i);
        gets(line);
        ch = atoi(line);
    } while( ch<1 || ch>i+1 );
    return ch;
}


ADDR *readFile()                                             /* 从文件中读取记录信息 */
{
    ADDR *p, *q, head = { "","", NULL };
    FILE *fp;

    if ((fp=fopen("addressbook.dat", "rb")) == NULL)   /* 打开文件 */
        return NULL;
    q = &head;                                               /* 尾端节点指针 */
    while(!feof(fp)) {                                        /* 读结束? */
        p = (ADDR *)malloc(sizeof(ADDR));                    /* 新节点 */
        if (p==NULL)
            break;
        p->next = NULL;
        if (1!=fread(p, sizeof(ADDR), 1, fp))
            break;                                           /* 读失败时 */
        q->next = p;                                         /* 在链表尾端添加 */
        q = p;                                               /* 更新尾端指针 */
    }
    fclose(fp);                                              /* 关闭文件 */
    return head.next;
}
```

```
void display(ADDR *p)                                   /* 显示所有记录信息 */
{
    if( p!=NULL )
        printf("\n 姓名\t 电话号码\t 邮件地址\n");
    for (; p!=NULL; p=p->next)
        printf("%s\t%s\t%s\n", p->name, p->tele, p->email);
    printf("\n");
}

void freeRecord(ADDR *p)                                /* 释放各个节点 */
{
    ADDR *q;
    while (p!=NULL) {
        q = p;
        p = p->next;
        free(q);                                        /* 依次释放各节点 */
    }
}

ADDR *addRecord(ADDR *p, char *text)                    /* 添加记录链表中 */
{
    ADDR head, *q;
    char name[32], tele[32], email[32];

    head.next = p;
    p = &head;
    while (p->next!=NULL)                                /* 将当前指针移动到链表尾端 */
        p = p->next;

    sscanf(text, "%s%s%s", name, tele, email);
    q = (ADDR *)malloc(sizeof(ADDR));                   /* 新节点 */
    if (q==NULL)
        return NULL;
    strcpy(q->name, name);
    strcpy(q->tele, tele);
    strcpy(q->email, email);
    q->next = NULL;
    p->next = q;                                        /* 在链表尾端添加结点 */
    return head.next;
}

ADDR *deleteRecord(ADDR *p, char *name)                 /* 根据删除记录 */
{
    ADDR *q, head;                                      /* 前驱结点 */

    for (head.next=p, q=&head; p!=NULL; p=p->next) {
        if (strcmp(p->name, name)!=0)                   /* 姓名不等于 */
            q = p;                                      /* 以当前节点作为前驱节点 */
        else {
            q->next = p->next;                          /* 从链表中移出当前结点 */
            free(p);                                    /* 释放当前结点 */
            return head.next;
```

```
        }
    }
    return NULL;                                    /* 未找到该节点 */
}

ADDR *searchRecord(ADDR *p, char *name)             /* 通过查询记录 */
{
    for (; p!=NULL; p=p->next) {
        if (strcmp(p->name, name)==0)               /* 找到指定的记录 */
            return p;
    }
    return NULL;                                    /* 未找到 */
}

void saveFile(ADDR *p)                              /* 将记录信息写入文件 */
{
    FILE *fp;

    if ((fp = fopen("addressbook.dat", "wb+"))==NULL) /* 写打开文件 */
        return;
    for (; p!=NULL; p=p->next)                       /* 遍历链表 */
        fwrite(p, sizeof(ADDR), 1, fp);              /* 写一个记录到文件 */
    fclose(fp);
}
```

在上述程序实现中，使用链表维护一组电话号码记录。在各个函数的设计中，展示了常用的链表维护功能的实现方法，可以归纳为以下几点。

（1）通过一个节点指针变量 head 来管理整个链表，作为程序中链表的唯一标识。

（2）所有链表的具体操作都安排在涉及数据维护的各函数内部，所有具体的文件操作都安排在两个读写函数内。

（3）在各个记录的维护过程中，利用一个指针变量 p 指向当前处理的节点，并通过该指针处理当前节点中的数据。通过指针的移动，逐个处理各个节点的数据。

（4）在删除等链表维护功能的实现中，经常需要找到当前节点之前的节点，也就是前驱节点 q。随着处理的进展，也需要更新前驱节点指针。

（5）使用前驱节点的问题是对于第一个节点不存在前驱节点，需要特殊的处理逻辑。可能带来控制逻辑的混乱。本题中多次采用一个局部变量 head 作为第一节点的前驱节点，保证head.next 中始终维护真正的链表头指针，从而避免了控制逻辑的混乱。

在实用的程序设计中，必须考虑到各种错误出现的可能性，必须针对具体的出错现象给予适当的处理。常见的出错现象包括以下几个方面。

（1）输入数据的错误。人工输入最容易出现错误，程序设计必须考虑到使用者可能犯的各种错误。在本题中，考虑了用户选择菜单时的各种输入可能，也考虑了用户在输入各种数据信息和命令时输入错误信息的可能性；采用了 gets 函数，避免了直接使用 scanf 函数对输入数据格式的限制。

（2）使用文件时可能出现的错误。这方面问题包括打开文件时可能出现的文件不存在、文件正在使用中、文件读取错误和文件写入错误等各种情况。

（3）存储空间维护中可能出现的错误。所有动态申请的内存空间，在使用之后，必须给予释放。每次动态申请存储单元时，必须检查空间分配是否成功。

8.4　实例 4　"连连看"游戏程序

"连连看"是一个常见的游戏软件。具体玩法是：每当用户连续点击两个相同的棋子时，若这两个棋子可以用不跨域其他棋子的折线连接，则可清除这两个棋子；反复操作直至所有棋子被清除。

1. 题目要求

本题要求提供一个 6 行 8 列的棋盘。游戏开始时，点击空格键将进行棋盘的初始化，也就是在正中的 4 行 6 列格子中随机布置 10 对不同编号的棋子。随后，每当用户连续两次点击时，若两次点击的棋子编号相同，并且满足以下 4 个条件之一，则可清除这两个棋子。

（1）棋子 a 和棋子 b 处于同一行或同一列，且它们之间没有其他棋子。

（2）存在空格 c，与 a 同行，与 b 同列；或者 c 与 a 同列，与 b 同行；并且，a 和 c 之间不存在其他棋子，且 c 和 b 之间不存在其他棋子。

（3）同一行上存在空格 c 和 d，分别与 a 和 b 同列，并且 a 和 c 之间、d 和 b 之间，c 和 d 之间不存在其他棋子。

（4）同一列上存在空格 c 和 d，分别与 a 和 b 同行，并且 a 和 c 之间、d 和 b 之间，c 和 d 之间不存在其他棋子。

如果两个棋子无法满足上述任一条件，则两次操作无效。

当所有棋子被清除时，游戏结束。任何时候，再次输入空格，都将重新开始新的游戏。

2. 问题分析

从上述游戏过程来看，游戏的操作并不复杂；只有用于初始化的空格输入，以及用于点击棋子的鼠标输入。程序工作状态只有 3 种，可表示为图 8-5 所示的状态机。

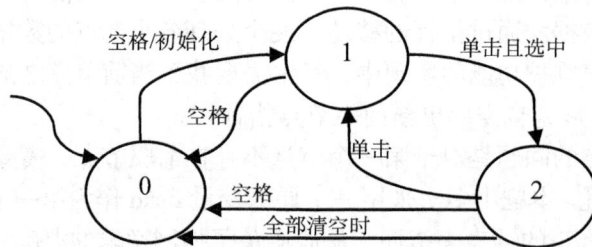

图 8-5　"连连看"程序的状态机

其中，状态 0 是初始状态，遇到空格输入时，完成棋盘的初始化，进入状态 1，此时若单击棋子，则进入状态 2；在状态 2，若遇鼠标单击，则完成棋子清除，转向状态 1；若此时所有棋子都被清除，则进入初始状态 0。各种状态下，输入空格都会回到初始状态 0，其他输入都不被响应。

EasyX 函数库提供了用于鼠标输入的函数 GetMouseMsg 和数据结构 MOUSEMSG：

```
MOUSEMSG  msg;
msg = GetMouseMsg( );
if( msg.uMsg == WM_LBUTTONDOWN ) …
```

通过上述语句，可以获得鼠标输入的各种属性。uMsg 表示消息标识，从其属性值 WM_LBUTTONDOWN 可确认它是左鼠标按下消息。从 msg.x 和 msg.y 可获得当前光标点的坐标。

比较复杂的问题在于如何判断两个被点击的棋子是否满足 4 个条件之一。从 4 个条件来看，实际上是在寻找一条不包含其他棋子的连线路径。初步分析可见两个棋子是否同行、是否同列是一个基本功能，而且被反复使用。其他较复杂的运算需要采用独立的连线路径判定算法。

3. 算法设计

从上述分析可见，游戏程序的主要算法应该包括描述状态机工作的主算法，鼠标点击响应算法以及实现上述路径判定的算法。

首先考虑主算法，按照状态机的描述，设置一个变量 state 表示当前状态；依据当前状态，检查此时的键盘输入或鼠标输入，完成规定的状态转移，以及棋盘初始化 initboard、棋盘清空 clearboard 和棋子点击 setboard 等操作。各个操作都应该用独立的函数来实现，而整体的控制逻辑完全符合状态机的规定。图 8-6 给出了完整的算法流程图。

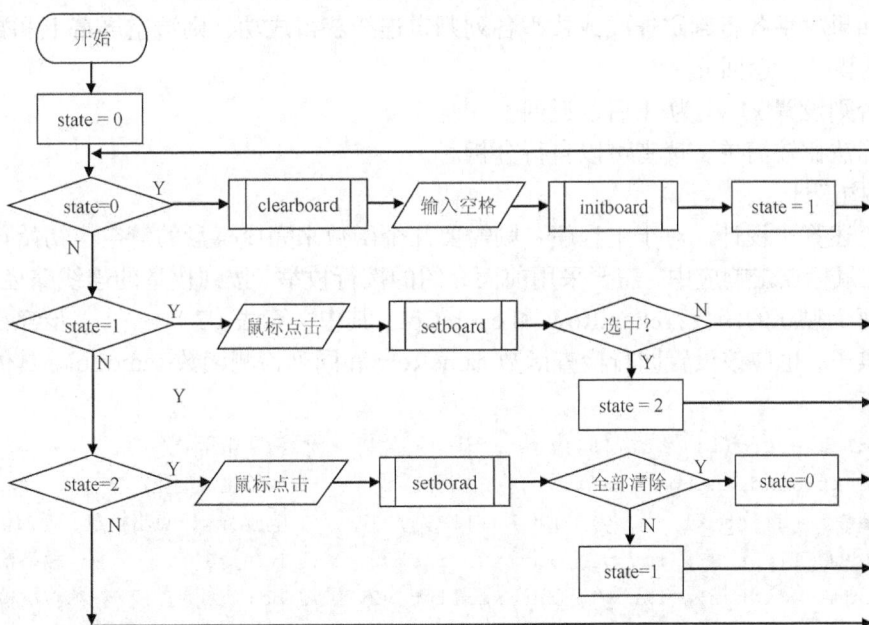

图 8-6 "连连看"游戏程序的主算法流程图

其次考虑连线路径判定算法。对于上述条件（3）和条件（4），用于判断特定的两个点是否存在。由于棋盘大小是有限的，这里显然可以采用枚举法来实现，也就是针对条件（3）枚举棋盘中的每一行，检查其他条件是否得到满足。针对条件（4），自然可以枚举棋盘中每一列，来检查是否存在满足条件的位置。于是，行枚举判定算法的基本步骤如下。

（1）假定(x1,y1)和(x2,y2)是选中的两个棋子的坐标。

（2）依次检查棋盘中的第 1 到第 6 行，行号→i。

（3）如果(x1,i)和(x1,y1)之间存在棋子，或者(x1,i)存在棋子，则转向（2）检查下一行。

（4）如果(x1,i)和(x2,i)之间存在棋子，则转向（2）检查下一行。

（5）如果(x2,i)和(x2,y2)之间存在棋子，或者(x2,i)存在棋子，则转向（2）检查下一行。

（6）返回真。　　　　　　　　　　　　　　/* 第 i 行路径可用 */

（7）如果所有行枚举结束，则返回假。　　　/* 不存在满足条件的行 */

不难看出，这里已经隐含了条件（1）和条件（2）的检查。再者，按照相同方法，也可以枚举每一列来寻找满足条件的路径。

此外，在状态 1 和状态 2 的鼠标点击处理中，采用同一个响应函数 setborad，负责检查两次点击的棋子是否相同，并且引用上述连线路径判定算法来确定是否应该清除两个棋子。

函数 setboard 实现的鼠标点击响应算法的具体步骤如下。

（1）设置静态变量 x1 和 y1 保存第一次点击的坐标（初值为-1）。

（2）设置静态变量 n 保存棋盘上还有几对棋子。

（3）记录鼠标输入位置对应的坐标为 x,y。

（4）如果位置(x,y)处无棋子，则设置 x1,y1 为-1 后，返回。

（5）如果是第一次点击，保留(x,y)坐标到(x1,y1)后，返回。

（6）如果(x,y)不同于(x1,y1)，则设置 x1,y1 为-1 后，返回。

（7）按照上述连线路径判定算法，检查两个棋子是否存在连线。

（8）如果枚举各行判定连线或枚举各列判定连线获得成功，则清空屏幕上和数组中(x,y)和(x1,y1)的棋子，返回 n。

（9）否则设置 x1,y1 为-1 后，返回。

其余算法比较简单，读者可以自行分析。

4．结构设计

按照上述算法设计，对于主程序，则需要几个函数来完成棋盘的清空、初始化及鼠标点击响应。在鼠标点击响应中，需要采用前面介绍的按行枚举、按列枚举的连线路径判定方法，应该提供两个独立的函数：enumRow 和 enumCol。其中，算法（3）～（5）步都是在检查两点之间的棋子，也应该设置同行检查函数 sameRow 和同列检测函数 sameCol。具体的函数原型设计如下：

```
void clearBoard(int bd[][8]);                        /* 清空棋盘 */
void initBoard(int bd[][8]);                         /* 初始化棋盘 */
int setBoard(int x, int y, int bd[][8]);             /* 响应(x,y)点击棋盘，返回棋子个数 */
int enumCol(int x1, int y1, int x2, int y2, int bd[][8]);   /* 枚举检查每列 */
int enumRow(int x1, int y1, int x2, int y2, int bd[][8]);   /* 枚举检查每行 */
int sameRow(int y, int x1, int x2, int bd[][8]);            /* 检查同一行 y */
int sameCol(int x, int y1, int y2, int bd[][8]);            /* 检查同一列 x */
```

上述函数设计中，各自负责自身的功能。其中，setboard 函数用于响应两次鼠标点击，处理棋子配对和路径检查等功能。由于这些功能需要使用两次鼠标点击的位置，采用了静态变量来保存第一次点击的位置，以确保识别连线时能够得到所需要的所有位置信息。这种设计技巧将两次鼠标点击的位置及其各种复杂的判定处理封装在 setboard 函数内，使得主函数完全不必关心连线判定的逻辑和数据，有效地分离二者的计算逻辑。

5．程序代码

本题需要考虑的数据设计主要有棋盘的内部表示，状态、鼠标点击位置等内容。对于棋盘，采用了二维数组 borad[6][8]，利用坐标来表示每个格子和棋子的位置，数组元素为 0 表示无棋子，非零整数表示棋子的编号。每个格子的尺寸是 50×50 像素。

鼠标输入的光标位置可以通过整除 msg.x/50、msg.y/50 直接换算为数组下标。对于工作状态，直接采用整数表示。

```c
#include <time.h>
#include <graphics.h>
#include <conio.h>
#include <atlstr.h>

void clearBoard(int bd[][8]);                    /* 清空棋盘 */
void initBoard(int bd[][8]);                      /* 初始化棋盘 */
int setBoard(int x, int y, int bd[][8]);         /* 在(x,y)点击棋盘, 返回棋子个数 */

int main( )
{
    int n, state = 0;
    int board[6][8] = {0};
    MOUSEMSG msg;

    srand(time(0));
    initgraph(640, 480);
    while (1) {
        switch( state ) {
        case 0:                                   /* 初态 */
            clearBoard(board);                    /* 清空棋盘 */
            if( getch()==' ' ) {                  /* 空格键开始 */
                state = 1;
                initBoard(board);                 /* 棋盘初始化 */
            }
            break;
        case 1:                                   /* 选择第 1 个 */
            msg = GetMouseMsg();                   /* 获得鼠标左键按下消息 */
            if( msg.uMsg!=WM_LBUTTONDOWN)
                break;
            n = setBoard(msg.x/50, msg.y/50, board); /* 选择 x, y */
            if( n>0 )
                state = 2;                        /* 选中 */
            break;
        case 2:                                   /* 选择第 2 个 */
            msg = GetMouseMsg();                   /* 获得鼠标左键按下消息 */
            if( msg.uMsg!=WM_LBUTTONDOWN)
                break;
            n = setBoard(msg.x/50, msg.y/50, board);
            if( n==0 )
                state = 0;                        /* 结束时, 回到初态 */
            else
                state = 1;                        /* 重新选择 */
            break;
        }
    }
    closegraph( );
    return 0;
```

```
        }

        void clearBoard(int bd[][8])                                    /* 清空棋盘 */
        {
            int i, j;

            for( i=0; i<6; i++ )                                        /* 画出方格、数组赋值 0 */
                for( j=0; j<8; j++ ) {
                    bd[i][j] = 0;
                    rectangle(50*j, 50*i, 50*j+50, 50*i+50);
                }
        }

        void initBoard(int bd[][8])                                     /* 初始化棋盘，布置棋子 */
        {
            int i, x, y;
            char buf[16];

            clearBoard(bd);
            for( i=0; i<10; i++ ) {
                do {
                    x = rand()%6 + 1;                                   /* 随机位置的产生 */
                    y = rand()%4 + 1;
                } while( bd[y][x]!=0 );
                bd[y][x] = i+1;                                         /* 设置第 1 个 i */
                sprintf(buf, "%d", i+1);
                outtextxy(x*50+20, y*50+20, CString(buf));             /* 显示编号 i */
                do {
                    x = rand()%6 + 1;                                   /* 再次产生随机位置 */
                    y = rand()%4 + 1;
                } while( bd[y][x]!=0 );
                bd[y][x] = i+1;                                         /* 设置第 2 个 i */
                sprintf(buf, "%d", i+1);
                outtextxy(x*50+20, y*50+20, CString(buf));             /* 显示 i */
            }
        }

    int enumCol(int x1, int y1, int x2, int y2, int bd[][8]);
    int enumRow(int x1, int y1, int x2, int y2, int bd[][8]);

    int setBoard(int x, int y, int bd[][8])                            /* 点击 (x,y) 处的选择 */
    {
        int t;
        static int n = 10;                                             /* 剩余个数 */
        static int x1 = -1, y1 = -1;                                   /* 第 1 次选中坐标 */

        t = bd[y][x];
        if( t == 0 )                                                   /* 未选中 */
            return x1 = y1 = -1;
        if( x1==-1 && y1==-1 )    {                                    /* 第 1 次 */
            x1 = x;
            y1 = y;
```

```
            return n;
        }
        if( bd[y1][x1]  != t )                          /* 不同内容 */
            return x1 = y1 = -1;
        if( enumCol(x1,y1,x,y,bd) || enumRow(x1,y1,x,y,bd) )    {/* 枚举检查每列和每行 */
            bd[y][x] = bd[y1][x1] = 0;
            outtextxy(x*50+20, y*50+20, _T("    "));    /* 清除显示 */
            outtextxy(x1*50+20, y1*50+20, _T("    "));
            n--;
            x1 = y1 = -1;
            if( n>0 )
                return n;                               /* 返回剩余个数 */
            n = 10;
            return 0;
        }
        return x1 = y1 = -1;                            /* 无效选择 */
}


int sameRow(int y, int x1, int x2, int bd[][8]);
int sameCol(int x, int y1, int y2, int bd[][8]);

int enumCol(int x1, int y1, int x2, int y2, int bd[][8])
{
    int i;

    for( i=0; i<8; i++ ) {                             /* 枚举每列, 检查是否满足条件 4 */
        if( x1!=i ) {
            if( !sameRow(y1,x1,i,bd) || bd[y1][i]!=0 )   /* 查 (i,y1) 和 (x1,y1)
之间 */
                continue;
        }
        if( !(sameCol(i,y1,y2,bd)) )                    /* 查(i,y1)和(i,y2)之间 */
            continue;
        if( x2!=i ) {
            if( !sameRow(y2,x2,i,bd) || bd[y2][i]!=0 )   /* 查 (i,y2) 和 (x2,y2)
之间 */
                continue;
        }
        return 1;
    }
    return 0;
}

int enumRow(int x1, int y1, int x2, int y2, int bd[][8])
{
    int i;

    for( i=0; i<6; i++ ) {                             /* 枚举每行, 检查是否满足条件 3 */
        if( y1!=i ) {
            if( !sameCol(x1,y1,i,bd) || bd[i][x1]!=0 ) /* 查(x1,i)和(x1,y1)之间 */
                continue;
        }
```

```
            if( !sameRow(i,x1,x2,bd) )                      /* 查(x1,i)和(x2,i)之间 */
                continue;
            if( y2!=i ) {
                if( !sameCol(x2,y2,i,bd) || bd[i][x2]!=0 )  /* 查(x2,i)和(x2,y2)之间 */
                    continue;
            }
            return 1;
        }
    return 0;
}

int sameRow(int y, int x1, int x2, int bd[][8])
{                                           /* 检查(x1,y)和(x2,y)之间是否为空 */
    int i;

    if( x1==x2 )
        return 1;
    if( x1>x2 ) {
        for( i=x2+1; i<x1; i++ )
            if( bd[y][i] != 0 )
                return 0;
    } else {
        for( i=x1+1; i<x2; i++ )
            if( bd[y][i] != 0 )
                return 0;
    }
    return 1;
}

int sameCol(int x, int y1, int y2, int bd[][8])
{                                           /* 检查(x,y1)和(x,y2)之间是否为空 */
    int i;a

    if( y1==y2 )
        return 1;
    if( y1<y2 ) {
        for( i=y1+1; i<y2; i++ )
            if( bd[i][x] != 0 )
                return 0;
    } else {
        for( i=y2+1; i<y1; i++ )
            if( bd[i][x] != 0 )
                return 0;
    }
    return 1;
}
```

　　在阅读上述程序时，建议读者对照状态机分析和代码注释，理解 main 函数的实现算法；对照鼠标点击处理算法，分析、理解 setboard 函数的代码注释和实现步骤；对照连线路径判定算法，分析理解 enumCol 和 enumRow 等函数的代码注释和代码实现。

　　在这个程序设计案例中，展现了结构化程序设计中如何处理复杂的计算逻辑。在程序结构设计中，首先设置了负责鼠标输入响应的函数 setboard，分离了人机交互控制下的状态转移过程和连线检查的计算逻辑。由于连续路径判定的逻辑比较复杂，通过算法设计分解了判断过程；通过设置按行枚举函数 enumRow 和按列枚举函数 enumCol，实现算法中的几个复杂的步骤；进而对需要反复使用的同行检查和同列检查功能，设置了函数 sameRow 和 sameCol。由此可见，算法设计和结构设计是交叉进行的。每个函数负责一个算法，算法中每个复杂的步骤也由一个函数来负责实现，体现了结构化程序设计的特点。具体的函数设计与实现，则需要按照计算的输入/输出需求，设置参数和返回值，保证计算描述的局部化，以支持程序的可读性和可维护性。

8.5　实例 5　大奖赛评分管理

电视节目中常常可以见到各种大奖赛的评分过程：比赛设置若干名评委，每个选手表演结束后，评委依次打分，最终以平均分作为选手的得分，并得出各位选手的名次。下面请为大奖赛的进行提供一个管理程序，管理大奖赛的准备、评分和结果的统计。

1. 题目要求

管理程序应该为选手提供报名功能、为评委提供报到功能、为主持人提供进度管理和成绩宣布功能。假设评分上限为 10 分，评委人数和选手人数不定。大奖赛有一定的竞赛规则。选手将按照主持人的安排依次表演 1 个节目，每个评委都必须为刚表演完的选手打分，打分时不记评委的姓名。

2. 问题分析

从大奖赛过程来看，上述功能显然有执行顺序的要求；首先是选手报名，评委报到，主持人宣布开始，介绍评委；然后依次指定选手表演，评委点评后依次评分，所有选手表演和评委评分后，公布成绩。

鉴于大奖赛的各个步骤有规定的顺序，这种约束也可以用状态来表示，从而把大奖赛的过程表示为图 8-7 所示的状态机；其中，选手报名、评委报到，选手准备、评委点评、比赛结束被分别设为 5 个状态。

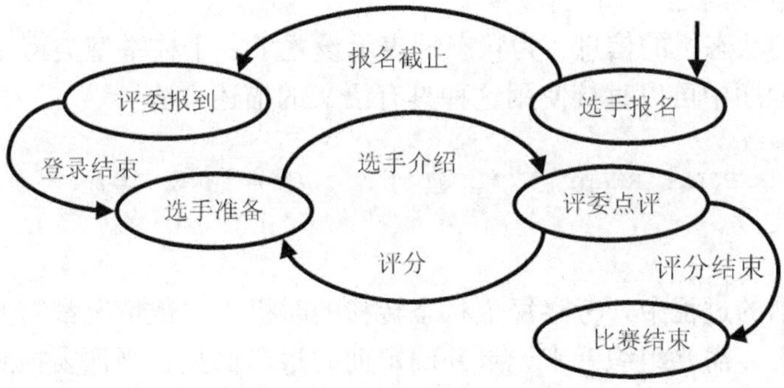

图 8-7　描述大奖赛过程的状态机

同时，该大奖赛涉及的数据信息还有选手编号、姓名及其节目的信息、评委信息、成绩和名次信息，而且应该能够确认每位评委给每个选手评出的分数。这说明评委、选手、成绩之间存在信息关联。

3. 数据结构设计

基于上述问题分析，本题分别设置了 3 种变量分别保存选手信息、评委信息和成绩信息。

考虑到大奖赛选手和评委的数量不会太多，都采用数组表示。采用结构体分别表示选手和评委的个人信息。对于每个选手以数组下标加一作为选手的编号。具体设计如下。

```
typedef struct {
    int no;                  /* 编号 */
    char name[32];           /* 姓名 */
    char sex;                /* 性别 */
    char show[64];           /* 参赛节目名称 */
} PLAYER;                    /* 选手信息 */
typedef struct {
    char name[32];           /* 姓名 */
    char info[64];           /* 评委信息 */
} JUDGE;
PLAYER playeerInfo[64];      /* 学生信息数组 */
JUDGE judgeInfo[16];         /* 评委信息数组 */
```

对于每个选手的成绩信息，则需要考虑每个评委给出的分数。为了表示这种关系，设置了结构体 SCORE：

```
typedef struct {
    int no;                  /* 选手编号 */
    double average;          /* 平均分 */
    int score[NUM];          /* 每个评委给出的分数 */
} SCORE;                     /* 成绩记录 */
SCORE scoreTable[64];        /* 选手成绩数组 */
```

于是，采用 SCORE 的结构体数组可用于保存每个选手的编号、每个评委给出的分数和平均分，同样以数组下标加一作为该选手的编号。由于采用不记名的评分规则，这里仅保存了分数，没有记录评委姓名，并假定评委人数小于 16。应该注意到这里没有保存选手的姓名，而是保存他们的编号。这样做的理由在于如果同时在选手数组和成绩数组中保存姓名，则有可能出现针对姓名的误操作导致数据不一致。程序设计中应该保证每种数据仅存一份，这也是程序设计的基本原则之一。

此外，考虑到状态机的信息，为状态的表示设置了一个枚举型类型 STATE。借助于各种状态值的定义，程序中可以直接使用这种具有语义的描述方法。

```
typedef enum {
    SIGNUP, REPORT, READY, COMMENT        /* 4 个状态：筹备、登录、准备、点评 */
} STATE;
```

4. 算法设计

从图 8-7 展示的过程中，考察每个状态转移的时机。多数情况都需要用户输入：初始状态是选手报名状态，需要组织者来记录并确定何时报名截止；当评委报到时，需要组织者来记录；随后，比赛开始，主持人需要介绍选手和节目，当选手表演结束时，需要主持人决定开始评分和记分；当比赛结束时，需要主持人公布成绩。因此，程序设计中需要为使用者（包括组织者和主持人）提供这些命令。综上所述，用户界面上应该提供"选手报名""报名截止""评委报到""介绍选手"和"评委评分"等 6 个输入命令选项。

根据上述应用逻辑，算法的主要框架就是实现上述状态机，反复从菜单接收输入命令，做相应的处理并且进行状态转移，根据当前状态决定哪些命令是有效的。在选手报名状态下，

"选手报名""报名截止"命令有效；在评委报到状态下，"评委报到"命令有效；在选手准备状态下，"介绍选手"命令有效；在评委点评状态下，"评委评分"命令有效。这样的约束条件决定了状态转移的合法性，也保证了比赛过程的正确性。

图 8-8 给出了大奖赛主程序的算法流程图。流程图中描述了所有的人机交互关系，从菜单选择得到整数 1~6 分别表示 6 个命令，而将具体的信息记录、评委评分、结果排序和结果输出单独作为独立的模块。

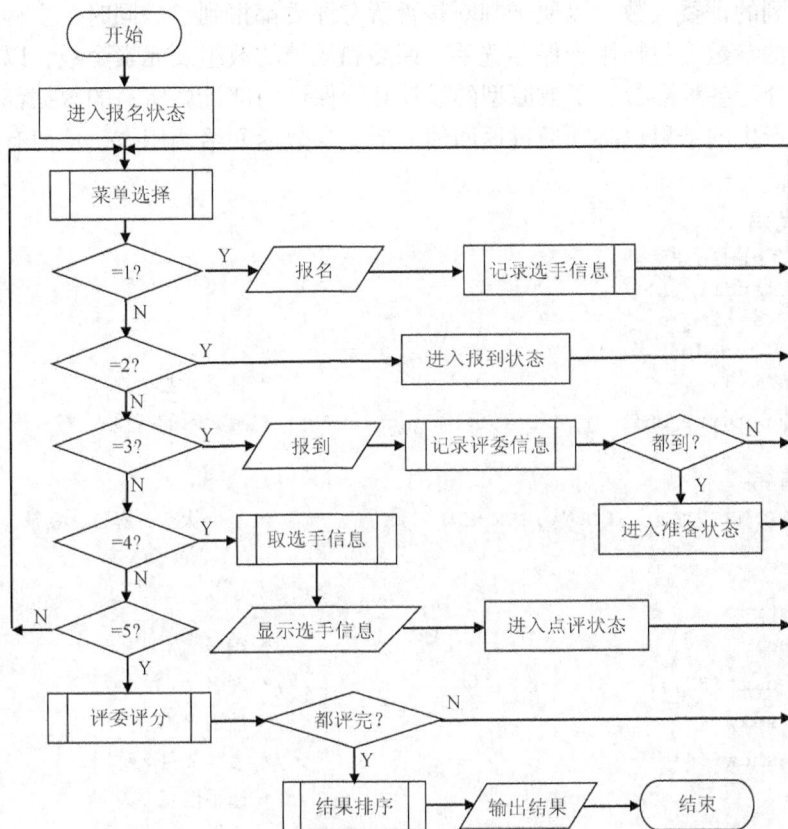

图 8-8　大奖赛主程序的算法流程图

读者应该注意到，流程图中考虑了所有状态转移的过程。在报名截止的命令处理中，进入评委报到状态；在所有评委报到后，进入选手准备状态；在介绍选手后，进入评委点评状态。所有选手的评分结束时，自动排序并输出结果。因此，没有必要设置结束状态了。

5. 结构设计

根据流程图给出的计算逻辑，程序中设置了 6 个函数，具体功能如下：

```
int choice(int state);
        /* 根据当前状态 state 进行菜单选择，返回命令（整数） */
void signup(PLAYER *player, char *name, char sex, char *title );
        /* 记录选手姓名 name、性别 sex、节目 title 等信息到选手数组 player */
int report(JUDGE *judge, char *name, char *intro);
        /* 记录评委姓名 name、简介 intro 等信息到评委数组 judge,返回已报到人数 */
int getInfo(PLAYER *player, int no);
        /* 根据编号 no,从选手数组 player, 取出下一个选手信息(下标) */
```

```
void score(SCORE *score, int no);
        /* 为 no 号选手，评分并记录选手成绩 */
void sort(SCORE *score, int num);
        /* 按照平均分，对成绩数组 score 的元素进行排序（num 是人数） */
void output(SCORE *score, PLAYER *player, int num);
        /* 按照成绩数组 score 的顺序，输出 player 中选手的名次、姓名和成绩，num 是人数 */
```

　　每个函数的设计都要考虑到整体算法的实现需求，为主函数提供必要的信息。例如，report
函数返回已报到的评委人数，以便于判断是否所有评委都报到了。同时，主程序需要为每个
函数提供必要的参数，包括用于保存选手、评委和成绩的数组及元素个数，以及输入的选手
姓名、评委简介等各种参数。函数原型的设计必须保证内部计算所需的数据都可以从形式参
数获得，计算产生的结果也必须通过返回值或形式参数返回给调用方，从而有效地分离了各
自的计算逻辑。

6. 程序代码

```c
#include <stdio.h>
#include <stdlib.h>
#include <string.h>

#define NUM 3                                    /* 评委人数 */
#define input(str,buf) (printf(str), gets(buf))  /* 有提示的行输入 */

typedef enum {
    SIGNUP, REPORT, READY, COMMENT               /* 4 个状态：筹备、登录、准备、点评 */
} STATE;

typedef struct {
    int no;                                      /* 编号 */
    char name[32];                               /* 姓名 */
    char sex;                                    /* 性别 */
    char show[64];                               /* 参赛节目名称 */
} PLAYER;                                         /* 选手信息 */

typedef struct {
    char name[32];                               /* 姓名 */
    char info[64];                               /* 评委信息 */
} JUDGE;

typedef struct {
    int no;                                      /* 选手编号 */
    double average;                              /* 平均分 */
    int score[NUM];                              /* 每个评委给出的分数 */
} SCORE;                                          /* 成绩记录 */

int choice(int);                                 /* 菜单选择 */
void signup(PLAYER *, char *, char, char * );    /* 记录选手信息 */
int report(JUDGE *, char *, char *);             /* 记录评委信息 */
int getInfo(PLAYER *, int);                      /* 取出下一个选手的信息（下标） */
void score(SCORE *, int);                        /* 评分并记录选手成绩 */
```

```c
void sort(SCORE *, int);                         /* 按照得数排序 */
void output(SCORE *, PLAYER *, int);             /* 输出成绩 */

int main(int argc, char* argv[])
{
    PLAYER playerInfo[64];                       /* 所有选手信息 */
    JUDGE judgeInfo[NUM];                        /* 所有评委信息 */
    SCORE scoreTable[64];                        /* 所有选手的成绩 */

    int no, num=0, ch;                           /* 选手编号、人数、菜单输入 */
    STATE state = SIGNUP;                        /* 进展状态 */
    char name[32], sex[4], info[128];
    char buf[256];                               /* 输入缓冲区 */

    while (1) {
        ch = choice(state);
        switch( state ) {

        case SIGNUP:                             /* 选手报名状态 */
            if( ch==1 ) {                        /* 选手报名 */
                input("请输入选手姓名、性别（F/M）、参赛节目: ", buf);
                sscanf(buf, "%s%s%s", name, sex, info);
                signup(playerInfo, name, sex[0], info);  /* 记录选手信息 */
                num++;
            } else                               /* 报名截止(ch=2) */
                state = REPORT;                  /* 评委报到状态 */
            break;
        case REPORT:                             /* 评委报到状态 */
            input("请输入评委姓名、简介: ", buf);
            sscanf(buf, "%s%s", name, info);
            if( NUM==report(judgeInfo, name, info) )     /* 记录评委信息 */
                state = READY;                   /* 进入选手准备状态 */
            break;
        case READY:                              /* 选手准备状态 */
            no = getInfo(playerInfo, num);       /* 获得下一选手的编号 */
            state = COMMENT;                     /* 进入评委点评状态 */
            break;
        case COMMENT:                            /* 评委点评状态 */
            score(scoreTable, no);               /* 评委评分并记录 */
            if( no == num ) {                    /* 最后一个选手 */
                sort(scoreTable, num);           /* 排序得到选手人数 */
                output(scoreTable, playerInfo, num);     /* 输出结果 */
                return 0;
            }
            state = READY;                       /* 回到选手准备状态 */
        }
    }
    return 0;
```

```
    }

int choice(int state)                                      /* 菜单选择 */
{
    int i, ch;
    char buf[64];
    char *menu[ ] = {
        "选手报名", "报名截止", "评委报到", "选手介绍", "评委评分"
    };

    while( 1 ) {
        printf("\n========大奖赛管理======\n");
        for( i=0; i<sizeof(menu)/sizeof(char*); i++ )
            printf("%10s===%4d\n", menu[i], i+1);
        input("请选择: ", buf);
        ch = atoi(buf);                                    /* 检查命令合法性 */
        if( state==SIGNUP && (ch==1 || ch==2 ))            /* 选手报名状态 */
            return ch;
        if( state==REPORT && ch==3 )                       /* 评委报到状态 */
            return ch;
        if( state==READY && (ch==4 || ch==6) )             /* 选手准备状态 */
            return ch;
        if( state==COMMENT && ch==5 )                      /* 评委评分状态 */
            return ch;
        printf("\n命令非法，请重新输入。\n");
    }
    return 0;
}

void signup(PLAYER *player, char *name, char sex, char *info )/* 记录选手信息 */
{
    static int no = 1;                                     /* 选手编号 */

    player[no-1].no = no;
    strcpy(player[no-1].name, name);                       /* 复制姓名和节目 */
    player[no-1].sex = sex;
    strcpy(player[no++ - 1].show, info);                   /* 编号加一 */
}

int report(JUDGE *judge, char *name, char *info)          /* 记录评委信息，返回下一状态 */
{
    static int num = 0;                                    /* 已报到人数 */

    strcpy(judge[num].name, name);
    strcpy(judge[num].info, info);
    return ++num;                                          /* 返回已报到人数 */
}

int getInfo(PLAYER *player, int n)                         /* 展示选手信息 */
{
```

```
    static int num = 0;                                /* 已经演出的人数 */

    if( num==n )
        return -1;
    printf("下个选手是%s，表演节目是%s\n", player[num].name, player[num].show);
    return ++num;                                      /* 返回选手编号 */
}

void score(SCORE *score, int no)                       /* 记录选手成绩 */
{
    int i;
    char buf[32];

    score[no-1].no = no;                               /* 选手编号 */
    score[no-1].average = 0.0;
    for( i=0; i<NUM; i++ ) {                            /* 输入每个评委的分数 */
        printf("请为%d 号选手打分: ", no);
        gets(buf);
        score[no-1].average += atoi(buf);
        score[no-1].score[i] = atoi(buf);
    }
    score[no-1].average =    score[no-1].average/NUM;
}                                                      /* 计算平均值 */

void sort(SCORE *score, int num)                       /* 按照平均分排序 */
{
    int i, j;
    SCORE tmp;

    for( i=0; i<num; i++ )                             /* 冒泡排序 */
        for( j=i; j<num; j++ ) {
            if( score[i].average > score[j].average )
                continue;
            tmp = score[i];
            score[i] = score[j];
            score[j] = tmp;
        }
}

void output(SCORE *score, PLAYER *player, int num)  /* 输出成绩 */
{
    int i, no;

    printf("比赛成绩如下: \n");
    for( i=0; i<num; i++ ) {
        no = score[i].no;
        printf("第%i 名: %s，得分%lf\n", i+1, player[no-1].name, score[i].average);
    }
}
```

在上述程序代码中，主程序的代码注释说明了整体算法完全符合前面给出的算法流程，实现了规定的状态转移和各种操作。各个函数的内部逻辑都比较简单，易于理解。值得注意的是各个函数的外部接口设计，从主函数获得必要的参数数据，返回计算结果，以支持整体算法的实现。

在这个程序设计案例中，展现了如何用状态机来描述某个业务流程，将这个流程分解为若干状态，确认各个状态之间的转移条件。为了实现这个流程，主程序的计算逻辑就是要完整地实现所有状态转移，实现每个状态转移的条件判定。其他问题都是次要的问题，包括选手信息记录、评委信息记录、评委评分、结果排序，都应该用独立的函数实现，也包括菜单输入及其合法性检测也靠一个独立的函数来实现。这样就保证了主函数 main 仅仅负责核心算法的实现，保证程序组成结构的合理性。从设计方法来看，这是一种自上而下的设计方法，首先针对核心问题设计状态机，确认主函数的计算逻辑；然后，逐步向下设计各种函数来完成具体的操作。

读者应注意的问题是，数据结构的设计，选手信息、评委信息和成绩信息都分别保存在不同的变量中。各个函数都是通过参数来引用必要的信息。初学者容易犯的错误是将成绩信息和选手信息放在一起。显然，选手报名时没必要考虑成绩信息，评委填写分数时只关心选手编号，也不需要知晓其他信息。合理地组织数据可以减少出现错误的可能性，让每个功能函数的实现无法访问无关的数据。同样，应该注意到数据设计中设置了必要的约束条件。例如，本题约定选手信息数组中每个选手的编号等于数组下标加一，num 变量取值始终是选手人数。整个程序设计都必须满足这些不变的约束条件。如果程序设计违反了这些约束条件，对以后的程序维护来说，肯定是难以发现的错误。

第9章
软件开发基础知识

众所周知，硬件和软件是计算机系统的两个组成部分。软件的发展水平依赖于飞速发展的硬件设备，而硬件的性能又依靠优秀的软件设计使之得以充分地发挥，这种相互依存、相互制约的特殊关系，使得人们在关注硬件发展速度的同时，必须重视软件开发方法的研究。本章将阐述软件开发的基础知识，为学生培养良好的程序设计习惯奠定基础。

9.1　软件与软件产品的特征

什么是软件？软件与程序是否是同一个含义？这是很多人在很长时间内都很困惑的问题。就"软件"的定义而言有多种多样的表达方式，但概括起来应该具有以下3个要素。

（1）软件包含能够让计算机按照人们的意愿完成各种操作的指令序列，即程序。

（2）软件包含能够让程序正常运行的数据结构。

（3）软件包含描述程序研制过程、方法及使用的文档。

不可否认，程序是软件的核心元素。随着计算机应用的日益普及，软件变得越来越复杂，规模也越来越大，超过上万条指令的程序随处可见。如何使人与人、人与计算机之间相互了解，保证开发与维护工作的顺利进行，文档是不可缺少的。特别是在软件已经成为产品的今天，文档的作用就显得格外重要了。

相对硬件而言，软件具有下列特征。

（1）软件是一种逻辑产品，而不是有形的物质。软件产品的生产虽然也要经过分析、设计、建造和测试几个阶段，但是每个阶段的成果不能像硬件那样被转换为有形的物品。它是脑力劳动的结晶，程序和文档只是它的外在表现形式，它所实现的功能和性能只有通过程序的执行才能够体现出来。

（2）软件需要设计、开发，但不是传统意义上的产品制造。软件开发与硬件制造的结果都是产品，这是它们的相似之处，但是这两类活动在本质上却有所不同。尽管它们通过良好的设计都可以得到高质量的产品，但是硬件的制造过程会引发质量问题，而软件的复制过程则不会。硬件产品是可以进行检验的，有量化指标进行质量度量，而软件产品的质量检验比较困难，量化指标也难以得到，因此它们的管理方式必然存在着较大的差别。

（3）软件不会磨损。软件不像硬件那样会受到环境因素的影响而导致磨损，但它也需要维护。硬件的维护常常采用更换零件的方式，而软件的维护则需要修改代码或增加模块，与硬件维护相比较要复杂得多。

（4）虽然软件产业正在向基于组件的组装方向发展，但是大多数软件仍旧需要定制。

所谓定制就是要对不同的用户进行量身定做，即不能完全重用。在硬件生产过程中，构件复用是很自然的事情，比如，用同样的主板组装不同型号的机器。而在软件产业中，面向对象的方法和技术已经成为支持软件重用的主要手段。

清醒地认识软件产品的上述特征，对于科学地研究软件开发的基本过程和基本方式是非常重要的。

9.2 软件开发的基本过程

早在 20 世纪 60 年代中期，硬件就已经走上了工业化生产的道路，硬件的通用产品也随之形成，但软件开发还停留在"作坊式"的个体化生产模式下。在那个时候，软件都是为了某个特定的目的而特意开发的，规模小、复杂度也不高。随着硬件产品价格的不断降低，计算机的普及率迅速提高，人们在各个领域应用计算机的欲望越来越强烈。急剧膨胀的软件需求与落后的软件生产方式形成了鲜明的对比，这对矛盾严重制约了计算机应用领域的发展进程，随即爆发了"软件危机"。所谓"软件危机"是指在软件开发和维护过程中遇到的一系列难以解决的严重问题。它们主要表现在以下几个方面。

（1）由于软件开发的不可见性，缺乏软件开发的经验及软件开发数据的积累，使得人们对软件开发成本和进度的估计很不准确。

（2）由于开发过程没有统一的、公认的方法论和规范化地指导，所以在后期对软件进行修改和功能扩充十分困难，即软件常常是不可维护的。

（3）由于没有将软件质量保证技术应用于软件开发的整个过程中，所以软件产品的质量无法得到基本的保证。

（4）在软件开发初期，软件开发人员常常急于进入编程阶段，忽略了对问题的细致分析，因而造成技术人员对欲开发系统的理解往往与用户的想法存在着一定的偏差，导致相当一部分用户对"已完成的软件"不满意。

（5）软件没有规范的文档。软件不仅仅有程序，还应该有一整套文档资料。只有这样才能够让人们了解程序的内部结构，为以后的软件维护提供可能性。

（6）软件成本在计算机系统的总成本中所占的比例逐年上升。

（7）软件开发生产率提高的速度远远滞后于计算机应用领域迅速扩展的趋势。

软件危机的出现，向人们提出了一系列问题：如何开发软件？如何维护已有的软件？如何满足人类社会对软件的日益增长的需求？要解决这些问题，既要有科学、先进的技术支持，又要有必要的组织管理措施，正是在这种背景下，出现了一门新兴学科——软件工程。

"软件工程"应用计算机科学、数学与管理科学等原理，借鉴传统工程的原则和方法，研究如何有计划、高效率、低成本地开发能够在计算机上正确运行的软件，并试图从理论上和技术上提出一整套适合于软件开发的工程方法学。

软件生命周期、软件开发过程模型和软件开发方法学就是软件工程学科中提出的 3 个主要概念。

9.2.1　软件生命周期

软件工程将按照工程化的方法组织和管理软件的开发过程，具体地说，它将软件开发过程划分成若干个阶段，每个阶段按照约定的规范标准完成相应的任务。软件的生命周期是指从某个软件的需求被提出并开始着手开发到这个软件被最终废弃的全过程。它好像一个生命体从孕育、出生、成长直到最终消亡。通常在这个过程中，应该包括制定计划、需求分析，系统设计、程序编码、系统测试、系统运行及维护阶段。下面介绍这几个阶段的主要任务。

（1）制定计划。在正式开始开发软件项目之前，充分地研究、分析待开发项目的最终目标，整理出其功能、性能、可靠性及接口等方面的需求，计算出所需人力、物力的资源开销，推测以后可能获取的经济效益，提供支持该项目的技术能力以及给出开发该项目的工作计划是这个阶段需要完成的主要任务。该阶段结束后，应该提交项目实施计划和可行性研究报告，并等待管理部门的最终审批。

（2）需求分析。这个阶段的任务需要系统分析员与用户共同完成。这是正式进入软件开发的标志性阶段。其主要任务是对待开发软件项目的需求进行仔细分析，并给出准确、详细的定义。在此基础上，划清系统边界，明确哪些需求由软件系统完成，哪些需求不属于软件系统的功能范畴等。该阶段结束后，应该提交软件需求规格说明书，并等待评审、备案。

（3）系统设计。系统设计是整个软件项目开发的核心阶段，它主要由系统设计员承担。在这个阶段中，软件设计人员需要根据软件需求规格说明书，设计出系统的总体结构，进行模块划分，并确定各模块之间的相互关系以及每个模块应该完成的具体任务。如果说需求分析阶段主要的任务是确定目标系统应该“做什么”，那么系统设计阶段的主要任务就是确定目标系统应该“如何做”。

（4）程序编码。程序编码阶段是将软件设计的成果转化为软件产品的阶段。其主要任务是使用某一种程序设计语言将系统设计阶段描述的所有内容用计算机可以接受的程序形式表达出来，并将其组装、调试。编写结构化好、清晰易读、与设计一致的代码是衡量这个阶段工作质量的基本标准。

（5）系统测试。系统测试的目的是找出程序中存在的错误，其主要方法是利用设计的测试用例从不同角度检测软件的各个组成部分。测试主要包括单元测试、集成测试和确认测试，使用的测试方式主要有白盒测试和黑盒测试。白盒测试侧重于检测程序的逻辑结构，而黑盒测试侧重于检测程序的功能和接口。这个阶段的工作对于保证软件产品质量，降低出现程序运行错误频率起着至关重要的作用。

（6）系统运行及维护。通过测试后，软件就进入了运行阶段。这一阶段可能是软件生命周期中持续最长的一段时间。大家都清楚，系统测试阶段的任务是尽可能多地找出程序中存在的错误，但并不能保证通过测试的软件就一定不存在任何错误，因此，在运行期间，可能会出现各种意想不到的异常现象，这就需要软件维护人员及时找出问题所在，并给予修正。除此之外，由于软件运行环境的改变，可能需要对原有软件系统进行适当地调整，这些都属于软件维护阶段的工作范畴。软件的维护质量往往决定了软件的生命力。

软件工程强调，在软件生命周期中，每个阶段都要有明确的任务，并按照规范产生一定的文档，以便作为下一个阶段工作的基础，至于上述 6 个阶段如何完成预定的任务，彼此之间如何衔接将取决于所采用的软件开发过程模型。

9.2.2　软件开发过程模型

软件开发过程模型是指软件开发全过程、活动和任务的结构框架，它能够清楚、直观地表达软件开发的全过程，明确各阶段所需要完成的具体任务，并对开发过程起到指导和规范化的作用。至今为止，出现过很多种类的软件开发模型，其中，比较有代表性的有瀑布模型、演化模型、喷泉模型、螺旋模型、原型开发模型等。

瀑布模型是 1970 年提出的。它将软件开发过程划分为图 9-1 所示的 7 个阶段，并规定按照自上而下的顺序实施各个阶段的任务，前一个阶段的成果将作为后一个阶段的输入，整个开发过程形如瀑布流水。但这种开发模型是建立在每一个阶段的工作都是完全正确的基础上。显而易见，这是很难实现的前提条件，一旦发现存在问题，难免要回头纠正前面所做的工作，往往需要为此付出很大的代价。图 9-1 所示的虚线就表示了反馈过程。

演化模型是一种更加具有实际意义的开发模型。从事软件开发的人员都知道，让用户一次性地将所有的需求讲解清楚几乎是一件不可能实现的事情。由于用户在提交需求说明时难免会有遗漏，加之软件开发人员对有些问题会存在理解上的偏差，最终提交给用户的软件系统很难得到满意的效果。演化模型可以最大限度地避免这种尴尬局面的出现。它不要求用户在开发系统之前，必须将全部的需求提交出来，而只须提出系统的核心需求，开发者最初只实现核心需求，并交给用户试用，以便得到及时、有效的反馈意见，细化、增强系统功能的补充需求说明，软件开发人员再根据用户的反馈，对先前的系统进行二次开发，即迭代一次。与初次开发一样，同样需要经过需求分析、系统设计、编写代码、系统测试等一系列过程。如果用户试用之后还不满意，就继续进行第三次开发，每一次重新开发的结果都会更加接近用户的最终需求。实际上，这种开发模型体现了一个软件产品从不成熟到成熟的演化过程，其主要特点是减少了软件开发过程的盲目性。

喷泉模型体现了软件开发过程所固有的迭代和无"间隙"的特征，它将软件开发过程的各个阶段描述为相互重叠、多次反复的过程，就好像泉水由泉眼喷出后又回落的场景，其形状如图 9-2 所示。这种开发模型主要用于支持面向对象的开发过程。

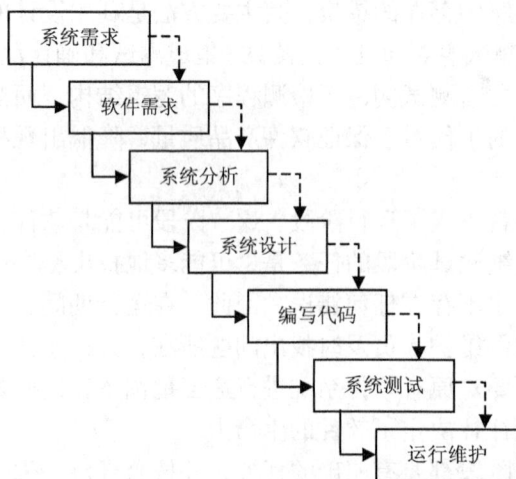

图 9-1　瀑布模型　　　　　　　　　　　　图 9-2　喷泉模型

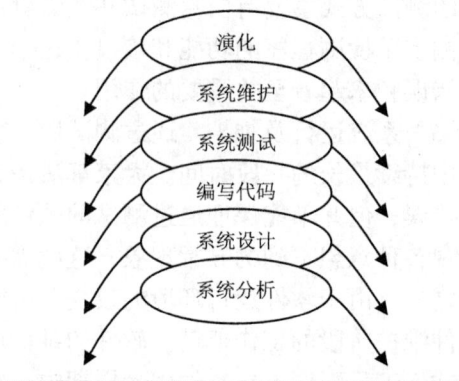

原型开发模型是一种比较容易被人接受的软件开发方式。所谓原型即为"样品"，其开

发过程是：首先根据用户提出的基本需求，借助程序自动生成工具或软件工程支撑环境，尽快地构造一个能够反映用户基本需求的、可见的简化版模拟系统作为"样品"，供开发人员和用户进行交流。原型开发模型将软件开发分为需求分析、构造原型、运行原型、评价原型和修改原型几个阶段，并不断重复这个过程，直到用户满意为止。图 9-3 所示为原型开发模型的示意图。

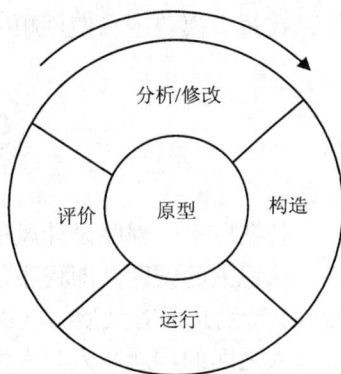

图 9-3　原型开发模型示意图

如图 9-3 所示，原型开发过程紧紧围绕着原型展开。它强调开发者尽早地给出最终软件产品的雏形，用户尽快地给出反馈意见，并在此基础上不断地做出改进，从而避免瀑布模型迟迟不能看到软件产品而带来的表达方式上的困惑和理解上的偏差，为开发最终符合用户意图的软件产品创造了便利的条件。

9.2.3　软件开发方法学

软件开发过程模型规定了软件生命周期中各阶段任务的组织方式。要确保软件产品的质量，还需要选择适当的软件开发方法以指导各阶段任务的实施策略。结构化就是一种比较成熟的软件开发方法。用结构化思想指导软件开发的全过程就形成了结构化分析（SA）、结构化设计（SD）和结构化程序设计（SP）。

结构化分析方法将数据流作为分析问题的切入点，把程序运行的过程看成是将输入数据经过某些变换得到输出数据的过程，并采用数据流图（DFD）将这种数据变换过程加以详细描述。

结构化设计方法将根据系统功能的划分将数据流映射成软件系统结构。结构化的软件系统应该具有很强的模块化。所谓模块化是指将一个较复杂的问题分解成一个个相对独立、功能简单的模块，并将这些模块按照"自顶向下""逐步求精"的原则组织起来的过程。软件系统结构图（SC）就是描述软件结构的有效工具，图 9-4 所示即为软件系统结构图的一个例子。

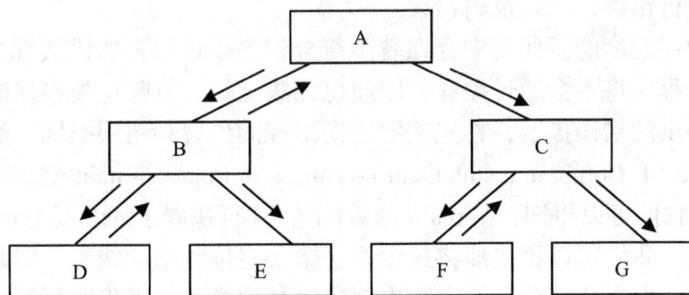

图 9-4　软件系统结构图

从软件系统结构图上可以清楚地看出软件所包含模块之间的层次关系，图中一个方块代表一个模块，框内注明模块的名字（A、B、C、D…），方框之间的连线表示模块间自上而下的调用关系，连线上带注释的箭头表示模块调用中来回传递的信息。

结构化程序设计是指采用"自顶向下""逐步求精"的策略，以模块作为程序的基本单位，在每个模块中只使用顺序结构、分支结构和循环结构的语句描述操作过程的编程方式。

9.3　程序设计风格

　　长期以来，程序设计风格一直是容易被人们忽视的角落。这主要归罪于人们对程序存在一个认识上的误区，即程序仅仅是被计算机执行的，而不是供人阅读的。在当今的软件开发时代，特别是面对大型的软件开发，往往需要采用集团军式的作战形式，人与人之间的配合、人与人之间的沟通和人与人之间的理解是不可或缺的，而阅读程序将是实现这些目的的主要途径，因此人们更加追求标准的开发过程和良好的软件产品规范，重视程序设计的风格，以便能够得到一个可读性强的程序。良好的程序设计风格首先应该具有文档化特征。所谓程序文档化是指程序具有鲜明的标识符命名，恰当的程序注释和良好的程序书写习惯。鲜明的标识符命名使其能够见名知义；一个正规的程序文本应该含有对程序中的每一个模块的主要功能、参数、变量和主要的语句段的必要说明；程序应该采用缩进的形式，以便突出程序的层次结构。此外，程序应该具有清晰的语句结构，即每条语句都应该尽可能地简单、直接，不要为了提高效率而使得程序过分复杂；表达式的书写要符合人们的习惯，必要的时候可以添加一些括号或空格。总之，能够让程序一目了然就是我们倡导的程序设计风格。

9.4　程序调试的基本方法

　　程序设计的过程始终伴随着高复杂性、高综合性、高技术性和高智能性。因此，任何一个程序员都很难保证在程序设计的各个环节不会出现任何错误，包括对原始问题的理解、算法的设计、程序的编写和源代码的录入等。只要在任何一个环节上出现了点滴错误就可能会影响程序的正确运行，因此，调试程序在整个程序设计过程中就显得格外重要。所谓调试程序是指找出程序中存在的错误并将其改正的过程。这里所说的程序错误主要包含三类：一是语法错误；二是运行错误；三是逻辑错误。

　　语法错误是指在程序的源代码中存在着不符合程序设计语言的语法规则的书写现象。如果存在这类错误，程序将不会通过编译，因而也无法运行。排除这类错误的主要方法是充分地利用编译程序提供的错误提示，首先确定错误出现的位置和错误类别，然后给予纠正。例如，Error c:\menu.c 14 :Compound statement missing } in function main 就是一条编译程序提供的错误提示，由此我们可以得知，在 main 函数的第 14 行遗漏了一个复合语句的花括号"}"。根据这条错误提示，我们可以很快地将这个语法错误定位并给予纠正。但并不是在任何时候我们都会如此顺利。在有些情况下，实际出现错误的位置与编译程序所报告的错误位置有一定的偏差，这就需要充分地发挥人的主观能动性，向前搜索源程序代码，观察并分析可能出现错误的位置，最终将其排除。另外，由于任何一个语法错误都有可能导致编译程序对后面源程序代码的错误解释，所以经常会连锁出现一系列的错误提示，建议大家按照从前向后的顺序排查语法错误，并且每纠正一个错误，就重新编译一次，这样可以尽早地消除那些具有连带关系的错误提示，增强调试程序的信心，加快排除语法错误的进程。语法错误一旦被全部排除并连接成功，程序就可以运行了。

运行错误是指程序在运行期间出现的各类错误。例如,用一个数值除以 0,引用无效指针,死循环等。这些错误需要通过测试才能够发现,一旦发现,现象比较明显,错误类别也比较容易断定,但出现错误的位置有可能不太容易确定。

逻辑错误是最隐蔽、最难定位和最不易排除的一类错误,它有时会导致程序非正常地结束,有时会使得程序最终结果不正确。造成这类错误的主要原因往往是设计算法存在逻辑性问题。

排查运行错误和逻辑错误的主要方法是利用开发环境提供的调试工具对程序进行跟踪。其基本步骤如下。

(1)在可能出现错误的位置之前设置断点。

(2)设置希望查看的变量或表达式。

(3)单步执行程序的关键部分,以便观察关键变量或表达式的变化情况,由此分析或推测出现错误的位置及原因。

程序调试是一个不断积累经验的过程,只有多动手、多动脑才有可能熟能生巧。

9.5 软件测试的基本方法

软件测试是保证软件质量的一个重要环节。在早期,开发的软件规模都比较小,结构也比较简单,因此,软件测试常常被人们忽视,无论是投入的资金,还是花费的时间都非常少。随着软件规模的日趋增长,结构复杂度的日趋增高,软件测试逐步地展现出它的重要性,并成为众多业内人士探讨的热门话题。

那么,软件测试的目的是什么?软件测试有哪些基本方法?什么是好的软件测试?这是我们必须要弄清楚的 3 个问题。

软件测试的目的是用最小的代价发现尽可能多的错误。具体地说,软件测试是指按照规范的测试步骤,利用精心设计的测试用例(测试数据)运行程序,以便发现更多错误的过程。

常用的软件测试方法有两种:黑盒测试和白盒测试。

所谓黑盒测试是指把程序看成一个黑盒子,而不考虑程序的内部结构和处理过程。黑盒测试是对程序接口进行测试,它只检查程序是否满足功能要求,程序是否能够正确地接收输入数据并正确地输出结果,因此黑盒测试又被称为功能测试。

黑盒测试着眼于程序的外特性,而白盒测试则立足于程序的内部结构。所谓白盒测试是指将程序的内部结构展示在人们面前,通过选择适当的测试用例,检验程序是否可以按照预定的逻辑线路正确地工作。因此白盒测试又被称为结构测试。

试想一下,不管是黑盒测试,还是白盒测试,如果我们能够将所有可能的情况都测试一遍,似乎就可以说我们编写的程序没有问题了。人们将这种包含所有可能情况的测试称为穷尽测试。实际上,穷尽测试通常是无法实现的。这是由于为了做到穷尽测试,对于黑盒测试来说,需要对所有输入数据的各种可能值的排列组合都测试一遍;对于白盒测试来说,需要对程序中各种可能的执行线路都测试一遍,由此得到的测试量十分庞大,以至于让人无法承受。因此,我们可以说,软件测试不可能发现程序中的所有错误,即通过软件测试的方法不可能证明程序是正确的,而只能尽可能多地发现潜在的错误。

好的软件测试应该能够发现迄今为止尚未发现的错误,而这将取决于规范的测试过程和科学的测试用例。

通常软件测试分为 3 个主要阶段：单元测试、集成测试和确认测试。

1. 单元测试

一个设计良好的软件系统，应该具有很强的模块化结构。每个模块完成一个明确的子功能，模块与模块之间依靠接口传递数据。例如，在 C 程序中，每个函数就是一个模块，而函数原型规定了模块之间的接口。如果这样的话，我们就可以将模块作为一个独立的单元进行测试。为了发现模块内部存在的错误，应该采用白盒测试法对模块内部的各条可能的执行线路进行测试。设计的测试用例应该尽可能全面地覆盖各条可能的逻辑线路。单元测试可以由编写代码的人员自行承担，即完成一个模块的编写，就立即对其进行测试，因此，单元测试往往与编码是同步进行的。

2. 集成测试

集成测试是在单元测试的基础上，将各个模块按照设计要求组装起来构成一个完整的系统，然后对其进行测试的过程。集成测试着重实现模块之间的接口测试，力求发现与接口有关的错误，因此，主要采用黑盒测试法。设计的测试用例应该具有广泛的代表性。承担集成测试的人员往往由具有丰富经验的系统设计人员和程序员共同组成。

3. 确认测试

确认测试的主要任务是确认软件功能是否符合软件需求说明书规定的功能需求。

9.6 软件文档的编写要求

在软件工程中，文档常常用来对软件开发过程中的各项活动、需求、结果进行描述、定义、规定、报告或认证的任何书面或图示的信息。它们描述了软件设计和实现的细节，说明使用软件的操作命令。文档是软件产品的一个组成部分，在软件开发过程中，编写软件文档占有相当突出的位置。高质量、高效率地编写、管理和维护文档对于充分发挥软件产品的效益有着重要的意义。

通常，软件文档的编写应该符合以下几点要求。

（1）针对性：弄清阅读文档的对象。

（2）精确性：文档中的文字应该准确无误，无二义性；前后不会出现矛盾。

（3）清晰性：力求简单、明了。

（4）完整性：任何一个文档的内容都应该是全面的。

在 C 程序的文档中，应该说明主要数据结构和函数。对于应用问题中的各种数据，程序文档中应该说明对应的变量及其相互关系。对于每个函数，文档都应该提供函数原型的说明，包括函数的功能、每个参数和返回值。详细要求见第 10 章中课程设计报告书写规范。

第 10 章
C 语言课程设计指导

C 语言程序设计是一门实践性很强的课程。要想取得良好的学习效果，就要重视编写程序、调试程序和测试程序的每一个环节。第 9 章主要介绍了一些与软件开发相关的概念及基本的开发过程，本章将提供一些 C 语言课程设计的指导性建议和部分课程实践题目的素材，供大家学习参考。

10.1　课程设计教学环节的主要目的

C 语言课程设计的主要目的是培养学生综合运用 C 语言程序设计课程所学到的知识，编写 C 程序解决实际问题的能力，以及养成严谨的工作态度和良好的程序设计习惯。

通过课程设计的训练，学生应该能够了解程序设计的基本开发过程，掌握编写、调试和测试 C 语言程序的基本技巧，充分理解结构化程序设计的基本方法。

C 语言课程设计的主要任务是要求学生遵循软件开发过程的基本规范，运用结构化程序设计的方法，按照课程设计的题目要求，分析、设计、编写、调试和测试 C 语言程序及编写实践报告。

10.2　C 语言课程设计的考核内容

学生综合解决问题的能力将反映在设计的程序和编写的课程设计报告中，因此本课程设计的考核内容应该由这两部分组成。

（1）编写的 C 语言程序

针对编写的 C 程序，应该主要考查下列内容：

- 是否符合题目要求，是否完成了主要功能；
- 是否存在语法错误、逻辑错误及运行错误；
- 程序设计是否合理；
- 程序是否具有良好的可读性和可靠性；
- 是否符合结构化程序设计所倡导的基本理念；
- 用户界面是否友好。

（2）课程设计报告

针对提交的课程设计报告，应该主要考查下列内容：

- 课程设计报告的内容是否全面，观点是否正确；
- 设计过程是否符合结构化程序设计方法的基本原则；
- 层次是否清晰，语言是否通顺；
- 各种图表是否规范；
- 是否具有良好的程序设计习惯。

10.3 课程设计报告的书写规范

书写文档是软件开发的一个重要组成部分，文档的完备性是评价一个软件质量优劣的重要因素之一。为了强化学生对书写文档重要性的认识，训练学生书写文档的能力，参与课程设计的学生应该认真地完成编写课程设计报告的任务。

10.3.1 课程设计报告的内容要求

课程设计报告能够反映学生完成课程设计题目的全部情况，包括对课程设计题目要求的分析、应用程序的设计、程序的测试过程及程序的运行情况等，因此，编写课程设计报告是课程设计的一个不容忽视的重要环节。课程设计报告应该包括以下主要内容。

1. 题目描述的内容

详细描述课程设计题目的要求。

用简练、清晰的语言将课程设计的题目描述清楚，包括题目的背景、题目的功能需求等。

2. 用户文档的内容

用户文档是面向使用该应用程序的用户编写的，因此，应该将用户需要知道的所有内容用简练、清晰的语言描述清楚。下面是用户文档应该包含的主要内容：

- 应用程序功能的详细说明；
- 应用程序运行环境的要求；
- 应用程序的安装与启动方法；
- 程序的界面、交互方式和操作方法；
- 输入数据类型、格式和内容限制。

3. 技术文档的内容

技术文档是面向技术人员编写的，因此，应该将应用程序的所有设计思路和实现成果描述清楚，以便以后能够根据该文档提供的信息对应用程序进行维护。下面是技术文档应该包含的主要内容：

- 程序整体结构（模块划分）以及各模块的功能描述（包括所有函数原型中每个参数和返回值）；
- 主要模块的算法（用状态图、不变式和流程图描述）和数据结构解释（包括所有结构体及每个分量）；

- 在各模块中，使用的变量名称及用途；
- 选用的测试用例及测试结果；
- 程序的源代码清单；
- 程序开发环境以及相关信息。

10.3.2　课程设计报告的质量要求

一个高质量的课程设计报告应该满足下列条件：
- 报告内容完整、观点正确；
- 层次清晰、语言流畅、用词准确且无二义性；
- 能够反映结构化程序设计方法的基本原则；
- 绘制的所有图表规范且正确。

10.4　课程设计题目

10.4.1　第 1 题　学生证管理程序

〖题目描述〗
请设计一个学生证的管理程序。该程序应该具有下列功能。
（1）录入某位学生的学生证信息（学生证应该包含的信息请参看自己的学生证）。
（2）给定学号，显示某位学生的学生证信息。
（3）给定某个班级的班号，显示该班所有学生的学生证信息。
（4）给定某位学生的学号，修改该学生的学生证信息。
（5）给定某位学生的学号，删除该学生的学生证信息。
（6）提供一些针对各类信息的统计功能。

〖题目要求〗
（1）按照分析、设计、编码、调试和测试的软件开发过程完成这个应用程序。
（2）学生证应该包含的信息请参看自己的学生证。
（3）为各项操作功能设计一个菜单。应用程序运行后，先显示这个菜单，用户通过菜单项可选择希望进行的操作项目。

〖输入要求〗
应用程序运行后，在屏幕上显示一个菜单。用户可以根据需求选定相应的操作项目。进入每个操作后，根据应用程序的提示信息，从键盘输入相应的信息。

〖输出要求〗
（1）应用程序运行后，要在屏幕上显示一个菜单。
（2）要求用户输入数据时给出清晰、明确的提示信息，包括输入的数据内容、格式及结束方式等。

〖提示〗
设计一个结构类型和一维数组类型，用来保存学生证的内容。

〖扩展功能〗

将所有学生证信息存储在一个文件中，并实现文件的读/写操作。

10.4.2　第 2 题　可视化冒泡排序程序

〖题目描述〗

扩展【例 5-3】的冒泡程序，采用 EasyX 图形函数库实现可视化的排序过程演示。

该程序应该具有下列功能。

（1）以直方图的形式，显示整数序列。

（2）每当输入空格时，完成当前项和下一项的对比和交换。

（3）每次交换后，重新显示整个整数序列的直方图。

（4）每当输入"Tab"键时，生成新的整数序列，完成排序的初始化。

〖题目要求〗

（1）按照分析、设计、编码、调试和测试的软件开发过程完成这个应用程序。

（2）直方图显示中，每个整数对应一个矩形，整数数值和矩形高度成正比。

〖输入要求〗

程序仅响应空格键和"Tab"键，不响应其他输入键。

〖输出要求〗

（1）直方图显示中，每个整数对应一个矩形，整数数值和矩形高度成正比。

（2）排序过程中，用红色显示当前项对应的矩形。

（3）排序过程中，记录数据交换次数，显示在屏幕左上角。

〖提示〗

（1）颜色处理方法可参照【例 7-4】。

（2）交换次数的显示方法【例 4-5】。

〖扩展功能〗

每遍处理中，记录交换次数；当前不出现交换时，说明数据序列已经有序，于是终止排序过程。

10.4.3　第 3 题　图书登记管理程序

〖题目描述〗

请设计一个图书登记管理程序。该程序应该具有下列功能。

（1）录入某本图书的信息。

（2）给定图书编号，显示某本图书的信息。

（3）给定某个关键字，显示所有书名中包含该关键字的图书信息。

（4）给定出版社，显示该出版社的所有图书信息。

（5）删除某本图书的信息。

（6）提供一些统计各类信息的功能。

〖题目要求〗

（1）按照分析、设计、编码、调试和测试的软件开发过程完成这个应用程序。

（2）图书信息包含编号、书名、出版社和价格等。

（3）为各项操作功能设计一个菜单。应用程序运行后，先显示这个菜单，然后用户通过菜单项选择希望进行的操作项目。

〖输入要求〗

应用程序运行后，在屏幕上显示一个菜单。用户可以根据需求，选定相应的操作项目。进入每个操作后，根据应用程序的提示信息，从键盘输入相应的信息。

〖输出要求〗

（1）应用程序运行后，要在屏幕上显示一个菜单。

（2）在用户输入数据时，要给出清晰、明确的提示信息，包括输入的数据内容、格式及结束方式等。

〖提示〗

设计一个结构类型和一维数组类型，用来保存图书信息。

〖扩展功能〗

将所有图书信息存储在一个文件中，并实现文件的读/写操作。

10.4.4　第 4 题　车轮旋转控制程序

〖题目描述〗

请按照下列功能需求，设计一个车轮旋转控制程序。该程序应该具有下列功能。

（1）在图形界面中央显示一个顺时针旋转的车轮（每秒转一圈）。

（2）输入向右方向键时，转动速度加快；每按一次，加速一倍。

（3）输入向左方向键时，转动速度减慢；每按一次，减速一倍。

（4）输入空格键时，停止旋转；此时，每按一次空格，车轮顺时针转动 30°。

（5）输入 "Tab" 键时，恢复每秒转一圈的旋转。

〖题目要求〗

（1）按照分析、设计、编码、调试和测试的软件开发过程完成这个应用程序。

（2）采用 EasyX 函数库实现车轮的绘制、旋转和键盘输入，并在图形界面的左上角显示旋转速度。

〖输入要求〗

采用键盘输入，响应方向键、空格和 "Tab" 键。

〖输出要求〗

车轮显示图形自选。

〖提示〗

（1）采用状态机描述控制逻辑，指导程序设计。

（2）图形旋转的实现采用反复进行先绘制，暂时停止，再擦图，再绘图的方式。

10.4.5　第 5 题　北京交通卡计费程序

〖题目描述〗

按照北京市 2014 年公布的公共交通计费方法，设计交通卡计费程序。

该程序应该具有下列功能。

（1）支持交通卡充值功能。

（2）支持地铁刷卡。按照地铁收费标准收费，计算方法见【例 2-1】。

（3）支持公交刷法。按照路面公交收费标准收费：不足 10 公里收费 1 元，大于 10 公里，则每 0.5 元可乘车 5 公里。

（4）若下车未刷卡，则按照最远距离计算票价。

〖题目要求〗

（1）按照分析、设计、编码、调试和测试的软件开发过程完成这个应用程序。

（2）设计 3 个函数用于支持交通卡充值、地铁刷卡、地面公交刷卡等 3 个功能；上车和下车采用同一函数实现。

（3）测试时，设计 main 函数，准备地铁和公交线路信息，完成 3 个函数的测试。

〖输入/输出要求〗

3 个函数的函数原型如下，输入/输出要求反应在参数设计中。

（1）交通卡充值

```
void recharge(Card c, int val);
```

其中，Card 是表示交通卡的结构体，包含交通卡余额 value、上车站 stop、最远距离票价 max 等信息，val 是充值金额。该函数功能是为 c 指定的交通卡充值 val 元。

（2）地铁刷卡

```
int subway(Card c, int inout, char name[], Station *s);
```

其中，返回值表示交通卡余额是否大于 0。参数 inout 是布尔值，1 表示入站，0 表示出战；name 表示当前站名；Station 是链表节点。链表中保存当前站到其他地铁站的距离，节点定义如下：

```
typedef struct node {
    char  name[32];        /* 站名称 */
    int  distance;         /* 距离本站的距离（公里数） */
    struct node *next;
} Station;
```

该函数的功能是：进站时在交通卡中记录当前站名，按照 s 链表中最远距离计算票价，记录在交通卡 c 中；余额不足时返回 0，否则返回 1。出站时，从 s 链表中计算当前站和卡内上车站之间的距离，计算票价从交通卡 c 中扣除。如果发现连续两次入站刷卡情况，则按照交通卡中最远距离票价 c.max，从余额 c.value 中扣除。

（3）路面公交刷卡

```
int bus(Card c, char line[ ], char name[], Station *s);
```

其中，返回值表示交通卡余额是否大于 0。line 表示当前线路名；name 表示当前站名；Station 是链表节点。链表保存了本线路中各站之间的距离，并且按照行驶方向顺序记录线路中的每一站。于是，可以对比当前站和交通卡内记录的上车站，来确认本次刷卡是上车还是下车。节点定义如下：

```
typedef st ruct node {
    char  name[32];        /* 站名称 */
    int  distance;         /* 到下站的距离（公里数） */
    struct node *next;
} Station;
```

该函数的功能是：上车时在交通卡中记录当前站名，按照 s 链表中最远距离计算票价，记录在交通卡 c 中；余额不足时返回 0，否则返回 1；下车时，从 s 链表中计算当前站和卡内上车站之间的距离，计算票价从交通卡 c 中扣除。如果发现连续两次上车刷卡情况，则按照交通卡中最远距离票价 c.max，从余额 c.value 中扣除。

〖提示〗

测试时，main 函数必须按照 Station 链表内容的语义来准备线路数据。特别注意地铁线路数据不区分线路，仅记录当前站到其他站的距离，而路面公交线路仅记录本线路的各个站之间的距离，并且公交上行和下行分别记录。

〖扩展功能〗

扩展收费标准中的以下优惠规定。

（1）学生卡比普通卡优惠 5 折。

（2）每月刷卡超过 100 元，超出部分 8 折优惠；每月超出 150 元的，超出部分 5 折优惠；超出 400 元的部分不优惠。

10.4.6　第 6 题　"海底世界"游戏程序

〖题目描述〗

请按照下列功能需求，设计一个"海底世界"游戏程序。该程序应该具有下列功能。

（1）游戏区内显示一条大鱼和多条小鱼（数量自选）。

（2）小鱼从左向右、不断穿过游戏区（速度自选）。

（3）大鱼在方向键的控制下，可在游戏区内移动。

（4）每当大鱼遇到小鱼时（距离足够近），小鱼被吃掉，玩家获得积分。

〖题目要求〗

（1）按照分析、设计、编码、调试和测试的软件开发过程，采用 EasyX 库，完成这个应用程序。

（2）图形界面包含三个矩形区域：游戏区、控制区和信息区。

（3）游戏区提供背景、大鱼和小鱼的移动范围。

（4）控制区提供"开始"和"退出"按钮（矩形框），分别控制一局游戏的开始和程序的退出。

（5）在信息区显示用户名、剩余时间、当前积分。

（6）在程序启动时，输入用户名，显示界面。

（7）在退出程序时，显示本用户本次游戏的最高积分。

〖输入要求〗

每局游戏时长为 30 秒。

采用键盘输入，响应方向键。用 kbhit 检查有无键盘输入，用 getch 获得键值。

用矩形框模拟按钮，通过鼠标点击判断选择的按钮。用 MouseHit 检查有无鼠标输入，用 GetMouseMsg 获得消息对象 m，用 m.uMsg 获得消息标识 WM_LBUTTONDOWN。

〖输出要求〗

游戏区背景、大鱼和小鱼的形状自选。小鱼游动数量、位置和速度自选。

到达游戏时间后，结束本局游戏。

〖扩展功能〗

每局游戏结束时，将用户名和当前积分追加到指定文件 score.dat。

程序退出时，显示历史最高分。

〖提示〗

（1）采用状态机描述控制逻辑，包括各种按钮输入和键盘输入下的状态转移，指导程序设计。

（2）游戏过程包含反复接收消息和处理消息的循环过程，还包含鱼不断移动的循环显示过程；应采用定时循环控制鱼的移动（如：每次循环中 Sleep 暂停 20 毫秒），并且随时检查有无键盘输入和鼠标输入。小鱼出现速率可选为 20 毫秒的固定倍数。

（3）对于鱼的移动，需要记录鱼的位置，应该先擦图，修改位置后，再画图。对于多条小鱼，应该采用链表维护游戏区范围内的小鱼数据。

10.4.7　第 7 题　"打飞碟"游戏程序

〖题目描述〗

请按照下列功能需求，设计一个"打飞碟"游戏程序。该程序应该具有下列功能。

（1）游戏区的背景是天空，显示一门大炮、三种大小不同且数量各异的飞碟。

（2）各种飞碟在从上向下，不断穿过游戏区（方向自选、速度自选）。

（3）大炮位于下方固定位置，使用左右方向键可控制炮口的移动方向，在空格键的控制下发出炮弹（速度自选）。

（4）每当炮弹遇到飞碟时（距离足够近），飞碟被击中；按照飞碟大小的不同，玩家获得不同积分。

〖题目要求〗

（1）按照分析、设计、编码、调试和测试的软件开发过程，采用 EasyX 库，完成这个应用程序。

（2）图形界面包含三个矩形区域：游戏区、控制区和信息区。

（3）游戏区提供背景、给出炮弹和飞碟的移动范围。

（4）控制区提供"开始"和"退出"按钮（矩形框），分别控制一局游戏的开始和程序的退出。

（5）在信息区显示用户名、剩余时间、当前积分。

（6）当程序启动时，输入用户名，显示界面。

（7）当程序退出时，依次显示分数最高的五人玩家的姓名和分数。

〖输入要求〗

采用键盘输入，响应方向键。用 kbhit 检查有无键盘输入，用 getch 获得键值。

用矩形框模拟按钮，通过鼠标点击判断选择的按钮。用 MouseHit 检查有无鼠标输入，用 GetMouseMsg 获得消息对象 m，用 m.uMsg 获得消息标识 WM_LBUTTONDOWN。

〖输出要求〗

游戏区背景、大炮、炮弹和各种飞碟的形状自选。

炮弹、各种飞碟的数量和速度自选。炮弹沿炮口方向飞出、每种飞碟按照某个固定方向飞出。

积分规则：打中大飞碟积 10 分、中飞碟 3 分、小飞蝶 1 分。

达到游戏时间时，停止本局游戏，将用户名、当前积分追加到指定文件 score.dat。

〖提示〗

（1）采用状态机描述控制逻辑，包括各种鼠标输入和键盘输入下的状态转移，指导程序设计。

（2）游戏过程包含反复接收消息和处理消息的循环过程，也包含飞碟不断移动的循环显示过程；应采用定时循环控制飞碟的移动（如：每次循环中 Sleep 暂停 20 毫秒），并且随时检查有无键盘输入和鼠标输入。飞碟出现速率可选为 20 毫秒的固定倍数。

（3）对于各种飞碟和炮弹的移动，需要记录各自的位置，应该先擦图，修改位置后，再画图。

（4）对于炮弹和各种飞碟，应该分别采用链表维护游戏区范围内的位置数据。通过枚举检查每个炮弹和每个飞碟的位置，来判断炮弹是否击中飞碟。

10.4.8　课程设计报告书排版要求

本节以某校"高级语言程序设计"的课程设计报告书为例，列出报告内容和排版要求，供读者参考。

高级语言程序设计
课设报告

题　　目＿＿＿＿＿＿＿＿＿＿＿＿＿
学　　号＿＿＿＿＿＿＿＿＿＿＿＿＿
姓　　名＿＿＿＿＿＿＿＿＿＿＿＿＿
指导教师＿＿＿＿＿＿＿＿＿＿＿＿＿
提交日期＿＿＿＿＿＿＿＿＿＿＿＿＿

成绩评价表

实验报告内容	实验报告结构	实验报告图表	实验报告与程序一致性	最终成绩
□丰富正确 □基本正确 □有一些问题 □问题很大	□完全符合要求 □基本符合要求 □有比较多的缺陷 □完全不符合要求	□符合规范 □基本符合规范 □有一些错误 □完全不正确	□完全一致 □基本一致 □基本不一致	
程序功能实现	程序执行情况	问题回答情况	总体评价	
□完成基本功能和扩展功能 □完成基本功能几乎无扩展功能 □基本完成基本功能 □未完成基本功能	□顺畅 □有问题，经过老师指出之后改正 □有问题，无法改正	□立即正确回答 □经思考后正确回答 □回答有部分错误 □回答完全错误 □不能回答问题		

教师签字：＿＿＿＿＿＿＿＿＿＿＿＿＿

目录页（要求目录页码与正文正确对应）

（正文部分：五号宋体，首行缩进两个汉字，两端对齐，行间单倍距。图应有图名、图号，图表中的字体应等于或略小于正文字体。）

1 需求分析（三号字、黑体）

在此位置用简练、清晰的语言、图表等将课程设计的题目需求描述清楚。需求就是你要完成的课程设计程序最终要实现的目标，即你要做一个什么样的游戏程序。需求要符合你实际完成的情况，它基于你的题目，但应在其基础上细化和拓展。

1.1 功能需求（四号字、黑体）

功能需求包括你要完成的基本功能和扩展功能。在此逐条列出你的游戏的功能。如果需要再在下面分小节描述每个子功能。

1.1.1 …
1.1.2 …

1.2 数据需求

程序一定是对数据进行处理的过程，所以需要在此给出程序要处理的数据，包括输入数据，输出结果和中间数据等。

1.3 界面需求（四号字、黑体）

确定程序运行的界面的样式。在此位置给出详细说明。包括功能、布局、式样、颜色等。

1.4 开发与运行环境需求（四号字、黑体）

1.5 其他方面需求（四号字、黑体）

如果你还有其他要说明，写在这一部分。

2 概要设计（三号字、黑体）

在需求分析的基础上，采用自顶向下的方法进行模块化的程序设计，合理划分模块。在此部分应给出程序总体的设计方案。

2.1 主要数据结构（四号字、黑体）

在此位置给出程序主体功能使用的主要数据结构，包括：

（1）主要结构体类型定义，再用数组、链表等存储多个结构体类型的变量；

（2）其他一些必要数据；

（3）用到的文件数据结构，即文件存储的数据和格式。

如果需要还可以再细分出更多小节。

2.2　程序总体结构（四号字、黑体）

2.2.1　模块调用图

在此位置给出：

（1）程序整体结构（即模块划分，可用**模块调用图**描述）；

（2）模块的划分要功能内聚，联系松散，层次清晰。

2.2.2　主程序流程图

主模块的流程图，包括算法描述、状态机和循环不变式等。

2.3　子模块设计（四号字、黑体）

各模块的功能描述。

每个模块用函数实现，在此要列出所有函数的定义原型。可参考格式：

求 ex 的函数模块：double e(int x)

功能：求 e^x 的值。

参数：x 的值，整型，应大于 0。

返回值：e^x 的值。

如果需要可以再细分小节。

3　详细设计（三号字、黑体）

在此部分给出核心模块和关键模块的设计方案和实现细节。用流程图和局部的数据结构说明。注意函数的命名应与概要设计部分对应。

必须细分小节，说明每个关键设计。

4　测试（三号字、黑体）

在此部分报告应给出你所设计的用于整个程序的测试用例和测试结果。测试用例的设计应包括：正确运行程序的用例、导致程序运行错误的用例、边界数据的用例等。

如果需要可以再细分小节。

5　用户手册（三号字、黑体）

　　用户手册是面向使用该应用程序的用户编写的，因此，应该将用户需要了解的所有内容用简洁的语言描述清楚。下面是用户文档应该包含的主要内容：

　　（1）应用程序功能的详细说明；

　　（2）应用程序运行环境的要求；

　　（3）应用程序的安装与启动方法；

　　（4）程序的界面、交互方式和操作方法；

　　（5）输入数据类型、格式和内容限制；

　　（6）在应用程序运行中，用户需要使用的交互命令名称、功能和格式的详细说明。

　　根据需要可细分出更多小节。

6　总结提高（三号字、黑体）

6.1　课程设计总结（四号字、黑体）

　　请同学们根据自己的经历写出个性化的总结，内容可以包括：程序开发中的体会与收获，开发中遇到的问题与解决情况，自己对课程完成情况的评价等。

6.2　对本课程意见与建议（四号字、黑体）

　　我们共同完成了一个学期的学习，其中有辛酸，也有收获，有感动，也有遗憾，请同学们针对本课程谈谈你的体会，总结优点，给出不足，为我们提高教学质量做出你的贡献。谢谢同学们！

6.3　附件：程序源代码

附录 A
ASCII 字符集

ASCII	字 符	ASCII	字 符	ASCII	字 符	ASCII	字 符
0	NUL	32	Space	64	@	96	`
1	SOH	33	!	65	A	97	a
2	STX	34	"	66	B	98	b
3	ETX	35	#	67	C	99	c
4	EOT	36	$	68	D	100	d
5	ENQ	37	%	69	E	101	e
6	ACK	38	&	70	F	102	f
7	BEL	39	'	71	G	103	g
8	BS	40	(	72	H	104	h
9	HT	41	)	73	I	105	i
10	LF	42	*	74	J	106	j
11	VT	43	+	75	K	107	k
12	FF	44	,	76	L	108	l
13	CR	45	-	77	M	109	m
14	SO	46	.	78	N	110	n
15	SI	47	/	79	O	111	o
16	DLE	48	0	80	P	112	p
17	DC1	49	1	81	Q	113	q
18	DC2	50	2	82	R	114	r
19	DC3	51	3	83	S	115	s
20	DC4	52	4	84	T	116	t
21	NAK	53	5	85	U	117	u
22	SYN	54	6	86	V	118	v
23	ETB	55	7	87	W	119	w
24	CAN	56	8	88	X	120	x
25	EM	57	9	89	Y	121	y
26	SUB	58	:	90	Z	122	z
27	ESC	59	;	91	[	123	{
28	FS	60	<	92	\	124		
29	GS	61	=	93	]	125	}
30	RS	62	>	94	^	126	~
31	US	63	?	95	_	127	del

运算符的优先级和结合性

优 先 级	运 算 符	含 义	结 合 方 向
1	( ) [ ] -> .	圆括号、函数参数表 数组元素下标 指向结构体成员 引用结构体成员	自左向右
2	! ~ ++ − − − * & (类型名) sizeof	逻辑非 按位取反 自增 自减 求负 指针运算符 取地址运算符 强制类型转换运算符 计算字节数运算符	自右向左
3	* / %	乘 除 整数求余	自左向右
4	+ −	加 减	自左向右
5	<< >>	左移 右移	自左向右
6	< <= > >=	小于、小于等于 大于、大于等于	自左向右
7	== !=	等于 不等于	自左向右
8	&	按位与	自左向右
9	^	按位异或	自左向右
10	|	按位或	自左向右
11	&&	逻辑与	自左向右
12	||	逻辑或	自左向右
13	? :	条件运算符	自右向左
14	= += −= *= /= %= &= ^= |= <<= >>=	赋值运算符 复合的赋值运算符	自右向左
15	,	逗号运算符	自左向右

附录 C
Visual Studio 2010 使用指南

微软公司开发的 Visual Studio 2010 软件开发套件支持 C 语言和 C++语言的程序设计，可以用于开发 Windows 环境中的可执行程序、动态连接库、COM 构件、ActiveX 构件等多种形式的计算机软件。Visual Studio 2010 软件集成了可视化编辑、编译、连接、运行和调试等软件开发功能，是目前用户最多、应用领域最广的集成开发环境之一。

鉴于本书的编写目的，本附录将介绍使用 Visual Studio 2010 环境开发 C 语言程序的主要方法。其余内容详见介绍 Visual Studio 环境的专用资料。

1. Visual Studio 2010 环境的用户界面

对于安装了 Visual Studio 2010 中文专业版的计算机，其执行程序是 devenv.exe；往往安装在目录 C:\Program Files (x86)\Microsoft Visual Studio 10.0\Common7\IDE 下面。通常可以在桌面图标或程序菜单中找到 Microsoft Visual Studio 2010 的程序入口。使用鼠标单击该图标，即可启动 Visual Studio 2010 软件，展示出如图 C-1 所示的用户界面。

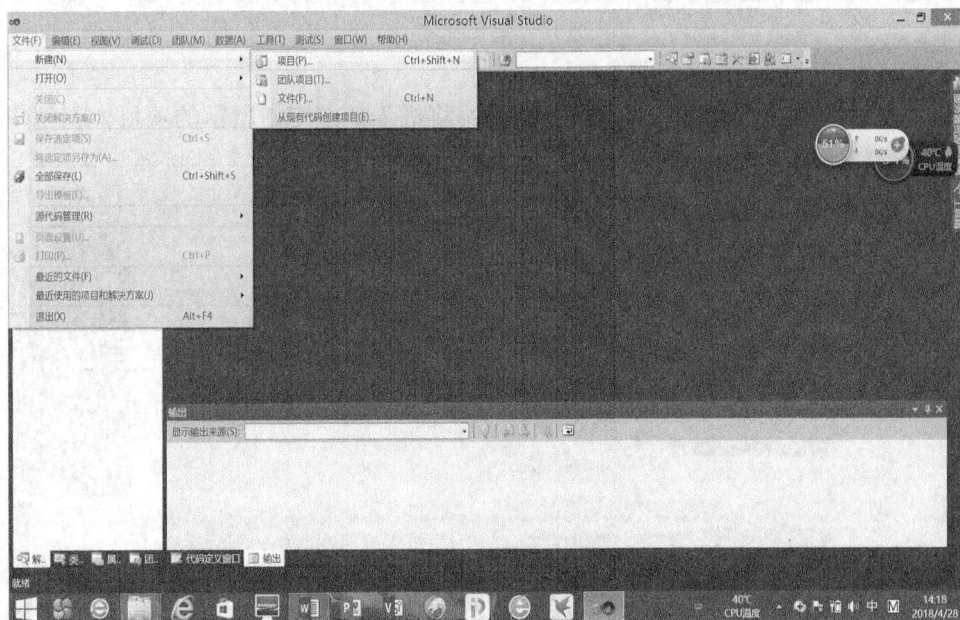

图 C-1　Visual Studio 2010 的用户界面

Visual Studio 2010 的用户界面由菜单栏、工具栏和多个窗口组成。菜单栏提供了"文件"

"编辑""视图"等多个子菜单。其中，"文件"菜单提供了用于创建项目工程（Project）、文件（File）的命令；"编辑"菜单提供各种编辑命令；"视图"菜单用于配置用户界面中分布的视图；"项目"菜单提供文件创建各种项目工程的命令；"生成"菜单提供编译命令；"调试"菜单提供运行和调试等命令；"工具"菜单提供多种开发工具的入口；"窗口"菜单为中右侧窗口中的多个编辑子窗口提供多种显示方式；"帮助"菜单提供了帮助信息的入口。用户界面中的工具栏为几种常用命令的使用提供了快捷键，用户可以在工具栏上移动鼠标，来了解每个快捷键的功能。初学者可以忽略它们的存在，随着使用经验的积累，逐渐熟悉工具栏的使用方法。

Visual Studio 2010 的用户界面中最常用的 3 种窗口是界面左侧的资源管理窗口、中右侧的编辑窗口和下侧的输出窗口。资源管理窗口以树型模式显示解决方案中的各个项目工程以及属于各个工程的程序文件和资源文件。通过鼠标双击资源管理窗口中的文件，右侧的编辑区会展示出该文件的专用编辑窗口。一个 C 语言开发的应用软件通常包含多个 C 程序文件，每个 C 程序都有一个专用的编辑窗口，分别用于该程序代码的编辑。下侧的输出窗口（Output）用于展示程序编译连接过程中产生的各种信息，特别是出错信息。

2. Visual Studio 2010 环境中的 C 程序开发过程

Visual Studio 2010 环境为软件开发提供了解决方案、项目工程 Project 和文件 File 等 3 层管理架构。解决方案面向不同的程序员和不同的开发项目提供专用的开发环境。每个解决方案可以包含若干个项目工程，每个项目工程用于开发一个专用的软件模块。这些软件模块可能是各种程序库和各种软件构件，也可能是可执行程序（至多 1 个）。一个软件模块可以出现在不同的项目工程中，但属于同一项目工程的软件模块将组成一个可执行的软件系统。

因此，软件系统的开发就包括了解决方案、项目工程和文件的创建。一个 C 程序的开发包含了创建项目工程、创建 C 程序文件、编译处理、程序执行和调试等几个步骤。下面逐一进行介绍。

（1）项目工程的创建

选择"文件"→"新建"→"项目"命令，将进入如图 C-2 所示的项目工程创建界面。

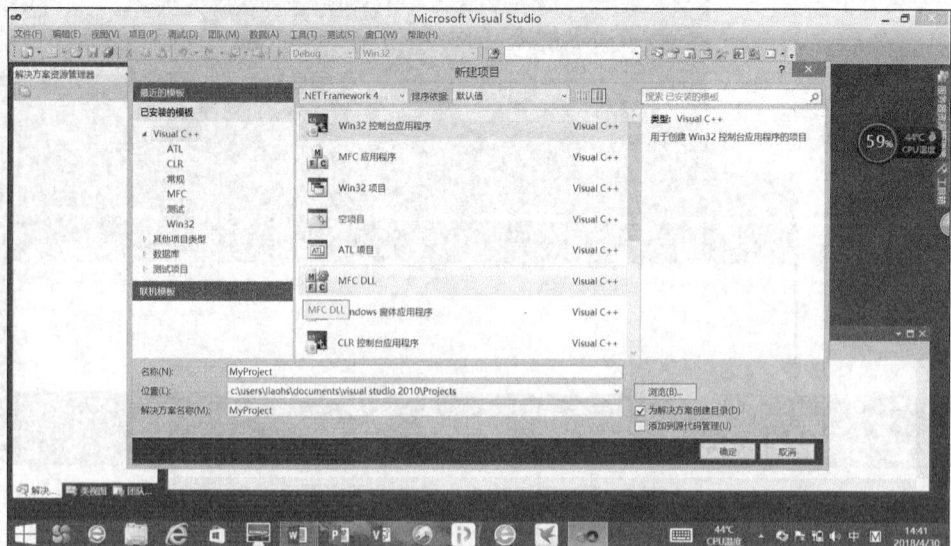

图 C-2　Visual Studio 2010 的项目工程创建界面

　　在项目工程创建界面中需要选择程序类型，输入项目名称、项目所在位置（文件目录）和解决方案名称，以完成项目工程和解决方案的创建。本书所介绍的各种程序都属于"Win32控制台应用程序"。一般情况下，解决方案直接采用第一个项目工程的名字，在项目工程创建的过程中自动生成。如果以 MyProject 作为项目工程名和解决方案名，输入后单击"确定"按钮，就进入了 Win32 应用程序向导的初始界面，如图 C-3 所示。

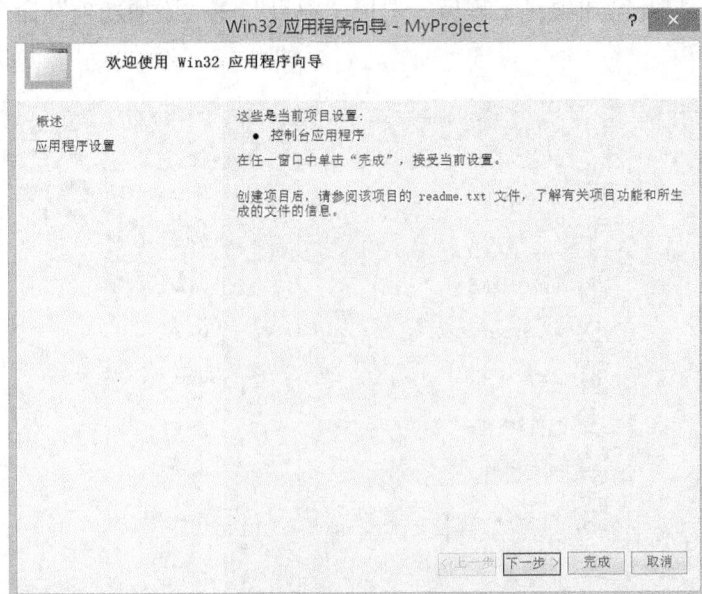

图 C-3　Win32 应用程序向导的初始界面

　　Win32 应用程序向导为此类程序的开发提供配置工具。该向导主要用于创建 C++语言的程序。若要对 C 语言程序进行开发，可单击"下一步"按钮，进入如图 C-4 所示的界面。

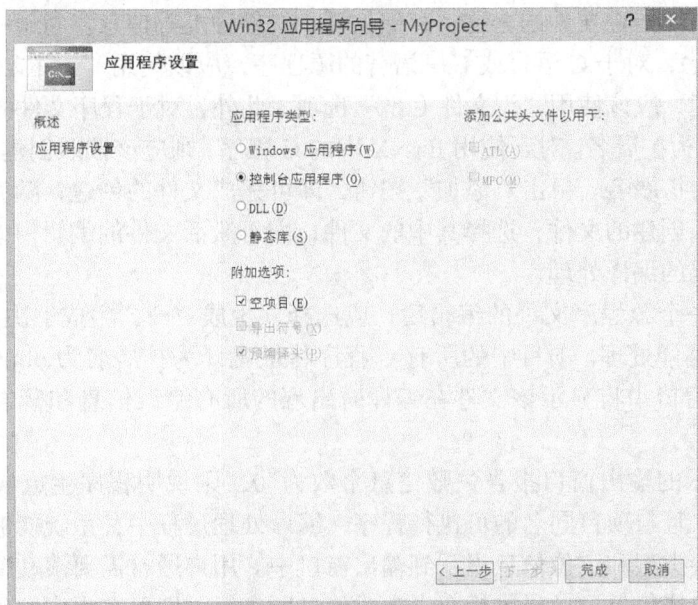

图 C-4　应用程序向导对话框

在该界面中勾选"附加选项"中的"下一步"，不能使用预编译头。再选择"完成"按钮，即可完成项目工程 MyProject 的创建。此时，系统将回到初始界面，在左侧的资源管理窗中会显示出 MyProject 项目的文件目录。

（2）C 程序文件的创建

在创建项目工程之后，选择"文件"→"打开"→"项目/解决方案"命令，指定某个以.sln 为扩展名的文件，打开已知项目工程后，选择"项目"→"添加新项"命令，进入如图 C-5 所示的对话框。

图 C-5 文件创建对话框

在对话框中需要指定文件的名称、存储位置、文件种类等信息。对于一个采用控制台输入/输出的应用程序，对于 C 语言或 C++语言的源程序，应该使用"C++文件（.cpp）"选项；对于头文件的创建，应该使用"头文件（.h）"选项。此外，对于程序文件的名称，对于 C 程序，应该采用.c 作为扩展名。对于使用 EasyX 库的 C 程序，则应该按照创建 C++程序的方法，直接使用.cpp 作为扩展名。单击"添加"按钮，即可完成文件的创建；随后，界面左侧的资源目录将显示出新创建的文件；选择其中的文件，即可激活文件的编辑窗口。

（3）程序代码的编译处理

当用户完成一个源程序文件的编辑后，应选择"生成"→"生成解决方案菜单"选项，进行当前项目的编译处理。项目中的所有 C 程序将被翻译为扩展名为.obj 的目标程序文件。用户界面的输出窗口中将显示该文件在编译时出现的所有错误信息和警告信息，如图 C-6 所示。

如果黄色指示的输出窗口报告失败信息个数为 0，则说明程序生成成功。系统将生成以.exe 为扩展名，且与项目同名的可执行程序，编译处理过程中，系统能够发现不少程序编写错误，并将错误类型和定位信息展示到输出窗口中。用户通常需要滚动输出窗口，找出编译处理中发现的出错信息。通过鼠标双击出错信息所在行，即可在程序的编辑窗中定位出错误所在的大致位置。

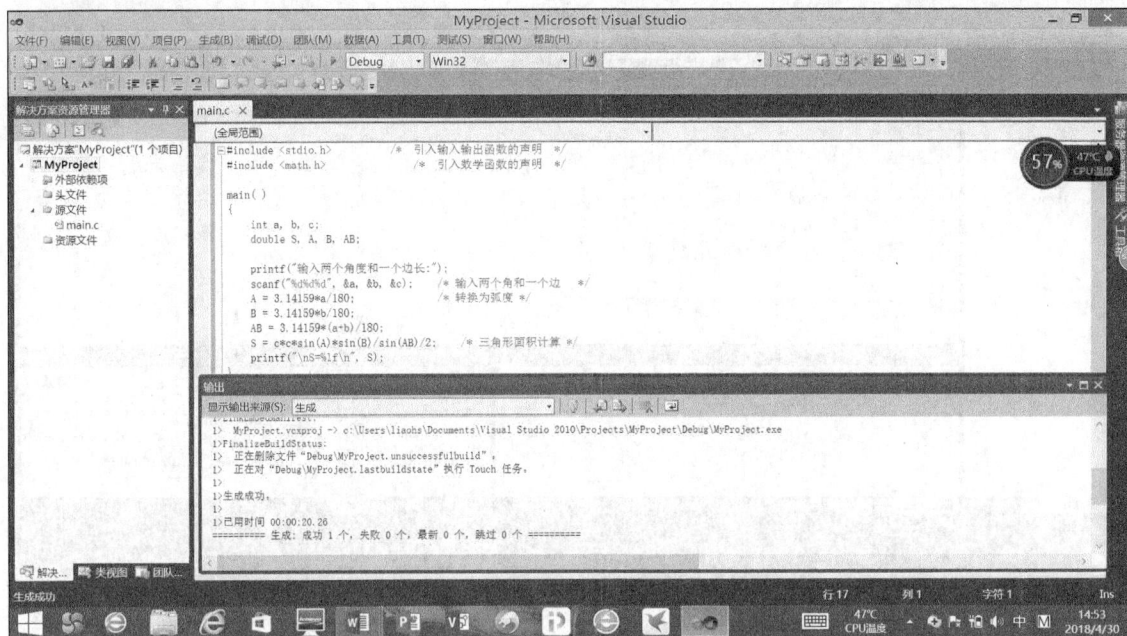

图 C-6　输出窗口展示的编译信息

　　在"生成解决方案"命令的执行过程中，编译过程和连接过程都可能发现程序中出现的错误，所有错误信息都显示在输出窗口，为用户寻找错误原因提供信息。

（4）程序的执行

　　如果编译和连接中没有发现错误，选择"调试"→"直接执行"命令时，可执行程序将被装入内存，开始执行。控制台窗口跳出，将按照程序描述的逻辑完成程序的输入、计算和输出。用户可以从控制台输入数据以及读取输出信息，观察计算结果是否符合设计要求。如果程序计算结果不正确，说明程序设计仍然存在问题，需要进入程序的动态调试过程。有时候程序设计错误导致程序执行不结束，不断地输出信息或者无法接收预定的输入信息。这种情况下，用户应该使用"Ctrl+C"或"Ctrl+Break"组合键来中断程序的继续执行。

　　"项目"菜单为工程的维护提供了多种命令，可以用于设置编译过程中多种选择项、连接过程中需要连接的程序库，也指定多个工程所开发软件模块的依赖关系。在每次生成解决方案时，所有在前次编译后被修改过的程序文件都将被编译处理，这些文件涉及到的软件模块都将被重新连接。然而，任何软件开发环境中的编译器和连接器都无法找到程序中的所有错误，用户往往不得不通过程序的动态跟踪来发现程序中存在的所有错误。

3. Visual Studio 2010 环境中的 C 程序动态跟踪过程

　　Visual Studio 2010 环境为 C 程序的执行提供动态跟踪手段。用户可以通过逐步跟踪程序的执行来查看程序执行的每一步是否正确，从而发现程序的执行是否符合自己的设计思路。各种动态跟踪命令由一组快捷键组成。"F11"键用于单步跟踪，每按一次，程序执行一条语句，编辑窗口中由黄色的箭头表示出下一步将要执行的语句。同时，用户界面下面的"自动窗口"中会显示局部变量的当前值。如图 C-7 所示，当程序下一步将要执行 AB=3.14159*(a+b)/180 时，变量 a 和 b 的取值分别是 40 和 50。

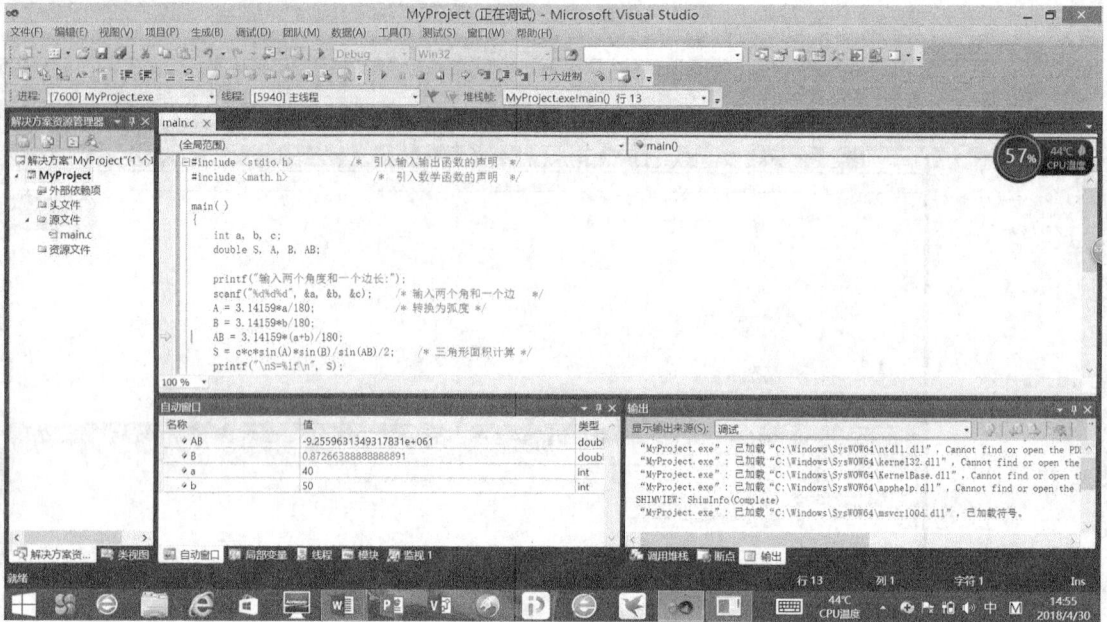

图 C-7 C 程序的动态跟踪

用户还可以使用"F9"键来指定或撤销程序执行的断点，使用"F5"键来控制程序的继续执行，直到遇到第一个断点时为止。编辑窗中用行首的红色圆点表示断点所在的位置。

对于由多个函数组成的程序，用户可以用"F10"键控制单步跟踪，跳过不关心的函数。图 C-8 所示的"调试"菜单为程序的动态跟踪提供更直接的操作手段，包括结束跟踪、结束本函数执行等多种快捷键。通过快速监视命令可以设置需要跟踪的变量。

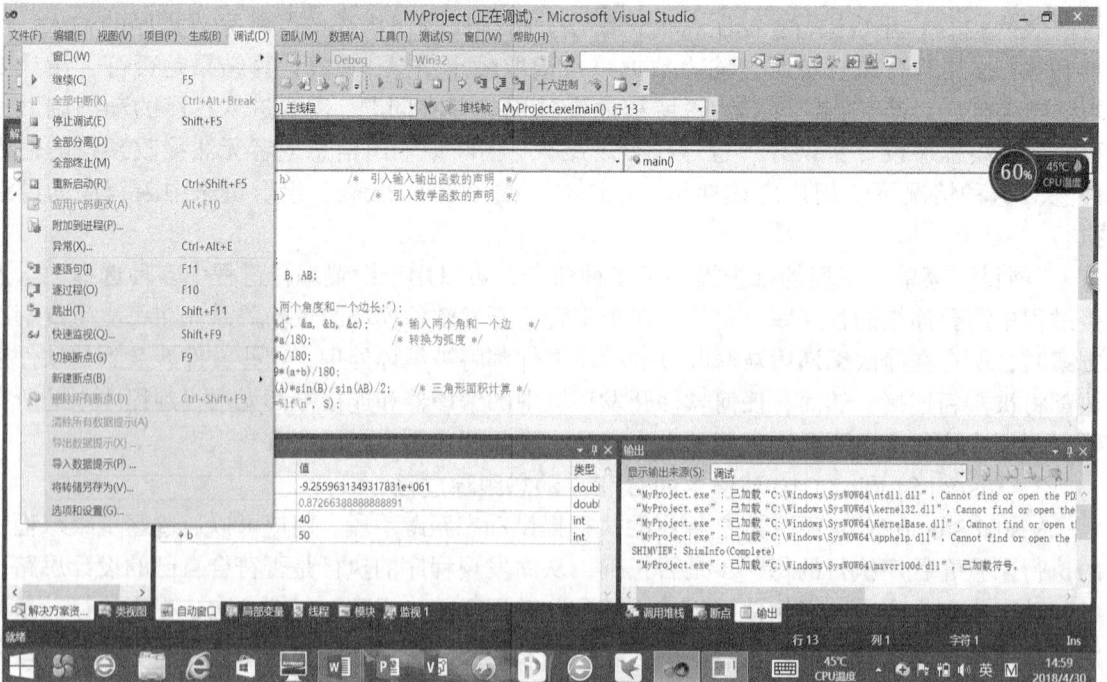

图 C-8 "调试"菜单提供的各种命令

在程序跟踪过程中，程序运行的输入/输出仍在控制台窗口完成，而所有跟踪信息都显示在用户界面的编辑、输出等窗口中。因此，在程序的动态跟踪过程，经常需要用户在控制台和 Visual Studio 2010 环境的用户界面之间来回切换。此时，用户需要连续使用"Alt+Tab"组合键进行当前程序界面的切换。

4．Visual C++ 2010 环境的其他常用功能

Visual C++ 2010 环境提供了相当强大的开发支撑功能。使用者可以根据自己的喜好，设置不同风格的用户界面和交互手段。在系统处理过程中，使用者也可以根据开发需求，设置程序的编译、连接和运行环境。如果系统中安装了 MSDN 信息库，使用者可以通过"Help"菜单来查询有关的软件开发参考资料。

（1）参考资料的查询

Visual Studio 2010 环境提供了 MSDN 信息查询功能。如果系统中安装了 MSDN 信息库，使用者通过"帮助"菜单可以进行资料查询，该信息库包括按照功能分类的查询和基于关键字的查询。当用户在程序设计中希望了解某个关键字或某个标准函数的使用方法时，可以用鼠标左击编辑器中的关键字或函数名，然后选择"F1"键，系统将自动启动"帮助"窗口，查找出相应的参考资料，并展示在窗口中。熟练的开发者将主要依靠 Visual Studio 2010 环境提供的 MSDN 在线帮助功能，来了解开发环境本身的使用方法、各种程序设计语言的语言功能，以及各种支撑环境的使用方法。和市面上大量的参考书相比，这种英文在线帮助资料更为准确、更为丰富，也更为可靠。

（2）编译、连接和运行环境的配置

Visual Studio 2010 环境通过"项目"菜单管理一个项目工程。这里最常用的命令是"（项目名）属性"，用于激活环境设置对话框，如图 C-9 所示。

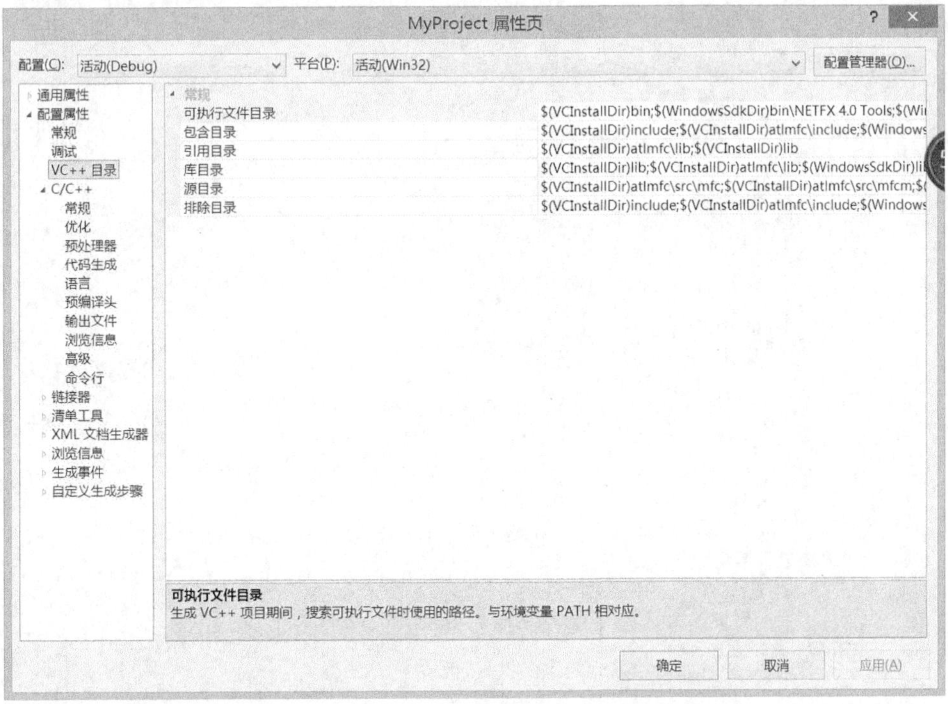

图 C-9　项目工程属性配置对话框

在图 C-9 所示的对话框中，左侧展示分类属性列表。用户通过选择不同的树节点，可以指定环境设置的对象。右侧提供多种系统功能的设置视图，包括各种文件的位置，调试参数，C/C++编译参数，命令行，连接参数，等等。

Visual Studio 2010 环境为基于 C 语言和 C++语言的多种软件开发提供了十分丰富的功能，已经成为近年来应用最为普及的软件综合开发环境。本附录面向 C 语言教学的需求，仅针对 Win32 控制台应用程序的开发需求，介绍了 Visual Studio 2010 环境的常用功能。随着计算机软件知识的深入学习，读者需要通过 MSDN 联机帮助和有关参考书的学习来掌握更多 Visual Studio 2010 环境的使用方法，以满足各种应用软件的开发需求。

附录 D
Dev-C++ 5.1 使用指南

Dev-C++ 5.1 是一个集编辑、编译、连接、运行和调试于一身的程序开发环境，它具有使用简单、操作灵活、功能强大等优点，近年来深受广大 C 语言学习者的青睐。

为了便于使用该开发环境调试 C 程序，本附录介绍了 Dev-C++ 5.1 开发环境的操作界面，并归纳总结了主要菜单项的功能及对应的快捷键，以供读者参考。

1. Dev-C++ 5.1 的工作窗口

进入 Dev-C++ 5.1 集成开发环境后，屏幕上将显示如图 D-1 所示的工作界面。

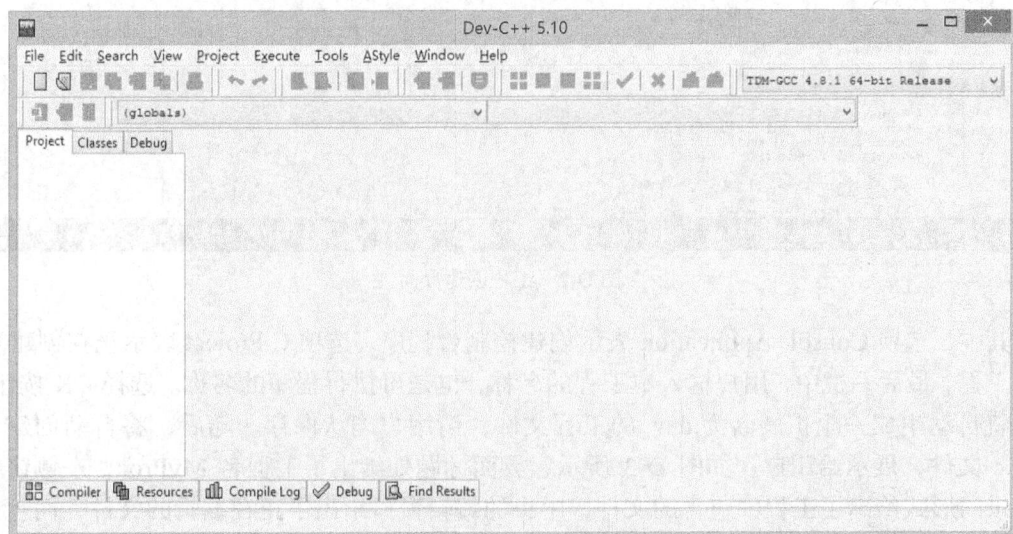

图 D-1　Dev-C++ 5.1 工作界面

其中，最上面一行为菜单栏，左侧为分类目录区，中间为编辑工作区，最下面一行是子窗口选择栏。

菜单的选择有两种方法：一种是利用鼠标点击要选择的菜单项；另一种是利用键盘，在按下【Alt】键的同时按下要选择的菜单项的第一个字母（红色的大写字母），通常表示成【Alt+字母】，例如，要选择 "File" 菜单，就可以按下【Alt+F】组合键。每个菜单项还包含若干个子菜单项，选择它们的方式与选择上述菜单项的方式一样。

2. 工程和文件的创建

创建一个 C 程序，有以下两种方法。

第一种方法是直接创建一个 C 程序文件，并进行编译，得到同名的可执行文件（.exe 文件）；随后，直接运行该文件，从控制台窗口得到运行结果。

第二种方法适合于开发由多个模块组成的 C 程序。各个程序模块分别使用各自的程序文件。在这种情况下，应该首先创建一个工程 Project。然后，在工程中创建几个程序文件。每个程序文件被编译后，连接成一个可执行程序。这个可执行程序的文件名和工程的名字相同。创建工程的操作过程是选择 File→New→Project 命令，得到图 D-2 所示的创建工程的界面。

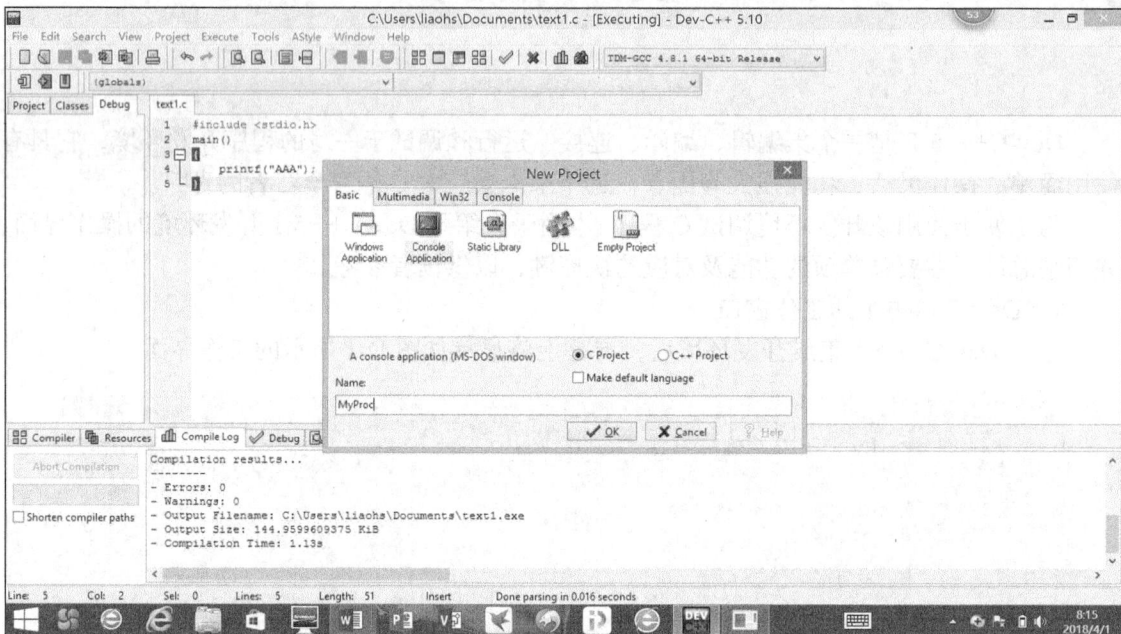

图 D-2　工程创建界面

其中，选项 Console Application 表示创建控制台程序，选项 C Project 表示正在创建 C 程序的工程。最后一栏中，用户输入本工程的名称，也是可执行程序的名称。选择 OK 按钮后，系统将自动生成一个扩展名为.dev 的工程文件，请用户确认保存。随后，将自动创建一个 main.c 文件，展示给用户。如图 D-3 所示，界面标题处给出了工程名 MyProc，左侧窗口中以目录的形式给出了工程中包含的文件，中央的编辑窗口给出了正在编辑的文件，而且文件中已经写入了 main 函数的原型。

3. 程序文件的编辑和编译

对于图 D-3 所示的 main.c 文件，开发者可以直接进行编辑，编写自己的程序；可以利用 Search 菜单中的各种命令，在当前文件中，进行指定文本的查找或替换。使用【Ctrl+S】组合键可以把当前的编辑内、容保存到文件，以避免丢失。

选择 Execute→Compile 命令（F9），即可对 main.c 文件进行编译处理。在下面的 compile 窗口中，显示出编译处理的结果，其中给出了生成的可执行文件名、文件大小、编译时间等信息。如果编译处理中发现程序中存在的错误，将显示在下面的 compile 窗口中，如图 D-4 所示，窗口中提示了错误所在行，以及错误种类的说明。此时，如果用户用鼠标直接点击错误提示行，中央的编辑窗口中将高亮度显示出错的程序行。

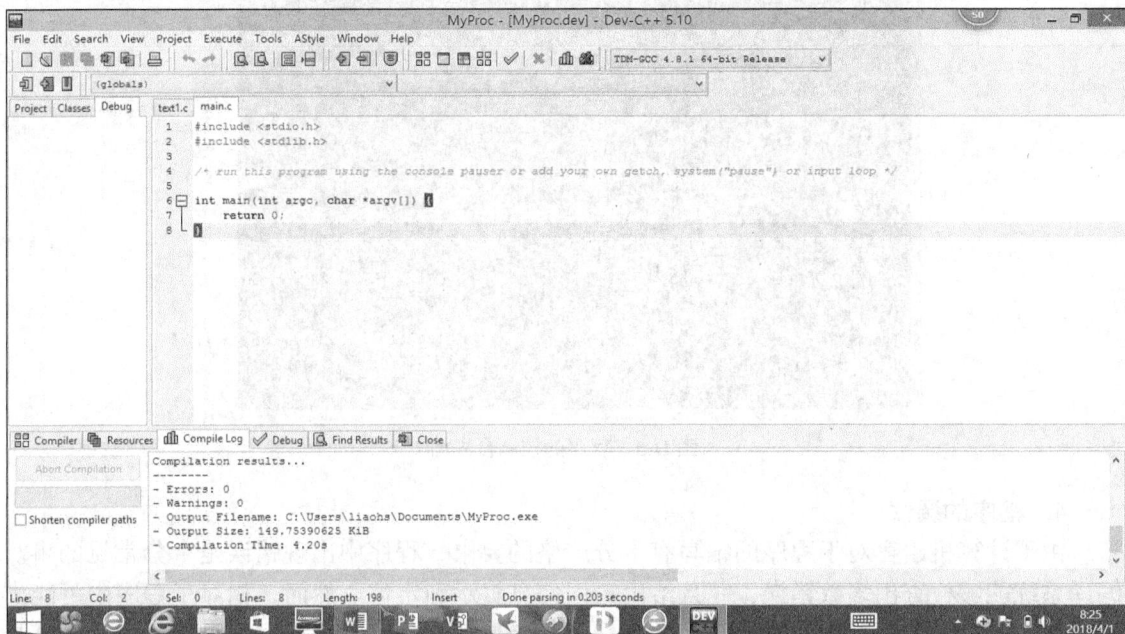

图 D-3   生成的 main.c 文件和编译结果

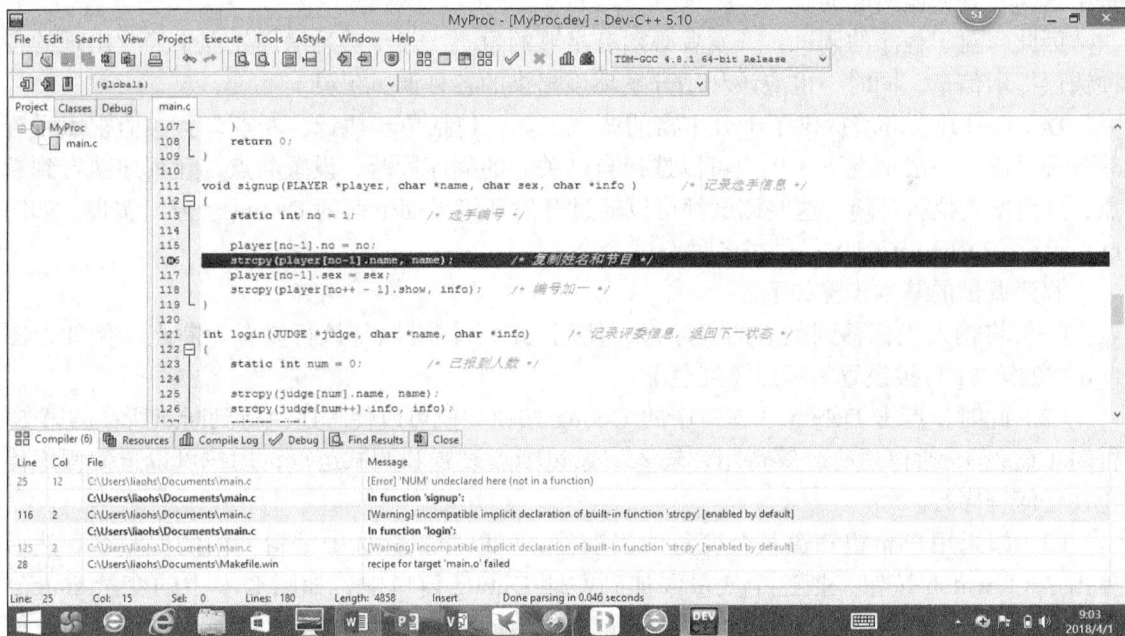

图 D-4   main.c 程序文件的编译信息

　　如果使用 Execute→Compile&Run 命令（F11），系统将连续完成程序的编译和运行。如果编译出错，将终止处理，等待用户修改程序。如果编译未出现错误，系统将运行编译好的可执行程序；按照程序控制逻辑，启动控制台窗口完成指定的输入和输出，如图 D-5所示。

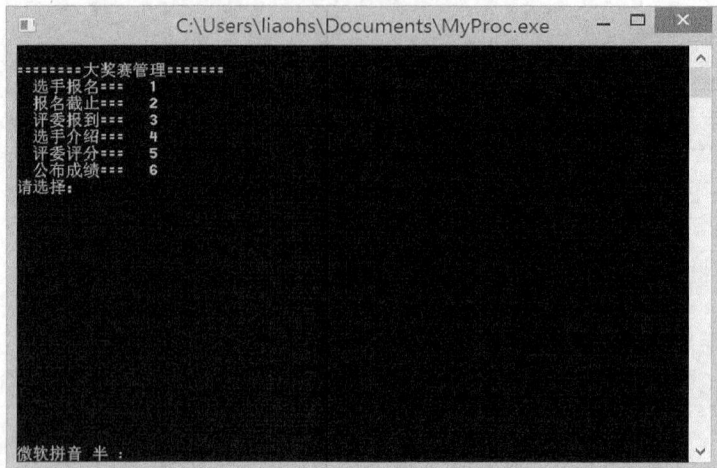

图 D-5　程序的控制台界面

4. 程序的调试

由于计算机语言对于程序的编写有十分严格的要求，程序中出现错误是十分常见的事。编译系统能够检查出多数错误，并且给出错误信息提示和定位。然而，相对于程序中可能出现的各种错误，编译系统的查错能力有限，提示信息不明确、定位不准确、误判和漏判都是十分常见的。有时，编译系统报告了上百处错误，而实际错误可能只有两三处，其他错误都是由这两三处错误引起的。

因此，对于程序的调试，开发者必须有足够的耐心，逐步熟悉编译处理中经常出现的各种错误提示信息。同时，也应该利用开发环境提供的各种调试工具。

Dev-C++开发环境提供了十分丰富的调试工具，包括单步执行、断点设置、监视点设置等各种手段。一般情况下，用户可以选择自己关心的程序段落，设置断点，让程序执行到断点，进而检查执行环境。这些调试都可以通过开发环境界面下面的 Debug 子窗口实现。如图 D-6 所示，Debug 窗口中提供了各种调试命令。

程序调试的基本步骤如下。

（1）将输入光标移到关心的程序行，使用"F4"键可以将该行设置为断点。例如，图 D-6 中的第 51 行被设置为断点（红色）。

（2）此时，点击 Debug 子窗口中的 Debug 按钮，就可以使程序执行到断点所在的第 51 行时（蓝色），暂停运行，等待用户输入。通过断点设置和调试运行，用户可以迫使程序停止在任何程序行。

（3）如果用户希望知道某个变量的当前值，可以用鼠标选中编辑窗内的变量名，然后单击 Add watch 按钮，把这个变量添加到左侧 Debug 窗口中，如图 D-6 中的变量 state。Debug 窗口显示了所有被监视的变量及其当前值，从而使得用户可以检查这些变量的取值是否正确。

（4）Debug 窗口中的 Next line 按钮可以控制程序单步执行。Continue 命令可控制程序执行到下个断点。

（5）对于程序中的函数调用，Into function 命令迫使程序跟踪进入函数的内容，Skip function 命令控制当前函数调用完成后，跟踪后面的程序步。

（6）Stop execute 命令用于结束程序调试。

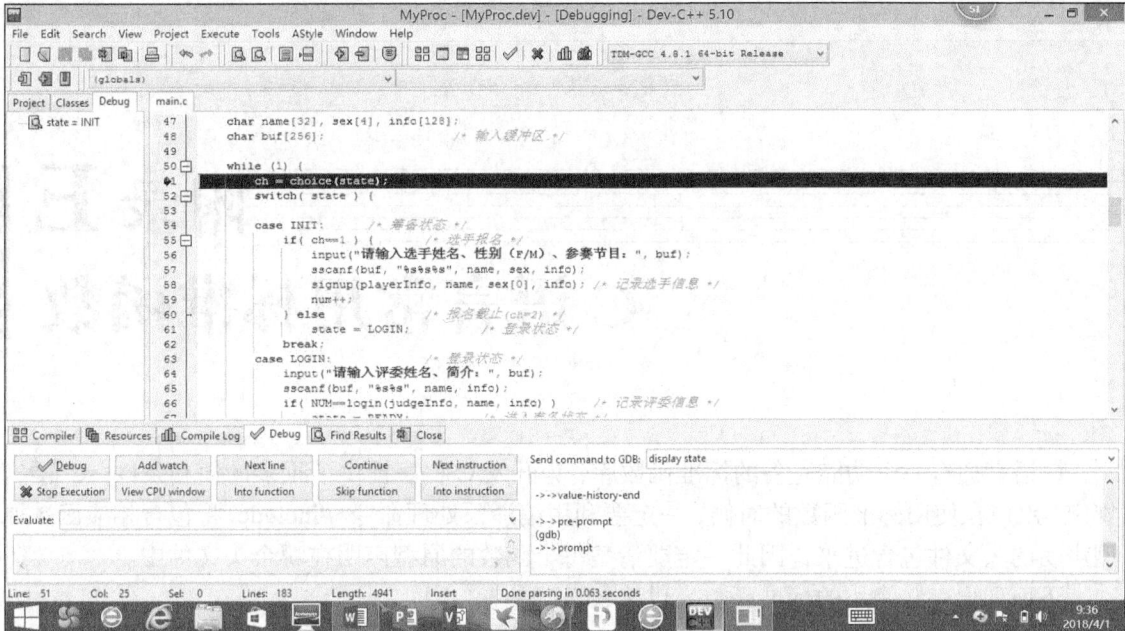

图 D-6 程序调试的命令和界面

通过上述调试命令的相互配合，开发者可以在程序执行的任何步骤设置断点，通过程序的单步跟踪执行来跟踪程序的执行，从而判断程序的控制逻辑是否正确，也可以在跟踪每步执行中被监视的各个变量的取值，来判断程序的每步计算结果是否正确，从而发现计算中的错误。

在程序调试过程中，由于经常需要进行数据的输入/输出，调试界面和控制台界面经常是交叉使用的。开发者需要在两个界面之间进行手工切换。每当出现系统不响应鼠标或键盘输入时，可能就是需要切换界面。

鉴于各种 C 程序的多样性，程序调试不可避免地会遇到各种问题。不少初学者习惯于从网络来寻找答案。但是，事实上，这些来自网络的答案不可能覆盖所有问题。也经常是错误的。正确的解决方案一方面来自正确的设计方法，来自基于理论知识的分析，另一方面来自开发工具的技术说明书。开发者需要经过大量的程序设计和程序调试，逐步熟悉各种调试工具的使用，逐步熟悉各种常见的错误信息，才能获得良好的程序开发能力。

附录 E
C 语言常用标准函数

　　C 语言拥有一个功能完备的标准函数库，为开发 C 程序提供了很多的便利条件。C 语言规定：用户在使用标准函数的时候，一定要利用编译预处理命令 #include 将包含相应函数原型声明的头文件包含进来，因此一定要清楚每个函数的原型声明在哪个头文件中。

　　下面列出一些常用的标准函数，供读者学习参考。

1. 输入/输出函数<stdio.h>

函　数　名	函　数　原　型	功　　　能
scanf	int scanf(char *format,…)	从标准输入设备中以 format 格式读入数据，返回成功读入的数据项数量
printf	int printf(char *format,…)	将数据以 format 格式输出到标准输出设备，返回输出字符个数
sscanf	int sscanf(char *buffer, char *format, ...)	从 buffer 所指内存中按照 format 格式读入数据，返回成功读入的数据项数量
sprintf	int sprintf(char *buffer, char *format, …)	将数据以 format 格式输出到 buffer 数组，返回输出字符个数
getchar	int getchar(void)	从标准输入设备读一个字符，返回其 ASCII 值
putchar	int putchar(int c)	将字符 c 输出到标准输出设备
gets	char * gets(char *s)	从标准输入设备读入一行文本，并将它放入 s 所指的存储空间中
puts	int puts(char *s)	将 s 所指字符串作为一行文本输出到标准输出设备
fgetc	int fgetc(FILE *fp)	从 fp 所指文件读一个字符
fputc	int fputc(int c, FILE *fp)	将字符 c 写到 fp 所指文件中
fgets	char *fgets(char *s, int n, FILE *fp)	从 fp 所指文件中读一行文本，作为一个长度不超过 n-1 的字符串，并将它存入 s 所指的存储空间中
fputs	int fputs(char *s, FILE *fp)	将 s 所指字符串作为一行文本写入 fp 所指的文件中
fscanf	int fscanf(FILE *fp,char *format, ...)	从 fp 所指文件以 format 格式读入数据，返回成功读入的数据项数量
fprintf	int fprintf(FILE *fp, char *format, ...)	将数据以 format 格式写到 fp 所指的文件中，返回输出字符个数
fread	unsigned fread(void *pt, unsigned size, unsigned n, FILE *fp)	从 fp 所指的文件中读取 n 个长度为 size 的数据项并存入 pt 所指的存储空间中

函　数　名	函　数　原　型	功　　　能
fwrite	unsigned fwrite(void *pt, unsigned size, unsigned n, FILE *fp)	将 pt 所指的 n*size 个字节的内容写到 fp 所指的文件中
fopen	FILE *fopen(char *file, char *mode)	以 mode 方式打开 file 文件
fclose	int fclose(FILE *fp)	关闭 fp 所指的文件，并释放文件缓冲区
feof	int feof(FILE *fp)	检查文件是否结束，如果结束返回非 0，否则返回 0

2. 数学函数<math.h>

函　数　名	函　数　原　型	功　　　能
abs	int abs(int x);	返回 int 型 x 的绝对值
ftabs	double fabs(double x);	返回 double 型 x 的绝对值
sin	double sin(double x);	返回 x 的正弦，x 是弧度
cos	double cos(double x);	返回 x 的余弦，x 是弧度
tan	double tan(double x);	返回 x 的正切，x 是弧度
exp	double exp(double x);	返回 e^x
pow	double pow(double x, double y);	返回 x^y
sqrt	double sqrt(double x);	返回 x 的平方根
floor	double floor(double x);	返回小于 x 的最大整数

3. 字符串函数<string.h>

函　数　名	函　数　原　型	功　　　能
strcat	char * strcat(char *s1, char *s2)	将字符串 s2 添加到 s1 尾部
strcmp	int strcmp(char *s1, char *s2)	比较字符串 s1 与 s2 的大小
strcpy	char *strcpy(char *s1, char *s2)	将字符串 s2 复制到 s1
strlen	unsigned strlen(char *s)	返回字符串 s 的长度
strncmp	int strncmp(char *s1, char *s2, unsigned n)	比较字符串 s1 与 s2 中的前 n 个字符
strncpy	char *strncpy(char *s1, char *s2, unsigned n)	将 s2 中的前 n 个字符复制到 s1 中
strchr	char *strchr(char *s, char c)	找出字符串 s 中出现的第一个 c 的位置
strstr	char *strstr(char *s1, char *s2)	找出字符串 s2 在字符串 s1 中第 1 次出现的位置

4. 常用函数库<stdlib.h>

函　数　名	函　数　原　型	功　　　能
atoi	int atoi(char *s);	将字符串转换为整数类型
malloc	void *malloc(unsigned size);	申请 size 个字节的存储空间，并返回系统分配的存储空间地址
realloc	void *realloc(void *p, unsigned size);	重新申请 size 个字节的存储空间，复制 p 指向的存储空间内容，并返回系统分配的存储空间地址

续表

函 数 名	函 数 原 型	功 能
free	void free(void *p);	释放利用 malloc 分配的存储空间，p 指向将要释放的存储空间
srand	void srand(unsigned seed)	初始化随机数发生器
rand	int rand(void);	产生一个随机数
exit	void exit(int status);	终止当前程序，并关闭所有文件

5. 字符处理函数 <ctype.h>

函 数 名	函 数 原 型	功 能
isdigit	int isdigit (int ch);	若 ch 是数字字符（'0'~'9'），返回非 0 值，否则返回 0
isalpha	int isalpha (int ch);	若 ch 是字母（'A'~'Z','a'~'z'）字符，返回非 0 值，否则返回 0
isalnum	int isalnum (int ch);	若 ch 是字母（'A'~'Z','a'~'z'）或数字（'0'~'9'）字符，返回非 0 值，否则返回 0
islower	int islower (int ch);	若 ch 是小写字母（'a'~'z'）字符，返回非 0，否则返回 0
isupper	int isupper (int ch);	若 ch 是大写字母（'A'~'Z'）字符，返回非 0，否则返回 0

附录 F
EasyX 常用库函数

EasyX 库提供了许多绘图函数、环境设置函数和图像处理函数，详见以下各个表格的介绍。

1. 绘图函数

函 数 名	函 数 原 型	功 能
circle	void circle(int x, int y, int radius);	绘制以(x,y)为圆心，半径为 radius 的空心圆
ellipse	void ellipse(int left, int top, int right, int bottom);	以(left,top)为左上角，(right,bottom)为右下角形成的矩形为外接矩形，绘制一个空心椭圆
rectangle	void rectangle(int left, int top, int right, int bottom);	以(left,top)为左上角，(right,bottom)为右下角，绘制一个空心矩形
polygon	void polygon(const POINT pts[ ], int num);	以数组 pts 中的 num 个点作为顶点，绘制一个空心的多边形
roundrect	void roundrect(int left, int top, int right, int bottom, int width, int height);	以(left,top)为左上角，(right,bottom)为右下角，width 为圆角宽度，height 为圆角高度绘制一个空心的圆角矩形
pie	void pie(int left, int top, int right, int bottom, double start, double end);	以(left,top)为左上角，(right,bottom)为右下角形成的矩形为外接矩形，以 start 为开始角，end 为终止角，绘制一个空心椭圆扇形
clearcircle	void clearcircle(int x, int y, int radius);	清空以(x,y)为圆心，半径为 radius 的圆
clearellipse	void clearellipse(int left, int top, int right, int bottom);	以(left,top)为左上角，(right,bottom)为右下角形成的矩形为外接矩形，清空一个椭圆
clearrectangle	void clearrectangle(int left, int top, int right, int bottom);	以(left,top)为左上角，(right,bottom)为右下角，清空一个矩形
clearpolygoclearn	void clearpolygon(const POINT pts[ ], int num);	以数组 pts 中的 num 个点作为顶点，清空一个多边形
clearroundrect	void clearroundrect(int left, int top, int right, int bottom, int width, int height);	以(left,top)为左上角，(right,bottom)为右下角，width 为圆角宽度，height 为圆角高度，清空一个圆角矩形
clearpie	void pie(int left, int top, int right, int bottom, double start, double end);	以(left,top)为左上角，(right,bottom)为右下角形成的矩形为外接矩形，以 start 为开始角，end 为终止角，清空一个椭圆扇形

续表

函 数 名	函 数 原 型	功　　能
fillcircle	void fillcircle(int x, int y, int radius);	用当前线形和当前填充样式绘制以(x,y)为圆心，半径为 radius 的圆
fillellipse	void fillellipse(int left, int top, int right, int bottom);	以(left,top)为左上角，(right,bottom)为右下角形成的矩形为外接矩形，用当前线形和当前填充样式绘制一个椭圆
fillrectangle	void fillrectangle(int left, int top, int right, int bottom);	以(left,top)为左上角，(right,bottom)为右下角，用当前线形和当前填充样式绘制一个矩形
fillpolygon	void fillpolygon(const POINT pts[ ], int num);	以数组 pts 中的 num 个点作为顶点，用当前线形和当前填充样式绘制一个多边形
fillroundrect	void fillroundrect(int left, int top, int right, int bottom, int width, int height);	以(left,top)为左上角，(right,bottom)为右下角，width 为圆角宽度，height 为圆角高度，用当前线形和当前填充样式绘制一个圆角矩形
fillpie	void fillpie(int left, int top, int right, int bottom, double start, double end);	以(left,top)为左上角，(right,bottom)为右下角形成的矩形为外接矩形，以 start 为开始角，end 为终止角，用当前线形和当前填充样式，绘制一个椭圆扇形
solidcircle	void solidcircle(int x, int y, int radius);	用当前填充样式绘制以(x,y)为圆心，半径为 radius 的实心圆
solidellipse	void solidellipse(int left, int top, int right, int bottom);	以(left,top)为左上角，(right,bottom)为右下角形成的矩形为外接矩形，用当前填充样式绘制一个实心椭圆
solidrectangle	void solidrectangle(int left, int top, int right, int bottom);	以(left,top)为左上角，(right,bottom)为右下角，用当前填充样式绘制一个实心矩形
solidpolygon	void solidpolygon(const POINT pts[ ], int num);	以数组 pts 中的 num 个点作为顶点，用当前填充样式绘制一个实心多边形
solidroundrect	void solidroundrect(int left, int top, int right, int bottom, int width, int height);	以(left,top)为左上角，(right,bottom)为右下角，width 为圆角宽度，height 为圆角高度，用当前填充样式绘制一个实心圆角矩形
solidpie	void solidpie(int left, int top, int right, int bottom, double start, double end);	以(left,top)为左上角，(right,bottom)为右下角形成的矩形为外接矩形，以 start 为开始角，end 为终止角，用当前填充样式绘制一个实心椭圆扇形
line	void line(int x1, int y1, int x2, int y2);	从绘图点(x1,y1)到(x2,y2)绘制一条直线
moveto	void moveto(int x, int y);	设置绘图当前点为(x,y)
lineto	void lineto(int x, int y);	在当前点和(x,y)之间绘制直线，并设置(x,y)为当前点
arc	void arc(int left, int top, int right, int bottom, double start, double end);	以(left,top)为左上角，(right,bottom)为右下角形成的矩形为椭圆的外接矩形，沿着椭圆从开始角 start 到终止角 end，绘制一条弧线
putpixel	void putpixel(int x, int y, COLORREF color);	在指定点(x,y)绘制一个颜色为 color 的像素点
floodfill	void floodfill(int x, int y, COLORREF color);	采用当前填充颜色和填充样式，绘制以(x,y)为内点，以 color 颜色为边界的区域

2. 环境设置函数

函　数　名	函　数　原　型	功　　能
initgraph	HWND initgraph(int width, int height, int flag);	初始化宽 width 高 height 的绘图环境，返回窗口句柄
cleardevice	void cleardevice( );	用当前背景色清空屏幕
closegraph	void closegraph( );	关闭绘图环境
setorigin	void setorigin(int x, int y);	设置逻辑坐标原点
setspectratio	void setspectratio(float x, float y);	按照 x 和 y，设置缩放大小和方向
getspectratio	void getspectratio(float x, float y);	获得 x 轴和 y 轴的缩放大小和方向

3. 颜色和图形参数函数

函　数　名	函　数　原　型	功　　能
RGB	RGB(BYTE red, BYTE green, BYTE blue);	用红绿蓝三色构造颜色
GetRValue	BYTE GetRValue(RGB color);	获得指定颜色中的红色
GetGValue	BYTE GetGValue(RGB color);	获得指定颜色中的绿色
GetBValue	BYTE GetBValue(RGB color);	获得指定颜色中的蓝色
setbkcolor	void setbkcolor(COLORREF color);	设置背景色
getbkcolor	COLORREF getbkcolor(void);	获得背景色
setfillcolor	void setfillcolor(COLORREF color);	设置填充色
getfillcolor	COLORREF getfillcolor(void);	获得填充景色
setlinecolor	void setlinecolor(COLORREF color);	设置画线景色
getlinecolor	COLORREF getlinecolor(void);	获得画线景色
setlinestyle	void setlinestyle(int style, int thick);	按照 stype 指定的线性和 thick 指定的线宽设置线性
getlinestyle	void getlinestyle(LINESTYLE *pstyle);	获得当前线性 pstyle
setfillstyle	void setfillstyle(int style, long hatch);	按照 stype 指定的样式和 hatch 指定的图案设置填充样式
getfillstyle	void getlinestyle(FILLSTYLE *pstyle);	获得当前填充样式 pstyle

4. 文字输出函数

函　数　名	函　数　原　型	功　　能
drawtext	int drawtext(LPCTSTR str, RECT *pRect, UNIT uFormat);	在 pRect 指定的区域内，按照 uFormat 指定的格式，输出 str 指定的字符串
outtext	void outtext(LPCTSTR str);	在当前位置输出 str 指定的字符串
outtextxy	void outtext(int x, int y, LPCTSTR str);	在(x,y)输出 str 指定的字符串
setextcolor	void setextcolor(COLORREF color);	设置当前文字颜色
gettextcolor	COLORREF getextcolor( );	获得当前文字颜色
setextstyle	void settextstyle(int nHeight, int nWidth, LPCRSTR font);	用高度 nHeight，宽度 nWidth，字体 font 来设置文字样式
getextstyle	void getextstyle(LOGFONT *font);	获得文字样式，保存到 font

5. 图像处理函数

函 数 名	函 数 原 型	功 能
GetWorkingImage	IMAGE *GetWorkingImage( );	返回当前绘图设备。NULL 表示绘图窗口（下同）
SetWorkingImage	void SetWorkingImage(IMAGE *pImg);	将 pImg 指定的绘图设备设置为当前绘图设备
getimage	void getimage(IMAGE *pDstImg, int x, int y, int width, int height);	从当前绘图设备中以(x,y)为左上角，宽 width 高 height 的矩形，保存到绘图设备 pDstImg(x,y)
loadimage	void loadimage(IMAGE *pDstImg, LPCTSTR file, int nWidth, int nHeight, bool bResize);	按照 nWidth、nHeight 和 bResize 的指定，拉伸文件 file 中的图片，保存到绘图设备 pDstImg
putimage	void putimage(int x, int y, IMAGE *pSrcImg);	将 pSrcImg 指定的绘图设备，绘制到当前绘图设备中(x,y)指定的位置
saveimage	void saveimage(LPCTSTR file, IMAGE *pImg);	将 pImg 指定的绘图设备，保存到文件 file 中

6. 鼠标键盘相关函数（conin.h）

函 数 名	函 数 原 型	功 能
GetMouseMsg	MOUSEMSG GetMouseMsg( );	获得鼠标消息
MouseHit	bool MouseHit( );	检查当前是否有鼠标消息
FlushMouseMsgBuffer	void FlushMouseMsgBuffer( );	清空鼠标消息缓冲区
getch	int getch( );	获得键盘输入（ASCII 码）
kbhit	bool kbhit( );	检查当前是否有键盘输入

7. 常用数据结构

结 构 体 名	常用成员名	功 能
HWND		Windows 窗口句柄
COLORREF		颜色
UINT		无符号整型
LONG		长整型
DWORD		双字整型
BYTE		无符号字符型
bool		布尔型
LPCTSTR		字符串
RECT	left top right bottom	矩形四边坐标
POINT	x y	点的 X 坐标 点的 Y 坐标
LINESTYLE	DWORD style DWORD thickness	画线样式 线的宽度

结 构 体 名	常用成员名	功　　能
FILLSTYLE	int style long hatch	填充样式 填充图案样式
LOGFONT	LONG lfHeight LONG lfWidth LONG lfEscapement LONG lfOrientation LONG lfWidth	字符高度 字符宽度 字符串书写角度 字符书写角度 笔画粗细度
IMAGE	int width int height	图像宽度 图像高度
MOUSEMSG	UINT uMsg bool mkCtrl bool mkShift bool mkLButton bool mkMButton bool mkRButton	消息号 是否按【Ctrl】键 是否按【Shift】键 是否按下鼠标左键 是否按下鼠标中键 是否按下鼠标右键

关于 EasyX 的完整资料详见网站：www.easyx.cn。

参 考 文 献

［1］吴文虎. 程序设计基础［M］. 北京：清华大学出版社，2004.

［2］裘宗燕. 从问题到程序：程序设计与 C 语言引论［M］. 北京：北京大学出版社，1999.

［3］尹宝林. C 程序设计思想与方法［M］. 北京：机械工业出版社，2009.

［4］H.M.Deitel，P.J.Deitel. C 程序设计教程［M］. 北京：机械工业出版社，2002.

［5］AI Kelley，Ira Pohl. C 语言教程［M］. 北京：机械工业出版社，2007.

［6］Brian W.kernighan. The C Programming Language［M］. 北京：清华大学出版社，1997.

［7］Eric S.Roberts. C 语言的科学和艺术［M］. 北京：机械工业出版社，2005.

［8］杨文龙. 软件工程［M］. 北京：电子工业出版社，1997.

［9］覃征. 程序设计方法与优化［M］. 西安：西安交通大学出版社，2004.

［10］廖湖声. 面向对象的程序设计方法与应用［M］. 北京：清华大学出版社，2016.